工业自动化技术与应用丛书

工业过程控制及安全技术

王华忠　编著

电子工业出版社

Publishing House of Electronics Industry

北京 · BEIJING

内 容 简 介

本书在阐述安全系统工程基本原理的基础上，以系统化的观点，从功能安全国际标准的安全保护模型出发，全面地阐述和分析了用于工业过程的工业控制系统、工业控制中典型的安全保护策略和功能安全技术在工业生产安全中的应用，包括本质安全技术、工业报警、故障检测与诊断、常规控制系统的工艺联锁及安全仪表系统的安全联锁，并对相关的技术原理、基本概念、安全完整性等级评估与验证等做了详细介绍。针对工业化与信息化深度融合对工业控制系统安全带来的挑战，本书对工业控制系统信息安全的现状、典型特征、工业控制系统的脆弱性、安全监控与防护、有关标准及安全评估等内容进行了深入介绍，并结合工业控制系统测试床开发实例，分析了测试床在工业控制系统信息安全中的作用。

本书按照安全保护层的结构层次来统领各种安全策略，侧重于对工业控制系统及与工业过程相关的安全技术进行全面、系统和完整的介绍。在内容安排上，既有传统的功能安全知识，又结合了最新的安全仪表系统、工业控制系统信息安全等内容。同时结合实际工程案例剖析相关知识点，有利于培养读者在进行工业过程控制系统设计时必备的安全意识，以及针对工业过程的安全分析、评估和综合实施各类安全策略的能力。

本书可以作为自动化类、安全系统工程、网络空间安全等相关专业大学本科生、研究生的教材，也可以作为工业企业安全技术人员、工业信息安全公司和相关工程设计人员的参考书。

图书在版编目（CIP）数据

工业过程控制及安全技术 / 王华忠编著. —北京：电子工业出版社，2020.2

（工业自动化技术与应用丛书）

ISBN 978-7-121-38140-9

Ⅰ. ①工… Ⅱ. ①王… Ⅲ. ①过程控制 Ⅳ. ①TP273

中国版本图书馆 CIP 数据核字（2019）第 271252 号

责任编辑：陈韦凯　　　特约编辑：田学清

印　　刷：北京七彩京通数码快印有限公司

装　　订：北京七彩京通数码快印有限公司

出版发行：电子工业出版社

　　　　　北京市海淀区万寿路 173 信箱　　邮编 100036

开　　本：787×1 092　1/16　印张：20.5　字数：525 千字

版　　次：2020 年 2 月第 1 版

印　　次：2020 年 2 月第 1 次印刷

定　　价：69.00 元

前　言

　　工业控制系统在石油、化工、电力、交通、冶金、市政等关键基础设施领域得到了广泛应用，其与企业管理信息系统构成了现代企业的综合自动化系统（IT 与 OT 融合的系统），其中，工业控制系统处于底层核心地位。随着现代工业生产规模不断扩大，工业控制系统的作用越来越重要。提高工业控制系统的可靠性和抗风险能力，确保工业控制系统及其受控过程安全稳定运行一直是安全生产的生命线。

　　工业控制系统在发展过程中，不断受到各类信息技术的影响，并且与被控的物理过程不断融合，已成为复杂的信息物理融合系统，如"工业 4.0"、工业互联网等新兴工业的生产和制造模式。伴随着互联网+在不同行业的推进，以及物联网应用的爆发式增长，工业控制系统的安全运行面临着巨大的挑战。近年发生的伊朗布什尔核电站和乌克兰电力系统被网络攻击的重大事件使得全球范围内工业生产的安全态势呈现出新的特点。传统的安全问题与新兴的信息安全问题交汇在工业生产及控制中，这导致传统的安全技术和管理手段已经不能满足信息时代的安全需求。在复杂多变的安全形势下，我国已把关键基础设施信息安全上升到国家安全层面，凸显了其重要性和紧迫性。然而，由于工业生产控制与安全技术属于交叉的新兴领域，无论是现有的自动化技术人员、功能安全技术人员，还是信息安全技术人员，都无法独立面对工业化与信息化深度融合给工业生产控制及其安全带来的挑战。当前社会对系统地掌握工业生产控制、工业生产安全、工业信息安全理论与技术的复合型工程技术人才的需求很大，但供给严重不足。各校的控制工程专业为了满足国家对制造业相关控制领域高级工程技术人才的需求，对专业学位研究生的教学培养计划进行了调整，设置了控制、计算机、信息安全等多学科交叉的课程，强化理论与应用相结合。在这个背景下，作者结合自己多年的工业控制系统研究与工程实践经验，以及近年来在功能安全、工业控制系统信息安全领域的科研工作，尝试把相关的知识进行交叉融合，编写了本教材，以满足广大工程技术人员继续教育和相关专业学生的学习需求。

　　本书分为 6 章。

　　第 1 章介绍了安全系统工程的基本知识，使得读者能从安全系统工程角度理解工业生产与工业控制中的安全问题。

　　第 2 章介绍了工业控制系统的相关核心知识，对典型工业控制系统及其应用做了概述性介绍，并从安全保护层的角度出发，概括地介绍了工业生产过程及控制中的一些基本安全策略，包括工业报警、生产控制中的硬保护措施与软保护措施等。

　　第 3 章介绍了隶属于安全保护层的工业过程故障检测与设备状态监测技术，使读者了解相关的知识及其应用技术。

　　第 4 章和第 5 章重点介绍了安全保护层中重要的功能安全知识与安全仪表系统，阐述了功能安全的基本概念、安全仪表系统安全完整性等级评估与验证，并通过工程案例介绍了安全仪表系统在过程工业中的应用。

第 6 章介绍了工业互联时代新的安全问题——工业控制系统信息安全问题，阐述了工业控制系统信息安全的基础知识、工业控制系统漏洞、工业控制系统信息安全标准和工业控制网络安全监控技术等，从而使读者深刻地了解工业控制系统安全问题的本质，掌握提高工业控制系统信息安全的理论和技术，为工业控制系统安全运行保驾护航。

本书注重理论与实践相结合，所用案例都来自实际工业现场。全书内容具有很强的可读性、实用性、学科交叉性和新颖性。

本书可以作为高校自动化类、安全系统工程、网络空间安全等相关专业学生的教学用书，也可以作为工业控制系统安全相关人员的培训教材，还可以作为对工业过程控制及工业过程安全技术感兴趣的读者或技术人员的参考书。通过学习本书，希望读者能够全面了解工业生产过程控制中的基本安全技术及工业安全中的安全评估、安全监测、安全防护技术、安全生命周期等知识，为确保工业生产安全打下系统和扎实的基础。

本书由华东理工大学王华忠主编，南京工业大学吕波参与编写了部分内容。本书的编写得到了德国希马（上海）有限公司蒋卉和张薇薇、中国石化齐鲁分公司功能安全专家张国会等行业专家的支持。本书的出版获得了华东理工大学研究生教育基金的资助，在此一并表示感谢。

本书在编写过程中，除了引用作者多年的工程实践与研究内容，还参考了不少国内外论文、期刊、书籍及互联网上的资料，受篇幅限制，无法将所有参考文献一一列出，在此对这些资料的作者表示由衷的感谢，同时也声明，所参考文献的版权属于原作者。

由于所著内容交叉性强，且受时间和作者水平限制，疏漏在所难免，恳请读者提出批评建议，以便进一步修订完善，作者的 E-mail 是 hzwang@ecust.edu.cn。

编著者

目　录

第1章 绪 论

1.1 安全系统工程相关概念

1.1.1 安全与安全标准

一般来说，人们把"安全"和与其矛盾的术语"危险"联系起来。所谓安全，是指免遭不可接受的伤害，或者处于危险发生概率较小以至于可以接受的状态，也指处于一种伤害可接受的状态。安全是动态的，前一刻的安全并不表示后一刻也安全。安全是主观的，对于同一时刻同一事物是安全的还是危险的，不同的人有不同的观点。人们对安全的认知也是随时间的变化而变化的，过去人们认为是安全的（如一些化工生产工艺），现在就可能认为是危险的。

人们生活的世界充满各种危险（雷击伤害、交通伤害、生产事故、电脑被勒索病毒攻击），这些危险既有自然灾害所造成的，也有人类活动引起的。因此，不存在绝对的安全，人们只能不断努力降低危险发生的概率，以提高安全性；用科学的方法正确理解与对待危险，把各种危险控制在可接受的水平。人们用危险性大小来衡量危险的相对程度，用危险概率和危险严重程度来表示危险可能的后果。危险概率是指危险发生的可能性，一般用单位时间内危险可能出现的次数描述，即危险发生的频度。危险严重程度是对危险造成的后果的评价。

由于安全是一个相对的、主观的概念，因此，评定状态是否安全需要一个标准，即通过与定量化的危险概率或危险严重程度比较，从而判断状态是否达到人们可接受或期盼的安全程度，这个标准称为安全标准。当然，安全标准也是相对的，其受技术、资金等条件的制约。确定安全标准的方法有统计法和风险与收益比较法。

1.1.2 安全系统

与安全问题相关的系统称为安全系统。安全系统是以人为中心，由安全工程、卫生工程技术、安全管理、人机工程等几个部分组成的，以消除伤害、疾病、损失，实现安全生产为目标的有机整体，是生产系统的重要组成部分。显然，安全系统是由与生产安全问题有关的相互联系、相互作用、相互制约的若干个因素结合成的具有特定功能的有机整体，这也导致了安全问题是一个复杂的系统工程问题，需要运用系统工程的理论和方法加以解决。

安全系统与一般系统既有共同点，也有其特殊性。

➢ 安全系统是以人为中心的人机匹配、有反馈过程的系统。因此，在系统安全模式中要充分考虑人、机器与环境的互相协调。

➢ 安全系统是工程系统与社会系统的结合。在安全系统中处于中心地位的人受到社会、政治、文化、经济技术和家庭的影响，只有考虑以上各方面的因素，系统的安全控制才能更为有效。

➢ 安全事故（系统的不安全状态）的发生具有随机性。一是，事故的发生与否呈现不确定性；二是，事故发生后将造成什么样的后果事先不可能确切得知。

➢ 事故识别的模糊性。安全系统存在一些无法进行定量描述的因素，因此对系统安全状态的描述无法达到明确的量化。

针对安全系统，人们要根据以上特点来开展研究工作，寻求处理安全问题的有效方法。

1.1.3　系统工程

系统工程（System Engineering）是在现代化的"大企业""大工程""大科学"出现后，产品构造复杂、换代周期短、生产社会化、管理系统化、科学技术既高度分化又高度综合等历史背景下产生的。系统工程是指为了更好地实现系统的目标，对系统的组成要素、组织结构、信息流、控制机构等进行分析与研究的科学方法。它运用各种组织管理技术，使系统的整体与局部之间的关系相互协调和相互配合，实现总体的最优运行。系统工程不同于一般的传统工程，它所研究的对象不限于特定的工程物质对象，而可以是任何一种系统。系统工程是一种对所有系统都具有普遍意义的科学方法，属于工程技术的范畴，主要包括组织管理各类工程的方法论，是组织管理工程、解决系统整体及其全过程优化问题的工程技术。系统工程应用面广，研究安全科学必须与系统工程的理论和技术紧密结合。

系统工程的特点如下。

➢ 全局观，即把研究对象作为一个整体来分析。分析整体的各个部分之间的相互联系和相互制约关系，使整体的各个部分相互协调配合，服从整体优化要求；在分析局部问题时，应从整体协调的需要出发，选择优化方案，综合评价系统的效果。

➢ 具有较好的环境适应性。对系统的外部环境和变化规律及其对系统的影响进行分析，使得系统能适应外部环境的变化。

➢ 定性与定量相结合。综合运用各种科学管理技术和方法，定性分析和定量分析相结合。

1.1.4　安全系统工程

安全系统工程（Safety System Engineering）是以系统危险的形成、分布、转化，以及事故的孕育、产生、发展和终止变化规律为依据，以系统科学、安全科学、信息科学、控制科学、可靠性工程、人机工程等为基础，以安全管理、安全技术和职业健康为载体，对研究对象的风险进行辨识、评价、控制和消除，为安全预测和安全决策提供强有力的依据，以谋求整体安全的新兴学科。简单地说，安全系统工程就是使用系统工程的知识、方法和手段，解决生产中的安全问题，使系统可能发生的事故得到控制，并使系统的安全性达到最佳状态，最终能消除危险，防止灾害，避免损失，保证人身财产安全。它是研究系统安全、系统设计、工程技术手段及管理方法的技术科学。

我们可以从以下四个方面来理解安全系统工程的定义。

➢ 安全系统工程的理论基础是安全科学和系统科学，是系统工程在安全学中的应用，同时辅以信息论和控制论等相关学科。

➢ 安全系统工程的目标是追求整个系统及其全生命周期的安全。

➢ 安全系统工程的研究核心是系统危险因素的识别、分析，系统风险的预测、评价，系统安全预测、决策与事故控制。

➢ 安全系统工程的任务是实现最经济、最有效地控制事故和风险防范，最终使风险控制在安全指标以下。

1.2　安全系统工程的研究对象、内容与特点

1.2.1　安全系统工程的研究对象

在安全生产领域中，任何一个生产系统都包括三部分内容，即从事生产活动的操作人员、管理人员和设计人员，生产必需的机器设备、厂房、工具等物质条件，以及生产活动所处的环境。安全系统工程同样也包括三部分内容，即人子系统、机器子系统、环境子系统，它们构成了安全系统工程的研究对象。图 1.1 给出了三个子系统之间的关系。

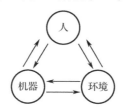

图 1.1　人-机器-环境关系图

1. 人子系统

人子系统的安全与否涉及人的生理因素和心理因素，以及规章制度、规程标准、管理手段、管理方法等是否适合人的特性，是否易于被人们接受；涉及人对机器的适应性及人对环境的适应性。人的行为学作为一门科学，从社会学、人类学、心理学、行为学角度来研究人在生产中的安全性，不仅将人子系统作为系统固定不变的组成部分，还将人看作自尊自爱、有感情、有思想、有主观能动性的人。

2. 机器子系统

对于机器子系统，我们不仅要从材料设备的可靠性角度来考虑安全性，同时还要考虑仪表操作对人提出的要求，以及人体测量学、生理学、心理与生理过程有关参数对仪表和操作部件的设计提出的要求。例如，中央控制室操作台的设计要求包括操作员具有一定的操作控制系统的能力，如对各类报警信号的处理、在紧急情况下的安全停车等；操作台在设计上便

于操作员操作，具备人机友好等特点。

3．环境子系统

环境子系统考虑环境的理化因素和社会因素，其中环境的理化因素是指噪声、振动、粉尘、有毒气体、射线、光、温度、湿度、压力、热、化学有害物质等；环境的社会因素是指管理体制、工时定额、班组结构、人际关系等。

三个子系统之间相互影响、相互作用的结果是使系统整体的安全性处于某种状态。例如，环境的理化因素影响机器的寿命、精度甚至损坏机器；机器产生的噪声、振动、湿度主要影响人和环境；人的心理状态、生理状态往往是引起错误操作的主要原因；环境的社会因素又会影响人的心理状态，使系统安全具有潜在危险。只有从三个子系统之间的这些关系出发，才能真正解决系统的安全问题。

1.2.2 安全系统工程的内容

安全系统工程专门研究如何用系统工程的原理和方法确保系统安全功能的实现，其内容主要包括危险源辨识和控制、系统安全分析、系统安全评价、系统安全预测、安全决策与措施等。安全系统工程除了研究机械设备的可靠性与安全性，还研究人、材料、环境及人机系统和它们之间的相互作用可能造成的损失，以保护整个系统的稳定运行及人类的自身安全和健康。

1．危险源辨识和控制

危险源辨识是发现、识别系统中危险源的工作，它是一项非常重要的工作，是危险源控制的基础，只有辨识了危险源之后，才有可能有的放矢地考虑如何采取措施控制危险源。以前，人们主要根据事故经验来进行危险源的辨识工作。20 世纪 60 年代以后，人们根据标准、规范、规程和安全检查表辨识危险源。例如，美国职业安全卫生管理局等安全机构编制、发行了各种安全检查表，用于危险源辨识。

危险源控制主要通过技术手段来实现，包括防止事故发生的安全技术和减少或避免事故损失的安全技术。前者用于约束、限制系统中的能量，防止发生意外的能量释放；后者用于避免或减轻意外释放的能量对人或物的作用。管理也是控制危险源的重要手段，通过一系列的管理活动，控制系统中人的因素、物的因素和环境因素，以便有效地控制危险源。

2．系统安全分析

系统安全分析是采用系统工程的原理和方法对存在的危险因素进行辨识、分析，并根据需要进行定性或定量描述的一种技术方法。其中，危险源辨识是发现、识别系统中危险因素的重要工作，是控制危险源的基础。通过安全分析，人们可以掌握影响系统安全的危险因素及其对系统安全的影响程度。

目前，系统安全分析有多种多样的形式和方法，我们在使用中应注意每一种安全分析方法都有其自身的特点和局限性，应根据系统的特点和分析的要求，采取不同的分析方法。由于系统的安全性是人、机器、环境等多种因素耦合作用的结果，所以，系统安全分析也可以是几种方法的综合，以取长补短或相互比较，使得分析结果有一定的科学性和可信性。另外，对现有的分析方法不能生搬硬套，必要时应根据具体情况进行改进。

系统安全分析的主要步骤如下。

➢ 把所研究的生产过程或作业形态作为一个整体，确定安全目标，系统地提出问题，确定明确的分析范围。

➢ 将工艺过程或作业形态分成几个单元或环节，绘制流程图，选择评价系统功能的指标或顶端事件。

➢ 确定终端事件，应用数学模型或图表形式及有关符号，以使系统定型化或数量化；将系统的结构和功能加以抽象化，将其因果关系、层次及逻辑结构变换为图像模型。

➢ 分析系统的现状及其组成部分，测定与诊断可能发生的事故的危险性、灾害后果，分析并确定导致危险的各个事件的发生条件及其相互关系，建立数学模型或进行数学模拟。

➢ 对已建立的系统，综合采用概率论、数理统计、模糊技术、最优化技术等数学方法，对各种因素进行定量描述，分析它们之间的数量关系，观察各种因素的变化规律。根据数学模型的分析结果及因果关系，确定可行的措施方案，建立消除危险、防止危险转化或条件耦合的控制系统。

系统安全分析的最优化利用因果关系、逻辑推理、数学模型进行安全分析和决策判断。它是指在一定条件下，当评价函数、要素指数或目标值（或顶端事件）达到理想状态时，一系列可调因素变量所得出的最佳结果；或者是指通过明确系统各因素或目标值（或顶端事件）的关系，收集尽可能完善的相关信息和资料，分析各种可选用的方案，以便选择最佳控制手段，有效地改进控制系统的功能。

3．系统安全评价

系统安全分析的目的是进行安全评价。系统安全评价是对系统的危险性进行定性和定量分析，得出系统发生危险的可能性及其程度的评价，以寻求最低事故率、最小损失和最优安全投资效益。系统安全评价是安全决策的重要依据。

系统安全评价可分为定性安全评价和定量安全评价两大类。定性安全评价通过定性分析系统中的危险性，能揭示系统中的危险因素并对危险性的重要程度进行分类。与传统方法相比，定性安全评价的准确性已有了很大提高。但是，只有经过定量安全评价才能充分发挥安全系统工程的作用。当系统安全评价的结果表明需要改进系统的安全状况时，就必须采取安全措施，以减少危险因素及其发生概率，重新进行系统安全评价，直到达到安全要求。

系统安全评价又分为对系统本质安全的评价和对人的行为安全的评价。系统本质安全是指 20 世纪 60 年代，起源于电子工业电气系统的自我保护功能的设计。在安全工程方面，系统本质安全主要是指装备、机具等物质运转系统对其异常、超载、形变、故障、失效、超限等非寻常状态具有自我调节、转换、联锁、保护的功能。例如，在化工、石化等易燃易爆场合使用的本质安全仪表就属于这方面的内容。人的行为安全主要是指对系统中参与者的相关行为与制度的执行情况的评价，包括系统执行机构的建立、系统制度和系统操作规程的制定及其执行。在实际工作中应该把人的行为方式、情绪状态、心理素质等也作为评价的内容。

系统安全评价内容包括危险有害因素识别与分析、危险性评价、确定可接受风险和制定

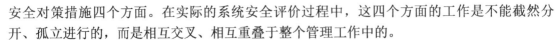

安全对策措施四个方面。在实际的系统安全评价过程中，这四个方面的工作是不能截然分开、孤立进行的，而是相互交叉、相互重叠于整个管理工作中的。

系统安全评价方法很多，如逐项赋值评价法、火灾爆炸危险评价法、可靠性评价法、模糊综合评价法等。系统安全评价方法要根据评价对象的特点、规模、评价的要求和目的等进行选择。

4．系统安全预测

系统安全预测是对系统未来的安全状况进行预测，预测有哪些危险及其危险程度，以便对可能发生的事故进行预防和预报。通过系统安全预测，我们可以掌握事故的变化趋势，认识危险的客观规律，从而制定相应的策略、发展规划及技术方案，以此来控制事故的发生和发展趋势。

系统安全预测根据预测对象的不同，可以分为宏观预测和微观预测；根据应用的理论原理，可以分为白色理论预测、灰色理论预测和黑色理论预测。系统安全预测的主要方法有回归分析预测法、马尔柯夫预测法、灰色系统预测法和德尔菲预测法等。

5．安全决策与措施

安全系统是一个不确定的系统，受多种因素的影响，所以要以最低的成本达到最优的安全水平，就要进行安全决策。安全决策是针对生产活动中需要解决的特定安全问题，根据安全标准、规范和要求，运用现代科学技术知识和安全、科学的理论与方法，提出各种安全措施方案。安全决策的最大特点是从系统的完整性、相关性、有序性角度出发，对系统实施全面、全过程的安全管理，实现对系统的安全目标的控制。

安全措施主要有两个方面：一是预防事故发生的措施，即在事故发生前加以防范，排除危险因素；二是控制事故损失扩大的措施，即在事故发生后采取补救措施，防止事故扩大，降低事故造成的损失。

1.2.3 安全系统工程的特点

在工业等领域内引进安全系统工程的方法是有很多优越性的。安全系统工程使安全管理工作从过去的凭直观经验进行主观判断的传统方法，转变为定性与定量分析。它具有以下五个特点。

➢ 运用系统安全分析方法，了解系统的薄弱环节及其可能导致事故的条件，从而采取相应的措施，预防事故的发生。定性分析可以找到事故发生的真正原因，找出系统的危险程度。另外，定量分析能够预测事故发生的可能性和事故后果的严重性，从而可以采取相应的预防措施，以防止事故的发生、发展。

➢ 现代生产的特点是大型化、连续化和自动化，生产关系日趋复杂，各子系统相互联系、相互制约。安全系统通过全面、系统的安全分析、评价和优化选择，找出适当的方法使各子系统之间达到最佳配合状态，即用最少的投资达到最佳的安全效果，大幅度地减少伤亡事故的发生。

➢ 安全系统不仅适用于工程技术，还适用于安全管理，在实际工作中已经形成安全系统工程与安全系统管理两个分支。它的应用范畴可以归纳为发现事故隐患、预测故障引起的危险、设计和调整安全措施方案、实现安全管理最优化、不断改善安全措施和管理方法五个方面。

➢ 促进各项安全标准的制定和有关可靠性数据的收集。安全系统工程既然需要评价，就需要各种标准和数据，如允许安全值、故障率数据，以及安全设计标准、人机工程标准等。

➢ 安全系统工程的开发和应用可以迅速提高安全技术人员、操作人员和管理人员的业务水平和系统分析能力。

1.3 工业生产安全

1.3.1 工业生产安全问题

安全问题无处不在，小到日常生活中燃气泄漏引发的爆炸，大到核电站核泄漏事故导致的灾难。本书侧重于工业生产领域，特别是流程工业中的安全问题。

工业革命以来，工业化的推进为人类生活提供了丰富的物质资料，极大地提高了人类的生产和生活水平。但工业生产的大量安全事故又严重威胁了人身健康、环境和财产安全。特别是改革开放以后，伴随着我国工业化进程的加快，大规模的资源开采和工业化生产使得安全生产问题日益突出，安全形势日益严峻，成为社会关注的焦点问题，也是政府监控和管理的重点。

以现代工业控制系统为主的信息技术在安全生产领域发挥了不可替代的作用。各类安全技术和产品的大量涌现为安全生产提供了技术保障，而安全标准的制定为安全生产提供了指南和法律依据。这些技术和安全标准有力地促进了安全生产水平的提高，在保护人民生命财产和环境安全方面起到了重要作用。

然而，随着我国"两化融合"的不断推进，特别是互联网和移动互联网与工业生产融合的加深，工业生产安全又面临了新的挑战，有了新的态势。以"震网"病毒为代表的网络攻击对关键基础设施的严重破坏进一步表明了信息时代安全保障的迫切性、必要性和复杂性。伴随着以工业 4.0、工业物联网为代表的新型工业生产模式的出现，工业生产信息系统与物理过程的融合构成了信息物理系统，目前非常有必要加强信息物理系统的安全研究。

1.3.2 工业生产安全的主要保障措施

工业生产安全主要从工业生产的安全需求角度出发，依据相关的法律法规，开展工业生产的安全风险评估，确定相关的安全保障技术措施和管理手段，实施全生命周期的安全管理，以达到降低事故风险、实现安全生产的目的。

对于安全保障技术措施而言，除了设计层面的固有安全设计外，在实际生产过程中实施的安全保障技术措施主要包括参数报警、常规控制功能、故障诊断、常规控制系统的工艺联锁、安全仪表系统的联锁保护及其他独立保护层等。本书内容集中在参数报警、常规控制功能、故障诊断、常规控制系统的工艺联锁、安全仪表系统的联锁保护等部分。由于工业控制系统的信息安全属于新兴的安全问题，因此，本书对此也做了重点介绍。

工业安全产品主要包括传统的安全控制器、安全开关、安全光幕、安全栅、安全继电器、报警装置、防爆产品、本安产品、防雷/浪涌保护器、功能安全通信、安全仪表系统，以及工业防火墙、网闸、加密、网络监控、网络审计、网络风险识别与评估、网络态势感知等新型信息安全产品。

从管理措施角度来看，国内外标准机构颁布了大量相关标准和指南。仅《电气/电子/可编程电子安全系统的功能安全》（IEC 61508）就产生了面向不同行业的大量行业标准，如图1.2 所示。各国政府也发布了一系列安全生产法律、法规，以加强工业安全监管。由于工业信息安全事故会造成比以往传统安全事故更加严重的后果，因此，各国政府特别重视关键基础设施的信息安全。例如，美国政府相关部门在 2013 年制定了关键基础设施网络安全框架，从识别、保护、检测、响应、恢复五个维度和资产管理、人员评估、安全意识培训、连续监测、响应恢复等方面加强网络安全风险管理。我国的《网络安全法》第五条也明确规定，国家应采取措施对关键基础设施进行保护。

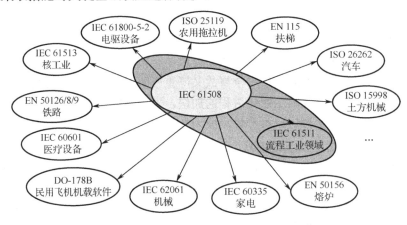

图 1.2　与功能安全国际标准相关的标准

1.4　本书内容介绍与安排

本书把安全系统工程的内容与工业控制系统中的安全技术、功能安全、信息安全结合起来，利用安全系统工程的知识来分析工业控制系统中的安全问题，主要内容与安排如下。

第 1 章是绪论，主要介绍安全系统工程的基础知识，作为本书后续内容的铺垫。

第 2 章是工业控制系统及其基本安全策略。由于本书聚焦工业过程控制及与工业过程有关的安全保护内容，而工业控制系统的稳定运行对确保工业生产过程处于受控制状态发挥直接作用，因此，本章对工业控制系统的基础知识、体系结构、涉及的主要技术做了概括性的分析和介绍，并重点介绍了集散控制系统和数据采集与监视控制系统两种最典型的工业控制系统。此外，有针对性地介绍了工业控制系统中的报警技术、软保护与硬保护等基本的安全保护策略，这些都属于 IEC 61511 中安全保护层的首道保护层，是工业生产现场重要的安全机制。本章还对工业控制系统中的电源、防雷、接地及环境适应性做了介绍，这些也是对实际工业控制系统及工业生产安全可靠运行有重要影响的因素。

第 3 章是故障检测与诊断。安全保护层的报警功能通常不能发现系统在运行中的潜在问题，因此，故障检测与诊断对发现生产异常和潜在故障、发挥预测性维护功能、避免或减少故障对生产的影响、提高系统的可靠性、确保系统安全运行起重要作用。本章对故障诊断的相关基本概念、故障诊断的基本方法做了概述性介绍，并结合案例重点介绍了基于统计的故障检测与诊断、基于人工神经网络的故障诊断、基于支持向量机的故障诊断等主要的故障诊断技术和方法。另外，本章对机械设计状态监测与故障诊断的基本原理也做了一定介绍。

第 4 章是功能安全和安全仪表系统。无论是报警功能还是故障诊断功能都属于安全保护中的开环功能，这些功能不能进一步对系统的安全保护自动采取后续措施，而需要人员进行干预。安全仪表系统属于在线运行的闭环安全保护层，它独立运行，并对关键参数的异常情况执行安全联锁保护，从而降低事故的风险，减少事故可能带来的人员、财产和环境损失。本章对与功能安全及安全仪表系统有关的重要概念、安全仪表系统特点及其与常规控制系统的比较、安全仪表系统风险评估、安全仪表系统的冗余结构及其定量可靠性分析、安全仪表系统设计等进行了详细介绍。

第 5 章是安全仪表系统工程案例。按照 IEC 61511 的要求，针对某废气处理站的安全仪表系统设计与实施进行了详细介绍。首先进行了工艺分析，在此基础上进行了节点划分，接着对燃烧器节点进行了 HAZOP 分析，在此基础上进行了 LOPA 分析，分别采用理论计算和 exSILentia 软件进行了 SIL 定级。其次进行了安全仪表系统的 SIF 回路设计，并对 4 个示例的联锁回路进行了 SIL 验证。最后采用希马公司的安全仪表系统设计了安全控制器的联锁逻辑、操作员站及两者之间的通信子系统，并对安全仪表系统测试及实施相关的内容也进行了阐述。

第 6 章是工业控制系统信息安全，这也是伴随"两化融合"、工业 4.0、工业互联网等出现的信息安全与工业控制系统交叉的领域。本章内容主要包括以下三个方面。

➢ 对工业控制系统信息安全的基本概念、工业控制系统的脆弱性、工业控制系统的信息安全防护技术、工业控制系统的信息安全风险评估、工业控制系统信息安全标准等做了分析和介绍。

➢ 给出了一个实现工业控制系统信息安全目标的工业控制系统测试床，并分析了测试床对于工控信息安全的作用。

➢ 工业控制系统入侵检测与安全监控主要分析了工业控制系统入侵检测与安全监控技术，包括典型工控协议的深度解析、网络安全监控工具、工业控制系统入侵检测算法及其应用案例等。

本书的内容围绕传统、现代和当代工业控制系统及工业生产相关的安全问题展开，对其中的基本概念和知识做了较为深入和全面的分析和介绍。这些内容涉及面广，新知识比较多，具有明显的多学科交叉特性，这也从侧面反映了工业生产安全的复杂性和发展态势。读者想要学好相关的内容，必须结合具体的应用场景特点和要求，综合运用相关的安全科学知识、相关的标准及规范、工业控制理论与技术、工业信息安全技术，从系统论的高度来进行研究、分析与实践。

当然，由于安全问题涉及面极广，在安全科学与工程学科产生之前，不同的领域都在进行各自的安全内容研究、分析与实践，从而形成该领域的安全相关内容和知识体系，因此，不同领域存在安全相关术语与概念不一致的情况，这会给读者的学习带来一定的困扰，需要读者加以甄别。

复习思考题

1. 如何理解安全概念？安全系统有何特殊性？
2. 安全系统工程的主要研究内容是什么？有何特点？
3. 安全评价方法有哪些？各有什么特点？
4. 安全系统工程的研究对象是什么？它们之间有何关系？
5. 安全决策与控制的目的是什么？

第2章 工业控制系统及其基本安全策略

2.1 工业控制系统概述

2.1.1 工业自动化的一般概念

计算机是人类文明的重要成果。计算机产生后，逐步应用于生产、生活、教育、科学等领域。计算机控制技术研究如何将计算机技术应用于工业生产，以提高其自动化程度。随着不断有新的应用领域出现，工业控制系统的应用范围也在不断扩大。由于现代工业对人类文明进程产生了巨大作用，因此，计算机控制技术与工业生产相结合而产生的工业自动化是计算机最重要的应用领域之一。计算机的应用领域除了工业自动化，还有我们熟悉的商业自动化、办公自动化等。工业自动化系统与用于科学计算、一般数据处理等领域的计算机系统最大的不同之处在于其被控对象是具体的物理过程，因此，工业自动化系统的运行会直接对物理过程施加影响。工业自动化系统的好坏直接关系到被控物理过程的稳定性，以及设备、人员和财产的安全。按照目前最新的技术术语，工业自动化系统属于信息-物理融合系统（Cyber Physical System，CPS），该术语更加明确地表明了工业自动化系统的本质特征。

工业自动化的发展包括工业控制理论与技术的发展及工业控制系统/装备的发展。工业控制理论经历了经典控制理论、现代控制理论、智能控制理论等发展阶段，而工业控制系统经历了模拟化、数字化和网络化等发展阶段。从两者的发展历史角度来看，工业控制理论与技术和工业控制系统之间是相辅相成的，工业控制系统的发展为各种工业控制理论与技术的实施提供了必要的基础和支撑。例如，流程工业只有采用集散控制系统后，才能更加容易支撑和实施各种复杂控制、先进控制、智能控制、在线优化技术、资产管理等管控策略，并有利于提升企业的效益。同样地，只有在集散控制系统等新型的工业控制系统上实施各类先进的工业控制理论与技术，才能更好地发挥理论对于生产实践的指导作用，促进控制理论的研究和深入发展。

工业自动化本身经历了一个发展过程，在发展过程中，工业自动化系统与计算机技术、通信技术、网络技术等不断融合，融合程度越深，工业控制系统的先进程度则越高。可以说，工业自动化与上述先进的信息技术的深度融合促进了工业自动化的革命性发展。

由于工业生产行业众多，因此存在化工自动化、农业自动化、矿山自动化、纺织自动化、冶金自动化、机械自动化、电力自动化等面向不同行业的自动化系统。由于不同行业的被控对象的特点不同，因此，我们可以根据其特点，把工业控制系统分成工业自动化及离散自动化两大类。虽然这两类控制系统从构成系统的设备、工作方式、应用场景等角度看有较大不同，但是从系统底层的被控变量控制原理角度看，这两类系统还是有较大的相似性的。下面以工业自动化中常见的温度单回路控制系统为例分析工业控制的基本原理，各类工业控制系统存在大量类似的控制回路。该控制系统的结构组成如图 2.1 所示，对应的控制系统方框图如图 2.2（a）所示。系统中的测量变送环节对被控对象进行检测，先把被控量（如温度、压力、流量、液位、转速、位移等物理量）转换成电信号（电流或电压）再输入控制器中。控制器将此测量值与给定值进行比较，并按照一定的控制规律产生相应的控制信号驱动执行器工作，使被控量跟踪给定值，抑制干扰，从而实现自动控制的目的。

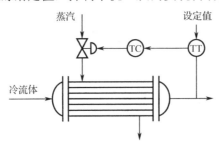

图 2.1　温度单回路控制系统的结构组成

　　把图 2.2（a）中的控制器用计算机及其输入/输出通道来代替，就构成了一个典型的计算机控制系统，其原理图如图 2.2（b）所示。在该系统中，计算机采用数字信号，而现场二次仪表多采用模拟信号。因此，该系统需要有将模拟信号转换为数字信号的模/数（A/D）转换器和将数字信号转换为模拟信号的数/模（D/A）转换器。图 2.2（b）中的 A/D 转换器与 D/A 转换器表征了计算机控制系统中典型的输入/输出通道。

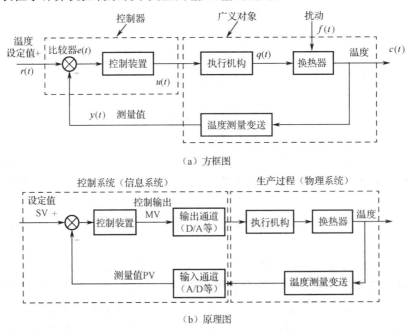

(a) 方框图

(b) 原理图

图 2.2　温度计算机控制系统方框图与原理图

　　在现场总线控制系统中，A/D 转换器、D/A 转换器等的信号变换功能已不需要由现场控制站中相应的转换模块来实现，而是下移到现场总线控制系统的检测或执行装置中。例如，对于如图 2.2（b）所示的换热器温度控制系统，现场的温度测量仪表及执行机构（调节阀）

都带有 FF 或 Profibus-PA 总线接口，并且这两个设备一般都内置有 PID 控制模块（控制功能可以利用其中一个内置 PID 控制模块来实现）。因此，在现场就可以直接构成闭环控制回路，而不需要在现场控制站的 CPU 中执行相应的 PID 控制程序。现场的测控设备可以通过总线与现场总线控制系统的控制站通信，完成参数及变量的读写，实现对现场设备的监控功能。

对于像变频器这样的一些驱动装置，通常同时带有模拟信号接口和总线接口，采用模拟信号接口时，PLC（可编程逻辑控制器）需要 D/A 模块输出模拟信号给变频器；而采用总线接口时，PLC 直接通过现场总线与变频器进行数字通信。

需要说明的是，由于计算机控制属于数字控制，因此，需要合理选择采样周期，对模拟信号进行采样、保持，针对模拟信号的控制算法也需要进行变换，以适应计算机控制的要求。由于这部分内容比较多，也非本书重点，在此就不做介绍了。

2.1.2　工业控制系统的体系结构

1. 工业控制系统的结构及其发展

工业控制系统的体系结构的发展经历了集中式控制结构、分布式控制结构和网络化控制结构三个阶段。集中式控制结构的所有监控功能依赖于一台主机，采用广域网连接现场控制器和主机，网络协议比较简单，开放性差，功能较弱。分布式控制结构充分利用了局域网技术和计算机 PC 化的成果，可以配置专门的通信服务器，应用服务器、工程师站和操作站，普遍采用组态软件技术。网络化控制结构以各种网络技术为基础，网络的层次化使得控制结构更加分散，信息管理更加集中。工业控制系统普遍以客户机/服务器（C/S）结构和浏览器/服务器（B/S）结构为基础，多数工业控制系统包含这两种结构，但以 C/S 结构为主，B/S 结构主要是为了支持 Internet（互联网）应用，以满足远程监控的需要。第三代控制系统在结构上更加开放，兼容性更好，使该系统可以更好地集成到全厂综合自动化系统中。

目前主流的控制系统虽然都实现了控制分散、管理集中，但是在具体实现细节上还有所不同。以 DCS（集散控制系统）为例，目前主流的控制系统的结构主要有以下两种类型。

1）点对点结构

点对点结构在整个系统中没有设置独立的服务器，即每个工作站都可以和现场控制站通信。从硬件上来说，系统中的节点之间、工作站和控制站等通过冗余工业以太网进行通信。这种点对点结构不同于传统的客户机/服务器结构，不会因为任意单个节点的故障而影响到其他节点的正常工作。但由于控制器与多个工作站通信，因此，其通信负荷较高。艾默生公司的 DeltaV 系统和横河公司的 Centum 系统都采用这种结构。

2）传统的客户机/服务器结构

整个控制系统必须存在至少一个服务器，该服务器与现场控制站进行通信，而系统中的工作站（工程师站、操作员站等）不直接与现场控制站通信。因此，控制站与服务器之间构成了客户机/服务器结构。小型系统可以用一台电脑，同时作服务器和工作站；而大型系统需设置多个服务器和工作站。这种结构的好处是可以简化控制器的通信负荷，但是服务器故障会引起整个控制系统无法正常工作。因此，重要场合会设置冗余服务器，从而避免服务器故障对生产过程监控的影响。罗克韦尔公司的 PlantPAx、霍尼韦尔公司的 PKS 和西门子公司的 PCS7 等集散控制系统都采用这种结构。

2. 企业管理系统与控制系统的集成架构标准

现代的工业控制系统不仅要服务于使被控过程处于受控状态这一技术目标，还要服务于整个企业的目标，即实现高效、绿色和安全生产。因此，在一个企业中，控制系统与企业管理系统之间必然要进行融合。为了更好地实现企业管理系统与控制系统的集成，ISA-95 定义了企业管理系统和控制系统之间的集成标准，该标准从功能上看主要包括三个部分，即企业功能部分、信息流部分和控制功能部分，而从结构上看包括自底向上的 L0～L4 层。

在 ISA-95 的基础上，IEC 和 ISO 联合发布了《企业控制系统集成》（IEC/ISO 62264），该标准定义的集成架构如图 2.3 所示。通常所说的工业控制系统是指该架构中的 L0～L2 层；L3～L4 层属于企业管理系统；L5 层主要面向企业云集成，以顺应目前企业信息系统的云化趋势。

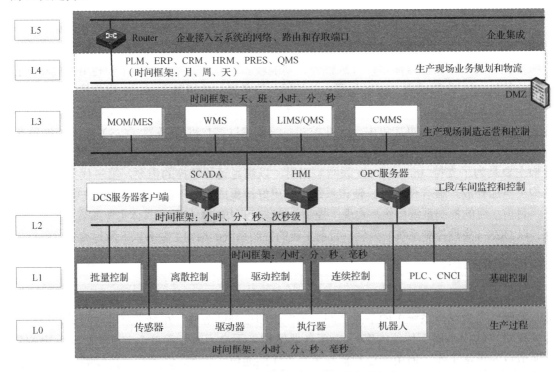

图 2.3 《企业控制系统集成》定义的集成架构

国际上各大自动化公司都推出了符合集成架构的解决方案，以罗克韦尔公司的 PlantPAx 系统为例，其结构如图 2.4 所示。该系统包括从现场设备级到企业商务信息管理级等多级结构，属于大型综合自动化系统。其现场设备级（L0）主要包括传感器、执行器等；工厂控制级（L1）主要包括各类现场控制器及远程 I/O；工厂监控级（L2）主要包括过程自动化系统服务器、应用服务器、工程师站、操作员站等。网络包括 EtherNet/IP 网络、现场设备级环形网络、连接现场控制器和现场总线设备的现场总线。PlantPAx 系统支持多种标准的现场总线，特别是过程工业主流的现场总线 FF 和 Profibus-PA。通过网关，这些现场总线设备可以集成到 EtherNet/IP 网络，从而实现与控制器的信息交换。此外，PlantPAx 系统支持 Hart 总线设备，从而可以兼容更多的传统现场仪表设备。PlantPAx 系统还支持各种安全控制产品的集成，从而确保了安全相关系统的功能安全的实现。从图 2.4 也可以看出现代工业控制系统具有如下结构特点。

> 工业控制系统是一个结构分层、功能分区的分布式系统，不同的业务功能在不同层级实现；
> 多层次的控制网络是现代工业控制系统区别于传统工业控制系统的重要特征；
> 控制系统的网络结构在逐步简单化；
> 在工业企业中 OT（操作技术）与 IT（信息技术）的融合在不断地深入；
> 大型的工业控制系统除了包括常规控制系统，还包括安全仪表控制系统；
> 多数工业控制系统能较好地支持主流现场总线；
> 数字技术的应用从 IT 层向现场设备层逐步渗透，最终使工业控制系统发展成为全数字化的现场总线控制系统，如工业过程控制系统经历了模拟控制、集散控制和现场总线控制的演变。

除了如图 2.4 所示的罗克韦尔自动化系统的集成架构，西门子、施耐德、ABB、艾默生、三菱电机等公司都有类似的工业控制集成解决方案。不同公司的方案在架构上基本符合如图 2.3 所示的规范，在技术上的不同主要表现在其所采用的通信协议，例如，西门子公司的集成架构是 Profibus 系列的现场总线和工业以太网；施耐德公司的集成架构是 Modbus 系列的现场总线与工业以太网。另外，这些公司都有自己成套的硬件和软件产品作支撑，从而提供工业自动化的完整解决方案，有些公司还提供安全仪表系统。

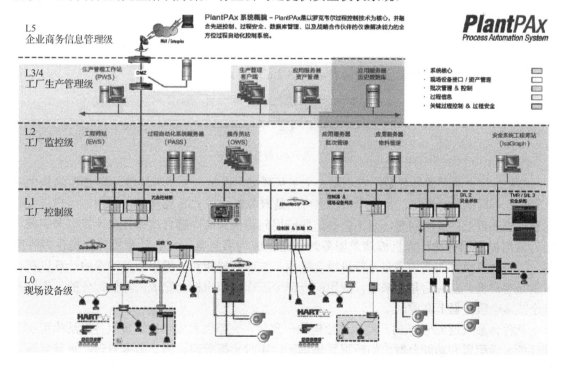

图 2.4　PlantPAx 系统结构图

实际上，除了用于制造业、过程工业及间歇过程的控制系统具有分层分布式特点，其他行业的自动化系统，如作为电力网络的重要组成部分的变电站自动化系统，无论是传统变电站还是智能变电站，其结构也具有分层分布式特点。图 2.5 所示为传统变电站（左）与智能变电站（右）结构图。智能变电站的组成包括"三层两网"，分别是过程层、间隔层和站控层及 GOOSE 网络和 SV 网络。从图 2.5 也可以看出，各类复杂控制系统都采用了系统工程的"分而治之"思想，只是不同的领域，系统分解的方式不同而已。

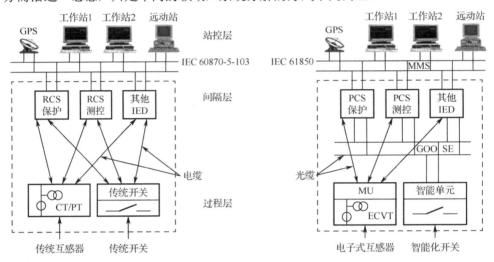

图 2.5　传统变电站（左）与智能变电站（右）结构图

3. 客户机/服务器结构与浏览器/服务器结构

1）客户机/服务器（C/S）结构

在 C/S 结构中客户机和服务器之间的通信以"请求–响应"方式进行，即客户机先向服务器发出请求，服务器再响应这个请求，如图 2.6 所示。

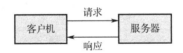

图 2.6　客户机/服务器结构

C/S 结构最重要的特征是：它不是一个主从环境，而是一个平等环境，即 C/S 结构中各计算机在不同的场合既可能是客户机，也可能是服务器。在 C/S 结构的应用中，用户只关心完整地解决自己的应用问题，而不关心这些应用问题由系统中哪台或哪几台计算机来完成。当为应用提供服务的计算机被请求服务时，它就成为服务器。一台计算机可能提供多种服务，一种服务也可能要由多台计算机组合完成。与服务器相对，提出服务请求的计算机在当时就是客户机。从应用角度来看，应用的一部分工作在客户机上完成，其他部分的工作则在一个或多个服务器上完成。

软件体系采用 C/S 结构，能保证数据的一致性、完整性和安全性。多服务器结构可实现软件的灵活配置和功能分散，如数据采集单元、实时数据管理、历史数据管理、报警管理及日志管理等任务均作为服务器任务，而各种功能的访问单元如操作员站、工程师站、先进控制计算站及数据分析站等构成不同功能的客户机，真正实现了功能分散。

严格来说，C/S 结构并不是从物理分布的角度来定义的，它所体现的是一种软件任务间数据访问的机制。系统中每一个任务都作为一个特定的客户服务器模块，扮演着自己的角色，并通过客户-服务器体系结构与其他的任务接口，在这种模式下的客户机任务和服务器任务可以运行在不同的计算机上，也可以运行在同一台计算机上。换句话说，一台机器正在运行服务器程序的同时，还可以运行客户机程序。目前采用这种结构的工业控制系统的应用已经非常广泛。

C/S 结构的优点表现在如下几方面。

➤ 由于客户端实现与服务器的直接连接，没有中间环节，因此响应速度快。

➤ 操作界面漂亮、形式多样，可以充分满足用户自身的个性化要求。

➤ C/S 结构的管理信息系统具有较强的事务处理能力，能实现复杂的业务流程。

C/S 模式的缺点表现在如下几方面。

➤ 需要专门的客户端安装程序，分布功能弱，针对点多、面广且不具备网络条件的用户群体不能实现快速部署安装和配置。

➤ 兼容性差，对于不同的开发工具而言，具有较大的局限性。若采用不同工具，需要重新改写程序。

➤ 开发成本较高，需要具有一定专业水准的技术人员才能完成。

2）浏览器/服务器（B/S）结构

随着 Internet 的普及和发展，以往的主机/终端和 C/S 结构都无法满足当前全球网络开放、互联、信息随处可见和信息共享的新要求，于是就出现了 B/S 结构，如图 2.7 所示。

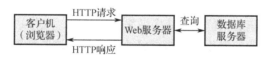

图 2.7　B/S（浏览器/服务器）结构

B/S 结构的最大特点是：用户可以通过浏览器访问 Internet 上的文本、数据、图像、动画、视频和声音信息，这些信息都是由许许多多的 Web 服务器产生的，而每一个 Web 服务器又可以通过各种方式与数据库服务器连接，大量的数据实际存放在数据库服务器中。这种结构的最大优点是：客户机采用统一的浏览器，这不仅让用户使用方便，而且使得客户端不存在维护的问题。当然，软件开发和维护的工作不是自动消失了，而是转移到了 Web 服务器端。一般采用基于 Socket 的 ActiveX 控件或 Java Applet 程序两种方式实现客户端与远程服务器之间的动态数据的交换。ActiveX 控件和 Java Applet 程序都驻留在 Web 服务器上，是由用户登录服务器后下载到客户机上的。Web 服务器在响应客户机程序过程中，若遇到与数据库有关的指令，则交给数据库服务器来解释执行，并返回给 Web 服务器，Web 服务器再返回给浏览器。在这种结构中，许许多多的网连接到一块形成一个巨大的网，即全球网，而各个企业可以在此结构的基础上建立自己的 Intranet（企业内部网）。对于大型分布式 SCADA 系统而言，B/S 结构的引入有利于解决远程监控中存在的问题，并已经得到主流的 SCADA 系统供应商的支持。另外，受安全因素的影响，B/S 结构的远程监控应用受到了一定的限制。

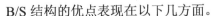
B/S 结构的优点表现在以下几方面。

➤ 具有分布性，可以随时随地进行查询、浏览等业务。

➤ 业务扩展简单方便，通过增加网页即可增加服务器功能。

➤ 维护简单方便，只需要改变网页，即可实现所有用户的同步更新。

➤ 开发简单，共享性强。

B/S 结构的缺点表现在以下几方面。

➤ 个性化特点明显降低，无法实现具有个性化的功能要求。

➤ 鼠标操作为基本的操作方式，无法满足快速操作的要求。

➤ 页面动态刷新，响应速度明显降低。

➤ 功能弱化，难以实现传统模式下的特殊功能要求。

2.1.3　工业控制系统的组成

尽管计算机控制系统形式多样，设备种类千差万别，形状、大小各不相同，但一个完整的计算机控制系统都是由硬件和软件两大部分组成的，当然还包括机柜、操作台等辅助设备。把计算机控制系统应用到实际的工业生产过程控制中，就构成了工业控制系统。传感器和执行器等现场仪表与装置是整个工业控制系统的重要组成部分，由于这部分非本书重点，在此就不做介绍了。

1．硬件组成

1）上位机系统

现代的计算机控制系统的上位机系统多数采用服务器、工作站或 PC 兼容计算机，在计算机控制系统产生早期使用的专用计算机已经不再采用。这些计算机的配置随着 IT 技术的发展而不断发展，硬件配置也不断增强。目前艾默生公司的 DeltaV 集散系统、横河公司的 Centum 集散系统、霍尼韦尔公司的 PKS 集散系统等上位机系统（服务器、工程师站、操作员站）都建议配置经过厂家认证的 DELL 工作站或服务器。

不同厂家的计算机控制系统在上位机系统的硬件配置方面已经几乎没有差别，且大多数都是通用系统。读者对通用计算机系统的组成及其原理较为熟悉，这里就不详细介绍了。

2）现场控制站/控制器

现场控制站虽然实现的功能比较接近，但却是不同类型的工业控制系统的最大差异之处，现场控制站的差别也决定了相关的 I/O 及通信等存在差异。现场控制站的硬件一般由中央处理单元（CPU 模块）、输入/输出模块、通信模块、智能模块与特殊功能模块、外部存储器和电源等模块组成，如图 2.8 所示。这些不同的模块可以集成在一起，也可以通过底板、机架或框架组合在一起，构成现场控制站。

像 DCS 一样用于大型工业生产过程的控制器通常还会采取冗余措施。这些冗余措施包括 CPU 模块冗余、电源模块冗余、通信模块冗余及 I/O 模块冗余等。

（1）中央处理单元（CPU 模块）

中央处理单元（CPU 模块）是现场控制站的控制中枢与核心部件，其性能决定了现场控制器的性能，每套现场控制站至少有一个 CPU 模块。与我们所见的通用计算机上的 CPU 不同，现场控制站的中央处理单元不仅包括 CPU 芯片，还包括总线接口、存储器接口及有关控制电路。控制器通常还带有通信接口，典型的通信接口包括 USB、串行接口（RS232、RS485 等）及以太网，这些接口主要用于编程或与其他控制器、上位机通信。

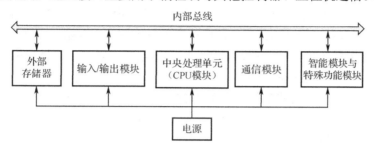

图 2.8   现场控制站的硬件组成

控制器模块是现场控制站的控制与信号处理中枢，主要用于实现逻辑运算、数字运算、响应外设请求，还用于协调控制系统内部各部分的工作，执行系统程序和用户程序。控制器模块的安全运行对工业控制系统非常重要，各类外部攻击通常都会指向该模块。因此，以控制器模块为核心的现场控制站是工业控制系统中安全防护的核心设备。

控制器的工作方式与控制器的类型和厂家有关。例如，可编程控制器采用扫描方式工作，在每个扫描周期用扫描的方式采集由过程输入通道送来的状态或数据，并存入规定的寄存器，再执行用户程序扫描，同时，诊断电源和可编程控制器内部电路的工作状态，并给出故障显示和报警（设置相应的内部寄存器参数值）。CPU 的速度和内存容量是可编程控制器的重要参数，它们决定着可编程控制器的工作速度、I/O 数量、软元件容量及用户程序容量等。

控制器的 CPU 多采用通用的微处理器，也有的采用 ARM 系列处理器或单片机。例如，施耐德公司的 Quantum 系列、通用电气公司的 Rx7i、3i 系列 PLC 就采用 Intel Pentium 系列的 CPU 芯片，三菱公司的 FX_2 系列可编程控制器使用的微处理器是 16 位的 8096 单片机。在通常情况下，最新一代的 CPU 模块采用的 CPU 芯片至少要落后通用计算机芯片 2 代，即使这样，这些 CPU 对于处理任务相对简单的控制程序来说也已经足够了。

与一般的计算机系统不同，现场控制站的 CPU 模块通常带有存储器，其作用是存放系统程序、用户程序、逻辑变量和其他一些运行信息。控制器中的存储器主要有只读存储器（ROM）和随机存储器（RAM）。ROM 存放控制器制造厂家写入的系统程序，该系统程序永远驻留在 ROM 中，控制器掉电后再上电，ROM 内容也不变。RAM 为可读写的存储器，读出时，其内容不被破坏；写入时，新写入的内容会覆盖原有的内容。控制器配备掉电保护电路，当掉电后，锂电池为 RAM 供电，以防掉电后重要信息丢失。一般来说，控制器新买来的时候，其锂电池的插头是断开的，用户需要把插头插上。除此之外，控制器还有 EPROM、EEPROM 等存储器，通常调试完成后不需要修改的程序可以放在 EPROM 或 EEPROM 中。

控制器产品样本或使用说明书给出的存储器容量一般是指用户存储器，存储器容量是控制器的一个重要性能指标。存储器容量大，可以存储更多的用户指令，能够实现对复杂过程的控制。

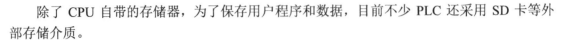
除了 CPU 自带的存储器，为了保存用户程序和数据，目前不少 PLC 还采用 SD 卡等外部存储介质。

（2）输入/输出模块

输入/输出（I/O）模块是控制器与工业过程现场设备之间的连接部件，是控制器的 CPU 模块接收外界输入信号和输出控制指令的必经通道。输入模块和各种传感器、电气元件触点等连接，把工业过程现场的各种测量信息送入控制器中。输出模块与各种执行设备连接，应用程序的执行结果改变执行设备的状态，从而对被控过程施加调节作用。由于输入/输出模块直接与工业现场设备连接，因此，它们应该有很好的信号适应能力和抗干扰能力。通常，输入/输出模块会配置各种信号调理、隔离、锁存等电路，以确保信号采集的可靠性、准确性，保护工业控制系统不受外界干扰。

由于工业现场信号种类的多样性和复杂性，控制器通常配置各种类型的输入/输出模块。根据变量类型，输入/输出模块可以分为数字量输入模块、数字量输出模块、模拟量输入模块、模拟量输出模块和脉冲量输入模块等。

数字量输入和输出模块的点数通常为 4、8、16、32、64 等。数字量输入、输出模块会把若干个点如 8 点组成一组，即它们共用一个公共端。

模拟量输入和输出模块的点数通常为 2、4、8 等。有些模拟量输入模块支持单端输入与差动输入，一个差动输入为 8 路的模块设置为单端输入时，可以输入 16 路模拟量信号。对于模拟量采样要求高的场合，有些模块具有通道隔离功能。

用户可以根据控制系统信号的类型和数量，并考虑在一定 I/O 冗余量的情况下，合理选择不同点数的模块组合，从而节约成本。

① 数字量输入模块

通常我们可以按电压水平对数字量输入模块进行分类，其主要分为直流输入模块和交流输入模块。直流输入模块的工作电源主要为 24V 及 TTL 电平，交流输入模块的工作电源为 220V 或 110V。一般来说，当现场节点与 I/O 端子距离较远时采用交流输入模块；当现场的信号采集点与数字量输入模块的端子之间距离较近时，可以用 24V 直流输入模块。根据笔者的工程经验，如果电缆走线干扰少，在 120m 之内完全可以用直流输入模块。数字量输入模块多采用光电耦合电路，以提高控制器的抗干扰能力。

在工业现场，特别是在过程工业中，数字输入信号采用中间继电器隔离，即数字量输入模块的信号都是从继电器的触点来的。对于继电器输出模块而言，该输出信号都是通过中间继电器隔离和放大后，才和外部电气设备连接的。因此，在各种工业控制系统中，直流输入/输出模块使用广泛，交流输入/输出模块使用较少。

② 数字量输出模块

按照现场执行机构使用的电源类型，可以把数字量输出模块分为直流输出（继电器和晶体管）和交流输出（继电器和晶闸管）。

继电器输出模块有许多优点，如导通压降小，有隔离作用，价格相对便宜，承受瞬时过电压和过电流的能力较强等，但其不能用于频繁通断的场合。频繁通断的感性负载应选择晶体管或晶闸管输出模块。

数字量输出模块在使用时，我们一定要考虑每个输出点的容量（额定电压和电流）、输出负载类型等。例如，在温度控制系统中，若采用固态继电器，则一定要配置晶体管输出模块。

③ 模拟量输入模块

模拟量信号是一种连续变化的物理量，如电流、电压、温度、压力、位移、速度等。在工业控制中，系统要对这些模拟量进行采集并送给控制器的 CPU 处理，必须先对这些模拟量进行模数（A/D）转换。模拟量输入模块就是用来将模拟信号转换成控制器所能接收的数字信号的。生产过程的模拟信号是多种多样的，其类型和参数大小也不相同，因此，一般在现场先用变送器把它们变换成统一的标准信号（如 4～20mA 的直流电流信号），然后送入模拟量输入模块将模拟量信号转换成数字量信号，以便 PLC 的 CPU 对该信号进行处理。模拟量输入模块一般由滤波器、模数（A/D）转换器、光电耦合器等组成，其中光电耦合器有效地防止了电磁干扰。多通道的模拟量输入模块通常设置多路转换开关进行通道的切换，且在输出端设置信号寄存器。

此外，由于工业现场大量使用热电偶、热电阻测温，因此，各控制设备厂家都生产相应的模块。热电偶模块具有冷端补偿电路，以消除冷端温度变化带来的测量误差。热电阻的接线方式有 2 线、3 线和 4 线 3 种，通过合理的接线方式，可以减弱连接导线电阻变化的影响，从而提高测量精度。

选择模拟量输入模块时，我们除了要明确信号类型，还要注意模块（通道）的精度、转换时间等是否满足实际数据采集系统的要求。

传感器/测量仪表有二线制和四线制之分，因此这些仪表与模拟量输入模块连接时，要注意仪表类型是否与模块匹配。通常，PLC 中的模拟量输入模块同时支持二线制仪表和四线制仪表。信号类型可以是电流信号，也可以是电压信号（有些产品需要进行软硬件设置，接线方式会有不同）。采用二线制接法的仪表由模块供电。DCS 的模拟量输入模块对信号的限制要大。例如，某些型号的模拟量输入模块只支持二线制仪表，即必须由该模块的端子为现场仪表供电，外部不能再接 24V 直流电源；而如果使用四线制仪表，则必须选配支持四线制的模拟量输入模块。

④ 模拟量输出模块

现场的执行器如电动调节阀、气动调节阀等都需要由模拟量来控制，所以模拟量输出模块的任务是将计算机计算得到的数字量转换为可以推动执行器动作的模拟量。模拟量输出模块一般由光电耦合器、数模（D/A）转换器和信号驱动等组成。

模拟量输出模块输出的模拟量可以是电压信号，也可以是电流信号。电压信号或电流信号的输出范围通常可以调整，如电流输出可以设置为 0～20mA 或 4～20mA。对于电压信号和电流信号的设置，不同厂家的设置方式不同，有的厂家通过硬件进行设置，有的厂家通过软件进行设置，而且电压输出或电流输出时，外部接线也不同，这需要相关人员特别注意。通常，模拟量输出模块的输出端外接 24V 直流电源，以提高驱动外部执行器的能力。

（3）通信模块

通信模块包括与上位机通信接口及与现场总线设备通信接口两类，这些模块有些可以集成到 CPU 模块上，有些是独立的模块，如横河公司的 Centum VP 等型号 DCS 的 CPU 模块上配置 2 个以太网接口。对于 PLC 系统，CPU 模块通常还会配置串行通信接口，这些接口通常能满足控制站编程及上位机通信的需求。但由于用户的需求不同，因此，各个厂家，特别是 PLC 厂家，都会配置独立的以太网等通信模块。

目前由于现场控制站广泛采用现场总线技术，因此，现场控制站还支持各种类型的总线接口通信模块，典型的总线接口包括 FF、Profibus-DP、ControlNet 等。由于不同厂家通常支持不同的现场总线，因此，总线接口通信模块的类型与厂家或型号有关，如罗克韦尔公司有 DeviceNet 和 ControlNet 模块，三菱公司有 CC-Link 模块，ABB 公司有 ARCNET 和 CANopen 模块等。目前，由于工业以太网技术的快速发展，大多数新推出的工业控制系统在网络结构和层次上都做了简化，即用工业以太网来取代部分现场总线。例如，西门子公司用工业以太网 ProfiNet 取代 Profibus-DP，以实现远程 I/O 模块与主站之间的以太网通信；罗克韦尔公司用 Ethernet/IP 取代 DeviceNet 和 ControlNet。

由于大的工厂除了有 DCS，还存在多种类型的 PLC（这些控制系统通常随设备一起供货），为了实现全厂监控，通常要求 DCS 能与 PLC 通信，所以一般 DCS 还会根据需要配置 Modbus 等通信模块。

（4）智能模块与特殊功能模块

所谓智能模块，是指由控制器制造商提供的一些满足复杂应用要求的功能模块，这里的"智能"表明该模块具有独立的 CPU 和存储单元，如专用温度控制模块或 PID 控制模块，它们可以检测现场信号，并根据用户的预先组态进行工作，把运行结果输出给现场执行设备。

特殊功能模块有用于条形码识别的 ASCⅡ/BASIC 模板，用于运行控制、机械加工的高速计数模板，单轴位置控制模板，双轴位置控制模板，凸轮定位器模板和称重模块等。这些智能模块与特殊功能模块的使用不仅可以有效降低控制器处理特殊任务的负荷，还增强了对特殊任务的响应速度和执行能力，从而提高了现场控制站的整体性能。

（5）电源

所有的现场控制站都要有独立可靠的供电电源。现场控制站的电源包括给控制站设备本身供电的电源及给控制站 I/O 模块供电的电源两种。除了一体化的 PLC 等设备，在一般情况下现场控制站有独立的电源模块，这些电源模块为 CPU 等模块供电。有些产品需要为各模块单独供电，有些只需要为电源模块供电，电源模块再通过总线为 CPU 及其他模块供电。一般地，I/O 模块连接外部设备时需要单独供电。

电源类型有交流电源（220V 或 110V）或直流电源（24V）。虽然有些电源模块可以为外部电路提供一定功率的 24V 工作电源，但一般不建议这样用。

（6）底板、机架或框架

从结构上分，现场控制站为固定式和模块式（组合式）两种。固定式控制站包括 CPU 模块、I/O 模块、显示面板、内存块、电源模块等，这些模块组成一个不可拆卸的整体。模块式控制站包括 CPU 模块、I/O 模块、电源模块、通信模块、底板或机架，这些模块可以按照一定规则组合配置。虽然不同产品的底板或机架的型号不同，甚至叫法不一样，但它们的功能是基本相同的。不同厂家对模块在底板上的安装顺序有不同的要求，如电源模块与 CPU 模块的位置通常是固定的，CPU 模块通常不能放在扩展机架上等。

在底板上通常还有用于本地扩展的接口，即扩展底板通过接口与主底板通信，从而确保现场控制器可以安装足够多的各种模块，具有较好的扩展性，以适应系统规模从小到大的各种应用需求。

2. 软件组成

1）上位机系统软件

上位机系统软件包括服务器、工作站上的系统软件和各种应用软件。除了早期部分 DCS 采用 UNIX 等作为操作系统，目前 DCS 普遍采用 Windows 操作系统。

上位机系统的应用软件包括各种人机界面、控制器组态软件、通信配置软件、实时和历史数据库软件、报警记录和管理及其他高级应用软件（如资产管理、先进控制、批处理等）。一般来说，对于 SCADA 系统而言，上位机系统软件通常具有图形操作界面、实时和历史趋势、报警记录和管理、报表等功能。而 DCS 的上位机系统软件大多是由独立的应用程序或以软件包形式提供的，但它们与 DCS 的集成度很高，属于 DCS 一体化解决方案的一部分。

上位机系统软件的配置一般与行业特性有关，如食品饮料行业会要求批处理功能，过程控制行业对先进控制软件、过程模拟及操作员培训系统有一定的需求。

在上位机操作中，在有些情况下要对操作员的行为进行记录，如记录操作员更改控制回路工作状态和参数、更改操作环境、对报警应答、更改设备启停状态等。

2）现场控制站软件

现场控制站软件包括 CPU 模块中的操作系统和用户编写的应用程序。由于现场控制站的开放性较差，厂家只提供编程软件作为开发平台，从不告知其操作系统的细节，因此用户对其操作系统知之甚少。由于现场控制站要进行实时控制，且硬件资源有限，因此，其操作系统一般是支持多任务的嵌入式实时操作系统。这些操作系统的主要特点是将应用系统中的各种功能划分成若干任务，并按其重要性赋予不同的优先级，各任务的运行进程及相互间的信息交换由实时多任务操作系统调度和协调。

施耐德公司的 Quantum 系列、罗克韦尔公司的 ControlLogix 系列和艾默生公司的 DeltaV 数字控制系统的现场控制站的操作系统都采用 VxWorks 操作系统。VxWorks 操作系统是美国风河（Wind River）公司于 1983 年设计开发的一种嵌入式实时操作系统。在 Windows 操作系统风行之前，VxWorks 及 QNX 等就已经是十分出色的实时多任务操作系统。VxWorks 操作系统具有可靠性、实时性、可裁减性等特点，并以良好的持续发展能力、高性能的内核及友好的用户开发环境，在嵌入式实时操作系统领域占据一席之地，在通信、军事、航空、航天等高精尖技术及实时性要求极高的领域广泛应用。美国的 F-16 和 FA-18 战斗机、B-2 隐形轰炸机、爱国者导弹甚至火星探测器都使用了 VxWorks 操作系统。

以可编程自动化控制器 PAC 为代表的现场控制站因开放性为其特色之一，所以多采用 Windows CE 作为操作系统。大量的消费类电子产品和智能终端设备也选用 Windows CE 作操作系统。另外，不少厂家对 Linux 进行裁剪，作为其开发的控制器的操作系统，如德国 Wago 750 等。

控制站的应用软件是控制系统设计开发人员针对具体的应用系统要求而设计开发的。通常，控制器厂家会提供软件包以便于技术人员开发针对具体控制器的应用程序。目前，这类软件包主要基于 IEC 61131-3 标准，有些厂家的软件包支持该标准中的所有编程语言及规范，有些厂家的软件包支持该标准中的部分编程语言及环境。该软件包通常是一个集成环境，提供系统配置、项目创建与管理、应用程序编辑、在线和离线调试、应用程序仿真、诊断及系统维护等功能。

为了便于应用程序开发，软件包为用户提供了大量指令，这些指令主要包括以下几类。

➢ 运算指令：包括各种逻辑与算术运算。

➢ 数据处理指令：包括传送、移位、字节交换、循环移位等。

➢ 转换指令：包括数据类型转换、码类型转换及数据和码之间的类型转换。

➢ 程序控制指令：包括循环、结束、顺序、跳转、子程序调用等。

➢ 其他特殊指令。

除了上述指令，软件包还提供了大量的功能块或程序，这些功能块或程序主要包括以下内容。

➢ 通信功能块：包括以太网通信、串行通信及现场总线通信等功能块。

➢ 控制功能块：包括 PID 及其变种等各种功能块。

➢ 其他功能块：包括 I/O 处理、时钟、故障信息读取、系统信息读写等。

此外，用户还可以自定义各种功能块，以满足行业应用的需要，同时增加软件的可重用性，这有利于知识产权的保护。

3．辅助设备

计算机控制系统除了包括上述硬件和软件，还包括机柜、操作台等辅助设备。机柜主要用于安装现场控制器、I/O 端子、隔离单元、电源等设备，而操作台主要用于操作和管理。操作台一般由显示器、键盘、开关、按钮和指示灯等构成。操作员通过操作台可以了解与控制整个系统的运行状态，并且在紧急情况下，可以实施紧急停车等操作，以确保安全生产。

视频监控在工业生产中的作用越来越大，视频监控信号是企业信息化系统的一个组成部分。由于视频监控系统与工业生产控制系统的关联度较小，在实践中，视频监控系统的设计、部署和维护都是独立于工业生产控制系统的。部分视频监控系统与工业生产监控系统关系紧密的视频信号会接入计算机控制系统，如炉膛燃烧的视频监控画面。这些视频监控显示装置可以安装在操作台上或直接用中控室的大屏幕作为显示装置，以加强对重要设备与生产过程的监控，进一步提高生产运行安全和管理水平。

2.2　工业控制系统的发展及其关键技术

2.2.1　工业控制系统的发展

1．数据采集系统

数据采集系统（Data Acquisition System，DAS）是计算机应用于生产过程控制最早、最基本的一种系统，其原理图如图 2.9 所示。生产过程中的大量参数经仪表发送和 A/D 通道或

DI 通道巡回采集后送入计算机，由计算机对这些数据进行分析和处理，并按操作要求进行屏幕显示、制表打印和越限报警等。该系统可以代替大量的常规显示、记录和报警仪表，对整个生产过程进行集中监视。因此，该系统对于指导生产及建立或改善生产过程的数学模型是有重要作用的。

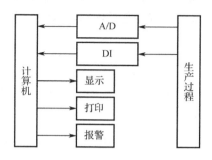

图 2.9　数据采集系统原理图

2. 操作指导控制系统

操作指导控制（Operation Guide Control，OGC）系统是基于数据采集系统的一种开环系统，其原理图如图 2.10 所示。计算机根据采集到的数据及工艺要求进行最优化计算，计算出的最优操作条件并不直接输出以控制生产过程，而是显示或打印出来，操作人员据此去改变各个控制器的给定值或操作执行器输出，从而起到操作指导的作用，这是计算机离线最优控制的一种形式。操作指导控制系统的优点是结构简单、控制灵活和安全，缺点是要由人工操作、速度受到限制、不能同时控制多个回路。因此，操作指导控制系统常常用于计算机控制系统操作的初级阶段，或者用于试验新的数学模型、调试新的控制程序等场合。

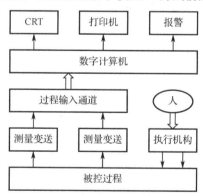

图 2.10　操作指导控制系统原理图

3. 直接数字控制系统

直接数字控制（Direct Digital Control，DDC）系统是指用一台计算机不仅完成对多个被控参数的数据采集，而且能按一定的控制规律进行实时决策，并通过过程输出通道发出控制信号，实现对生产过程的闭环控制，其原理图如图 2.11 所示。为了操作方便，DDC 系统还配置一个具有给定、显示、报警等功能的操作控制台。1962 年，英国的帝国化学公司（ICI）开发了一套 DDC 系统，它取代了原来的常规仪表控制系统，控制计算机直接检测 224

个变量，控制 129 个阀门。

DDC 系统中的一台计算机不仅完全取代了多个模拟调节器，而且在各个回路的控制方案上，不改变硬件只通过改变程序就能有效地实现各种各样的复杂控制，因此，DDC 控制方式在理论上有其合理性和优越性。但是，由于这种控制方式属于集中控制与管理，因此，风险的集中会对安全生产带来威胁，特别是早期的计算机可靠性较差，从而使这种控制方式的推广受到了一定的限制。

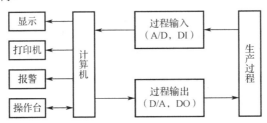

图 2.11　直接数字控制系统原理图

4．计算机监督控制系统

计算机监督控制（Supervisory Computer Control，SCC）系统是 OGC 系统与常规仪表控制系统或 DDC 系统综合而成的两级系统，其原理图如图 2.12 所示。SCC 系统有两种不同的结构形式，一种是 SCC+模拟调节器系统（也称为计算机设定值控制系统，即 SPC 系统），另一种是 SCC+DDC 控制系统。其中，作为上位机的 SCC 计算机按照描述生产过程的数学模型，根据原始工艺数据与实时采集的现场变量计算出最佳动态给定值，送给作为下位机的模拟调节器或 DDC 计算机，由下位机控制生产过程。这样，系统就可以根据生产工况的变化，不断地修正给定值，使生产过程始终处于最优工况，这是计算机在线最优控制的一种实现形式。

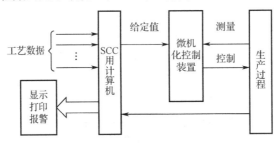

图 2.12　计算机监督控制系统原理图

另外，当上位机出现故障时，下位机可以独立完成控制。下位机直接参与生产过程控制，其具有实时性好、可靠性高和抗干扰能力强等特点；而上位机承担高级控制与管理任务，应配置数据处理能力强、存储容量大的高档计算机。

5．基于 PC 的控制系统

PLC 作为传统主流控制器，具有抗恶劣环境、稳定性好、可靠性高、顺序控制能力强等优点，在自动化控制领域中具有不可替代的优势。但 PLC 也有明显的不足，如封闭式架构、封闭式软硬件系统、产品兼容性差、编程语言不统一等。这些都造成了 PLC 的应用壁垒，也增加了用户维修的难度和集成成本。而脱胎于商用 PC 的工业控制计算机 IPC 具有价格相对低廉、结构简单、开放性好、软硬件资源丰富、环境适应能力强等特点。因此，IPC 除了可以用于监控系统作人机界面主机，还可以分出部分资源来模拟现场控制站中 CPU 模块的功能，即同时具有实时控制功能，因而产生了所谓软 PLC（Soft PLC，也称为软逻辑 Soft Logic）的概念，其基本原理如图 2.13 所示。

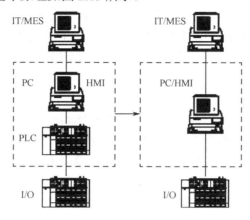

图 2.13　软 PLC 的基本原理（从 PLC 控制到软 PLC 控制）

软 PLC 利用 PC 的部分资源来模拟 PLC 中 CPU 模块的功能，从而在 PC 上运行 PLC 程序。软 PLC 综合了计算机和 PLC 的开关量控制、模拟量控制、数学运算、数值处理、网络通信、PID 调节等功能，通过一个多任务控制内核，提供强大的指令集，快速而准确地执行控制任务。随着对软 PLC 的认识的深入及控制技术的发展，进一步产生了基于 PC（PC-Based）的控制系统。目前，常用的两种基于 PC 的控制解决方案分别是软 PLC 解决方案和基于 PLC 技术的解决方案。后一种方案针对软 PLC 解决方案的控制与监控功能因集中而导致可靠性下降的问题，采用独立的硬件 CPU 模块。这两种基于 PC 的控制解决方案及相关的产品具有各自的特点和应用领域。特别是近年来，西门子、研华、倍福等公司都针对运动控制领域的应用推出了基于 PC 的控制解决方案，以充分发挥 PC 在运算、速度、存储等方面的功能，以及整合机器视觉、CAD 文档、数据库的便捷性。

西门子公司推出了非常完善的基于 PC 的自动化控制产品，该产品系统称作 SIMATIC WinAC，与其他基于 PC 的控制产品相比，其功能和产品系统均有所差别。WinAC 不是简单地将 PLC 替换为 PC，而是将 PLC 和 PC 的功能完美结合，包括控制功能、通信功能、可视化功能、网络功能及工艺技术等功能，WinAC 产品包括 WinAC 插槽型、WinAC 实时型、WinAC 基本型和 WinAC 嵌入型等。

德国倍福公司（Beckhoff）的基于 PC 的控制产品使用高性能的现代处理器，将 PLC、可视化、运动控制、机器人技术、安全技术、状态监测和测量技术集成在同一个控制平台上，可提供具有良好开放性、高度灵活性、模块化和可升级的自动化系统，全面提升智慧工厂的智能水平。当独立使用 PLC 或 PC 不能提供很好的解决方案时，使用该类产品是一个较好的选择。

6. 集散控制系统

随着生产规模的扩大，控制系统不仅对 I/O 处理能力的要求更高，而且随着信息量的增多，对集中管理的要求也越来越高，控制和管理的关系也日趋密切。从可靠性要求角度来看，大型企业对生产过程的控制和管理不可能只用一台计算机来完成。另外，随着计算机技术、通信技术和控制技术的发展，开发大型分布式计算机控制系统成为可能。通信网络连接管理计算机和现场控制站的集散控制系统（Distributed Control System，DCS）在 1975 年被研制出来。DCS 采用分散控制、集中操作、分级管理、分而自治和综合协调的设计原则，自下而上可以分为若干级，如过程控制级、控制管理级、生产管理级和经营管理级等，满足了大规模工业生产过程对工业控制系统的需求，成为主流的工业过程控制系统。

7. 计算机集成制造系统

计算机集成制造系统（Computer Integrated Manufacturing System，CIMS）是指通过计算机硬软件并综合运用现代管理技术、制造技术、信息技术、自动化技术、系统工程技术，将企业生产全部过程中有关的人、技术、经营管理三要素及其信息与物流有机集成并优化运行的复杂的大系统。从功能层方面分析，CIMS 大致可以分为六层：生产/制造系统、硬事务处理系统、技术设计系统、软事务处理系统、信息服务系统和决策管理系统。从生产工艺方面分析，CIMS 大致可以分为离散型制造业、连续型制造业和混合型制造业三种。从体系结构方面分析，CIMS 也可以分为集中型、分散型和混合型三种类型。

CIMS 是自动化程度不同的多个子系统的集成，如管理信息系统（MIS）、制造资源计划系统（MRPⅡ）、计算机辅助设计（CAD）系统、计算机辅助工艺设计（CAPP）系统、计算机辅助制造（CAM）系统、柔性制造系统（FMS），以及数控机床（CNC）、机器人等。CIMS 是在这些自动化系统的基础上发展起来的，它根据企业的需求和经济实力，把各种自动化系统通过计算机实现信息集成和功能集成。

8. 工业互联网

作为新一代信息通信技术与现代工业技术深度融合的产物，工业互联网成为全球新一轮产业竞争的制高点。当前，随着工业互联网的快速发展和推进，传统的自动化公司都在加强业务转型，如西门子、通用电气、ABB、施耐德等公司面向智能制造需求，充分利用物联网、人工智能、大数据、云计算等当代先进技术，重点推进工业互联网平台的建设和应用。目前众多自动化公司、传统制造业公司和软件公司等都推出了自己的工业互联网云平台。受此影响，传统的工业自动化系统的结构和业务模式正在快速转型和升级。

工业互联网平台是指面向制造业数字化、网络化、智能化需求，构建基于海量数据的采集、汇聚、分析和服务体系，支撑制造资源泛在连接、弹性供给、高效配置的开放式云平台。其本质是通过人、机器、产品、业务系统的泛在连接，建立面向工业大数据、管理、建模、分析的赋能和使能开发环境，将工业研发设计、生产制造、经营管理等领域的知识显性化、模型化、标准化，并封装为面向监测、诊断、预测、优化、决策的各类应用服务，实现制造资源在生产制造全过程、全价值链、全生命周期中的全局优化，打造泛在连接、数据驱动、软件定义、平台支撑的制造业新体系。

图 2.14 所示是和利时公司的 HiaCloud 工业互联网 PaaS 云平台架构。该架构是基于 PaaS 的工业互联网平台，通过 HiaCloud 工业互联网，用户可以构建基于数据自动流动的状态感知、实时分析、科学决策、精准执行的闭环赋能体系，打通产品需求设计、生产制造、

应用服务之间的"数字鸿沟"，实现生产资源高效配置、软件敏捷开发，支撑企业持续改进和创新。HiaCloud 工业互联网以模型为核心，采用事件驱动服务的方式，实现物理空间与信息空间的双向映射和交互，提供开放的工业数据、应用开发和业务运行的云平台。

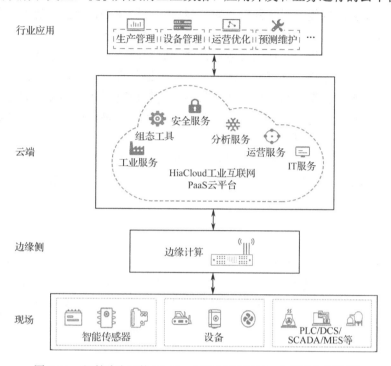

图 2.14　和利时公司的 HiaCloud 工业互联网 PaaS 云平台架构图

2.2.2　控制装置（控制器）的类型

1. 可编程调节器

可编程调节器（Programmable Controller，PC）又称单回路调节器（Single Loop Controller，SLC）、智能调节器、数字调节器等。它主要由微处理器单元、过程 I/O 单元、面板单元、通信单元、硬手操单元和编程单元等组成，在过程工业特别是单元级设备控制中广泛使用，常用的可编程调节器如图 2.15 所示。

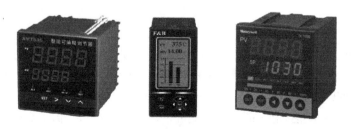

图 2.15　常用的可编程调节器

可编程调节器实际上是一种仪表化了的微型控制计算机，它既保留了仪表面板的传统操作方式，易于被现场人员接受，又发挥了计算机软件编程的优点，可以方便灵活地构成各种过程控制系统。与一般的控制计算机不同，可编程调节器在软件编程上使用一种面向问题的语言（Problem Oriented Language，POL）。这种 POL 组态语言为用户提供了几十种常用的运算和控制模块，其中，运算模块不仅能实现各种组合的四则运算，还能完成函数运算；而控制模块的系统组态编程也能实现各种复杂的控制算法，如 PID、串级、比值、前馈、选择、非线性、程序控制等。由于这种系统组态方式简单易学，便于修改与调试，因此，它极大地提高了系统设计的效率。用户在使用可编程调节器时在硬件上无须考虑接口问题、信号传输和转换等问题。为了满足集中管理和监控的需求，可编程调节器配置的通信接口可以与上位机通信。可编程调节器具有的断电保护和自诊断等功能提高了其可靠性。因此，利用可编程调节器的现场回路控制功能，结合上位管理和监控计算机，可以构成集散控制系统。对于一些规模较小的生产过程控制而言，这种方案具有较高的性价比。

近年来，不少传统的无纸记录仪在显示和记录的基础上增加了调节功能，构成了功能更加强大的新型自动化产品，其使用也越来越广泛，而传统的可编程调节器的市场急剧萎缩。

2．智能仪表

智能仪表可以看作功能简化的可编程调节器，它主要由微处理器、过程 I/O 单元、面板单元、通信单元、硬手操单元等组成，常用的智能仪表如图 2.16 所示。与可编程调节器相比，智能仪表不具有编程功能，只有内嵌的几种控制算法供用户选择，典型的控制算法有 PID、模糊 PID 和位式控制。用户可以通过按键设置调节有关的各种参数，如输入通道类型及量程、输出通道类型、调节算法及具体的参数、报警设置、通信设置等。智能仪表也可以选配通信接口，从而与上位计算机构成分布式监控系统。智能仪表由于价格低廉，在单体设备或小型系统中还在广泛使用。

图 2.16　常用的智能仪表

3．可编程控制器

1）可编程控制器的定义

可编程控制器（Programmable Logic Controller，PLC）是指以计算机技术为基础的新型数字化工业控制装置，是计算机技术和继电逻辑控制概念相结合的产物，其低端产品为常规继电逻辑控制的替代装置，而高端产品为一种高性能的工业控制计算机。1987 年 2 月，国际电工委员会（International Electrical Committee，IEC）在其颁布的《可编程控制器标准草案》的第三稿中对可编程控制器做了如下定义。

可编程控制器是一种专门为在工业环境下应用而设计的数字运算操作的电子装置，它采用一类可编程的存储器，用于存储其内部程序，执行逻辑运算、顺序运算、定时、计数与算术操作等面向用户的指令，并通过数字或模拟式的输入/输出控制各种类型的机械或生产过程。可编程控制器及其有关外部设备都应该按易于与工业控制系统形成一个整体、易于扩展其功能的原则而设计。

由于可编程控制器是一类数字化的智能控制设备，因此相对于传统的模拟式控制器，它有了软件系统，该软件系统包括系统软件与应用软件。系统软件是由可编程控制器生产厂家编写并固化到只读式存储器 ROM 中的，用户不能访问，它主要是指控制可编程控制器完成各种功能的程序。而应用软件是用户根据设备或生产过程的控制要求编写的程序。该程序可以写入可编程控制器的随机存储器 RAM 中，用户可以通过在线或离线方式修改、补充该程序，并且可以启停应用程序。

2）可编程控制器的特点

与现有的数字控制设备或系统如集中式计算机控制系统、集散控制系统及新型嵌入式控制系统相比，可编程控制器具有如下特点。

（1）产品类型更加丰富

可编程控制器可覆盖从几个 I/O 点的微型系统到具有上万个 I/O 点的大型控制系统，这种特性决定了可编程控制器应用领域的广泛性，从单体设备到大型流水线的控制都可以采用可编程控制器。特别是各种经济的超小型、微型可编程控制器，其配置的 8～16 个 I/O 点可以很好地满足小型设备的控制需要，这是其他类型控制器很难做到的。在实际应用中，微型、小型可编程控制器的使用量也远远超过中型产品。采用各种板卡+计算机的控制系统的 I/O 点数量通常较少，不适用于大系统，且其可靠性也比可编程控制器的控制系统差。而集散控制系统只有在中大型应用中才能体现其性价比，通常 I/O 点数小于 300 的生产过程较少使用集散控制系统。

（2）主要应用在制造业上

由于可编程控制器产生于制造业，因此，其主要的应用领域是在生产线及机械设备上。集散控制系统主要用于流程工业的非安全控制，但其安全控制（联锁控制、紧急停车系统）等主要的控制设备通常是可编程控制器。近年来，虽然可编程控制器与 DCS 都在扩展它们的模拟量控制能力和逻辑控制功能，但是由于历史的传承，目前这两类控制装置的主流应用领域与它们产生时的应用领域还是没有太大区别。

（3）开放性比较差

开放性差是可编程控制器控制系统的"软肋"，即使同一个厂家的不同系列的可编程控制器产品，其软硬件也不是直接兼容的。而在计算机控制系统中，操作系统软件以 Windows 系列为主，有大量的应用软件资源，系统的硬件设备也是通用的。当然，集散控制系统的开放性也较差。

（4）编程语言不同

可编程控制器是要替代继电器–接触器控制等传统控制系统而产生的，这就要求可编程控制器的编程语言也要被广大的电气工程师接受，因而与电气控制原理图有一定相似性的梯形图编程语言成为可编程控制器应用程序开发主要的编程语言。此外，还有一些图形或文本编程语言是专为可编程控制器编程而开发的，这些编程语言相对来说比较容易学习和使用，但其灵活性不如高级编程语言。而在计算机控制系统中，常使用诸如 C 语言之类的高级程序语言，虽然这类程序语言更容易实现复杂功能，但对编程人员的要求也更高，而且应用软件的稳定性与编程人员的水平密切相关。DCS 的组态主要采用图形化的编程语言，如连续功能块图等。

（5）软硬件资源具有局限性

与计算机控制系统相比，可编程控制器采用的 CPU 及存储设备等的速度和处理能力要远远低于工控机等通用计算机系统。不同的可编程控制器产品的操作系统的各异性决定了可编程控制器中应用软件的局限性，因为专门为一款可编程控制器开发的应用软件是没有办法被其他的可编程控制器用户所共享的，其他的可编程控制器用户只能根据该软件的开发思想用其支持的编程语言来重新开发。

3）可编程控制器的产品分类

可编程控制器是使用量较大的一类现场控制器。目前可编程控制器的生产厂家众多，我国在可编程控制器的生产制造方面也取得了长足的进步。按照可编程控制器的结构特点，可编程控制器可分成一体式与模块式两种类型。图 2.17 所示是几种典型的可编程控制器产品，包括一体式和模块式两类。

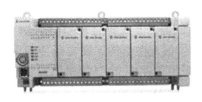 

（a）一体式 PLC　　　　　（b）A-B 公司的模块式 PLC　　　（c）西门子公司的模块式 PLC

图 2.17　几种典型的可编程控制器产品

一体式可编程控制器是指把实现可编程控制器所有功能所需的硬件模块，包括电源、CPU、存储器、I/O 点及通信接口等组合在一起，物理上形成一个整体。这类产品的一个显著特点是结构非常紧凑，功能相对较弱，特别是模拟量处理能力较弱。这类产品主要应用于一些小型设备或单台设备如注塑机等的控制。由于受制于尺寸，这类产品的 I/O 点比较少。典型的一体化产品有 A-B 公司的 Micro800、MicroLogix 系列，西门子公司的 S7-200Smart、S7-1200 系列，三菱公司的 FX2N、FX3U、FX5U 等。

模块式可编程控制器，顾名思义，是指把可编程控制器的各个功能组件单独封装成具有总线接口的模块，如 CPU 模块、电源模块、输入模块、输出模块、输入/输出模块、通信模块、特殊功能模块等，然后通过底板把模块组合在一起构成一个完整的可编程控制器系统。这类系统的典型特点是系统构建灵活、扩展性好、功能性较强，典型的产品包括罗克韦尔公司的 CompactLogix 和 ControlLogix、西门子公司的 S7-300 和新型的 S7-1500 系列、施耐德公司的 Quantum 和 M850 系列、通用电气公司的 Rx3i 及三菱公司的 Q 和 iQ-R 系列等。

4. 可编程自动化控制器

可编程自动化控制器（Programmable Automation Controller，PAC）是将 PLC 强大的实时控制、可靠、坚固、易于使用等特性与 PC 强大的计算能力、通信处理、广泛的第三方软件支持等结合在一起而形成的一种新型的控制系统。PAC 可以看作一类基于 PC 控制技术的产品。一般认为 PAC 产品应该具备以下一些主要的特征和性能。

> 提供通用开发平台和单一数据库，以满足多领域自动化系统设计和集成的需求。
> 一个轻便的控制引擎可以实现多领域的功能，包括逻辑控制、过程控制、运动控制和人机界面等。
> 允许用户根据系统实施的要求在同一平台上运行多个不同功能的应用程序，并根据控制系统的设计要求，在各程序间进行系统资源的分配。
> 采用开放的模块化的硬件架构以实现不同功能的自由组合与搭配，减少系统升级带来的开销。
> 支持 IEC 61158 现场总线规范，可以实现基于现场总线的高度分散性的工厂自动化环境。
> 支持事实上的工业以太网标准，可以与工厂的 MES、ERP 等系统集成。
> 使用既定的网络协议、IEC 61131-3 程序语言标准来保障用户的投资及多供应商网络的数据交换。

近年来，主要的工业控制厂家都推出了一系列 PAC 产品，这些产品有罗克韦尔公司的 ControlLogix5000 系统，通用电气公司的 PACSystems RX3i/7i，施耐德公司的 Modicon 系列高端 PAC 和 ePAC，美国国家仪器公司的 Compact FieldPoint，倍福公司的 CX 系列，泓格科技公司的 WinCon/LinCon 系列、PAC-7186EX，以及研华公司的 ADAM-5510EKW 等。然而，美国国家仪器公司的 PAC 不支持 IEC 61131-3 的编程方式，因此，严格来说其不是典型的 PAC。其他在传统 PLC 和基于 PC 控制的设备基础上衍生而来的产品总体上更符合 PAC 的特点，常用的一些 PAC 产品如图 2.18 所示。

图 2.18   常用的一些 PAC 产品

　　PLC、PAC 和基于 PC 的控制设备是目前常用的几种典型的工业控制设备，PLC 和 PAC 在坚固性和可靠性上要高于 PC，但 PC 的软件功能更强。一般认为，PAC 是高端的工控设备，其综合功能更强，当然价格也比较贵。例如，倍福公司的基于 PC 控制技术的 PAC 产品使用高性能的现代处理器，将 PLC、可视化、运动控制、机器人技术、安全技术、状态监测和测量技术集成在同一个控制平台上，可提供具有良好开放性、高度灵活性、模块化和可升级等特点的自动化系统，全面提升智慧工厂的智能水平。当独立使用 PLC 或 PC 不能提供很好的解决方案时，使用该类产品是一个较好的选择。

5．远程终端单元

　　远程终端单元（Remote Terminal Unit，RTU）是安装在远程现场用来监测和控制远程现场设备的智能单元。RTU 将测得的状态或信号转换成数字信号后向远方发送，同时还将从中央计算机发送来的数据转换成命令，实现对设备的远程监控。许多工业控制厂家生产各种形式的 RTU，不同厂家的 RTU 通常自成体系，即有自己的组网方式和编程软件，开放性较差。

RTU 作为体现"测控分散、管理集中"思想的产品在 20 世纪 80 年代被引进我国并迅速得到广泛的应用。它在提高信号传输可靠性、减轻主机负担、减少信号电缆用量、节省安装费用等方面的优势也得到了用户的肯定。

与常用的工业控制设备 PLC 相比，RTU 具有如下特点。

➢ 提供多种通信端口和通信机制。RTU 产品往往在设计之初就预先集成了多个通信端口，包括以太网和串口（RS-232/RS-485）。这些端口满足远程和本地的不同通信要求，包括与中心站建立通信，与智能设备（流量计、报警设备等）、就地显示单元和终端调试设备建立通信。通信协议多采用 Modbus RTU、Modbus ASCⅡ、Modbus TCP/IP、DNP3 等标准协议，具有广泛的兼容性。同时通信端口具有可编程特性，支持对非标准协议的通信定制。

➢ 提供大容量程序和数据存储空间。从产品配置角度来看，早期 PLC 提供的程序和数据存储空间往往只有 6～13KB，而 RTU 可提供 1～32MB 的大容量存储空间。RTU 的一个重要的产品特征是能够在特定的存储空间连续存储/记录数据，这些数据可标记时间标签。当通信中断时 RTU 能就地记录数据，通信恢复后也可以补传和恢复数据。

➢ 高度集成的、更紧凑的模块化结构设计。紧凑的、小型化的产品设计简化了系统集成工作，适合无人值守站或室外应用。高度集成的电路设计增加了产品的可靠性，同时具有低功耗特性，简化了备用供电电路的设计。

➢ 具有更适应恶劣环境应用的品质。PLC 要求环境温度为 0℃～55℃，安装时不能放在发热量大的元件下面，四周通风散热的空间应足够大。为了保证 PLC 的绝缘性能，空气的相对湿度应小于 85%（无凝露），否则会导致 PLC 部件的故障率提高，甚至损坏。RTU 产品是为适应恶劣环境而设计的，通常 RTU 产品的设计工作环境温度为 40℃～60℃。某些 RTU 产品具有 DNV（船级社）等认证，适合船舶、海上平台等潮湿环境应用。

RTU 产品有鲜明的行业特性，不同行业的 RTU 产品在功能和配置上有很大的不同。RTU 产品主要应用在电力系统上，在其他需要遥测、遥控的应用领域也有应用，如在油田、油气输送、水利等行业，RTU 产品也有应用。图 2.19（a）所示为油田监控领域常用的 RTU 产品，图 2.19（b）所示为电力系统常用的 RTU 产品。

6. 总线式工控机

随着计算机设计的日益科学化、标准化与模块化，一种总线系统和开放式体系结构的概念应运而生。总线即一组信号线的集合，一种传送规定信息的公共通道，它定义了各引线的信号特性、电气特性和机械特性。按照这种统一的总线标准，计算机厂家可以设计制造出若干具有某种通用功能的模板，而系统设计人员则根据不同的生产过程，选用相应的功能模板组合成自己所需的计算机控制系统。

（a）油田监控领域常用的 RTU 产品

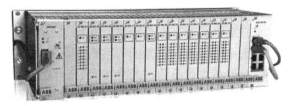

（b）电力系统常用的 RTU 产品

图 2.19　油田监控领域和电力系统常用的 RTU 产品

采用总线技术研制生产的计算机控制系统称为总线式工控机。图 2.20 所示为典型工业控制计算机的主板和主机，主板为在一块无电源的并行底板总线上插接多个功能模块，除了构成计算机基本系统的 CPU、RAM/ROM 和人机接口模块，还有 A/D、D/A、DI、DO 等种类繁多的工业 I/O，用户可以从这些通信接口模块和 I/O 中选择所需要的模块，构成工业控制系统。总线式工控机的各个模块彼此通过总线相连，由 CPU 通过总线直接控制数据的传送和处理。

图 2.20　典型工业控制计算机主板与主机

总线式工控机的系统结构具有的开放性方便了用户的选用，从而大大提高了系统的通用性、灵活性和扩展性。而模板结构的小型化，使之机械强度好，抗振动能力强；模板的功能单一，便于对系统故障进行诊断与维修；模板的线路设计布局合理，即由总线缓冲模块到功能模块，再到 I/O 驱动输出模块，使信号流向基本为直线，这大大提高了系统的可靠性和可维护性。另外，总线式工控机的系统结构在结构配置上还采取了许多措施，如密封机箱正压送风、使用工业电源、带有 Watchdog 系统的支持板等。

总线式工控机具有小型化、模板化、组合化、标准化等设计特点，既能满足不同层次、不同控制对象的需要，又能在恶劣的工业环境中可靠地运行，因此，其应用极为广泛。我国工控领域的总线式工控机主要有 3 种系列：Z80 系列、8088/86 系列和单片机系列。

7．专用控制器

随着微电子技术与超大规模集成技术的发展，计算机技术的另一个分支——超小型化的单片微型计算机（Single Chip Microcomputer，简称单片机）诞生了。它抛开了以通用微处理器为核心构成计算机的模式，充分考虑到控制的需要，将 CPU、存储器、串并行 I/O 接口、定时/计数器，甚至 A/D 转换器、脉宽调制器、图形控制器等功能部件全都集成在一块大规模集成电路芯片上，构成了一个完整的具有相当控制功能的微控制器，也称片上系统（SoC）。

由于单片机具有体积小、功耗低、性能可靠、价格低廉、功能扩展容易、使用方便灵活、易于产品化等诸多优点，特别是强大的面向控制的能力，它在工业控制、智能仪表、外设控制、家用电器、机器人、军事装置等方面得到了极为广泛的应用。

以往单片机的应用软件大多采用面向机器的汇编语言，随着高效率结构化语言的发展，其软件开发环境在逐步改善，现在大量单片机支持 C 语言开发。单片机的应用从 4 位机开始，历经 8 位、16 位、32 位。但在小型测控系统与智能化仪器仪表的应用领域里，8 位和 16 位单片机因其品种多、功能强、价格低廉，目前仍然是单片机系列的主流机种。

近年来，以 ARM（Advanced RISC Machine）架构为代表的精简指令集（RISC）处理器架构被大量使用。它除了在消费电子领域，如移动电话、多媒体播放器、掌上型电子游戏机等设备上使用，在工控设备中的 ARM 处理器上也广泛使用。各种基于 ARM 的专用控制器被大量开发，如电力系统的继电保护设备就大量使用 ARM 处理器。ARM 家族占所有 32 位嵌入式处理器的比例为 75%，成为占全世界最多数的 32 位架构。

此外，DSP、FPGA 等也被广泛用于各种专用控制器及相关的各类卡件中。

8. 安全控制器

不同的应用场合发生事故后的后果不一样，一般通过对所有事故发生的可能性与后果的严重程度及其他安全措施的有效性进行定性的评估，从而确定安全完整性等级。目前 IEC 61508 将过程安全所需要的安全完整性等级划分为 4 级，从低到高为 SIL1～SIL4。为了实现一定的安全完整性等级，生产过程需要使用安全仪表系统（Safety Instrumentation System，SIS），该系统也称为安全联锁系统（Safety Interlocking System）。该系统是常规控制系统之外的侧重功能安全的系统，保证生产的正常运转、事故安全联锁。SIS 可以监测生产过程中出现的或潜伏的危险，发出告警信息或直接执行预定程序，防止事故的发生，降低事故带来的危害及其影响。安全仪表系统的核心是安全控制器，在实际应用中，可以采用独立的安全控制单元，也可以采用集成的安全控制单元。

罗克韦尔公司的 GuardLogix 集成安全控制系统具有标准 ControlLogix 系统的优点，并提供了支持 SIL3 安全应用项目的安全功能，如图 2.21 所示。GuardLogix 集成安全控制系统的安全控制器提供了集成安全控制、离散控制、运动控制、驱动控制和过程控制，并且可以无缝连接到工厂范围的信息系统中，所有这些都在同一个控制器中完成。

图 2.21 罗克韦尔公司的 GuardLogix 集成安全控制系统（图中深色为安全控制器）

2.2.3 工业控制系统人机界面技术

根据目前国内外文献介绍，我们可以把工业控制系统分为两大类，即集散控制系统（DCS）、监督控制与数据采集（SCADA）系统。这两类工业控制系统虽然应用领域有所不同，各自存在一定的不足之处，但从本质上看，它们存在许多共性。

不论上述哪种类型的工业控制系统，上位机/操作员站主要运行的软件是人机界面软件。人机界面是操作员对工业过程进行直接监控和管理的主要界面，工业自动化领域主要有两种类型的人机界面，分别是用于现场的以触摸屏为代表的终端及用于中央控制室的以 PC 为代表的终端。

1. 触摸屏终端

在制造业中流水线及机床等单体设备大多采用 PLC 作为控制设备，但是 PLC 自身没有显示、键盘输入等人机交互功能，因此，通常需要配置触摸屏或嵌入式工业计算机作为人机界面，它们通过与 PLC 通信，实现对生产过程的现场监视和控制，同时还具有参数设置、参数显示、报警、打印等功能。图 2.22 所示为某应用的终端操作界面。

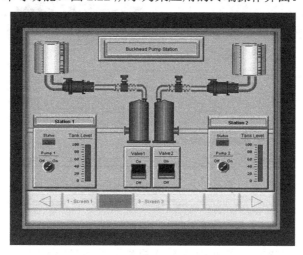

图 2.22 某应用的终端操作界面

触摸屏式人机界面又称操作员终端面板，通常需要在 PC 机上利用设备配套的人机界面开发软件，按照系统的功能要求进行组态，并形成工程文件，对该文件进行功能测试后，将工程文件下载到触摸屏存储器中，即可实现监控功能。为了与位于控制室的人机界面应用相区别，这种类型的人机界面也常称作终端（以下用此名称）。

由于 PLC 与终端的组合是标配，因此，几乎所有的主流 PLC 厂家都生产该类终端设备（如著名的 PLC 制造商施耐德公司通过收购 Proface 来填补其终端产品的空白），同时，还有大量的第三方厂家生产终端。通常，这些厂家生产的终端设备支持市面上主流的 PLC 产品和多种通信协议，因此能和各种厂家的 PLC 配套使用。一般而言，第三方厂家生产的终端设备在价格上有较大优势，支持的 PLC 产品种类也较多；而 PLC 厂家配套的终端设备与软硬件的结合更好，更加有利于软件开发和系统集成。

2. PC 平台的人机界面

工业控制系统通常是分布式控制系统，在现场设备附近安装各种控制器。为了实现全厂的集中监控和管理，工业控制系统需要设立一个统一监视、监控和管理整个生产过程的中央监控系统，中央监控系统的服务器与现场控制站进行通信，工程师站、操作员站等需要安装对生产过程具有监视、控制、报警、记录、报表功能的工控应用软件，具有这种功能的工控应用软件称为人机界面，这类人机界面通常是用工控组态软件（以下简称组态软件）开发的。与触摸屏终端相比，这类人机界面不存在工程下装问题，工控应用软件直接运行在工作站（通常是商用机器、工控机或工作站）上。图 2.23 所示为 FactoryTalk View Studio 人机界面应用。前面介绍的配置嵌入式工控机的应用也属于此类，只是在这类应用中工控机是安装在设备配套的控制柜中，而不是放在中控室中。

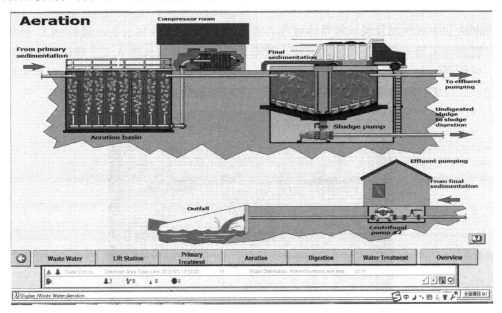

图 2.23　FactoryTalk View Studio 人机界面应用

SCADA 系统的人机界面组态和 DCS 的人机界面组态有所不同，主要原因是 SCADA 系统的人机界面与现场控制器之间是一种松散组合，其人机界面通常是通用的组态软件产品；而 DCS 的人机界面与现场控制器的集成度高，人机界面和现场控制器是一家公司生产的。相对而言，DCS 的人机界面组态更为简单。

目前，主要的通用组态软件有罗克韦尔公司的 FactoryTalk View Studio 和 RSView32（逐步淘汰）、通用电气公司的 Proficy iFIX（收购的产品）和 Proficy Cimplicity、西门子公司的 WinCC、施耐德公司的 Wonderware Intouch（从 Invensys 收购）与 Vijeo Citect（从澳大利亚西雅特公司收购）及法国彩虹计算机公司的 PcVue 等。国产产品主要有北京亚控科技公司的组态王、力控元通科技公司的 ForceControl 和大庆紫金桥软件公司的紫金桥等。目前，组态软件的功能总体比较完善，产品升级明显变慢，整个组态软件市场也比较平稳。

目前主流的组态软件由开发环境与运行环境组成，如图 2.24 所示。系统开发环境是自动化工程设计师为实施其控制方案，在组态软件的支持下进行应用程序的系统生成工作所必需依赖的工作环境，通过建立一系列用户文件，生成最终的图形目标应用系统，供系统运行环境运行时使用。

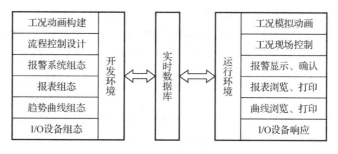

图 2.24　组态软件的组成

系统运行环境由若干个运行程序支持，如图形界面运行程序、实时数据库运行程序等。系统运行环境将目标应用程序装入计算机内存并投入实时运行。大多数组态软件都支持在线组态，即在不退出系统运行环境下修改组态，使修改后的组态在系统运行环境中直接生效。当然，如果修改了图形界面，必须刷新该界面才能显示新的组态。维系开发环境与运行环境的纽带是实时数据库。

2.2.4　工业控制系统控制器编程技术及语言规范

1. 工业控制系统编程语言的发展及标准

在工业控制系统中，控制器的运行直接决定工业设备和工业生产过程的连续、安全和稳定运行。因此，控制器中的应用软件的质量对整个工业控制系统起至关重要的作用。PLC 的编程与 DCS 中现场控制站的编程有较大差别，两者的编程方式的趋同甚至统一一直是工业控制系统开发人员的期盼。

以 PLC 为代表的各类控制器随着应用场合的不断扩大，使用数量不断增加，但是随着 PLC 硬件价格的不断降低，PLC 中的应用软件的开发和维护成本却越来越高。造成这一问题的主要原因是 PLC 产品的标准化太差及传统编程语言的局限性较大。因此，国际电工技术委员会（IEC）开展了 PLC 标准化的工作，制定了 IEC 61131 国际标准（我国采用了该标准，并发布了 GB/T15963 国家推荐标准）。其中该标准的第三部分是第一个为工业自动化控制系统的软件设计提供标准化编程语言的国际标准。该标准是 IEC 工作组在合理地吸收、借鉴世界范围内的各 PLC 厂家的技术和编程语言等的基础上，形成的一套编程语言国际标准。

在 IEC 61131-3 国际标准中编程语言部分规范了 5 种编程语言，并定义了这些编程语言的语法和句法。这 5 种编程语言是：文本化语言 2 种，即指令表语言（IL）和结构化文本语言（ST）；图形化语言 3 种，即梯形图语言（LD）、功能块图语言（FBD）和连续功能图语言（CFC）。其中 CFC 是 IEC 61131-3 国际标准修订后新加入的，是西门子公司的 PCS7 过程控制系统主要的控制程序组态语言，也是其他一些 DCS 常用的编程语言。由于控制设备完整地支持这 5 种编程语言并非易事，所以该标准允许部分实现，即不要求每种 PLC 都同时具备这些编程语言。虽然这些编程语言最初是用于编制 PLC 逻辑控制程序的，但是由于 PLC open 及专业化软件公司的努力，这些编程语言也支持编写过程控制、运动控制等其他应用系统的控制任务。

在 IEC 61131-3 国际标准中，顺序功能图语言（SFC）是作为编程语言的公用元素被定义的。因此，许多文献也认为 IEC 61131-3 国际标准中含有 6 种编程语言规范，而 SFC 是其中的第 4 种图形编程语言。实际上，我们还可以把 SFC 看作一种顺控程序设计技术。

一般而言，即使一个很复杂的任务，采用这 6 种编程语言的组合也能够编写出满足控制任务功能要求的程序。因此，IEC 61131-3 国际标准的 6 种编程语言充分满足了控制系统应用程序开发的需要。

自 IEC 61131-3 国际标准正式公布后，它被广泛接受和支持。首先，国际上各大 PLC 厂家都宣布其产品符合该标准，在推出编程软件新产品时，遵循该标准的各项规定。其次，许多稍晚推出的 DCS 产品或 DCS 的更新换代产品也按照 IEC 61131-3 国际标准的规范，提供编程语言，而不像以前每个 DCS 厂家都搞自己的一套编程软件产品。再次，以 PC 为基础的控制技术作为一种新兴的控制技术迅速发展，大多数基于 PC 的控制软件开发商都按照 IEC 61131-3 国际标准的编程语言标准规范其软件产品的特性。最后，正因为有了 IEC 61131-3 国际标准，才真正出现了一种开放式的可编程控制器的编程软件包，它不具体地依赖于特定的 PLC 硬件产品，这就为 PLC 的程序在不同机型之间的移植提供了可能。

IEC 61131-3 标准的出台对 PLC 制造商、集成商和终端用户都有许多益处。技术人员不再为某一种 PLC 的特定编程语言花费大量的时间学习培训，也减少了对编程语言本身的误解。对于相同的控制逻辑而言，不管控制设备如何，只需要相同的程序代码。为一种 PLC 家族开发的软件，理论上可以运行在任何兼容 IEC 61131 国际标准的系统上。用户可以集中精力解决具体的问题，消除了对单一生产商的依赖。当系统硬件或软件功能需要升级时，用户可以选用对特定应用更好的工具。PLC 厂家提供了符合 IEC 61131-3 国际标准的编程语言后，不再需要组织专门的编程语言培训，只需要将注意力集中到 PLC 自身功能的改进和提高上，也不用花费时间、精力和财力考虑与其他 PLC 的编程兼容问题。

IEC 61131-3 国际标准得到了包括罗克韦尔公司、西门子公司等世界知名公司在内的众多厂家的共同推动和支持，它极大地提高了工业控制系统的编程软件质量，从而也提高了采用符合该标准的编程软件编写的应用软件的可靠性、可重用性和可读性，提高了应用软件的开发效率。目前该标准在过程控制、运动控制、基于 PC 的控制和 SCADA 系统等领域也得到了越来越多的应用。总之，IEC 61131-3 国际标准的推出创造了一个控制系统的软件制造商、硬件制造商、系统集成商和最终用户等多赢的局面。

需要说明的是，IEC 61131-3 国际标准也有不完善之处。另外，虽然许多 PLC 制造商都宣称其产品支持 IEC 61131-3 国际标准，但这种支持只是部分的，特别是对于一些低端的 PLC 产品而言，这种支持程度就更弱了。因此，IEC 61131-3 国际标准的改进和推广还有许多工作要做。

2. IEC 61131-3 国际标准编程语法的技术优势

IEC 61131-3 国际标准允许在同一个 PLC 中使用多种编程语言，允许程序开发人员对每一个特定的任务选择最合适的编程语言，还允许在同一个控制程序的不同的软件模块中用不同的编程语言，以充分发挥不同编程语言的特点。该标准中的多语言包容性很好地正视了 PLC 发展历史中形成的编程语言多样化的现实，为 PLC 软件技术的进一步发展提供了足够的技术空间和自由度。

IEC 61131-3 国际标准的优势还在于它成功地将现代软件的概念及现代软件工程的机制和成果用于传统的 PLC 编程语言中。IEC 61131-3 国际标准的优势具体表现在以下几方面。

➢ 采用现代软件模块化原则，主要内容包括编程语言支持模块化，将常用的程序功能划分为若干单元，并加以封装，构成编程的基础；模块化时，只设置必要的、尽可能少的输入和输出参数，尽量减少交互作用和内部数据交换；模块化接口之间的交互作用均采用显性定义；将信息隐藏于模块内，对使用者来讲只需要了解该模块的外部特性（功能、输入和输出参数），而无须了解模块内算法的具体实现方法。

➢ IEC 61131-3 国际标准支持自顶而下和自底而上的程序开发方法。自顶而下的开发过程是用户首先进行系统总体设计，将控制任务划分为若干个模块，然后定义变量和进行模块设计，编写各个模块的程序；自底而上的开发过程是用户先从底部开始编程，如先导出函数和功能块，再按照控制要求编写程序。无论选择何种开发方法，IEC 61131-3 国际标准所创建的开发环境均会在整个编程过程中给予强有力的支持。

➢ IEC 61131-3 国际标准所规范的编程系统独立于任意一个具体的目标系统，它可以最大限度地在不同的 PLC 目标系统中运行。这样不仅创造了一种具有良好开放性的氛围，奠定了 PLC 编程的开放性基础，而且可以有效地规避标准与具体目标系统关联而引起的利益纠葛，体现该标准的公正性。

➢ 将现代软件概念浓缩，并加以运用。例如，数据使用 DATA_TYPE 声明机制；功能（函数）使用 FUNCTION 声明机制；数据和功能的组合使用 FUNCTION_BLOCK 声明机制。在 IEC 61131-3 国际标准中，功能块并不只是 FBD 语言的编程机制，还是面向对象组件的结构基础。一旦完成了某个功能块的编程，并通过调试和验证证明了它能正确执行所规定的功能，那么，就不允许用户再改变其算法。即使一个功能块因为其执行效率有必要再提高，或者在一定的条件下其功能执行的正确性存在问题，需要重新编程，只要保持该功能块的外部接口（输入/输出定义）不变，仍可照常使用。同时，许多原始设备制造厂（OEM）将其专有的控制技术压缩在用户自定义的功能块中，既可以保护知识产权，又可以反复使用，不必一再地为同一个目的而编写和调试程序。

➢ 完善的数据类型定义和运算限制。软件工程师很早就认识到许多编程错误往往发生在程序的不同部分，其数据的表达和处理方式不同。IEC 61131-3 国际标准从源头上注意防止这类低级的错误，虽然采用的方法可能会导致效率略有降低，但换来的却是程序的可靠性、可读性和可维护性。IEC 61131-3 国际标准采用以下方法防止这类错误。

限制函数与功能块之间互联的范围，只允许兼容的数据类型与功能块之间的互联。

限制运算。只允许在其数据类型已明确定义的变量上进行。

禁止隐含的数据类型变换。例如，实型数不可执行按位运算，若执行按位运算，编程者必须先通过显式变换函数（REAL-TO-WORD），把实型数变换为 WORD 型位串变量。IEC 61131-3 国际标准规定了多种标准固定字长的数据类型，包括位串、带符号位和不带符号位的整数型（8 位、16 位、32 位和 64 位字长）。

➢ 对程序执行具有完全的控制能力。传统的 PLC 只能按扫描方式顺序执行程序，对程序执行的其他要求，如由事件驱动某一段程序的执行、程序的并行处理等均无能为力。IEC 61131-3 国际标准允许程序的不同部分、在不同的条件（包括时间条件）下、以不同的比例并行执行。

➢ 结构化编程。循环执行的程序、中断执行的程序、初始化执行的程序等可以分开设计。此外，循环执行的程序还可以根据执行的周期分开设计。

2.2.5 工业控制系统的数据通信及其功能安全

1. 工业控制系统的数据通信概述

随着嵌入式技术、计算机技术、网络技术、通信技术等在工业自动化系统中广泛应用，工业自动化仪表和系统也逐步向数字化、智能化、网络化方向发展，即不仅各类控制设备是数字化的，而且测控信号也由模拟化向数字化方向发展，并通过控制网络将分散的控制装置和各类智能仪表连接起来，实现生产过程的集中管理、分散或就地控制。在这类控制系统中，关键技术之一就是各类仪表与控制装置及监控计算机之间的数字化通信，只有解决了这个问题，才能推进企业信息的集成，并为 IT（信息技术）与 OT（操作技术）的融合打下基础。

目前，工业自动化系统的通信网络是多层次的。现场层主要采用各类现场总线，不易布线的工业现场逐步采用短距离无线通信，监控层主要采用各类工业以太网；企业管理层主要采用商用以太网。目前，各类智能检测仪表除了 4～20mA 模拟信号传输，一般还配置有串行通信接口，并支持 HART 通信协议。此外，具有现场总线接口的检测仪表的用量也在不断增加。各类控制仪表主要配置串行通信接口及以太网接口。

然而，现场总线技术的发展也不是一帆风顺的，现场总线的标准之争制约了其应用，而且也增加了不同厂家的产品之间集成的难度。作为目前应用最为广泛的局域网技术，以太网具有高开放性、低成本和大量的软硬件支持等明显优势，它在工业自动化领域的应用越来越多，已经有多种工业以太网协议及实时以太网成为 IEC 标准，具有以太网接口的 I/O 设备也越来越多。在制造业中，传统工业控制系统的"现场层-控制层-管理层"三层网络架构体系已经逐步过渡到由工业以太网来实现现场层到管理层的设备互联。由于流程工业具有与制造业不同的特点，总的来说，在流程工业等领域，目前大量的现场仪表和执行器还是以基金会现场总线（FF）和 Profibus-PA 现场总线接口为主。

目前，在各类控制系统中有线通信仍然占据主导地位。有线通信虽然有优点，但对通信线路的依赖无疑限制了其应用。无线通信正在快速发展和广泛使用，无线通信技术在工业系统中的应用主要体现在两个层级，即系统级和设备级。系统级的应用主要体现在各种大型的分布式监控系统，如对分布极其广泛和分散的大量油田设备的监控，以及对城市煤气、污水泵站等公用设施的监控等，这类应用主要是长距离无线通信，因此，广泛采用移动运营商的3G/4G 无线网络。设备级主要采用各种短程无线通信技术，在流程工业中，典型的无线通信协议是 WirelessHART。

近年来，由于物联网的发展，对低功耗、长距离通信的需求导致 NB-IoT 和 LoRa 等技术涌现，相关的应用也快速增加。这类广域网主要由内置通信模块终端、无线网关和服务器等组成，已在城市远程抄表、污染源监控、城市停车服务等领域得到了应用。

2. 时间敏感网络

由于工业界存在众多不同的工业通信协议，它们在各自的细分市场得到了应用。随着工业互联网的推进，各类设备间的互联与互通也变得越来越重要。然而，多种以太网协议并存使得在进行系统集成时存在通信协议的兼容性与互操作性等问题，严重影响了通信效率，增加了用户的成本。同样，用户也不可能为了解决通信问题而在生产现场只使用来自某一家或某一个组织的产品和解决方案。所以，工业界迫切需要一种具备时间确定性的通用以太网技术，而时间敏感网络（Time Sensitive Networking，TSN）能较好地满足这一诉求。时间敏感网络是指 IEEE 802.1 工作组中的 TSN 任务组对 IEEE 802.1 以太网进行扩展而开发的一套兼容性扩展协议标准。TSN 的工作原理是优先适用机制，即在传输中优先处理关键数据包。该机制赋予以太网数据传输的时间敏感特性，使标准以太网增加了确定性和可靠性，以确保以太网能够为关键数据的传输提供稳定一致的服务。

TSN 的实质是在 IEEE 802.1 标准框架下，基于特定应用需求而制定的一组"子标准"。由于 TSN 属于 IEEE 802.1 下的协议标准，因此 TSN 仅是关于以太网通信协议模型中的第 2 层，即数据链路层（更确切地说是 MAC 层）的协议标准。TSN 能在协议第 2 层提供一套通用的时间敏感机制，在确保以太网数据通信的时间确定性的同时，为不同协议网络之间的互操作性提供了可能性，以帮助实现真正意义上的网络融合。TSN 可以应用于现有的工业以太网协议，如 ProfiNet、EtherNet/IP、Sercos、Powerlink 等。TSN+OPC UA 通信解决方案已被认为是工业物联网时代最有效的通信集成解决方案。由于该协议在数据链路层与标准以太网不同，因此，TSN 需要专门的以太网交换机。

3. 工业通信协议的功能安全标准

工业现场存在高温、电击、雷击、辐射、爆炸、机械危险等恶劣环境，往往会导致控制系统的通信短时中断、电磁不兼容、电源不稳定、通信设备软硬件失效等状况，从而使网络通信过程出现报文破坏、非预期的重传、乱序、丢失、延时、插入、伪装、寻址出错等故障，影响控制系统的可靠性。为了适应安全相关领域对工业通信安全性的需要，IEC 在其发布的 IEC 61158（GB/T 20438）功能安全基础标准上，又配套了 IEC 61784-3 系列标准，定义了实现 GB/T 20438 系列标准关于安全相关数据通信要求的基本原则，包括可能的传输故障、补救措施和影响数据完整性的因素等。IEC 61784-3-x（其中 x 为通信行规族编号）各部分标准为技术相关部分，IEC 61784-1 和 IEC 61784-2 通信行规族分别定义了功能安全通信行规，包括对 IEC 61158 系列标准中通信服务和协议部分的安全层扩展。目前，一些使用现场总线技术进行数据通信并构成通信系统的自动化厂家或组织，已经在现场总线原有通信协议的基础上添加了安全通信层，定义了与功能安全相关的通信行规等，使其达到一定的安全完整性等级。目前主要的功能安全通信行规有 EPASafety、FF-SIS、ProfiSafe、CIPSafety 等。

IEC 61784-3 规定通信功能的失效率不超过 SIS 安全功能的最大总失效率的 1%。安全通信的可靠性由残余错误率参数进行度量，也就是说，通信功能的残余错误率不超过 SIS 安全功能的最大 PFD（要求时间的平均危险失效概率）或最大 PFH（每小时的平均危险失效频率）的 1%。为了实现上述功能安全通信需求，在通信系统中，功能安全通信模型如

图 2.25 所示，面向安全的应用和标准的应用通常使用同一条通信链路，往往在原有黑色通道（安全非相关）的基础上增加安全通信层，并通过对安全通信层的定义形成功能安全通信行规，以实现一系列的安全措施。与 IEC 61508 相一致的安全数据传输所需的安全措施都在安全通信层实现。显然，安全层协议是实现通信安全完整性的核心。在安全层，系统可以通过数据对比、CRC 校验、时间戳检查、设备标识符校验等手段，检查出数据包中由硬件随机故障、现场干扰、伪装攻击、软件逻辑等问题产生的大部分数据错误。数据包内容包括请求标志、功能码、冗余标志、物理地址、数据长度、有效数据、时间戳、CRC 校验码等。

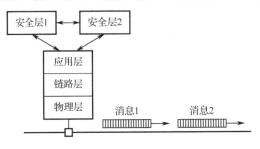

图 2.25 功能安全通信模型

2.2.6 工业控制系统实时数据交换规范——OPC 与 OPC UA

1. OPC 规范的产生背景及其技术原理

在工业控制系统中，应用软件与大量硬件设备最初的通信方式是通过专用驱动程序实现的，工业控制系统传统的实时数据交换原理如图 2.26 所示。然而，这种通信方式存在许多问题。首先，服务器必须分别为不同的硬件设备开发不同的驱动程序；其次，各个应用程序（客户机）分别为不同的服务器开发不同的接口程序。因此，对于由多种硬件和软件系统构成的复杂系统而言，这种模型的缺点是显而易见的，如用户应用程序开发商需处理大量与接口有关的任务，不利于系统开发、维护和移植，因此这类系统的可靠性、稳定性及扩展性较差；硬件开发商要为不同的用户应用程序开发不同的硬件驱动程序。解决该问题的一个有效方法是采用 OPC（OLE for Process Control）规范，从而形成如图 2.27 所示的 OPC 数据交换规范原理。

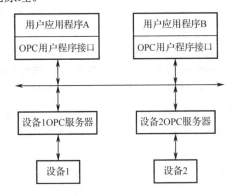

图 2.26 工业控制系统传统的实时数据交换原理

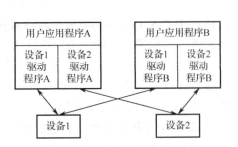

图 2.27 OPC 数据交换规范原理

OPC 用于过程控制的对象链接与嵌入。OPC 规范定义了一个工业标准接口，它基于微软的 OLE/COM（Component Object Model，COM）技术，使控制系统、现场设备与工厂管理层应用程序之间具有更大的互操作性。OLE/COM 是一种客户机/服务器模式，具有语言无关性、代码重用性、易于集成性等优点。OPC 规范了接口函数，不管现场设备以何种形式存在，用户都以统一的方式访问，从而保证软件对用户的透明性，使得用户完全从底层的开发中脱离出来。由于 OPC 规范基于 OLE/COM 技术，同时 OLE/COM 的扩展远程 OLE 自动化与 DCOM 技术支持 TCP/IP 等多种网络协议，因此可以将 OPC 客户机、服务器在物理上分开，使其分布于网络的不同节点上。

采用该规范后，设备开发者、系统集成商和用户都可以实现各自的好处，具体表现在以下几方面。

➢ 设备开发者：可以使设备驱动程序开发更加简单，即只要开发一套 OPC 服务器即可，而不用为不同的用户程序开发不同的设备驱动程序。这样设备开发者可以更加专注于设备自身的开发，当设备升级时，只要修改 OPC 服务器的底层接口就可以。采用该规范后，设备开发者可以从驱动程序的开发中解放出来。

➢ 系统集成商：可以从繁杂的应用程序接口中解脱出来，更加专注于应用程序功能的开发和实现。另外，应用程序的升级也更加容易，不再受制于设备驱动程序。

➢ 用户：可以选用各种各样的商业软件包，使得系统构成的成本降低，性能更加优化，同时可以更加容易地实现由不同供应厂家提供的设备来构成混合的工业控制系统。

正是因为 OPC 技术的标准化和适用性，OPC 规范及新的 OPC 统一架构（OPC UA）规范得到了工业控制领域硬件和软件制造商的承认和支持，成为工业控制界公认的标准。目前，大量设备开发者开发了自己设备的 OPC 服务器，一些第三方公司如凯谱华（Kepware）也专门开发了市场上主流设备的 OPC 服务器。

由于采用 OPC 规范给工业系统相关各方都带来了好处，因此，该规范得到了广泛使用。目前使用的 OPC 规范包括 OPC 数据存取（Data Access，DA）规范、OPC 报警与事件（Alarm and Event，A&E）规范、OPC 历史数据存取规范、OPC 批量服务器规范等。其中 OPC DA 的使用最广泛，它也是其他 OPC 规范的基础；而 OPC A&E 在安全仪表系统中用得比较多。

2. OPC 的分层模型与接口

OPC 数据访问提供数据源读取和写入特定数据的手段。OPC 数据访问对象是由如图 2.28 所示的分层结构构成的，一个 OPC 服务器（OPCServer）对象具有一个作为子对象的 OPC 组集合（OPCGroups）对象，在这个 OPC 组集合对象里可以添加多个 OPC 组（OPCGroup）对象，各个 OPC 组对象具有一个作为子对象的 OPC 项集合（OPCItems）对象，在这个 OPC 项集合对象里可以添加多个 OPC 项（OPCItem）对象。此外，作为选用功能，OPC 服务器对象还包含一个 OPC 浏览器（OPCBrowser）对象。

OPC 数据访问对象的最上层对象是 OPC 服务器。一个 OPC 服务器可以设置一个以上的 OPC 组。OPC 服务器经常对应某种特定的控制设备，如某种 DCS 控制系统或某种 PLC 控制装置。

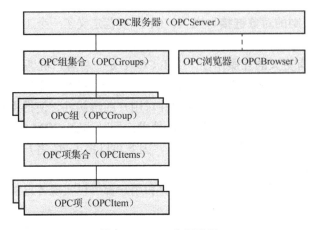

图 2.28　OPC 分层模型

OPC 组是可以进行某种目的数据访问的多个 OPC 项的集合，如某监视画面里所有需要更新的变量，或者与某个监控设备相关的所有变量等。正因为有了 OPC 组，OPC 应用程序才可以以同时需要的数据为一批进行数据访问，也才可以以 OPC 组为单位启动或停止数据访问。此外，OPC 组还提供组内任何 OPC 项的数值变化时向 OPC 应用程序通知的数据变化事件，从而把数据变化及时反馈给上位机。

OPC 数据访问对象中最基本的对象是 OPC 项。OPC 项是 OPC 服务器可识别的数据定义，通常相当于下位机的某个变量标签，并和数据源（如 SCADA 系统中下位机的 I/O）相连接。OPC 项具有多重属性，其中最重要的属性是 OPC 项标识符。OPC 项标识符是在控制系统中可识别 OPC 项的字符串。

3. 传统 OPC 规范的不足

OPC 通信标准的核心是互通性（Interoperability）和标准化（Standardization）。传统 OPC 规范在控制级别上很好地解决了监控软件与硬件设备的互通性问题，并且在一定程度上支持了软件之间的实时数据交换。然而，传统 OPC 规范在面向更大规模的企业级应用软件互联对数据通信的要求时还存在不足，具体表现在以下几个方面。

1）COM/DCOM 技术的局限性

分布式控制系统要实现 DCOM 功能，需要对计算机系统进行一定的设置，但这种设置会比较烦琐，而且会带来较为严重的安全隐患。此外，由于在 2002 年微软发布了新的.NET 框架并且宣布停止 COM 技术的研发，这影响了传统 OPC 规范的应用前景。

2）缺乏统一的数据模型

例如，如果用户需要获取一个压力的当前值、一个压力超过限定值的事件和一个压力的历史平均值，那么他必须发送 3 个请求，访问传统的数据存取服务器、报警与事件服务器和历史数据访问服务器 3 个 OPC 服务器。这不仅导致用户使用不便，还影响了访问效率。

3）缺少跨平台通用性

由于 COM 技术对 Microsoft 平台的依赖性，其平台可移植性较差，使得基于 COM/DCOM 的 OPC 接口很难被应用到其他系统的平台上。

4）较难与 Internet 应用程序集成

由于 OPC 是基于二进制数据传输的，这一点令其很难穿过网络防火墙，因此基于 COM/DCOM 的 OPC 接口无法与 Internet 应用程序进行正常的交互。虽然基于 Web Service 技术，OPC XML 技术已经较好地实现了数据在互联网上的通信，但其单位时间内所读取的数据项个数要大大少于基于 COM/DCOM 技术的，导致这种技术很难被推广。

4．OPC UA 规范

OPC 统一架构（Unified Architecture，UA）规范是在传统 OPC 规范取得巨大成功之后的又一个突破。它有统一的架构与模式，既可以实现设备底层的数据采集、设备互操作等的横向信息集成，也可以实现设备到 SCADA、SCADA 到 MES、设备与云端的垂直信息集成，让数据采集、信息模型化及工厂底层与企业层面之间的通信更加安全、可靠。图 2.29 所示为 OPC UA 目标应用结构。

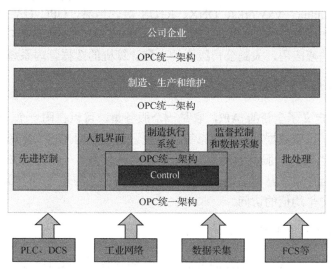

图 2.29　OPC UA 目标应用结构

相对于传统 OPC 规范，OPC UA 规范的改进主要体现在以下几个方面。

1）OPC UA 规范的标准化通信机制

OPC UA 规范使用一种优化的基于 TCP 的二进制协议完成数据交换，还支持 Web 服务和 HTTP，允许在防火墙中打开一个端口，而集成的安保机制确保了通过因特网也能安全通信，即 OPC UA 规范实现了通过因特网和通过防火墙的标准化和安全通信。

2）防止非授权的数据访问

OPC UA 规范采用一种成熟的安保理念，防止非授权访问和过程数据损坏，以及由于误操作带来的错误。OPC UA 规范的安保理念基于 World Wide Web 标准，通过用户鉴权、签名和加密传输等项目来实现。

3）数据安全性和可靠性

OPC UA 规范使用可靠的通信机制，可配置的超时、自动错误检查和自动恢复等机制，定义一种可靠坚固的架构。该构架对客户机与服务器之间的物理连接进行监视，随时发现通信中的问题。OPC UA 规范具有冗余特性，可以在服务器和客户机应用中实施，防止数据丢失，实现系统的高可用性。

4）平台独立和可伸缩性

OPC UA 规范基于消息传递，消息采用 WSDL 定义，而非二进制数据传输，从而实现了平台无关性。由于使用了基于面向服务的技术，OPC UA 规范具有平台独立的属性，可以实施全新的、节省成本的自动化理念。嵌入式现场设备、过程控制系统、可编程逻辑控制器、网关或操作员面板（HMI）可以通过 OPC UA 服务器直接连到各种类型的操作系统，如嵌入的 Windows、Linux、VxWorks、QNX、RTOS 等。当然，OPC UA 组件也可以在 Unix 操作系统中使用，如 Solaris、HPUX、AIX、Linux 等。OPC UA 组件的功能是可伸缩的：小到一个嵌入式设备的瘦应用，大到公司级别的大型计算机的数据管理系统。

5）全新的集成应用程序接口（API）

OPC UA 规范定义了全新的 API，它是一个服务集，可以在同一个 OPC 服务器下更方便地访问实时数据、历史数据、报警信息等，避免了通过不同 OPC 服务器各自的 API 访问不同的数据，同时也简化了服务器开发时 API 重叠的问题。与传统 OPC 规范相比，OPC UA 规范仅用一个组件就非常容易地完成了对一个压力的当前值、一个压力超过限定值的事件和一个压力的历史平均值的访问。

6）OPC UA 服务器便于部署

OPC UA 可以方便地从 OPC DA 服务器和客户端升级到 OPC UA 服务器和客户端，这样大大降低了 OPC UA 的推广和部署难度。

2.3 集散控制系统

2.3.1 集散控制系统概述

集散控制系统（DCS）产生于 20 世纪 70 年代末，它适用于测控点数多而集中、测控精度高、测控速度快的工业生产过程（包括间歇生产过程）。DCS 有比较统一、独立的体系结构，具有分散控制和集中管理等功能。DCS 测控功能强、运行可靠、易于扩展、组态方便、操作维护简便，但 DCS 的价格相对较贵。目前，DCS 已在石油、石化、电站、冶金、建材、制药等领域得到了广泛应用，是最具有代表性的工业控制系统之一。随着企业信息化的发展，DCS 已成为综合自动化系统的基础信息平台，是实现综合自动化的重要保障。依托 DCS 强大的硬件和软件平台，先进控制、优化、故障诊断、调度等高级功能得以运用在各种工业生产过程中，提高了企业效益，促进了节能降耗和减排。这些功能的实施也进一步提高了 DCS 的应用水平。

目前 DCS 产品种类较多，特别是一些国产的 DCS 产品在一定的领域也有较高的市场份额。国外的主要 DCS 产品有霍尼韦尔公司的 Experion PKS、艾默生公司的 DeltaV 和 Ovation、福克斯波罗公司的 I/A、横河公司的 Centum、ABB 公司的 IndustrialIT、西门子公司的 PCS7 和罗克韦尔公司的 Plant PAx 等。我国的 DCS 厂家主要有北京和利时、浙大中控和上海新华控制等。

DCS 的应用具有较为鲜明的行业特性，通常某类产品在某个行业有很大的市场占有率，而在另一行业的市场占有率可能较低。例如，艾默生公司收购的 Ovation 系统在发电行业具有极高的市场占有率，而 DeltaV 系统在流程工业的市场占有率很高。上海新华控制的 DCS 以前也主要应用在发电行业。

虽然采用各种智能仪表、单回路调节器、PLC 等现场控制设备，以及上位机和组态软件等也可以构成具有"控制分散、管理集中"特点的分布式控制系统，不少文献也称此类系统为集散系统，但本节所说的集散控制系统专指由单一厂家制造的一体化的控制系统。

2.3.2　集散控制系统的特点

DCS 之所以得到广泛的应用，与其特点是分不开的，这些特点主要表现在以下七个方面。

1．分散性和集中性

DCS 的分散性除了控制分散，还包括地域分散、设备分散、功能分散、负荷分散和危险分散等。分散的目的主要是实现危险分散，从而提高系统的可靠性，降低系统的运行风险。为了达到分散性，DCS 的硬件结构积木化，软件结构模块化。DCS 的集中性是指通过通信网络把物理分散的设备构成统一的整体，从而实现信息集中和共享，达到集中监控和集中管理的目的。

2．自治性和协调性

DCS 的自治性是指其实行功能分区，一定功能的计算机均可独立工作。DCS 的自治性便于实现递阶控制结构。例如，过程控制站能自主地进行信号输入、运算、控制和输出；操作员站能自主地实现监视、操作和管理；工程师站的组态功能更为独立，既可以在线组态，也可以离线组态。

DCS 在功能分区的基础上，通过多级控制网络，实现不同功能分区的协调工作，从而实现 DCS 的各种基本功能和高级功能，达到系统级的稳定运行。

3．灵活性和扩展性

DCS 硬件采用积木式结构，可以根据用户需求灵活地配置。DCS 软件采用模块式结构，提供各类功能模块，可以灵活地组态，构成简单或复杂的各类控制系统。另外，DCS 还可根据生产工艺和流程的改变，随时修改控制方案，在系统容量允许的范围内，只需要通过组态就可以构成新的控制方案，而不需要改变硬件的配置。

4．强大的控制功能

DCS 具有强大的硬件性能和分散架构，除了可以实现以往常规仪表的简单控制和复杂控制功能，还具有先进控制、优化控制、智能控制等功能，支持用户自定义的先进算法。此外，DCS 的逻辑和顺序控制功能也有了很大的提高。

5．高可靠性

DCS 在重要设备、对全系统有重要影响的设备上常采用冗余结构，如冗余控制器、冗余电源、冗余通信等。

6．集成功能安全

DCS 在某些应用场合如石油化工领域，出于风险控制和降低的目的，需要实现一定的安全功能。新型的 DCS 除了实现常规控制，还较好地融合了安全仪表功能，从而实现常规控制与安全控制的一体化，如霍尼韦尔公司的安全系统 Safety Manager 与 Experion PKS 的一体化解决方案。

7．软硬件集成的封闭性

自 DCS 进入自动化领域之后，DCS 控制层的自动化软件和硬件结构一直没有变动，软件和硬件采取捆绑方式，即用户只能通过厂家的控制器组态软件来与控制器交互，而不能采用第三方的软件。同样，每个 DCS 厂家的硬件属于该厂家专有，不能用第三方的硬件来替换，由此导致了 DCS 的封闭性。在 IT 与 OT 融合的今天，传统的 DCS 已不能满足当前流程工业对控制系统的需求，目前出现了开发新一代流程工业控制系统及改进传统的 DCS 两股浪潮。

2.3.3 集散控制系统的组成

一个基本的 DCS 包括一台现场控制站、一台操作员站/工程师站和系统网络。在实际应用中，通常 DCS 的结构比较复杂，以充分发挥 DCS 的系统管理和先进控制等功能。由于不同的 DCS 具有各自的特点，这里以艾默生公司的知名产品 DeltaV 系统为例，对 DCS 进行介绍，其他品牌的 DCS 可以参考相关手册或技术资料。

1．DeltaV 系统的硬件组成

DeltaV 系统充分利用了计算机技术、网络技术、控制技术、数字通信技术取得的成就，

是艾默生公司数字化工厂的重要产品。DeltaV 系统是基于现场总线开发的，并兼容了 HART 技术和传统的 DCS 功能。DeltaV 现场总线控制系统结构如图 2.30 所示，从图中可以看出该产品的网络结构比较复杂，除了控制网络的高速以太网 HSE，还支持 FF 现场总线和 PA 总线，以及 DeviceNet 和 Profibus-DP 等设备级总线。

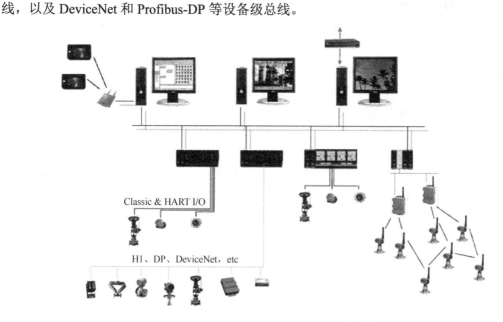

图 2.30　DeltaV 现场总线控制系统结构

DeltaV 系统的硬件组成主要包括如下几部分。

1）现场分散控制装置

（1）控制器

DeltaV 系统的控制器用于管理所有在线 I/O 子系统、控制策略的执行及通信网络的维护。同时，时间标签和报警趋势记录也是由控制器管理的。控制器从输入通道读取数据，然后执行控制策略，最后送到输出通道。

冗余配置的控制器在工作时会有一个处于激活状态，而另一个待机状态的控制器拥有相同的设置，并会映射在线控制器的所有操作。一旦在线控制器发生故障，待机状态的控制器将会自动切换到激活状态。另外，系统可以在故障控制器被替换后自动执行初始化，使系统恢复冗余配置。当网络发生故障的时候，控制器会保留最后收到的有效数据。

控制器的特点包括如下几方面。

➢ 自动分配地址：每个控制器作为一个网络节点对整个 DeltaV 系统具有唯一性，一旦上电，系统会自动分配网络地址，无须拨动开关或做另外的设置。

➢ 自动 I/O 检测：控制器能够检测到所有安装在子系统上的 I/O 接口通道。一旦插入 I/O 卡件，控制器就能准确地知道 I/O 卡件所连接的现场设备的常用属性。

➢ 数据保护：将数据下装到控制器时，DeltaV 系统会保存下装信息。同样，用户在线改变控制器组态时，系统也保存这些组态的更改信息。这样，系统将保存所有下装到控制器的数据的完整记录及所有曾做过的在线更改。

➢ 冷启动：当系统因故障断电时，控制器可以在一定时间内保存在线数据和所有组态设置，使得在重新上电后无须初始化就可以直接启动与正常工作。

➢ 数据通道：控制器可以将智能 HART 信息从现场设备传送到控制网络中的任何节点，即通过运行先进的资产管理软件 AMS，可以实现现场 HART 设备或基金会现场总线设备的智能信息的远程管理。

（2）I/O 卡件

DeltaV 系统的所有 I/O 卡件均为模块化设计，可以即插即用、自动识别、带电插拔。DeltaV 系统主要包括两大类 I/O 卡件：一类是传统 I/O 卡件，另一类是现场总线接口卡件。这两大类卡件可以任意混合使用。

① 传统 I/O 卡件

传统 I/O 卡件是模块化的子系统，它安装灵活，可以安装在离物理设备很近的现场。传统 I/O 卡件配备了功能和现场接线保护键，以确保 I/O 卡件能正确地插入对应的接线板中。

传统 I/O 卡件的特点如下。

➢ 所有与 I/O 卡件有关的部件都安装在 I/O 卡件底板（DIN 导轨）上，I/O 卡件可以给现场设备供电（24VDC，4～20mA 或 220VAC）。

➢ 各种模拟和开关量 I/O 卡件的外观和体积相同，便于插入 I/O 卡件底板中。

➢ 各种安装在 I/O 卡件底板上的 I/O 接线板可以在安装 I/O 卡件前先完成接线。

➢ 所有与 I/O 卡件有关的部件都可以进行完全模块化设计并都可以带电安装。当系统规模扩大时，可以在线加入扩展的 I/O 卡件。

➢ 系统自动识别所有在线 I/O 卡件的类别及通道状态，并作为记录保存在组态数据库中。

➢ I/O 卡件和接线板都设置有 I/O 功能保护键，这些保护键能够保证 I/O 卡件都插到相应的接线板中。这种安全设计使传统 I/O 卡件最初的安装变得非常快捷有效。当需要更换 I/O 卡件时，功能保护键可以确保安装正确。

② 现场总线接口卡件

● 基金会现场总线

基金会现场总线接口卡件（H1）可以通过总线方式将现场总线设备连接到 DeltaV 系统中，一个 H1 可以连接 2 个 FF 网段，每个 FF 网段最多可以连接 16 个现场总线设备，DeltaV 系统可以自动识别其设备类型、生产厂家、信号通道等信息。

基金会现场总线设备通过与数字自动化系统的双向通信还可以提供预测性的报警、确认信息、基于现场的控制、诊断设备信息，同时具备以毫秒为单位的捕捉数据功能。

DeltaV 系统采用基金会现场总线的优势如下。

➢ 为设备具体功能提供标准，设备的功能不需要在主机里编程组态。

➢ 自动指定设备地址，节省时间、提高效率。

➢ 从设备本身发出报警，且报警发生的时间记录可以达到 0.0001s。

➢ 基金会现场总线是点对点通信总线，而其他总线要求所有的通信通过主机进行。

➢ 不需要在 DeltaV 系统中为每个新设备改编程序。

● 设备总线

设备总线除了主要包括 Profibus-DP 和 DeviceNet，还包括传感器总线和串行通信总线。其中每块 Profibus-DP 卡支持 1 个 Profibus 网段，每个 Profibus 网段最多可以连接 64 个

Profibus-DP 设备。每块 DeviceNet 卡支持 1 个 DeviceNet 网段，每个 DeviceNet 网段最多可以连接 64 个 DeviceNet 设备。

设备总线主要用于电动机起停、调速电动机驱动、称重单元接口、数字控制阀、电磁阀等设备。

2）操作管理级装置

DeltaV 系统的工作站是 DeltaV 系统的人机界面，通过该工作站，企业的操作人员、管理人员可以随时了解、管理并控制整个企业的生产及计划。DeltaV 系统的所有应用软件均为面向对象的操作软件，满足系统组态、操作、维护及集成的各种需求。DeltaV 系统的工作站的组态指导给出了具体的组态步骤，用户只要运行它并按照它的提示进行操作即可。

DeltaV 系统的工作站主要分为四种：Professional Plus 工作站、Professional 工作站、操作员工作站、应用工作站。

（1）Professional Plus 工作站

每个 DeltaV 系统有且只有一个 Professional Plus 工作站，通常称之为主工程师站。该工作站负责全局数据库的组态及组态数据库的维护。Professional Plus 工作站配置有系统组态、操控、维护及诊断等软件包，具备工程师站和操作员站的所有功能。

Professional Plus 工作站的主要功能特点包括如下几点。

➢ 相关过程控制单元的操作界面；
➢ 全局数据库的浏览、查找及组态；
➢ 事件报警记录的浏览；
➢ 控制策略的组态及系统设定；
➢ 各个控制器、工作站、I/O 卡件及整个网络的诊断。

（2）Professional 工作站

Professional（工程师）工作站拥有与主工程师站相同的系统组态、操控、维护及诊断等软件包。DeltaV 系统先进的通信机制保障异常报表和请求响应等，能够使故障、事故和请求等得到及时有效的处理。

（3）操作员工作站

DelatV 系统的操作员工作站为用户提供了一个功能强大的操作环境，采用内嵌式的组件，便于各项数据的输入与读取。报警浏览表、流程图或模块详细信息等都有直观的统一界面，系统预先定制了标准的操作面板及详细面板，由此来统一所有模块的操作。系统通过对报警的分级、显示及管理使得操作员可以准确无误地关注到最重要的报警信息，并且可以直接通过报警栏处理最高级别的报警。

各项内嵌式功能如报警优先级和用户名权限的设定有效地提高了工厂在运行中的可利用率，而简单灵活的用户操作界面也使各项特殊的工艺操作要求得到最大限度的满足。

（4）应用工作站

DelatV 系统的应用工作站可以用于存放历史数据库，同时可以作为 OPC 服务器对外的接口。此外，应用工作站也可以配置各种优化或管理软件以实现其他特定的功能。

应用工作站的主要功能特点包括如下几点。

➢ OPC 服务器可以直接访问系统数据库，为客户端软件的应用提供快速、准确、可靠的数据。

> 历史数据库用于存放记录模拟量及数字量的文本参数。
> 用户可以从 Microsoft Excel 表格中直接读取实时或存储于历史数据库中的连续历史记录数据用于计算及分析。

3）通信网络

（1）工厂局域网

工厂局域网由智能现场设备、标准化平台和一体化与模块化软件组成。这些组件用开放的通信标准连接，现场级采用基金会现场总线，工厂级采用标准以太网，不同平台之间通过 OPC 技术进行数据交换。

工厂局域网作为工厂管理层与 DeltaV 系统之间建立通信的桥梁，采用 OPC 技术。DeltaV 系统和资产管理系统（AMS）为用户提供生产过程信息和管理信息，使用户能够有效利用现场智能设备提供的信息，并能够在不同平台之间进行信息交换。

（2）控制网络

在 DeltaV 系统中，控制网络包括工作站、控制器、交换机和网线（双绞线或光缆）。当各节点到交换机的距离小于 100m 时，用双绞线连接各节点到交换机上；当各节点到交换机的距离大于 100m 时，用光缆进行扩展。

DeltaV 系统的控制网络考虑到通信的完整性，往往采用冗余方式，并建立两条完全独立的控制网络，即主副控制网络。主副控制网络的交换机、以太网线及工作站和控制器的网络接口也是完全独立的。

DeltaV 系统的每个控制器都有主副 2 个网络接口，当采用冗余控制器配置时，每对控制器会有 2 个网络接口连接到主交换机上，另 2 个网络接口连接到副交换机上。DeltaV 系统的各工作站都配有 3 块网卡，其中 2 块用于建立控制网络，另 1 块用于备用或连接其他系统（如工厂网络）等。

DeltaV 系统的控制网络采用 TCP/IP 通信协议，系统自动分配各节点的 IP 地址。每套 DeltaV 系统最多可以支持 120 个节点，系统结构灵活，规模可变，易于扩展。

DeltaV 系统通过应用站节点可以延伸至企业的工厂网，将过程数据及有关历史记录数据上传至上层应用中，如优化分析、实验室分析、工厂生产调度管理等。企业的工厂网作为外部网络将不会遵循 DeltaV 系统的网络协议，应用工作站或主工程师站作为系统与外部网络的唯一接口利用 OPC 服务器进行数据的传递。

（3）控制网络安全策略

DeltaV 系统除了提供对机柜加锁这种物理保护，还提供了各个级别的网络安全防护机制，从参数的保护、区域的保护到功能模块的保护。DeltaV 系统甚至可以对某个特定的用户或某个特定的参数进行安全级别的设定。

DeltaV 系统的安全策略具体体现在以下几方面。

> DeltaV 系统要求运行在一个相对独立的局域网上。
> DeltaV 系统的工作站采用通过艾默生公司认证的特定机型。另外，当系统运行时，可以禁用光驱或 USB 接口，从而防止外部设备对系统的感染。
> DeltaV 系统在开发的全过程中融入了安全的设计思路，致使许多应用软件都是内嵌在系统操作软件中的。

➤ 用户权限的设定。每个进入系统的用户都必须拥有一个唯一的用户名及相应的登录密码。系统可以按照用户名对不同的人员进行分级管理，包括操作区域的设定、操作权限的控制等。

➤ DeltaV 系统有专门认证的防病毒软件。DeltaV 系统有专人小组按月对微软的操作系统的安全性进行测试。

➤ 根据 DeltaV 系统的组网方式及结构，我们可以清楚地看到最基本的安全防护。

2．DetlaV 系统的软件组成

DetlaV 系统的软件主要包括系统组态软件、控制软件、操作管理软件、诊断软件、批量控制软件、先进控制软件、资产管理软件等。

1）系统组态软件

DeltaV 系统的系统组态软件由以下几部分组成。

（1）DeltaV 浏览器

DeltaV 浏览器是系统组态软件的主要导航工具，它用一个窗口来表现整个系统，并允许直接访问其中的任意一项。这种类似于 Windows 浏览器的外观可以定义系统组成（如区域、节点、模块和报警）、查看整体结构和完成系统布局。DeltaV 浏览器还可以提供向数据库中快速增加控制模块的方法，可以将控制模块从模块库中拖放到某个工厂区域，并定义符合应用要求的模块参数。在系统中插入 I/O 卡件、智能现场设备或控制器时，DeltaV 浏览器采用内置的自动识别功能来建立组态，从而极大地简化了组态的定义过程。DeltaV 系统可以通过多种方式组态，如用浏览器中交互式的对话框组态、在控制方案组态工作室用图形化方式组态等。

（2）DeltaV 控制工作室

DeltaV 控制工作室用于为用户的控制策略创建、修改和删除模块，为控制模块提供完整的编辑功能。图 2.31 所示为 DeltaV 控制工作室的分区视图界面。系统提供了 IEC 61131 图形化控制策略，所有的控制策略都由标准图形完成。DeltaV 控制工作室可以简化系统组态过程，利用标准的预组态模块及自定义模块可以方便地学习和使用系统组态软件。

DeltaV 组态非常直观，标准的微软窗口提供的友好界面能更快地完成组态工作。DeltaV 控制工作室还配置了一个图形化模块控制策略（控制模块）库、标准图形符号库和操作员界面。拖放式、图形化的组态方法简化了初始工作并使维护更为简单。

DeltaV 系统具有部分下装、部分上装的功能，即将组态好的部分控制方案在线从工作站下装到控制器中而不影响其他回路或方案的执行，同样，也可以在线将部分控制方案从控制器上装到工作站中。

（3）配方工作室

配方工作室主要用于批量过程的控制组态。

（4）图形工作室

图形工作室主要用于预先定义图形库，它为操作界面的组态提供图形、文字、数据和动画等。

（5）用户管理器

用户管理器主要用于对用户操作安全性的管理。不同操作员有不同的操作权限，操作员只能在允许的操作范围内进行操作。

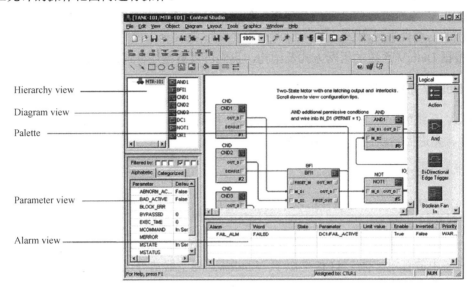

图 2.31　DeltaV 控制工作室的分区图界面

2）控制软件

控制软件包括数字控制和顺序控制等应用软件，它具有显示趋势、报警和历史数据功能。控制软件提供各种常用的功能模块，如输入和输出模块、模拟控制模块、算术运算模块、定时/计数模块、逻辑运算模块等。控制软件还提供能量计量模块和先进控制模块，以及可扩展的功能模块。

DeltaV 系统还预置了符合基金会现场总线的功能块标准，从而可以在完全兼容、广泛使用 HART 智能设备和非智能设备的同时，在不修改任何系统软件和应用软件的条件下兼容基金会现场总线设备。

3）操作管理软件

操作管理软件是人机操作的主要界面，类似 SCADA 系统的上位机人机界面。操作管理软件主要实现的功能包括流程显示、参数显示、实时和历史趋势记录与显示、报警和事件处理及操作员和用户管理等。DeltaV 系统提供了图形工具，操作员可以根据图标进行操作。标准操作界面分为三个预先设计的区域：按钮工具条、工作区和报警区。

操作管理软件是在艾默生公司收购的 iFix 基础上进行开发的，其人机操作界面开发过程与一般的组态软件类似，由于把该软件集成到了 DCS 中，因此，采用该软件开发人机操作界面比一般的人机操作界面开发要简单。

4）诊断软件

DeltaV 系统提供覆盖整个系统及现场设备的诊断，用户不需要了解诊断系统的细节和工作原理。用户通过 DeltaV 诊断浏览器（Diagnostics Explorer）查看全系统的状态，以便快速了解网络通信的状态、控制器和 I/O 卡件及现场智能化仪表的运行状况。

5）批量控制软件

DeltaV 系统提供先进的批量控制软件，以满足制药、食品等行业对批量控制的要求。批量控制软件主要包括基本批量软件、先进批量软件和专业批量软件等。

6）先进控制软件

DeltaV 系统的先进控制软件可以为多种应用场合提供全套服务，包括自动多变量检测、整定、模糊逻辑控制、模型预测控制、仿真和优化。DeltaV 系统的先进控制简便易学，无须特殊技能，一般的过程工程师就可以操作。

7）资产管理软件

DeltaV 系统的资产管理软件具有智能设备管理能力。维护人员通过资产管理软件可以查看单个设备的状况，并对设备进行深入分析。根据这些信息，维护人员还可以对设备进行预测性维护工作，从而在问题发生之前消除隐患。利用资产管理软件还可以对现场设备进行配置，并对变送器的量程等参数进行修改。由于 DeltaV 系统和资产管理系统完全兼容，DeltaV 系统可以自动检测到设备状况并对控制策略进行相应的调整。

2.4　监督控制与数据采集（SCADA）系统

2.4.1　SCADA 系统的概述

SCADA 是英文"Supervisory Control and Data Acquisition"的简称，翻译成中文就是"监督控制与数据采集"，也称作"数据采集与监督控制"。严格来说，SCADA 的英文原意并没有监视的含义，因此，把 SCADA 翻译成"监视控制与数据采集"是不妥的。从 SCADA 的名称可以看出，SCADA 系统包含两个层次的基本功能，即监督控制和数据采集。图 2.32 所示为某油田的大型 SCADA 系统结构示意图，该系统包括位于井口的现场控制层设备，如 RTU 和 PLC、转接站监控子系统、联合站控制系统（通常采用集散控制系统）和油田中心站监控系统。从该大型 SCADA 系统可以看出，即使是 DCS 这样的大型工业控制系统，也可以是 SCADA 系统的现场节点。像"西气东输"这样的大型 SCADA 系统的站控系统还具有紧急停车系统，该紧急停车系统也是 SCADA 系统的一部分。

SCADA 系统特指分布式计算机测控系统，主要用于测控点十分分散、分布范围广泛的生产过程或设备的监控，在通常情况下，测控现场无人或少人值守。SCADA 系统在控制层面上至少具有两层结构及连接两个控制层的通信网络，这两层设备是处于测控现场的数据采集与控制终端设备（通常称作下位机）和位于中控室的集中监视、管理与远程监控计算机（通常称作上位机）。

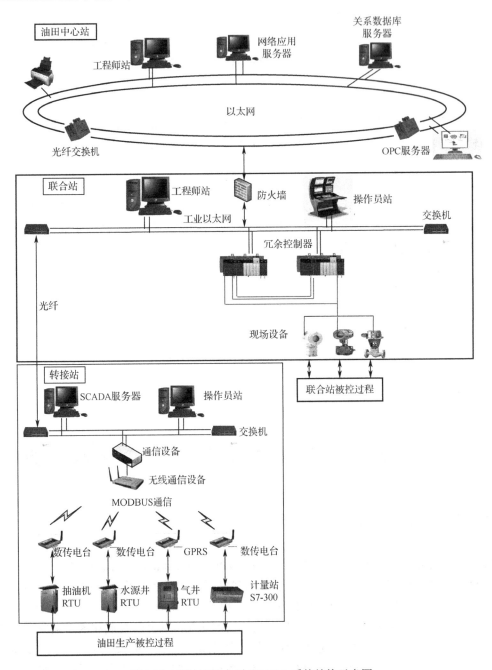

图 2.32 某油田的大型 SCADA 系统结构示意图

2.4.2 SCADA 系统的组成

SCADA 系统是生产过程和事务管理自动化最为有效的计算机软硬件系统之一，它包含三个部分：第一部分是分布式的数据采集系统，即下位机；第二部分是过程监控与管理系统，即上位机；第三部分是通信网络，包括上位机网络、下位机网络，以及连接上、下位机的通信网络。典型的 SCADA 系统的结构如图 2.33 所示。

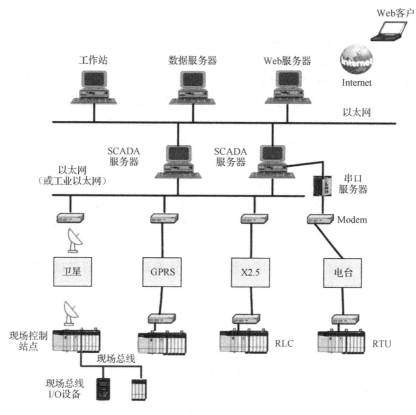

图 2.33　典型的 SCADA 系统的结构

SCADA 系统的三个组成部分的功能不同，但三者的有效集成则构成了功能强大的 SCADA 系统，完成对整个过程的有效监控。SCADA 系统广泛采用"管理集中、控制分散"的集散控制思想，因此，即使上、下位机通信中断，现场的测控装置仍然能正常工作，确保系统的安全和可靠的运行。以下分别介绍这三个部分的组成、功能等。

1. 下位机

一般来讲，下位机是指各种智能节点，这些节点都有自己独立的系统软件和由用户开发的应用软件。这些节点不仅能完成数据采集，还能完成对设备或过程的直接控制。智能采集设备与生产过程中的各种检测与控制设备相结合，实时感知设备的各种参数状态、各种工艺参数值，并将这些状态信号转换成数字信号，通过各种通信方式将下位机信息传递到上位机中，并且接收上位机的监控指令。典型的下位机有远程终端单元 RTU、可编程控制器 PLC、近年才出现的 PAC 和智能仪表等。

2. 上位机（监控中心）

1）上位机的组成

国外文献常称上位机为 SCADA Server 或 MTU（Master Terminal Unit）。上位机通常包括 SCADA 服务器、工程师站、操作员站、Web 服务器等，这些设备通常采用以太网联网。在实际的 SCADA 系统中上位机到底如何配置需根据系统规模和要求而定，最小的上位机只要有一台 PC 即可。根据可用性要求，上位机还可以实现冗余，即配置两台 SCADA 服务器，当一台出现故障时，系统自动切换到另一台工作。上位机通过网络与在测控现场的下位机通信，以各种形式如声音、图形、报表等显示给用户，从而达到监视的目的。上位机还可以接收操作人员的指令，将控制信号发送到下位机中，以达到远程控制的目的。

结构复杂的 SCADA 系统可能包含多个上位机，即系统除了有一个总的监控中心，还有多个分监控中心。例如，对于"西气东输"监控系统这样的大型 SCADA 系统而言，它包含多个地区监控中心，它们分别管理一定区域的下位机。采用这种结构的好处是系统结构更加合理、任务管理更加分散、可靠性更高。每一个监控中心通常由完成不同功能的工作站组成一个局域网，这些工作站包括如下几部分。

- ➤ 数据服务器——负责收集从下位机传送来的数据，并进行汇总。
- ➤ 网络服务器——负责监控中心的网络管理及与上一级监控中心的连接。
- ➤ 操作员站——在监控中心实现各种管理和控制功能，通过组态画面监测现场站点，使整个系统平稳运行，并实现工况图、统计曲线、报表等功能。操作员站通常是 SCADA 系统的客户端。
- ➤ 工程师站——对系统进行组态和维护，改变下位机的控制参数等。

2）上位机的功能

通过完成不同功能的计算机与相关通信设备、软件的组合，整个上位机可以实现如下功能。

（1）数据采集和状态显示

SCADA 系统的首要功能是数据采集，即首先通过下位机采集测控现场数据，然后上位机通过通信网络从众多的下位机中采集数据，并进行汇总、记录和显示。在通常情况下，下位机不具有数据记录功能，只有上位机才能完整地记录和保存各种类型的数据，为各种分析和应用打下基础。上位机通常具有非常友好的人机界面，人机界面可以以图形、图像、动画、声音等形式显示设备的状态、参数信息和报警信息等。

（2）远程监控

在 SCADA 系统中，上位机汇集了现场的各种测控数据，这是远程监视、控制的基础。由于上位机采集的数据具有全面性和完整性，监控中心的控制管理也具有全局性，能更好地实现整个系统的合理、优化运行。特别是对于许多常年无人值守的现场而言，远程监控是安全生产的重要保证。远程监控的实现不仅表现在管理设备的开、停及其工作方式上，如是手动还是自动，还可以通过修改下位机的控制参数来实现对下位机运行的管理和监控。

（3）报警和报警处理

在 SCADA 系统中，上位机的报警功能对尽早发现和排除测控现场的各种故障，保证系统的正常运行起着重要作用。上位机可以以多种形式显示发生的故障名称、等级、位置、时间和报警信息的处理或应答情况。上位机可以同时处理和显示多点同时报警，并且记录对报警的应答。

（4）事故追忆和趋势分析

上位机的运行记录数据，如报警与报警处理记录、用户管理记录、设备操作记录、重要的参数记录与过程数据的记录对分析和评价系统的运行状况是必不可少的。对预测和分析系统的故障、快速地找到事故的原因并找到恢复生产的最佳方法也是十分重要的，这也是评价一个 SCADA 系统功能强弱的重要指标之一。

（5）与其他应用系统结合

工业控制的发展趋势是管控一体化，也称为综合自动化，典型的系统架构是 ERP/MES/PCS 三级系统结构。SCADA 系统属于 PCS 层，是综合自动化的基础和保障。这就要求 SCADA 系统是开放的系统，它可以为上层系统提供各种信息，也可以接收上层系统的调度、管理和优化控制指令，实现整个系统的优化运行。

3. 通信网络

通信网络实现 SCADA 系统的数据通信，是 SCADA 系统的重要组成部分。与一般的过程监控相比，通信网络在 SCADA 系统中扮演的角色更为重要，这主要是因为 SCADA 系统的监控过程大多数具有地理分散的特点，如无线通信机站系统的监控。一个大型的 SCADA 系统包含多种层次的网络，如设备层总线、现场总线；在控制中心有以太网；而连接上、下位机的通信形式更加多样，既有有线通信，也有无线通信，有些系统还有电台、卫星等通信形式。

目前，在许多 SCADA 系统应用中，采用虚拟专用网络（VPN）来解决监控中心与现场站点的通信逐渐成为主流。VPN 技术是一种采用加密、认证等安全机制，在公共网络基础设施上建立安全、独占、自治的逻辑网络技术。它可以保护网络的边界安全，同时也是一种网络互联的方式。VPN 通过接入服务器、路由器及 VPN 专用设备，采用隧道技术，以及加密、身份认证等方法，在公用的广域网上构建专用网络。在虚拟专用网络上，数据通过安全的"加密隧道"在公用的广域网上传播。例如，在大型污水处理控制系统中，中央控制室与远程泵站之间就可采用 VPN。VPN 可以使整个污水厂的监控系统利用公用通信网络基础设施，获得使用专用的点到点连接所带来的安全。

2.4.3　SCADA 系统的应用

在电力系统中，SCADA 系统的应用最为广泛，技术发展也最为成熟。它作为能量管理系统（EMS）的一个主要的子系统，具有信息完整、效率高、能正确掌握系统运行状态、加快决策、帮助快速诊断出系统故障状态等优势，现已经成为电力调度不可缺少的一部分。它对提高电网运行的可靠性、安全性与经济效益，减轻调度员的负担，实现电力调度自动化与现代化，提高调度效率和水平发挥着不可替代的作用。

SCADA 系统在油气采掘与远距离输送过程中占有重要的地位，该系统可以对油气采掘过程、油气输送过程进行现场直接控制、远程监控、数据同步传输与记录，监控管道沿线及各站控系统的运行状况。在油气远距离输送过程中，各站场的站控系统、阀室作为管道自动控制系统的现场控制单元，除完成对所处站场的监控任务外，还负责将有关信息传送给调度控制中心并接收和执行其下达的命令，同时将所有的数据记录储存。除此基本功能外，新型的 SCADA 系统具有泄漏检测、系统模拟、水击提前保护等新功能。

武广高铁采用 SCADA 系统建立了铁路防灾监控系统。武广高铁全长 995km，有 10 个车站和 3 个数据调度中心，调度中心分别位于武昌新火车站、长沙火车站和广州南站。武广高铁全线共设置 155 个防灾监控单元，包括 2 处监控数据处理设备、2 处调度监控设备。整个防灾监控系统采用贝加莱公司的 SCADA 产品，该系统实现了对远程无人值守站点、环境恶劣站点的监控。该系统设有 109 个风速监测站点、51 个雨量监测站点、125 个异物监测站点，可以对暴风对列车运行产生的影响，暴雨造成的潜在泥石流、路基沉陷等，以及桥梁、隧道、山体等区段出现异物进入轨道与运行区域的情况，及时进行数据采集，并将上述数据上传至调度中心，以便系统能够及时做出调整。由于该 SCADA 系统的可靠运行对于保障列车的运行安全和乘客的生命安全具有非常重要的作用，因此，SCADA 系统在进行配置时采用了冗余设计，包括电源、机架、CPU、I/O 和通信网络等。

在应用了 SCADA 系统后，不同的行业可以取得如下良好的社会效益和经济效益。

➤ 极大地提高了生产和运行管理的安全性和可靠程度。
➤ 生产配方管理的自动化可以大大提高产品的质量和生产的效率。
➤ 极大地减少了生产人员面临恶劣工作环境的可能性，保证了工作过程的安全性。
➤ 大大地减少了不必要的人工浪费。
➤ 通过生产过程的集中控制和管理，极大地提高了企业作为一个整体的竞争力。
➤ 系统通过对设备生产趋势的保留和处理，可以提高预测突发事件的能力、在紧急情况下的快速反应和处理能力，极大地减少生命和财产的损失，从而带来了潜在的社会效益和经济效益。

由于 SCADA 系统能产生巨大的社会效益和经济效益，因此它获得了广泛的应用。SCADA 系统的主要应用领域如下。

➤ 楼宇自动化——开放性能良好的 SCADA 系统可以作为楼宇设备运行与管理子系统，监控楼宇的各种设备，如门禁、电梯运营、消防系统、照明系统、空调系统、备用电力系统等。
➤ 生产线管理——用于监控和协调生产线上各种设备正常有序的运营和产品的配方管理。
➤ 无人工作站系统——用于集中监控无人看守系统的正常运行，这种无人看守系统广泛分布在无线通信基站网，邮电通信机房空调网，电力系统配电网，铁路系统中的电力系统调度网，铁路系统中的道口、信号管理系统，坝体、隧道、桥梁、机场和码头等安全监控网，石油和天然气等各种管道监控管理系统，地铁、铁路自动收费系统，交通安全监控，城市供热、供水系统的监控和调度，环境、天文和气象等无人检测网络的管理，其他各种需要实时监控的设备。
➤ 机器人、机件臂系统——用于监视和控制机器人的生产作业。
➤ 其他系统——大型轮船生产运营系统、粮库质量和安全监测系统、设备维修系统、故障检测系统、高速公路流量监控和计费系统等。

2.4.4 SCADA 系统、DCS 与 PLC 的比较

1. SCADA 系统与 DCS 的比较

1）SCADA 系统与 DCS 的共同点

SCADA 系统和 DCS 的共同点表现在以下几方面。

> 具有相同的系统结构。从系统结构角度看，两者都属于分布式计算机测控系统，一般采用客户机/服务器模式，具有控制分散、管理集中等特点。现场控制站（或下位机）承担现场测控的任务，上位机侧重监控与管理。

> 通信网络在两种类型的控制系统中都起重要的作用。早期的 SCADA 系统和 DCS 都采用专有协议，目前更多的是采用国际标准或标准协议。

> 下位机编程软件逐步采用符合 IEC 61131-3 国际标准的编程语言，编程方式逐步趋同。

2）SCADA 系统与 DCS 的不同点

SCADA 系统与 DCS 也存在不同之处，主要表现在如下几个方面。

（1）系统构建不同

DCS 是产品的名称，也代表某种技术，而 SCADA 系统更侧重功能和集成，在市场上找不到一种公认的 SCADA 产品（虽然很多厂家宣称自己有类似的产品）。SCADA 系统的构建更加强调集成，根据生产过程监控要求从市场上采购各种自动化产品来构造满足用户要求的系统。因此，SCADA 系统的构建十分灵活，可以选择的产品和解决方案也很多。有时候我们也会把 SCADA 系统称为 DCS，主要是因为该系统也具有控制分散、管理集中等特点。但由于 SCADA 系统的软硬件控制设备来自多个不同的厂家，而 DCS 的主体设备来自一家 DCS 制造商，因此，把 SCADA 系统称为 DCS 并不恰当。

（2）体系结构的完整性不同

DCS 具有更加成熟和完善的体系结构，系统的可靠性等性能更有保障；而 SCADA 系统是用户集成的，因此，其整体性能与用户的集成水平紧密相关，通常要低于 DCS。由于 DCS 属于控制和管理的集成解决方案，因此，DCS 集成了更多的软件功能，如批量处理、先进控制、资产管理、设备和系统诊断等。此外，DCS 还集成了较强的信息安全功能。这些都是普通的 SCADA 系统所不具备的。

（3）应用程序开发有所不同

DCS 的变量不需要两次定义。由于 DCS 中的上位机（服务器、操作员站等）、下位机（现场控制器）软件集成度高，特别是有统一的实时数据库，因此，变量只需要定义一次，就可以在控制器回路组态中使用，在上位机人机界面等其他地方也可以使用。而在 SCADA 系统中一个 I/O 点如现场的一个电动机设备故障信号，在控制器中需要定义一次，在组态软件中还要定义一次，同时还要求两者之间进行映射（上位机中定义的地址与控制器中存储器的地址一致），否则，上位机的参数状态与控制器及现场设备的参数状态不一致。

DCS 具有更多的面向模拟量控制的功能块。由于 DCS 主要面向模拟量较多的应用场合，因此为了便于组态，DCS 的开发环境具有更多的面向过程控制的功能块。

组态语言有所不同。DCS 的编程主要采用图形化的编程方式，如西门子公司的 PCS7 用 CFC 编程语言，罗克韦尔公司用功能块图等。当然，在编写顺控程序时，DCS 也用 SFC 编程语言，这与 SCADA 系统中的下位机编程是一样的。

DCS 控制器中的功能块与人机界面的面板通常成对出现，即在控制器中组态一个 PID 回路后，在人机界面组态时可以直接根据该回路名称调用一个具有完整的 PID 功能的人机界面面板，面板中的参数自动与控制回路中的一一对应，罗克韦尔公司的 PlantPAx 集散控制系统的增强型 PID 功能块及其控制面板如图 2.34 所示。而 SCADA 系统必须自行设计面板，设计过程较为烦琐。

DCS 应用软件在组态和调试时有一个统一的环境，在该环境中，可以方便地进行硬件组态、网络组态、控制器应用软件组态和人机界面组态，并且进行相关调试。而 SCADA 系统功能的实现和调试相对分散。

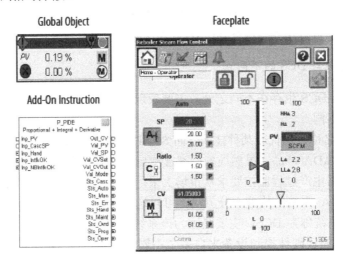

图 2.34　罗克韦尔公司的 PlantPAx 集散控制系统的增强型 PID 功能块及其控制面板

（4）应用场合不同

DCS 主要用于控制精度要求高、测控点集中的流程工业，如石油、化工、冶金、建材、电站等的工业过程。而 SCADA 系统特指远程分布式计算机测控系统，主要用于测控点十分分散、分布范围广泛的生产过程或设备的监控，在通常情况下，测控现场是无人或少人值守的，如移动通信基站、远距离石油输送管道的远程监控、流域水文与水情的监控、城市煤气管线的监控等。通常每个站点的 I/O 数量不要太多。一般来说，SCADA 系统对现场设备的控制要求低于 DCS 对被控对象的要求。有些 SCADA 系统应用只要求进行远程的数据采集而没有现场控制要求。总的来说，由于历史的原因，造成了不同的控制设备各自称霸一个行业市场的局面。

2．SCADA 系统、DCS 与 PLC 的不同

DCS 有工程师站、操作员站和现场控制站，而 SCADA 系统有上位机（包括 SCADA 服务器和客户机），两者在结构上差别不大。单纯的 PLC 是没有上位机的，其主要功能是现场控制。PLC 可以作为 SCADA 系统的下位机设备，因此，可以把 PLC 看作 SCADA 系统的一部分。PLC 也可以集成到 DCS 中，成为 DCS 的一部分。例如，在发电厂，输煤、输灰等子系统的控制器通常使用 PLC，而锅炉蒸汽机部分采用 DCS，PLC 通过与监控系统通信来接入厂级监控系统中。从这个角度来说，PLC 与 DCS 和 SCADA 系统是不具有可比性的。

系统规模不同。PLC 可以用在控制点数为几个到上万个的领域，因此，其应用范围极其广泛。特别是对于小型应用系统而言，PLC 占据了统治地位。而 DCS 或 SCADA 系统主要用于规模较大的过程，否则其性价比较差。此外，在顺序控制、逻辑控制与运动控制领域，PLC 也广泛使用。然而，随着技术的不断发展，各种类型的控制系统相互吸收、融合其他系

统的特长，DCS 与 PLC 的功能不断增强。具体地说，DCS 的逻辑控制功能在不断增强，而 PLC 的连续控制功能在不断增强，两者都广泛吸收了现场总线技术，因此它们的界限也在不断地模糊。

随着技术的不断进步，各种解决方案层出不穷，一个具体的工业控制问题可以有不同的解决方案。但总的来说，各种解决方案还是遵循传统的思路，即制造业的控制系统首选 PLC 或 SCADA 系统，而过程控制系统首选 DCS。对于监控点十分分散的控制过程而言，大多数还是会选 SCADA 系统，只是根据应用的不同，下位机的选择会有所不同。当然，由于控制技术的不断融合，在实际应用中，有些控制系统的选型具有一定的灵活性。以大型的污水处理工程为例，由于它通常包括污水管网、泵站、污水处理厂等，在地域上较为分散，绝大多数检测与控制点为数字量 I/O，模拟量 I/O 数量远远少于数字量 I/O，控制要求也没有化工生产过程那么严格，因此，在大多数情况下还是选用 SCADA 系统，而下位机采用 PLC，通信系统采用有线与无线相结合的解决方案，并利用 VPN 构建虚拟专用通道。

2.5　工业控制系统的报警功能与报警管理系统

2.5.1　工业控制系统的报警功能

1. 报警功能及其存在的问题

报警通常是指通过声响或视觉显示的方式提示操作员出现了设备故障、工艺波动或异常工况，需要操作员进行响应操作。报警系统的用途是针对生产过程的异常运行状态或设备故障对操作人员和其他工厂人员给出提醒（可以是声音、灯光或其他可视化信号），从而采取相应的应对措施，以减少灾难事故的发生。

在计算机控制系统被广泛应用之前，运行过程中的可视化信息通常是由中控室的操作面板来实现的。由于受操作面板空间的限制，报警的数量严重受限。报警点必须经过仔细选择，因为这些报警点都需要通过硬件布线来实现，成本十分昂贵。随着自动化水平的不断提高，DCS、SCADA 系统等各类工业控制系统被广泛使用，报警功能可以通过简单的软件设置来实现，且成本很低。虽然这能提高报警点的数量，但也带来了新的问题，即在大型生产过程中报警量很大，可能使操作人员被大量报警信息"淹没"，从而忽视了重要的报警信息，导致不必要的生产损失，降低生产安全性。尤其是在发生严重事故时，简单的报警系统设计往往会导致同时出现大量的报警，出现报警泛滥（Alarm Flooding），即在工业生产过程中报警负荷超过操作员的反应及处理能力。与这些大量的报警信息相矛盾的是，报警泛滥往往伴有大量的误报警和滋扰报警，这些误报警和滋扰报警常常让操作员难以找到报警产生的真正原因。此外，报警系统还存在报警阈值设计随意，误报、漏报率失衡；报警优先级划分模糊，处理顺序不当；报警类型繁多，难以分辨有效报警；报警性能评估不及时，未能实现再设计等问题，导致工业报警系统性能下降，给安全生产带来了挑战。

由于工业现代化发展的需要，过程工业日趋大型化、复杂化、精确化，传统工业报警系统的设计优化方法已经很难满足过程安全性及经济性的要求，低效的报警系统很难起到维护工业过程安全运行的作用，构建有效的工业生产报警管理系统势在必行。

2. 报警类型与报警属性

根据工程设备和材料用户协会（The Engineering Equipment and Materials Users Association，EEMUA）和 ISA 等颁布的国际标准，常见的报警类型共有 16 种，表 2.1 给出其中的 5 种作为参考。

表 2.1 报警类型及其含义

报 警 类 型	含 义
绝对报警（Absolute Alarm）	过程变量幅值异常
偏差报警（Deviation Alarm）	变量幅值偏差越过设置阈值，如过程变量与设定值的偏差越过阈值
变化率报警（Rate of Chang Alarm）	过程变量变化率异常
误操作报警（Adaptive Alarm）	操作员错误操作或改变设备设定值
运算报警（Calculated Alarm）	通过特定的算法确定的过程异常

操作台的报警信号通常由多种属性来供操作员确定异常工况发生的时间、严重程度及故障过程原因，报警属性及其含义如表 2.2 所示。

表 2.2 报警属性及其含义

报 警 属 性	含 义
时间戳（Time Stamp）	报警产生的时间点
变量值（Trip Value）	过程变量在报警时刻的实时值
报警标签（Tag Name）	应用在报警系统里的过程变量编号，如温度、压力、流量等
优先级（Priority）	依据操作员的最大允许响应时间和过程重要性综合设定的警报优先级

3. 报警管理系统的组成

为了实现上述功能，生产企业必须构建报警管理系统。工艺报警的显示和操作员的响应操作均依托于可靠的报警管理系统。根据 IEC 62682—2004 的定义，报警管理系统的组成如图 2.35 所示，典型的石油化工装置报警管理系统通常包括以下几个部分。

- 与报警相关的测量仪表和最终元件；
- 基本控制系统（BPCS）中的报警功能；
- 安全仪表系统（SIS）中的报警功能；
- 外部系统，包括气体检测系统（GDS）、可编程控制器（PLC）、压缩机控制系统（CCS）等的报警功能；
- 辅助操作台的报警功能；
- 报警和事件记录，通常在 DCS 中实现；
- 报警人机界面（HMI），通常在 DCS 操作站画面中显示报警信息；
- 工业过程先进报警管理系统（Advanced Alarm System，AAS）实时管理，如报警搁置、报警泛滥抑制、多工况报警等；

➤ AAS 历史管理，如报警关键性能指标报告等。

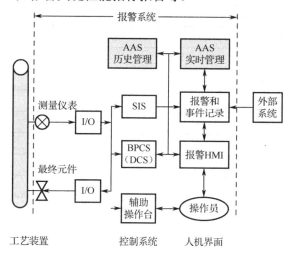

图 2.35　报警管理系统的组成

　　根据工程实践的经验和典型报警管理系统 KPI 指标，EEMUA191 将报警管理系统划分为 5 个等级，如表 2.3 所示。在实际的工业过程中，报警管理系统 KPI 指标如表 2.4 所示。

表 2.3　报警管理系统等级划分

系 统 等 级	等 级 描 述	等 级 特 征
等级 1	报警数量持续处于高位，在正常情况下报警信息经常无意义；在异常工况下极易发生报警泛滥，操作员对报警系统没有信心，重要的报警信息很难从无意义的报警信息中分辨出来	报警负荷超高
等级 2	在正常工况下报警数量相对稳定；在异常工况下报警数量仍然太多；报警优先级的划分不合理；报警能给出一些异常事件的预警，但有些报警仍然无意义；操作员对报警抑制缺乏管理	报警负荷偏高
等级 3	报警泛滥问题基本得到解决；在某些异常工况下，报警数量仍偏高；报警优先级的划分基本合理；报警有明确的响应操作要求；操作员能有效管理报警搁置	报警负荷稳定
等级 4	在任何工况下，报警数量都得到有效控制，应用了多工况报警技术，极少发生滋扰报警；操作员信赖报警系统，有足够的时间对报警信息进行分析和响应操作	报警适应性强
等级 5	报警数量达到最优；报警信息在任何工况下都稳定可靠，报警能在恰当的时间给操作员提供可靠的指导信息；报警系统能利用先进的算法和分析技术提前预测异常情况的发生	报警预测性强

表 2.4　报警管理系统 KPI 指标

报警管理系统 KPI 指标（连续 30 天取平均值）		
性 能 参 数	目 标 值	
单位时间平均发生的报警数量	正常范围	最大范围
发生报警数量/（天/操作岗位）	<75	<150
发生报警数量/（小时/操作岗位）	<3	<6

报警管理系统 KPI 指标（连续 30 天取平均值）		
性 能 参 数	目 标 值	
发生报警数量/（10 分钟/操作岗位）	<1	<1
每小时发生 30 次以上报警的百分比	<1%	
10 分钟内发生 30 次以上报警的百分比	<1%	
10 分钟内最多报警数量	<10	
报警泛滥发生的百分比	<1%	
10 个最常发生报警占总报警的百分比	1%～5%	
振荡报警和瞬闪报警的数量	0	
陈旧报警数量占比	<5%	
无效报警数量占比	<1%	

4．报警管理生命周期

报警系统管理的目的是保障报警系统高效运行，使其可以和生产过程运行更好地结合，发挥指导操作员安全、高效操作的作用。因此，报警管理是一个连续、不断更新的过程。图 2.36 所示为工业报警管理生命周期，报警管理生命周期分为 10 个阶段。

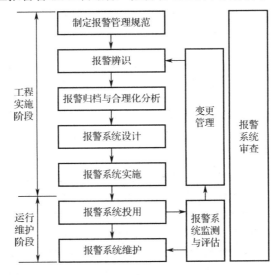

图 2.36　工业报警管理生命周期

> 制定报警管理规范。报警管理规范是指确定报警管理的基本定义、原则、设计、实施、投用、维护、分析评估及变更管理等的标准规范，是开展报警管理生命周期各阶段活动的依据。
> 报警辨识。报警辨识是指对可能的报警或报警变更进行定义的阶段。报警辨识可以在不同阶段通过多种方法开展，如过程危险分析（PHA）、安全保护层分析（LOPA）、事故调查报告、工程经验、仪表流程图（P&ID）审查、操作手册等。通过报警辨识确定的报警设置作为报警归档和合理化分析的输入信息。

➤ 报警归档与合理化分析。报警归档与合理化分析是指定义报警和报警优先级的主要方法，所有的报警都应经过合理化分析后确定。在报警合理化分析过程中，所有控制系统的报警点都应逐个分析。

➤ 报警系统设计。在完成报警归档和合理化分析的基础上，相关设计人员应完善报警系统的设计，如报警类型、报警设定值、报警参数、报警死区、正/负延时设置等，以便在基本过程控制系统和 AAS 中完成组态和调试。

➤ 报警系统实施。报警系统实施是指连接设计和投用的重要阶段，其主要工作包括工程实施培训，组态、下装、调试，报警功能测试和确认，归档记录等。

➤ 报警系统投用。报警系统投用是在报警归档和合理化分析、报警系统设计和实施的基础上投入使用，并按照各项报警管理规程执行、持续改进报警管理水平的阶段。

➤ 报警系统维护。报警系统投用后，相关人员应持续进行报警系统维护工作，如定期测试、报警设备维修等，以保证报警系统正常运行。

➤ 报警系统监测与评估。报警系统监测是指对报警系统的性能进行持续测量与监视，并以量化指标进行汇总。报警系统监测是改进提高报警系统性能的重要手段。报警系统评估是将监测指标与报警管理规范制定的报警系统 KPI 指标进行定期对比。评估后我们发现有需要改进提高的地方，应提出解决方案，并按照报警管理规范进行落实解决。

➤ 变更管理。为保证报警系统的完整性和有效性，报警系统应建立变更管理工作流程，从而有效地管理报警系统的变更。变更管理需要经过申请、评估、审查、批准、实施、培训、监督等流程。审批过的报警变更应保存至主报警数据库中，所有的报警变更应通知报警系统负责人。

➤ 报警系统审查。报警系统审查是指在日常监测与评估的基础上，定期综合评价报警系统的性能及管理活动的有效性。审查应定期进行，针对审查过程中发现的问题相关人员应制订整改计划。

2.5.2　工业过程先进报警系统（AAS）的功能设计

AAS 通过报警分组、报警优先级、多工况报警、报警搁置、诊断分析等，实现生命周期各阶段的报警管理，提高报警系统的有效性，增强生产操作的安全性。AAS 的基本设计原则主要包括如下几部分。

1. 报警分组

报警应按操作岗位进行分组，原则上报警分组应与操作岗位的职责范围一致，与本操作岗位无关的报警不予报出。报警分组可以有效减少每个操作岗位的报警数量。

2. 确定报警优先级

报警优先级代表工艺报警的严重程度，操作员应根据优先级的顺序进行报警响应操作。采用一致性的方法开展报警归档与合理化分析工作，合理定义报警优先级。工艺报警优先级通常定义为 3 级或 4 级，其中第 4 级为紧急工艺报警，第 3 级为高级工艺报警，第 2 级为中级工艺报警，第 1 级为低级工艺报警。

3. 滋扰报警的识别和处理

滋扰报警是指频繁报出、无指导意义或采取正确响应操作后仍不能恢复正常的报警，主要包括间歇报警、瞬闪报警、陈旧报警等。

4. 报警搁置

操作员抑制的报警必须得到有效的管控以确保在适当的时候能及时解除抑制，受到合理管控的报警抑制称为报警搁置。操作员在班组交接前应全面掌握报警搁置的详细信息，包括已经被抑制或被禁用的报警位号及传感器发生故障的仪表报警位号等。报警搁置所持续的时间应能在控制系统上进行设置和显示，当到达报警搁置的时间限制时，系统应提示操作员确认是否解除报警搁置。

5. 多工况报警的管理

在工艺装置中，大多数报警设置是针对设备的正常操作状态的。但是工艺设备经常会有不止一种正常操作状态，如开工状态、停工状态、切换产品牌号、切换进料来源、改变工艺操作负荷等。在正常工况下，部分工艺单元或备用设备处于正常停工状态，可能会产生大量不必要的报警，甚至逐渐成为陈旧报警并极有可能导致报警泛滥。

根据报警管理规范的要求，在正常工艺操作情况下不应产生任何报警。只有发生异常工况或非计划外事件时，控制系统才可以产生报警。多工况报警的管理根据工艺单元或工艺设备的各种工况条件进行动态报警设置。

6. 报警泛滥的抑制

报警泛滥的抑制功能是指根据相关工艺设备的状态或工艺激活条件对预先定义好的报警组进行动态管理。

7. 报警设置的审查和强制恢复

为了保证控制系统报警设置的完整性，防止由于未授权的报警设置引起事故，提高操作员的工作效率和装置的可靠性，AAS 可以提供报警设置的审查和强制恢复功能。

8. 报警设定值的选择

报警信号产生的最直接方式是预先设置报警阈值，将过程测量值和报警阈值进行实时比较，一旦测量值超过报警阈值，则报警信号产生。因此，报警阈值设计正确与否直接关系到报警信号的数量和质量。目前报警系统阈值设计仍然集中于单变量独立设计，并未充分考虑过程变量之间的关联性。然而，工业过程具有明显的关联性，而且各个过程变量之间的关联性强弱不一，该特性在进行报警阈值设计时不容忽视，否则会严重影响误报率和漏报率，致使两者失衡。

报警阈值设计分布在报警管理生命周期的合理化、详细设计两个阶段。其中，合理化阶段会对报警阈值进行设置；详细设计阶段包括对报警死区、延迟、滤波器等的设计，这三者也可以用于对报警阈值的优化设计。

基本过程控制系统应选择合适的报警设定值，且不宜与 SIS 或其他系统的报警设定值重复。工艺过程中的不同操作工况可能需要设置不同的报警设定值，所有的报警设定值及与之相关的工艺操作工况应记录和归档。

9. 报警系统人机界面的基本设计原则

报警系统人机界面对提高报警管理水平至关重要，它通常包括以下功能：报警汇总功能，报警发生后的消音、确认、复位功能，流程图画面中显示重要报警和公共报警功能，细目画面中显示报警状态功能，抑制功能，报警停用功能，报警记录归档功能等。

2.6　工业生产的安全保护措施与联锁

2.6.1　工业生产的安全保护措施

1. 硬保护措施与软保护措施

工业控制系统在运行时，能根据过程工艺参数和控制要求自动工作。工业控制系统不仅能在正常工作状况下发挥作用，而且能在非正常工作状况下起到自动调整作用，使生产过程尽快恢复到正常工作状况。我们通常把这种能处理非正常工作状况的控制手段称为安全保护措施，安全保护措施有硬保护措施和软保护措施两大类。

1）硬保护措施

为了实现安全目的，通过技术手段使各类与安全相关的关键信号按照一定的条件、一定的程序建立起既相互联系又相互制约的关系，我们把这种关系称为联锁。

硬保护措施也称联锁保护控制系统，当生产工艺状况超出一定范围时，联锁保护控制系统采取一系列措施，如报警、联锁强制动作（急停、切断）等，使生产过程进入安全状态。硬保护措施虽然能降低可能的事故造成的严重后果，但会使运行中的工艺或设备停止，造成经济损失。硬保护措施包括由常规控制系统实施的硬保护措施和由安全仪表系统实施的硬保护措施两类。

在实际生产过程中，并非所有的意外事件造成的后果都超出可接受风险范围，只有那些经过功能安全风险评估和分析，达到一定安全完整性等级要求的事件，且其他保护层不足以把风险降低到可接受程度时，才需要通过独立的安全仪表系统进行控制，以达到风险降低的目的。例如，常规控制系统（如 DCS）除了完成调节功能，还会承担一定的联锁控制（一般称工艺联锁控制，用于区别安全仪表系统的联锁控制）任务，即常规控制系统的工艺联锁控制也作为安全保护层的一部分。只有当某些危险事件通过其他安全保护层（如常规控制的工艺联锁控制）还不足以把风险降低，经过风险评估需要安全仪表系统来完成联锁控制时，则需要针对这些危险事件配置安全仪表系统。这也是在许多化工生产中除了具有常规控制系统，还具有独立的安全仪表系统的原因。在一个实际的工业控制系统中，安全仪表系统实施的工艺联锁回路数量通常要远远少于常规控制系统实施的工艺联锁回路数量。常规控制系统的联锁功能不需要安全风险评估和认证，实施和维护成本较低。关于安全仪表系统的详细内容见本书的第 4、第 5 章。

这里举一个由 DCS 承担工艺联锁的例子。在某氯乙烯生产装置中，乙炔与氯化氢混合操作控制不当，可能导致游离氯的存在。游离氯与乙炔在混合器中接触会发生剧烈反应，释放大量的热，引起爆炸。经过风险评估，采用高报警、集散控制系统联锁及物理安全等措施后，该事件造成的后果可以接受，因此该系统不配置独立的安全仪表系统，可以由 DCS 来实施联锁保护。其联锁逻辑是，当混合器顶部温度超过设定值或顶部压力超过设定值时，DCS 联锁保护动作，切断 2 个原料进料阀。为提高联锁回路的安全性，温度开关和压力开关都采用 3 选 2 冗余配置。

2）软保护措施

软保护措施是指当生产工艺状况超出一定控制范围时，控制系统不采取联锁保护，而是自动切换到另一种新的控制模式，该控制模式根据事故发生的原因立即执行预先设定的安全措施，对生产过程进行控制，当工作状况恢复正常时，又自动切换到原来的控制模式。显然，软保护措施既安全又经济，能明显减少停车造成的损失。软保护措施也是由常规控制系统来实现的。

需要强调的是，虽然包括硬保护或软保护在内的各种安全保护层可以降低安全风险，减少事故发生造成的损失，但安全功能的实施是要付出一定代价的，特别是当安全需求高时，其代价更大。因此，在工艺设计中强化固有安全设计以降低安全生产风险就显得特别重要，其他保护层的安全保护功能也要优先考虑。通常，石油化工行业一般不允许 SIL4 等级的安全需求，如果出现这种情况，需要重新进行工艺设计，或者给其他安全保护层分配安全功能，以达到降低安全需求的目的。

2. 选择性控制系统

通常人们把控制回路中有选择器的控制系统称为选择性控制（Selective Control）系统。选择器实现逻辑运算，它分为高选器和低选器两种。高选器的输出是其输入信号中的高信号，而低选器输出是其输入信号中的低信号。

用于安全目的的选择性控制系统主要有以下两类。

1）超驰控制系统

在生产过程中某一工艺参数超过安全软限或出现其他异常信号时，用另一个控制回路替代原有的控制回路，使工艺过程能安全运行，这类选择性控制系统称为超驰控制（Override Control）系统。

显然，超驰控制系统是指当自动控制系统接到事故报警、偏差越限、故障等异常信号时，根据事故发生的原因立即执行自动切手动、优先增、优先减、禁止增、禁止减等逻辑功能，将系统转换到预先设定好的安全状态，并发出报警信号的系统。

图 2.37 所示为分馏塔超驰控制示意图，其中 FC、LC 和 PC 分别表示流量控制器、液位

控制器与压力控制器。在正常工作情况下，为了保证分馏塔的液位在一定范围内，LC 与 FC 两个控制器构成串级控制，即 LC 的输出值作为 FC 的设定值。当 PC 的测量值大于设定值 SP，即工作情况出现异常时，控制回路能切换为 PC 与 FC 的串级控制，即 PC 的输出值作为 FC 的设定值，以便能够第一时间使电脱盐罐的压力恢复正常，减少不必要的停车所带来的经济损失，当恢复到正常状态后，恢复先前的串级控制模式。

2）竞争控制系统

选择生产过程中的最高值、最低值或中间值用于生产过程的指导或控制，防止事故发生，这类选择性控制系统称为竞争控制系统或冗余控制系统。

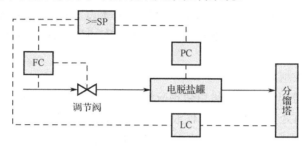

图 2.37　分馏塔超驰控制示意图

例如，锅炉燃烧控制系统存在多种控制模式来确保锅炉的安全，其中炉膛负压控制系统可以防止炉膛内火焰或烟气外喷。图 2.38 所示为锅炉燃烧控制系统示意图，该图中包含炉膛负压的前馈-反馈控制系统，其中蒸汽压力是前馈回路，PT3、PC3 是反馈回路，PY3 是加法器，PY2 是乘法器。

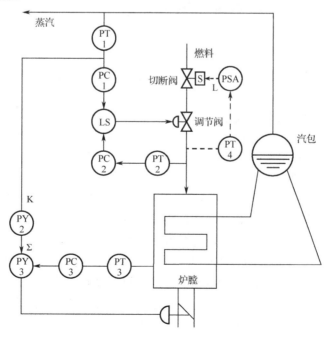

图 2.38　锅炉燃烧控制系统示意图

此外，当燃料压力过高或过低，或者喷嘴发生堵塞时，系统也会发生事故。锅炉燃烧控制系统除了设有炉膛负压控制系统，还设有安全联锁系统。

（1）防止回火的联锁控制系统

当燃料压力过低时，炉膛内压力大于燃料压力，系统会发生回火事故。燃料压力变送器 PT4、压力开关 PSA 和切断阀组成了联锁回路，当压力低于 PSA 中设置的下限时，联锁动作，切断调节阀上游的切断阀，防止回火。

（2）防止脱火的选择性控制系统

当燃料压力过高时，燃料流速过快易发生脱火事故。因此，系统应设置燃料压力和蒸汽压力的选择性控制系统。在正常情况下，燃料控制阀根据蒸汽负荷的大小调节，即 PT1、PC1 和燃料调节阀组成的回路工作。一旦燃料压力 PT2 过高，燃料压力控制器 PC2 的输出减小，被低选器 LS 选中，燃料压力控制器 PC2 取代蒸汽压力控制器 PC1 工作，防止发生脱火。

（3）燃料量限速控制系统

当蒸汽负荷突然增加时，燃料量也会相应地增加，燃料量增速过快会损坏设备。因此，在蒸汽压力控制器输出处设置限幅器，使最大增速在允许范围内，防止发生设备损坏事故。

在实际工业生产中，多种安全控制手段同时使用。合理使用不同的安全保护措施不仅能确保生产安全，而且能减少对正常生产的干扰，降低安全保护系统的成本。

目前两类选择性控制系统都能在 DCS 或 PLC 上实现组态，由于通过软件实现上述功能，相比采用传统的仪表控制，选择性控制系统的功能变得更加强大和灵活，有利于确保在异常工况下把生产恢复正常。

2.6.2 常规控制系统的安全联锁功能

一些生产过程若出现参数超限等情况可能造成一定的安全风险，但这种风险造成的危害与损失较轻，不足以要求配置独立的安全仪表系统，在这种情况下，需要在常规控制系统中实现安全联锁功能。

例如，将安全环保在线检测装置（如烟气检测、污水出水水质监测）与工业控制系统相关联可以预先对重要的工艺控制参数进行调整控制，在超限时进行报警，甚至在必要时联锁停车，紧急停止相关生产工序，从而防止超标排放导致的环保事故。

在 DCS 中实现工艺联锁需要具备以下功能。

➢ 联锁功能。当联锁输入条件具备时准确、可靠、迅速地触发联锁动作，联锁输入信号包括状态参数、工艺参数和操作台联锁按钮。

➢ 报警功能。联锁动作时系统给出与其他工艺报警不同的声光报警。

➢ 首出报警。将首个触发联锁的输入信号状态保留，用特殊的方式（如闪动）显示在操作站上，并屏蔽其余继发的输入信号，以利于故障分析。

➢ 记录功能。将联锁发生的时间、首出信号等记录在报警和事件记录内备查。

➢ 联锁恢复。只有经过人工复位确认，系统才能再次投运。

➢ 联锁信号旁路。配置联锁信号和输出旁路功能，以便联锁设备检修时不影响生产，或者让工艺人员对联锁功能进行选择。

为了确保上述联锁功能的实现，普通的 DCS 或 PLC 等实现安全联锁时，一般要求控制系统进行冗余配置。

常规控制系统的联锁功能设计需要参照安全仪表系统的设计要求，特别是联锁回路要采用"负逻辑"有效原则。也就是说，在正常生产过程中，联锁系统所有的元器件都处于带电动作状态，DCS 的 DO 触点、输出中间继电器触点都处于闭合状态，这样能保证即使控制系统发生故障（如系统失电等），系统也能产生联锁动作，以确保整个生产装置和操作人员的安全。

图 2.39 所示为阀门联锁示意图，该图包括 DCS 联锁信号控制侧和阀门现场侧。其中阀门现场侧的工作原理是，正常工作时三通电磁阀得电动作，接通从阀门定位器至气动调节阀膜头的气源，DCS 的调节信号可以通过该通路执行。当联锁动作时，DCS 联锁输出触点断开，KA1.0 继电器失电，其触点带动三通电磁阀失电，使得气动调节阀的膜头部分直通大气，这时气动调节阀将根据所选定的气开阀或气关阀处在全开或全关的联锁位置，实现联锁保护功能。

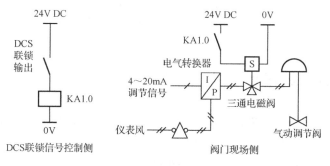

图 2.39　阀门联锁示意图

电气联锁示意图如图 2.40 所示，该图包括 DCS 联锁信号控制侧和阀门现场侧。其工作原理是，DCS 联锁信号控制的继电器 KA1.0 的常开触点串接在电气控制回路上，在正常情况下，该触点闭合，电气回路正常工作；在联锁状态下，DCS 联锁输出失电，导致 KA1.0 继电器失电，继电器触点断开，切断电气控制回路，其所控制的电气设备安全停车，从而实现了联锁功能。

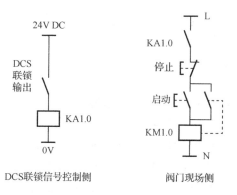

图 2.40　电气联锁示意图

联锁输出信号通常需要设置联锁屏蔽开关，同时设置自保回路，一旦联锁触发，立即保持联锁状态，直至手动复位为止。参与联锁的控制回路除了切断控制阀的气源电磁阀，还将该控制回路的状态由自动状态强制转为手动状态，并将其模拟量输出值置为 0，以保证回路的输出状态与联锁状态一致。

当然，随着国家对安全生产的重视，以前一些采用常规控制如 DCS 或 PLC 实现联锁控制的生产工艺，在国家新的安全生产监管政策要求下，需要采用独立的安全仪表系统以确保联锁动作执行的可靠性。例如，在粉煤制备工序中，为防止周围环境中的粉尘超过一定数值导致爆炸等事故，系统需要确保引风机正常运行，并控制磨机出口管道压力为一定的负压。以前，该功能是利用常规 PLC 来实现联锁控制的，但目前根据新的安全监管法规，该功能的实现应由独立的安全仪表系统执行。由此也可以看出，安全需求是动态的，不是静态的，随社会的发展而变化。

2.7 工业控制系统电源、接地、防雷与环境适应性

2.7.1 电源系统设计

工业控制系统的电源系统设计应考虑采用冗余系统，包括供电电源的冗余、电源模块的冗余，以及对输入、输出模块供电的冗余等。

电源系统的供电包括对可编程控制器和集散控制系统本身供电和对控制系统中有关外部设备供电。

系统供电电源的冗余可以采用不间断电源或双路供电设计。不间断电源应带充电电池或蓄电池，电气供电应采用静止型不间断电源装置（UPS）。采用双路供电设计时，双路供电应引自不同的供电系统，从而保证在某一路供电电源停止时能够切换到另一路供电电源。双路供电还可以采用其他辅助供电系统作为备用供电电源，如柴油发电机组。

通常，输入、输出模块的供电电源不采用冗余系统。对于重要的输入/输出模块、采用冗余输入/输出模块的系统，以及为保证控制系统中有关设备的正常运行而言，其联锁控制系统的供电电源、紧急停车系统的供电电源等应设置冗余供电系统。

电源系统的设计原则如下。

➤ 同一控制系统应采用同一电源供电。在一般情况下，电气专业提供的普通总电源和不间断总电源不宜采用 380V 交流供电电源。

➤ 应考虑供电电源系统的抗干扰性。

➤ 电磁阀电源电压宜采用 24VDC 或 220VDC，直流电磁阀宜由有冗余配置的直流稳压电源供电或直流 UPS 供电，电源容量应按额定工作电流的 1.5~2 倍考虑。

➤ 交流电磁阀宜由交流 UPS 供电，当正常工况下电磁阀带电时，电源容量按额定功率的 1.5~2 倍考虑。当正常工况下电磁阀不带电时，供电电源容量按额定功率的 2~5 倍考虑。

➤ 不间断电源供电系统可以采用二级供电方式，设置总供电箱和分供电箱。

➢ 保护电器的设置应符合下列规定：总供电箱设输入总断路器和输出分断路器；分供电箱设输出断路器，输入不设保护电器；各种开关和保护电器的保护特性应按有关标准的要求设置；分供电箱宜留至少 20%的备用回路。

➢ 用于工业控制系统的交流不间断电源装置的设置应符合下列规定：10kVA 以上大容量 UPS 宜单独设电源间；10kVA 及以下的小容量 UPS 可安装在控制室机柜间内；20kVA 以下供电电源宜采用单相输出。后备电池选择应符合下列规定：供电时间（不间断供电时间）为 15～30min；充电 2h 应至额定容量的 80%；宜选用密封免维护铅酸电池，也可以选用镉镍电池。

➢ 交流不间断电源装置应具有故障报警及保护功能、变压稳压环节，并具有维护、旁路功能。

➢ 对于直流稳压电源及直流不间断电源装置的选型设计而言，其技术指标应符合有关规定。例如，环境温度变化对输出影响<1.0%/10℃；机械振动对输出影响<1.0%；输入电源瞬断（100ms）对输出影响<1.0%；输入电源瞬时过压对输出影响<0.5%；接地对输出影响<0.5%；负载变化对输出影响<1.0%；长期漂移<1.0%；平均无故障工作时间>16 000h。

➢ 直流稳压电源应具有输出电压上、下限报警及输出过电流报警功能，并且具有输出短路或负载短路时的自动保护功能。

➢ 直流不间断电源装置应满足直流稳压电源的全部性能指标；具有状态监测和自诊断功能；具有状态报警和保护功能。

➢ 电源系统应有电气保护并正确接地。

2.7.2　接地系统设计和防雷设计

1. 接地系统设计

接地系统由接地联结和接地装置两部分组成，接地联结包括接地连线、接地汇流排、接地分干线、接地汇总板和接地干线；接地装置包括总接地板、接地总干线和接地极。

➢ 联结电阻：仪表设备接地端子到总接地板之间的导体及连接点电阻的总和，控制系统的接地联结电阻不应大于 1Ω。

➢ 对地电阻：接地极电位与通过接地极流入大地的电流之比称为接地极对地电阻。

➢ 接地电阻：接地极对地电阻和总接地板、接地总干线及接地总干线两端的连接点电阻之和称为接地电阻，控制系统的接地电阻不应大于 4Ω。

➢ 接地系统用导线：采用多股绞合铜芯绝缘电线或电缆，应根据连接设备的数量和连接长度按下列数值选用：接地连线为 1～2.5mm²；接地分干线为 4～16mm²；接地干线为 10～25mm²；接地总干线为 16～50mm²。

➢ 接地汇流排：采用 25mm×6mm 的铜条制作，或者用连接端子组合而成；接地汇总板和总接地板应采用铜板制作，铜板的厚度不小于 6mm，长宽尺寸按需确定。

所有接地连线在接到接地汇流排前均应良好绝缘；所有接地分干线在接到接地汇总板前均应良好绝缘；所有接地干线在接到总接地板前均应良好绝缘。接地汇流排（条）、接地汇总板、总接地板应采用绝缘支架固定；接地系统各种连接应保证良好的导电性能。

接地系统的施工应严格按照设计要求进行，不能为了方便而随意更改。隐蔽工程施工应及时做好详细记录，并设置标识。

现场控制系统设备的电缆槽、连接的电缆保护管及 36V 以上控制设备外壳的保护接地，每隔 30m 用接地连线与就近已接地的金属构件相连，并保证其接地的可靠性及电气的连续性，严禁利用储存、输送可燃性介质的金属设备、管道及与之相关的金属构件进行接地。

接地系统包括保护接地和工作接地。

1）保护接地

在工业控制系统中保护接地的自控设备包括仪表盘、仪表操作台、仪表柜、仪表架和仪表箱；可编程控制器、集散控制系统、ESD 机柜和操作站；计算机系统机柜和操作台；供电盘、供电箱、用电仪表外壳、电缆桥架（托盘）、穿线管、接线盒和铠装电缆的铠装护层；其他各种自控辅助设备。由于各种原因（如绝缘破坏等）有可能带危险电压者，如用电设备的金属外壳及自控设备正常不带电的金属部分，均应作保护接地。

2）工作接地

工作接地的内容为信号回路接地、屏蔽接地、本安仪表接地。

（1）信号回路接地

在控制系统和计算机等电子设备中，非隔离信号需要建立一个统一的信号参考点，并应进行信号回路接地（通常为直流电源负极）；隔离信号可以不接地。隔离是指每一输入（出）信号和其他输入（出）信号的电路是绝缘的，对地是绝缘的，电源是独立的、相互隔离的。

（2）屏蔽接地

在控制系统中用于降低电磁干扰的部件如电缆的屏蔽层、排扰线、自控设备上的屏蔽接线端子，均应作屏蔽接地。在强雷击区，室外架空敷设的、不带屏蔽层的普通多芯电缆的备用芯应按照屏蔽接地方式接地。如果屏蔽电缆的屏蔽层已接地，则备用芯可以不接地。

（3）本安接地

本质安全仪表系统中从安全功能角度看必须接地的部件应根据仪表制造厂家的要求作本安接地。齐纳安全栅的汇流条必须与供电的直流电源公共端相连，齐纳安全栅的汇流条（或导轨）应作本安接地。隔离型安全栅不需要接地。图 2.41 所示是与电气装置合用接地装置的等电位联结示意图。控制系统的接地联结采用分类汇总、最终与总接地板联结的方式。交流电源的中线起始端应与接地极或总接地板连接。当电气专业人员已经把建筑物（或装置）的金属结构、基础钢筋、金属设备、管道、进线配电箱 PE 母排、接闪器引下线形成等电位联结时，控制系统各类接地也应汇接到该总接地板，实现等电位联结，与电气装置合用接地装置，并与大地连接。

2．防雷设计

工业控制系统可能产生的雷电侵入危害形式有四种，分别是直接雷击、感应雷击、雷电过电压、反击电流。如果不采取一定的防护措施，可能造成控制系统的故障或损坏，甚至引起生产装置的停车，造成严重的经济损失。因此工业控制系统有必要采取综合的防护措施，主要防护措施包括如下几点。

> 外部防雷措施。它主要包括接闪器、引下线及接地装置等。
> 内部防雷护措施。它主要包括对电信电缆进行屏蔽、对机柜进行屏蔽，以及等电位的连接与接地、电源防雷保护、设置信号通道电涌保护器等。

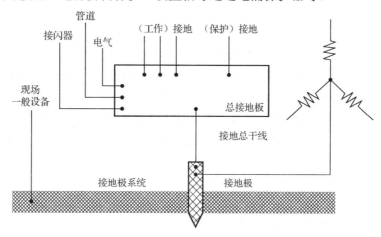

图 2.41　与电气装置合用接地装置的等电位联结示意图

2.7.3　环境适应性设计技术

环境变量是影响工业控制系统可靠性和安全性的重要因素，所以研究可靠性，就必须研究系统的环境适应性。通常纳入考虑的环境变量有温度、湿度、气压、振动、冲击、防爆、防尘、防水、防腐、抗共模干扰、抗差模干扰、电磁兼容性（EMC）及防雷击等。下面简单说明一下各种环境变量对系统可靠性和安全性构成的威胁，其中与抗干扰和电磁兼容性等有关的内容较多，在前面已做了介绍，这里对其他几个比较重要的环境变量做简单介绍。

1. 温度

环境温度过高或过低都会对系统的可靠性带来威胁。

低温一般指低于 0℃的温度。我国境内的最低温度为-52.3℃（黑龙江漠河）。低温的危害有电子元器件参数变化、低温冷脆及低温凝固（如液晶的低温不可恢复性凝固）等。低温的严酷等级分为-5℃、-15℃、-25℃、-40℃、-55℃、-65℃、-80℃等。

高温一般指高于 40℃的温度。我国境内的最高温度为 47.6℃（吐鲁番）。高温的危害有电子元器件性能破坏、高温变形及高温老化等。高温严酷等级分为 40℃、55℃、60℃、70℃、85℃、100℃、125℃、150℃、200℃等。

温度变化还会带来精度的温度漂移。设备的温度指标有两个，即工作环境温度和存储环境温度。工作环境温度是指设备正常工作时，其外壳以外的空气温度。如果设备装于机柜内，工作环境温度是指机柜内空气温度。存储环境温度是指设备无损害保存的环境温度。

对于 PLC 和 DCS 类设备而言，按照 IEC 61131-2 的要求，带外壳的设备的工作环境温度为 5℃～40℃；无外壳的板卡类设备的工作环境温度为 5℃～55℃。而 IEC 60654-1 进一步将

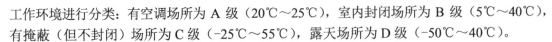

工作环境进行分类：有空调场所为 A 级（20℃～25℃），室内封闭场所为 B 级（5℃～40℃），有掩蔽（但不封闭）场所为 C 级（−25℃～55℃），露天场所为 D 级（−50℃～40℃）。

工业控制系统的温度分级标准可以参见 IEC 60654-1（对应国标 GB/T 17214.1—1998《工业过程测量和控制装置的工作条件》第 1 部分：气候条件）

2．防爆

在石油、石化和采矿等行业中，防爆是设计控制系统时的关键安全功能要求。每个国家和地区都授权权威的第三方机构制定防爆标准，并对申请在易燃易爆场所使用的仪表进行测试和认证。美国国家电气规程（National Electric Code，NEC，由 NFPA 负责发布）中，最重要的条款代码为 NEC 500 和 NEC 505，属于各州法定的要求，以此为基础，美国各防爆标准的制定机构发布了相应的测试和技术标准。我国防爆要求的强制性标准为 GB 3836 系列标准。检验机构主要是设在上海工业自动化仪表研究院的国家级仪器仪表防爆安全监督检验站。

3．防尘和防水

防尘和防水的常用标准为 IEC 60529（等同采用国家标准 GB 4208—1993）。其他标准有 NEMA 250、UL50 和 UL508 等。上述标准规定了设备外壳的防护等级，它包含两方面的内容：防固体异物进入和防水。IEC 60529 采用 IP 编码代表防护等级，在 IP 字母后跟两位数字，第一位数字表示防固体异物的能力，第二位数字表示防水能力，如 IP55。IEC 60529/IP 编码含义如表 2.5 所示。

表 2.5　IEC 60529/IP 编码含义

第 一 位	含 义	第 二 位	含 义
0	无防护	0	无防护
1	防 50mm，手指可入	1	防垂滴
2	防 12mm，手指可入	2	防斜 15° 垂滴
3	防 2.5mm，手指可入	3	防淋，防与垂直线成 60° 以内淋水
4	防 1mm，手指可入	4	防溅，防任何方向可溅水
5	防尘，尘入量不影响工作	5	防喷，防任何方向可喷水
6	尘密，无尘进入	6	防浪，防强海浪冲击
		7	防浸，在规定压力水中
		8	防潜，能长期潜水

4．防腐蚀

IEC 60654-4 将腐蚀环境进行分级，其主要依据是硫化氢、二氧化硫、氯气、氟化氢、氨气、氧化氮、臭氧和三氯乙烯等腐蚀性气体；油雾和盐雾。

腐蚀性气体按种类和浓度分为四级：一级为工业清洁空气，二级为中等污染，三级为严重污染，四级为特殊情况。

油雾按浓度分为四级：一级<5μg/（kg 干空气），二级<50μg/（kg 干空气），三级<500μg/（kg 干空气），四级>500μg/（kg 干空气）。

盐雾按距海岸线的距离分为三级：一级为距海岸线 0.5km 以外的陆地场所，二级为距海岸线 0.5km 以内的陆地场所，三级为海上设备。

固体腐蚀物未在 IEC 60654-4 标准中分级，但该标准也叙述了影响固体腐蚀物腐蚀程度的因素，主要包括空气湿度、出现频率或浓度、颗粒直径、运动速度、热导率、电导率及磁导率等。

复习思考题

1．试举例说明工业控制系统的组成及其作用。

2．工业计算机控制系统经历了哪些发展过程？主要的控制器有哪些？各自有何特点和使用场合？

3．集散控制系统、监控与数据采集系统的异同点有哪些？

4．客户机/服务器模式与浏览器/服务器模式各自有哪些特点？

5．为什么说 TSN+OPC UA 是工业互联网时代具有优势的实时数据通信解决方案？

6．工业控制系统中报警功能是什么？报警系统设计的原则有哪些？

7．工业生产中的软保护与硬保护有何不同？主要的软保护措施有哪些？

8．工业控制系统中接地、防雷及环境适应性设计对系统安全有何作用？

9．概述工业控制系统的基本安全策略及其特点。

10．报警管理系统的组成和作用是什么？

11．如何理解工业控制系统的行业特征？

12．IEC 61131-3 的优势有哪些？如何理解该标准把顺序功能图不作为程序设计语言，而作为编程语言来定义公用元素？

第 3 章　故障检测与诊断

3.1　故障检测与诊断技术概述

3.1.1　故障检测与诊断的基础知识

1. 故障的定义及故障检测与诊断技术的发展背景

国际自动控制联合会（The International Federation of Automatic Control，IFAC）给出的关于故障的定义是：系统至少有一个特性或参数与可接收的、正常的、标准的条件相比较出现了超出允许的偏差。故障也可以被理解为系统机能或过程性能出现超出预期的变化，这些变化导致系统的性能明显低于正常水平，使其难以完成预期的功能。

人类社会进入工业革命后，特别是 20 世纪 80 年代以来，全球范围内相继发生的工业事故造成了巨大的人员和财产损失。例如，1984 年，位于印度博帕尔的一家美国农药公司发生毒气泄漏事件，直接造成 2500 多人死亡，受伤人数为 60 多万人。2003 年，美国"哥伦比亚"号航天飞机上起隔离作用的泡沫材料的安装存在瑕疵，导致泡沫材料从机外的油箱上脱落，引发航天飞机在空中爆炸，7 名宇航员遇难，总损失达到 12 亿美元。

伴随着经济全球化浪潮和科学技术的快速发展，全球范围的经济竞争日益激烈，为了在全球化的市场中获得更大的利益，以大规模、自动化、智能化、低能耗、环境友好为特征的现代工业生产模式已成为主流。然而，这种大规模生产系统也带来了故障易发等弊端，即使是微小的系统故障，如果不能及时被发现并得到有效处理，也可能被放大和传播，造成设备损坏、环境污染、财产损失和人员伤亡乃至重大的安全事故。因此，对工业生产过程或运行设备进行实时监测与故障诊断，排除潜在的故障，预防重大事故发生，已成为工业等领域的焦点问题。

由于系统具有多样性，因此故障的形式也有所不同。根据故障发生的部位，系统故障可以分为元部件故障、传感器故障和执行器故障；按照故障的发生进程，系统故障可以分为突发性故障和渐进性故障。从故障检测与诊断的发展历史看，故障诊断技术经历了原始阶段、基于传感器和计算机技术的诊断阶段及智能化诊断阶段三个阶段。

故障检测与诊断（后文简称故障诊断）的目的是识别生产过程中的故障等异常状态，通过人工或自动手段来排查故障，消除各类故障隐患，使得生产过程能够重新恢复到正常工作状态，确保在满足生产性能指标的情况下使生产安全有效地运行。

故障诊断涉及的内容很多，应用的领域也很广，从应用领域来分类可分成两大类，即设备故障诊断与生产过程故障诊断。设备包括电动机、大型的旋转机械、机床、飞机、军舰等，而生产过程包括化工、冶金等流程工业及制造业的生产线。本章对故障诊断内容的介绍侧重于生产过程故障诊断方面。

2. 故障诊断的四个主要步骤

通常故障诊断分为四个主要步骤：实时故障检测、故障识别、故障诊断和故障恢复。

➤ 实时故障检测：在系统运行过程中，采用适当的检测手段实时监测系统的运行状况，当出现异常状况时，及时显示故障并报警，通知相关人员发现故障从而避免事故发生。在该阶段，信号采集与处理是基础。

➤ 故障识别：在系统出现故障后，快速识别与故障相关的最大的变量或变量组，以进一步确定发生故障的子系统或故障位置，使工作人员最大限度地消除故障带来的不利影响。在该阶段，故障模式特征提取与识别是关键。

➤ 故障诊断：在确定故障发生地点后，进一步对故障的大小、严重程度及其后果进行分析，为故障恢复做准备。在该阶段，故障分类是核心。

➤ 故障恢复：综合以上三个步骤的所有信息，结合系统当前的运行状况，及时给出合理的操作方法，以快速排除故障，将系统故障带来的危害降到最小甚至消除，确保系统及时恢复正常运行。故障恢复是整个故障诊断过程的最后一个环节，也是最重要的一个环节，需要根据故障原因，采取不同的措施对系统故障进行恢复。

以上述四个步骤为主的故障诊断流程图如图 3.1 所示。

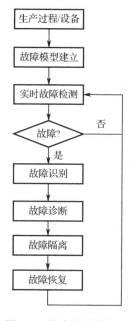

图 3.1　故障诊断流程图

3. 故障诊断的关键技术

1）系统分解技术

当对大型复杂系统进行故障诊断时，通常要对系统进行分解，以得到若干个便于识别故障的小系统或子系统。目前，主要的系统分解法有解耦分解法、功能分解法、区域分解法及层次分解法等。

2）信号检测技术

无论是定性还是定量故障检测，都依赖来自设备或过程的测量数据。如何合理布局传感器（类型、测点、数量），或者从现有的传感器中选择合适的信号源，以及确定传感器应具有的性能指标，以更好地获取表征故障的测量信息，对故障诊断系统的性能起重要作用。

3）特征提取技术

现有的工业现场由于大量使用计算机进行测控，工业数据中存储了较多的各类检测数据和操作数据。然而，这些数据一方面受噪声影响，另一方面存在大量冗余。因此，必须采取信号处理与特征提取技术，消除信号中的扰动，提取信号特征，获取能反映故障模式的特征信息。通常，对于平稳信号，可以采取概率密度、统计分析、时域与频域分析等方法；对于非平稳信号，可以采取高阶谱、时频分析及小波变换等方法。

4）故障识别与分类技术

在获取故障特征后，就需要对特征信息进行识别或分类，以确定是否存在故障，以及故障的类别。故障识别与分类技术一直是故障诊断的研究重点，本书 3.1.3 节将对相关内容进行概述性介绍。

5）数据融合技术

数据融合技术是指将来自多个传感器的、与系统运行状态有关的各类信息利用计算机按照一定的方式进行组合，以提高信息的有效性和获得最佳协同作用的效果。因此，数据融合技术充分利用了多个传感器在不同空间与时间的信息资源，提高了故障诊断的可信度。

4. 故障诊断的知识构成

工业生产过程或设备的故障诊断需要多种类型的知识，这些知识包括以下几点。

1）故障征兆

故障征兆是指对故障特征表现的一种定性或定量描述。

2）背景知识

背景知识用来描述领域知识的内容、结构及其使用方法，刻画了外部世界一般性的本质特征。在故障诊断领域，该知识可分为如下两类。
- ➤ 来自理论分析、故障机理研究、模型实验的实测数据或故障可能引起的后果分级等。
- ➤ 系统在运行时发生的故障的情景描述，包括故障类型、故障现象及处理措施等。

3）经验知识

经验知识是指领域专家在长期的故障诊断实践中积累起来的关于如何进行故障诊断的启发式知识。该知识的最大特点在于其启发性，因此求解效率高，有助于对实时性有严格要求的故障诊断。

4）模型知识

模型知识是指基于系统的结构、行为和功能描述的诊断知识，它与经验知识不同，能够对未曾预料到的故障进行诊断。

5）过程知识

过程知识是指反映一个动态的具有时序的诊断知识，如果该知识能用数学模型描述，则该知识较容易用计算机程序来描述。

6）决策知识

决策知识是指在系统及其分系统、部件和元件出现异常导致故障时是否应该采取处理措施或采取怎样的处理措施，针对各类故障可采用的检测和维修方案，以及故障再现对策、故障排除和恢复对策的知识。

7）控制知识

控制知识属于元级知识，是关于知识的知识。它一方面是指利用这类知识来协调各类知识的运用，即关于控制策略方面的知识；另一方面是指提高诊断效率的知识。

3.1.2　故障诊断系统的性能指标

同样的故障可以有不同的诊断方法，因此存在不同的故障诊断结果。人们可以从以下几个性能指标来评价不同方法的效果，从而选择合适和高效的故障检测方法。

1. 故障检测的及时性

故障检测的及时性是指系统在发生故障后，故障诊断系统在最短时间内检测到故障的能力。故障从发生到被检测出来的时间越短说明故障检测的及时性越好。

2. 早期检测的灵敏度

早期检测的灵敏度是指故障诊断系统对微小故障信号的检测能力。故障诊断系统能检测到的故障信号越小说明其早期检测的灵敏度越高。

3. 故障的误报率和漏报率

误报是指系统没有出现故障却被检测出发生故障；漏报是指系统发生了故障却没有被检测出来。一个可靠的故障诊断系统应尽可能降低误报率和漏报率。

4. 故障分离能力

故障分离能力是指诊断系统对不同故障的区别能力。故障分离能力越强说明诊断系统对不同故障的区别能力越强，对故障的定位就越准确。

5．故障辨识能力

故障辨识能力是指诊断系统辨识故障大小和时变特性的能力。故障辨识能力越高说明诊断系统对故障的辨识越准确，也就越有利于对故障的评价和维修。

6．鲁棒性

鲁棒性是指诊断系统在存在噪声、干扰等情况下正确完成故障诊断任务的同时保持低误报率和漏报率的能力。鲁棒性越强，诊断系统的可靠性越高。

7．自适应能力

自适应能力是指故障诊断系统对变化的被测对象的自适应能力，以及能够充分利用变化产生的新信息来改善自身性能的能力。

在实际应用中，以上性能指标需要根据实际条件来分析判断哪些性能是主要的，哪些性能是次要的，然后对诊断方法进行分析，经过适当的取舍后得出最终的诊断方案。

3.1.3 故障诊断方法综述

故障诊断是一门综合性学科，它不仅与维修对象的性能和运行规律有关，还涉及诸如现代控制、模糊理论、数理统计、可靠性理论、人工智能、模式识别等多门学科。此外，故障诊断应用领域广，有些方法与具体应用领域关系密切。因此，对故障诊断方法进行分类有一定困难。国内外对故障诊断的综述文献比较多，但由于分类标准不一致，因此得到的分类结果也不一样。总的来说，故障诊断方法是有限的，只是按照不同的分类标准，同一方法被分到不同的类别，但这并不影响相关的研究与应用。

故障诊断专家弗兰克教授等将故障诊断方法分为三类：基于解析模型的方法、基于知识的方法和基于信号处理的方法。文卡塔·萨布拉曼等在 2003 年发表的几篇综述文章中定义了三大类方法：基于机理模型的方法、基于知识的方法和基于数据驱动（过程历史数据）的方法。周东华教授等将故障诊断方法分为两大类：定性分析法和定量分析法。定性分析法主要有图论方法、专家系统和定性仿真。定量分析法可分为基于解析模型的方法和基于数据驱动的方法两大类。基于解析模型的方法包括状态估计、参数估计和等价空间；基于数据驱动的方法又可进一步划分为 4 类，如图 3.2 所示。实际上，经典的故障诊断方法的种类基本是固定的，按照不同分类标准分类时，这些方法会归于不同的类别。由于不同的故障诊断分类方法实际上并不会影响故障诊断的研究与应用，因此，如何对故障诊断方法进行分类并不重要。

1．定性分析法

定性分析法是通过分析系统变量或参数之间的关系来描述一个系统状态的，常见的定性分析法包括图论方法、专家系统和定性仿真。

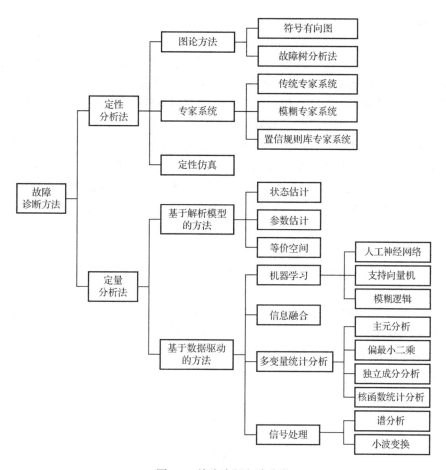

图 3.2　故障诊断方法分类

1）图论方法

图论方法是一类对近似描述诊断对象的知识的表达方法，目的是实现对诊断对象相关信息的获取，并按照模型规定的信息组织方式来存储获得的信息。主要的图论方法有符号有向图（Signed Directed Graph，SDG）、故障树分析法等。

（1）符号有向图

SDG 是一种定性分析法，SDG 模型用来描述系统在正常或非正常状态下的系统因果行为，根据建立的因果关系图进行正反向推理，捕捉有用信息，以此来完成故障诊断。在 SDG 模型的瞬时样本中，如果节点的值偏离了正常范围，则只有相容路径是符合逻辑关系的、能进行传播和演变的路径。该路径从初始节点的状态偏离开始，导致其邻接下游节点的状态偏离，并沿着相容路径，一直影响到末端的节点，引起其状态发生偏离。通过对相容路径的搜索，可以发掘故障在复杂系统内部的发展演变过程。SDG 模型可以通过搜索算法得到偏离传播的所有可能路径。相容通路即事故在系统中传播的通路，这些通路符合过程系统中物料、能量、信息交互的规律。SDG 模型既包含了系统的事故状态，又描述了事故传播的所有可能路径，抓住了事故发生与发展的本质规律，故又称深层知识模型。

然而，SDG 模型是基于稳态不变的假设，难以处理故障诊断中的多变量、复杂性问题。

（2）故障树分析法

故障树分析法（Fault Tree Analysis，FTA）又叫因果树分析法，是目前国际上公认的一种简单、有效的可靠性分析和故障诊断方法，是指导系统最优化设计、薄弱环节分析和运行维修的有力工具。该方法由美国贝尔实验室在 1961 年首先提出。

故障树是一种特殊的倒立状逻辑关系因果图，它用事件符号、逻辑门符号和转移符号描述系统中各种事件之间的因果关系。故障树分析法是一种自上而下逐层展开的图形演绎分析方法。利用故障树分析法进行诊断的主要目的在于找出导致顶事件发生的所有可能的故障模式，即寻找故障树的全部最小割集。在系统设计和运行的过程中通过对可能造成系统失效的各种因素（包括硬件、软件、环境、人为因素）的分析，画出故障逻辑关系图（故障树），从而确定系统失效的各种可能的原因和各种可能的组合方式或发生概率，进而采取相应措施以提高系统的可靠性。

由图 3.3 可以看出，所研究的特定事件被绘制在故障树的顶端，称顶上事件（或顶事件），如 T 事件。导致顶上事件发生的最初原因事件绘制于故障树下部各分支的终端，称为基本事件（或底事件），如 X_1、X_2、X_3、X_4、X_5 和 X_6 事件。处于顶上事件与基本事件之间的事件称为中间事件，它既是造成顶上事件的原因，又是基本事件产生的结果，如 A_1、A_2、A_3、A_4 和 A_5 事件。各事件之间的基本关系是因果逻辑关系，用逻辑门表示。以逻辑门为中心，上层事件是下层事件发生后导致的结果，为输出事件；下层事件是上层事件的原因，为输入事件。

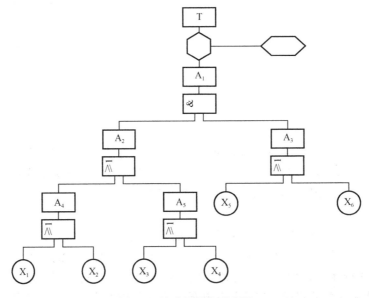

图 3.3　故障树结构示意图

图论方法一般只适用于较简单的系统，对于复杂系统而言一般难以非常准确地描述变量之间可能存在的因果关系。另外，由于复杂系统各故障模式具有诸多牵连，因此用图论方法对系统各故障模式间关系的分析难度很大，建立的故障树还会存在节点冗余等问题，对故障树的修改与维护也存在较大困难。

2）专家系统

专家系统是指利用领域专家的知识来解决一些专业领域内实际问题的智能系统。专家系统将大量的专门知识、经验与计算机程序相结合，运用知识和人工智能技术通过推理和判断解决需要大量专家才能解决的复杂问题。专家系统的一般结构如图 3.4 所示。专家系统具有应用范围广、诊断水平和诊断效率高等优点，是故障诊断领域中一类重要的方法。该方法的优点是能模拟人的逻辑思维过程，利用专家知识来解决复杂的诊断问题。专家系统的主要研究内容包括诊断知识的表达、诊断推理方法和不确定推理及诊断知识的获取等。

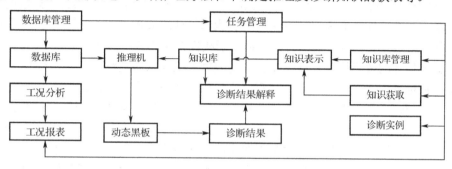

图 3.4　专家系统的一般结构

在解决实际的故障诊断问题时，专家系统并不依赖系统的数学模型，而是根据人们长期的实践经验和大量的故障知识信息（如故障征兆的描述性知识及各故障源与故障征兆之间的关联性知识），通过推理得出系统是否发生故障、故障的类型等结论，并可进一步对结果进行评价和决策。

根据推理过程原理的不同，专家系统故障诊断方法可分为基于规则的专家系统故障诊断方法、基于模型推理的专家系统故障诊断方法、基于模糊推理的专家系统故障诊断方法和基于案例推理的专家系统故障诊断方法等。

传统的专家系统故障诊断方法也存在诸多不足。例如，由于环境的复杂性和专家的局限性，专家知识不可避免地具有多种形式的不确定性、知识获取的"瓶颈问题"、逻辑推理过程中的匹配冲突和组合爆炸问题、较差的自适应和自学习能力等。为了解决这些问题，人们尝试将专家系统与模糊逻辑、人工神经网络及最新的机器学习技术结合，因此出现了多种改进的专家系统。

3）定性仿真

定性仿真故障诊断方法首先通过表征系统物理参数的定性变量及各变量之间相互左右和影响的定性方程的集合来建立系统定性模型，然后从系统给定的初始状态出发，通过定性仿真推理预测当前系统的定性行为和状态，通过将其与实际系统的定性行为进行比较，检测是否发生故障，并诊断故障的种类及发生原因。然而由于该方法需要事先获知系统的先验故障模型，因此仅适用于故障已知的系统，对故障未知的系统无法进行准确的诊断。

2．定量分析法

1）基于解析模型的方法

基于解析模型的方法起步较早，在理论上比较成熟。该方法最早由比尔德（Beard）在1971 年提出，经过多年发展趋于成熟和完善。基于解析模型的方法可细分为基于状态估计的故障诊断方法、基于参数估计的故障诊断方法和基于等价空间的故障诊断方法三种。虽然这三种方法是独立发展起来的，但它们之间存在一定的联系。其中基于状态估计的故障诊断方法和基于等价空间的故障诊断方法是等价的。由于设计非线性系统的状态观测器比较困难，因此基于参数估计的故障诊断方法比基于状态估计的故障诊断方法更适合应用于非线性系统，而基于等价空间的故障诊断方法仅适用于线性系统的故障诊断。

基于状态估计的故障诊断方法主要包括滤波器方法和状态观测器方法。该方法的基本思想是先重构被控过程状态，通过与可测变量比较构成残差序列；再构造适当的模型，并采用统计检验法把故障检测出来，并做进一步分离、估计及决策，其原理如图 3.5 所示。该方法要求系统可观测或部分可观测，通常可以使用龙伯格（Luenberger）观测器或卡尔曼滤波器进行状态估计。通过残差信号来评估是否发生故障的原理是：在正常情况下，系统的残差信号通常是很小或趋向于零的；反之，如果系统中存在传感器、执行器或其他类型故障，系统的残差信号会有明显的变化，而系统的故障信息也包含于这种变化之中，因此根据残差信号进行故障辨识，可以准确定位故障位置。

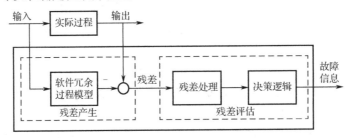

图 3.5　基于状态估计的故障诊断方法的原理

基于参数估计的故障诊断方法是指根据模型参数及相应的物理参数的变化来检测和分离故障。其基本原理是，系统中的故障会引起过程物理参数的变化，而过程物理参数的变化会进一步导致模型参数的变化，因此可以通过检测模型参数的变化来进行故障诊断。基于参数估计的故障诊断方法要求找出模型参数和物理参数之间的一一对应关系，且被控过程需要充分激励。

基于等价空间的故障诊断方法利用系统的解析数学模型建立系统输入、输出变量之间的等价数学关系，这种关系反映了输出变量之间静态的直接冗余和输入、输出变量之间动态的解析冗余，然后通过检验实际系统的输入、输出值是否满足该等价关系来达到检测和分离故障的目的。

基于解析模型的方法的优点是该方法能利用系统内部的深层知识，深入系统本质的动态特性，有利于实现实时诊断，并准确和及时发现故障。国外针对可重复使用的运载器和国际空间站的最新故障诊断系统大多采用解析冗余的故障诊断方法。然而该方法要求系统建立精确的数学模型，对建模误差、参数摄动、噪声和干扰都很敏感。因此，对于具有非线性、参数时变、不确定性等特性，且难于建模的复杂工业生产过程，该方法的应用受到很大限制。

2）基于数据驱动的方法

基于数据驱动的方法不需要建立精确的数学模型，利用过程在正常运行工况下积累的大量测量数据完成故障诊断。由于过程工业的复杂性导致建模困难，因此，基于数据驱动的方法是该领域研究最多的方法。基于数据驱动的方法可进一步分为基于机器学习的故障诊断方法、基于信息融合的故障诊断方法、基于多变量统计分析的故障诊断方法和基于信号处理的故障诊断方法等。

（1）基于机器学习的故障诊断方法

① 基于人工神经网络的故障诊断方法

自 20 世纪 80 年代以来，人工神经网络（Artificial Neural Network，ANN）在经历了几次沉浮之后，再次成为人工智能领域的研究热点。人工神经网络是反映人脑结构及其功能的一种抽象的数学模型，可以完成学习、记忆、识别和推理等。人类大脑是由无数的相互连接的神经元构成的，因此，人类能进行模式识别计算，具有了高级智能。人工神经网络是由大量的节点（神经元）相互连接构成的，每一个节点代表一种特定的输出函数，称为激励函数；而每两个节点间的连接都代表一个对于通过该连接信号的加权值，称之为权重。网络的输出则随着网络的连接方式、权重值及激励函数而改变。

人工神经网络具有较好的容错性、并行处理能力、强大的学习能力、自适应能力和非线性逼近能力，被广泛应用于故障诊断领域。人工神经网络应用到故障诊断主要体现在三个方面：从特征分类角度将人工神经网络作为分类器，进行故障诊断；从预测角度将人工神经网络作为预测模型，进行故障预测；从应用角度将人工神经网络与其他方法结合（如专家系统、灰色方法），进行故障诊断。例如，基于人工神经网络的专家系统有两种形式：一种形式是使用人工神经网络来构造专家系统，把基于符号的推理变为基于数字运算的推理，提高系统效率，解决自学习问题；另一种形式是把人工神经网络作为知识源的表示和处理模式，并与其他推理机制相融合，实现多模式推理。

在各类用于故障诊断的人工神经网络中，BP（Back Propagation）神经网络应用最为广泛。但 BP 神经网络的初始权值和阈值是随机获取的，其采用的训练算法容易导致训练过程陷入局部最优，因此在将人工神经网络用于故障诊断时，往往还利用各种优化算法，如遗传算法、蚁群算法、粒子群算法等，来获得更好的人工神经网络模型参数，从而提高人工神经网络故障诊断系统的性能。除了 BP 神经网络、RBF 网络这样的前馈网络，极限学习机（Extreme Learning Machine，ELM）、递归神经网络（Recurrent Neural Network，RNN）等也被用于故障诊断的应用研究中。近年来，随着深度学习的兴起，深度学习与人工神经网络结合的深度神经网络在故障诊断中的应用也在增加。

然而，基于人工神经网络的故障诊断方法也存在一定的缺点，主要表现在以下几方面。

➤ 人工神经网络的理论基础是经典统计学。按经典统计学中的大数定律，统计规律只有当训练样本数目接近无限大时才能准确地被表达。然而在处理故障诊断等实际问题时，只能得到非常有限的故障样本，这导致人工神经网络故障诊断模型容易出现误诊和漏诊，影响了实际的使用效果。

➢ 人工神经网络故障诊断系统属于黑箱方法，因此，很难对诊断模型进行解释或推理，即很难建立故障原因与结果之间清晰的因果关系。

➢ 人工神经网络利用知识和表达知识的方式单一，人工神经网络通常只能采用数值化的知识，在融合故障先验知识上存在困难。

➢ 人工神经网络只能模拟人类感觉层次上的智能活动，在模拟人类复杂层次的思维方面还不及一些传统的方法，如专家系统。

② 基于支持向量机的故障诊断方法

支持向量机（Support Vector Machine，SVM）是统计学习理论中较新的内容，也是最实用的部分，其核心内容是在 1992—1995 年提出的，主要针对模式识别问题。随后，相关人员又提出了针对实函数的支持向量回归模型，并出现了各种改进模型。支持向量机的理论基础是 VC 维理论和结构风险最小化原则。最初的支持向量机是根据线性可分情况下的最优分类面提出的。最优分类面不仅能够将所有训练样本正确分类，还能使训练样本中离分类面最近的点到分类面的距离最大，通过使间隔最大化来控制分类器的复杂度、进而实现较好的推广能力。在线性不可分的情况下，非线性变换将输入空间变换到一个高维特征空间，并在这个新空间中求取最优线性分类面。为了避免在高维特征空间进行复杂的非线性运算，支持向量机采用了核函数，它把高维空间中的内积运算转换为原始空间中的核函数计算。支持向量机从诞生至今，虽然发展时间短，但其在理论研究和算法实现等方面取得了诸多进展，成为机器学习领域的经典算法之一。

支持向量机采用结构风险最小化原理，兼顾训练误差和推广能力，在解决小样本及非线性问题上有独特的优势，更加适合建立故障诊断模型。与人工神经网络等黑箱方法类似，支持向量机用于故障诊断时也采用数据驱动方式，无须诊断对象的精确模型，但需要高质量的故障样本。与人工神经网络相比，支持向量机不仅具有更好的学习能力和推广能力，还具有全局优化、网络结构自动确定等优点，在故障诊断中得到了较为广泛的应用。

③ 基于模糊逻辑的故障诊断方法

模糊逻辑系统在一定条件下能以任意精度逼近给定的非线性函数。基于模糊逻辑的故障诊断方法主要有两种：一种是先建立征兆与故障类型之间的因果关系矩阵，再建立故障与征兆的模糊关系方程；另一种是根据先验知识建立故障征兆与对应的原因之间的模糊规则库，利用规则库进行模糊逻辑推理。

模糊逻辑系统可以直接处理输入和输出变量的不确定性，这是通过模糊数据和模糊集来定义输入和输出变量实现的，不需要严格定义所涉及的复杂现象，就可以笼统地描述复杂的物理过程。但是工业复杂系统要确定恰当的规则集合隶属度函数是很困难的。

（2）基于信息融合的故障诊断方法

信息融合也被称为数据融合，是一种集成多个数据资源，从而产生更加一致、准确、有用数据的融合过程。信息融合按照融合时信息的抽象层次可分为测量级融合、属性级融合和决策级融合。

测量级融合属于一种低级别的融合，即对原始数据进行融合，进而在单一传感源的基础上，通过提高融合数据信噪比的方式，提高数据的准确性与精确性，降低数据缺陷。属性级融合属于一种中级别的融合，即对属性特征进行融合，如对视频或图像中物体的形状、纹路、位置等进行融合，也称为特征级融合。属性级融合主要利用人工神经网络或支持向量机将多个故障特征进行融合，融合后的故障特征用于诊断，可以直接输出故障诊断结果。决策级融合属于一种高级别的融合，通过将不同决策者提供的决策证据进行融合，得到更加可靠的决策证据。基于 DS（Dempster-Shafer）证据理论融合的方法是决策级融合故障诊断中研究最多的一类方法，这主要是因为该理论在处理具有不确定性的多属性判决问题时具有突出优势，它不但能够处理由于不精确引起的不确定，而且能够处理由于不知道引起的不确定。更加复杂的是多级别融合，即将上述不同级别的信息进行有效组合，重新计算并融合多个级别的信息，并将不同尺度上的信息进行融合。

图 3.6 所示为基于多传感器信息融合的两种不同的故障诊断方法。图 3.6（a）是基于多传感器属性级融合的故障诊断方法，数据信息的融合在特征级进行；图 3.6（b）是基于多传感器决策级融合的故障诊断方法，数据信息的融合在决策级进行。这类故障诊断方法的结果建立在对多组故障诊断模型的决策融合基础上。

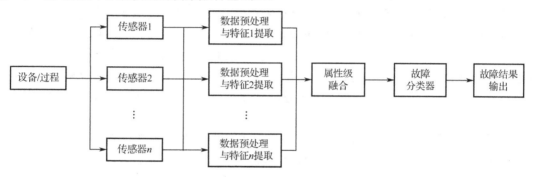

（a）基于多传感器属性级融合的故障诊断方法

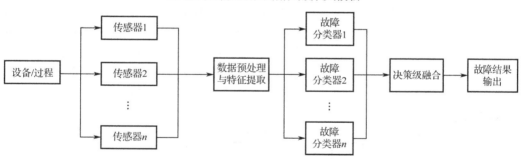

（b）基于多传感器决策级融合的故障诊断方法

图 3.6　基于多传感器信息融合的两种不同的故障诊断方法

（3）基于多变量统计分析的故障诊断方法

统计过程控制（Statistical Process Control，SPC）最早由美国的休哈特（Shewhart）提出，在质量管理中被广泛使用。经典的统计过程控制是以单变量为基础的，以提高产品质量为目标，只对生产过程中的一些重要指标单独地使用统计过程控制，为此建立了 X 控制图、指数加权移动平均（EWMA）控制图及累计和值控制图等。单变量的统计过程控制只考虑单一变量的变化幅值，不涉及各种参数之间的相互关系。然而，在实际生产中，与质量指标相关的参数不止一个，而且这些参数之间往往是耦合的，对这些参数进行单变量的统计过程控制往往会导致生产过程中的异常现象被遗漏，造成误报和漏报，对产品质量管理造成影响。

主元分析（Principal Component Analysis，PCA）法是一种典型的基于多变量统计分析的故障诊断方法，其主要思想是通过线性空间变换求取主元变量，将高维数据空间投影到低维主元空间。低维主元空间可以保留原始数据空间的大部分方差信息，并且主元变量之间具有正交性，可以去除原始数据空间的冗余信息。经过 PCA 特征提取后的低维主元空间较容易对生产过程进行分析、故障检测和诊断解释。主元分析法不仅被用于故障诊断，而且在过程建模、模式识别等领域也得到了广泛应用。

独立成分分析（ICA）法实质上是基于主元分析原理延伸的方法，于 20 世纪 90 年代正式被提出。该方法通过对采集到的数据进行线性分解，形成相互统计独立的信号，从而描述过程变化趋势与故障。ICA 法能更有效地处理高阶和非高斯数据，提高了检测系统的鲁棒性。

费舍尔判别分析（FDA）法是在 20 世纪 30 年代中期由费舍尔（Fisher）提出的，主要应用于模式识别方面，之后被推广至工业过程的故障诊断。该方法的主要原理与主元分析法类似，通过向量投影来实现数据的压缩简化。由于 FDA 法是基于正常工况与故障状况下的两类数据进行建模的，所以相较于 PCA 法，FDA 法在故障检测方面具有更高的准确率和可靠性。

偏最小二乘（PLS）法由沃尔德（Wold）在 1983 年正式提出，是一种基于普通最小二乘法优化后的算法，也是主要的回归建模方法之一。PLS 法的原理是，根据数据能否观测将其划分为显变量和隐变量，并利用部分隐变量构建 PLS 模型，进而预测描述从输入空间到输出空间的过程特征。大量学者致力于 PLS 法在故障检测方面的应用研究，至今已收获了许多研究成果。

为了处理过程的非线性，非线性 PCA 法和非线性 PLS 法等多元统计方法被提出。然而，这些方法通常都包含复杂的非线性优化过程，特别是采用人工神经网络等非线性模型来近似 PLS 模型内部关系的一类非线性 PLS 法，常用的非线性 PLS 结构如图 3.7 所示。KPLS 法和 KPCA 法等作为采用核函数技术改造的新的非线性数据处理方法，体现了与传统非线性方法不同的特点。这些方法不仅继承了传统显性化模型的特性，而且具有很好的非线性数据处理能力，无复杂非线性优化，计算量小，算法实时性好。KPLS 和 KPCA 可以理解为高维特征空间中的 PLS 和 PCA，采用核函数技术后，不需要在高维特征空间中进行数学计算，只需要在原始数据空间中进行核函数计算即可。除了 KPLS 法和 KPCA 法，非线性统计方法还有 KICA 法等。

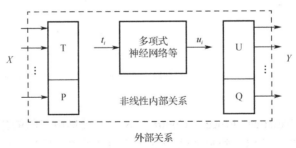

图 3.7　常用的非线性 PLS 结构

基于多变量统计分析的故障诊断方法的步骤包括数据预处理、故障检测、故障识别和故障恢复等。数据预处理包括变量筛选、自标定、剔除离群点、去噪声等；故障检测是指通过选取统计量提取故障特征，来确定故障是否发生；故障识别是指把与诊断故障相关的观测变量识别出来，进而确定发生故障的原因；故障恢复是指在确定发生故障的原因基础上，通过对过程进行干预，消除故障，使系统恢复正常运行。

以 PCA 法为代表的传统的基于多变量统计分析的故障诊断方法往往假设过程变量之间线性相关、各变量都服从高斯分布、数据采集的独立性及过程只运行在单一工况条件下。为了处理工业过程数据非线性、非高斯分布、动态特性、操作点变化（如间歇过程）、数据分布不均匀等诸多实际问题，在传统的基于多变量统计分析的故障诊断方法的基础上，出现了大量的改进方法。

（4）基于信号处理的故障诊断方法

当可以得到对象的输入、输出信号，但很难建立对象的解析数学模型时，可以采用基于信号处理的故障诊断方法。基于信号处理的故障诊断方法的基本思想是：当系统发生故障时，相关的信号幅值、相位、频率等会发生异常，这种方法在机械故障的诊断中应用较为广泛。基于信号处理的故障诊断方法分为基于可测值或其变化趋势值检测的故障诊断方法及基于可测信号处理的故障诊断方法等。基于可测值或其变化趋势值检测的故障诊断方法根据系统的直接可测的输入、输出信号及其变化趋势来进行故障诊断，当系统的输入、输出信号或变化超出允许的范围时，即系统发生了故障，根据异常信号来判定故障的性质和发生的部位；基于可测信号处理的故障诊断方法利用系统的输出信号状态与一定故障源之间的相关性来判定和定位故障，如频谱分析法。

由于直接基于信号，所以基于信号处理的故障诊断方法的一个优点是具有优越的故障辨识能力，但这种方法在干扰、噪声等不确定因素的影响下，会判断失误。由于这种方法基于信号处理，因此，从经典的频谱分析法、相关法、傅里叶特征提取法，到现代的小波分析、混沌、分形信号处理方法都得到了广泛应用。

3.2 多变量统计故障诊断方法

3.2.1 主元分析法和偏最小二乘法

1．主元分析法

1）主元分析法概述

设某过程的测量数据组成了二维矩阵 $\boldsymbol{X}(n \times m)$，其中 n 为样本数，m 为过程变量数。主元分析的原理如图 3.8 所示，其中 k 为主元数。经过主元分析，矩阵 $\boldsymbol{X}$ 被分解为 m 个子空间的外积和，即

$$\boldsymbol{X} = \boldsymbol{T}\boldsymbol{P}^{\mathrm{T}} = \sum_{j=1}^{m} \boldsymbol{t}_j \boldsymbol{p}_j^{\mathrm{T}} = \boldsymbol{t}_1 \boldsymbol{p}_1^{\mathrm{T}} + \boldsymbol{t}_2 \boldsymbol{p}_2^{\mathrm{T}} + \cdots + \boldsymbol{t}_m \boldsymbol{p}_m^{\mathrm{T}}$$

$$(3\text{-}1)$$

式中，$\boldsymbol{t}_j$ 是（$n \times 1$）维得分向量，也称为主元向量；

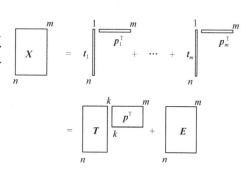

图 3.8 主元分析的原理

p_j 为（$m \times 1$）维负载向量，也是主元的投影方向；T 和 P 则分别是主元得分矩阵和负载矩阵。

主元得分向量之间是正交的，即对于任何 i 和 j，当 $i \neq j$ 时，满足 $t_i^T t_j = 0$。同样，负载向量之间也是正交的，并且为了保证计算出来的主元向量具有唯一性，每个负载向量的长度都被归一化，即当 $i \neq j$ 时，$p_i^T p_j = 0$；当 $i = j$ 时，$p_i^T p_j = 1$。

将式（3-1）等号两侧同时乘 p_j，即进行主元投影，表明每一个主元得分向量 t_j 实际上是矩阵 X 在负载向量 p_j 方向上的投影，如式（3-2）所示：

$$t_j = Xp_j$$
$$T = XP \tag{3-2}$$

在求取主元的过程中，主元得分向量 t_j 的内积 $\|t_j\|$ 实际上对应着 X 的协方差矩阵 $\Sigma = X^T X$ 的特征值 λ_j；而负载向量 p_j 是 λ_j 对应的特征向量。在主元分析中，要求 $\lambda_1 > \lambda_2 > \cdots > \lambda_m$，这使得每个主元都具有明确的统计意义，即第一主元提取了 X 最多的方差信息，第一负载向量 p_1 是矩阵 X 的最大方差变异方向；第二主元提取了残差空间 E 中最多的方差信息，其中 $E = X - t_1 p_1^T$，第二负载向量 p_2 是 X 中方差变异的第二大方向，依此类推。当矩阵 X 中的变量存在一定程度的线性相关时，X 的方差信息实际集中在前面几个主元中，而最后的几个主元的方差通常是由测量噪声引起的，可以忽略不计。因此，主元分析既保留了最大方差信息，又显著降低了数据维数。

完整的主元分析模型可用式（3-3）表示，即

$$T = XP$$
$$\hat{X} = TP^T = \sum_{j=1}^{k} t_j p_j^T \tag{3-3}$$
$$E = X - \hat{X}$$

式中，T 和 P 的维数分别为（$n \times k$）和（$m \times k$）；k 代表主元模型中所保留的主元个数；$\hat{X}$ 由主元得分向量和负载向量重构得到，即 $\hat{X}$ 是由主元模型反推得到的原始数据 X 的系统性信息；E 为主元模型的残差信息。

利用主元分析进行故障诊断时，一个重要的参数是主元数。确定主元数的一个原则是既要能够减少输入变量维数，又要尽可能减少信息丢失。常用的确定主元数的方法如下。

➢ 主元累计贡献率法；
➢ 对预报残差平方和（PRESS）的交叉检验；
➢ Akaike 信息准则；
➢ 故障信号重构方差。

这些方法具有不同的特点，具体选择何种方法确定主元数要根据具体的应用确定，但主元累计贡献率法简单易行，较为常用。其原理是根据前 k 个主元的方差贡献率 $\sum_{i=1}^{k} \lambda_i / \sum_{j=i}^{n} \lambda_j$ 来确定主元数。若前 k 个主元贡献率大于某数 Q（通常选取 $Q > 85\%$），则主元数 k 确定。

求取主元负载向量可以通过奇异值分解（SVD）法或迭代算法实现。

2）主元分析法的适用性分析

（1）变量之间的线性相关性

原始数据矩阵的变量之间存在线性关系，这是主元分析中最重要的假设条件。根据这一假设，才能确保数据处于同一个向量空间中，从而用一组基底表示。这个条件决定了主元分析模型中数据之间的关系需要是线性的同时也造成了经典主元分析法的不足，从而产生了各种非线性的主元分析法。

（2）能够使用中值和方差进行统计分析

如果一个模型能够用中值和方差的相关概念进行概率分布的描述，那么这个模型就是指数型概率分布模型。通俗来讲，如果过程数据的概率分布不是指数型概率分布，那么在这种情况下用主元分析法可能不会达到理想的效果。幸运的是，根据中心极限定理，工业生产过程中产生的数据大部分满足指数概率分布（如高斯分布），因此在工业过程领域主元分析法是一种比较好的降维方法。

（3）方差较大向量的重要性比较大

在主元分析法中隐含了关于噪声的假设，即由于数据本身的信噪比很高，因此大方差的向量被当成主元，而较小方差的向量被当成噪声。

2．偏最小二乘（PLS）法

偏最小二乘法的工作对象是两个数据阵 $X(n \times m_x)$ 和 $Y(n \times m_y)$，如工业过程中的过程变量和表征质量的测量值，其中 n 是样本个数，m_x 是 X 的变量个数，m_y 是 Y 的变量个数。偏最小二乘法的出现解决了传统的多变量统计故障诊断方法存在的如下不足。

➤ 数据共线性问题。工业生产中的测量变量之间通常存在一定的相关性，即变量和变量之间存在耦合关系。变量之间的这种相关关系会导致协方差矩阵 $\boldsymbol{\Sigma} = \boldsymbol{X}^T \boldsymbol{X}$ 是一个病态矩阵，从而降低回归参数 $\hat{\boldsymbol{\Theta}} = (\boldsymbol{X}^T \boldsymbol{X})^{-1} \boldsymbol{X}^T \boldsymbol{Y}$ 的估计精度，引起回归模型不稳定。

➤ 小样本数据的回归建模，尤其是样本个数少于变量个数的情况。普通回归建模方法要求样本个数是变量个数的两倍以上，而对于样本个数小于变量个数的情况则无能为力。

偏最小二乘模型包括外部关系和内部关系，其中外部关系为

$$\boldsymbol{X} = \boldsymbol{T}\boldsymbol{P}^T + \boldsymbol{E} = \sum_{i=1}^{k} \boldsymbol{t}_i \boldsymbol{p}_i^T + \boldsymbol{E}$$
$$\boldsymbol{Y} = \boldsymbol{U}\boldsymbol{Q}^T + \boldsymbol{F} = \sum_{i=1}^{k} \boldsymbol{u}_i \boldsymbol{q}_i^T + \boldsymbol{F}$$

（3-4）

内部关系为

$$\boldsymbol{u}_h = b_h \boldsymbol{t}_h$$

（3-5）

式中，$b_h = \boldsymbol{t}_h^T \boldsymbol{u}_h / (\boldsymbol{t}_h^T \boldsymbol{t}_h)$，是 X 空间潜变量 $\boldsymbol{t}$ 和 Y 空间潜变量 $\boldsymbol{u}$ 的内部回归系数。

PLS 法在实际应用中大多采用递推算法，最常用的是非线性迭代部分最小二乘法（Nonlinear Iterative Partial Least Squares，NIPALS）。迭代算法不是一次性地将所有的主元都计算出来，而是采取分步迭代方法。为了消除不同变量量纲的影响，在使用 PLS 法前，要将

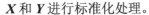

X 和 Y 进行标准化处理。

由于 PLS 法在本质上是线性回归方法，所以在处理非线性严重的过程时，其模型精度不够。目前常用的非线性 PLS 法是用非线性函数来近似内部关系的，即将式（3-5）的线性内部关系修改成

$$u_h = f(t_h) \tag{3-6}$$

式中，$f(\cdot)$ 是多项式函数、人工神经网络或支持向量机等。

3．数据的标准化处理

在数据驱动的黑箱方法中普遍采用数据标准化。一个好的标准化方法可以在很大程度上突出过程变量之间的相关关系，剔除不同测量量纲对模型的影响，简化数据模型的结构。数据的标准化处理通常包括数据的中心化处理和无量纲化处理两个步骤。

数据的中心化处理是指将数据进行平移变换，使得新坐标系下的数据和样本集合的重心重合。数据的中心化处理既不会改变数据点之间的相互位置，也不会改变变量间的相关性。

对于数据集合 $X(n \times m)$，数据的中心化处理的数学表示式为

$$\tilde{x}_{i,j} = x_{i,j} - \overline{x}_j \quad (i=1,2,\cdots,n; j=1,2,\cdots,m)$$
$$\overline{x}_j = \frac{1}{n}\sum_{i=1}^{n} x_{i,j} \tag{3-7}$$

过程变量的测量值的量级会呈现很大的差别，如温度的测量值可以达到上千摄氏度，而一些成分的分析值是个位数。为了消除测量量级不一致的影响，每个变量在数据模型中应具有同等的权重，因而需要将不同变量的方差归一，实现无量纲化，其处理公式如式（3-8）所示。

$$\tilde{x}_{i,j} = \frac{x_{i,j}}{s_j} \quad (i=1,2,\cdots,n; j=1,2,\cdots,m)$$
$$s_j = \sqrt{\frac{1}{n-1}\sum_{i=1}^{n}(x_{i,j}-\overline{x}_j)^2} \tag{3-8}$$

结合式（3-7）和式（3-8），可得到如式（3-9）所示的数据标准化公式，该公式对原始数据同时进行中心化和方差归一化处理。

$$\tilde{x}_{i,j} = \frac{x_{i,j} - \overline{x}_j}{s_j} \quad (i=1,2,\cdots,n; j=1,2,\cdots,m) \tag{3-9}$$

3.2.2 基于主元分析的故障诊断方法

1．基于主元分析的故障诊断方法原理

为了利用主元分析法进行故障诊断，需要对主元分析过程进一步进行数学处理。经过主元分析后，原始数据空间被分解为两个正交的子空间，即由负载向量 $[p_1, p_2, \cdots, p_A]$ 张成的主元子空间和由得分向量 $[p_{A+1}, p_{A+2}, \cdots, p_m]$ 张成的残差子空间。用得到的 PCA 模型式（3-3）在线监测生产过程的运行状态时，新测量数据 $x = [x_1, x_2, \cdots, x_m]$ 将被投影到主元子空间，其主元得分向量和残差量由下式表示：

$$t = xP$$

$$\hat{x} = tP^{\mathrm{T}} = xPP^{\mathrm{T}} \tag{3-10}$$

$$e = x - \hat{x} = x \cdot (I - PP^{\mathrm{T}})$$

基于 PCA 的故障诊断方法实际上是通过监视两个多变量统计量，即主元子空间的 T^2 统计量和残差子空间的 Q 统计量，以获取整个生产过程运行状况的实时信息。T^2 统计量定义如下：

$$T^2 = t\boldsymbol{\Lambda}^{-1}t^{\mathrm{T}} = \sum_{i=1}^{k} \frac{t_i^2}{\lambda_i} \tag{3-11}$$

式中，$t = [t_1, t_2, \cdots, t_k]$ 为式（3-10）计算得到的主元得分向量；对角矩阵 $\boldsymbol{\Lambda} = \mathrm{diag}(\lambda_1, \lambda_2, \cdots, \lambda_k)$ 是由建模数据集 X 的协方差矩阵 $\boldsymbol{\Sigma} = X^{\mathrm{T}}X$ 的前 k 个特征值构成的。当建模数据集 X 经过标准化预处理后，即标准化成均值为 0、方差为 1 的变量，式（3-11）可改写成

$$T^2 = tt^{\mathrm{T}} = \sum_{i=1}^{k} t_i^2 \tag{3-12}$$

显然，T^2 统计量是一个由 k 个主元得分向量共同构成的多变量指标，通过监视 T^2 的控制限可以实现对多个主元同时进行监控，进而可以判断整个过程的运行状态。

基于 T^2 统计方法的假设检验只能检验主元子空间中某些变量的变动，如果某一测量变量没有被很好地体现在主元中，那么这种变量的故障也无法通过该方法进行检测。这时可以采用预测误差平方和（Squared Prediction Error，SPE）指标来检测，SPE 统计量也称 Q 统计量，它是测量值偏离主元模型的距离，定义如下：

$$Q = ee^{\mathrm{T}} = \sum_{j=1}^{m} (x_j - \hat{x}_j)^2 \tag{3-13}$$

SPE 统计量并不对沿着每个负载向量的变化情况做出评判，而是对整个残差空间的变化总量进行测量，这样就避免了对较小奇异值的误差太过敏感所带来的影响。

T^2 统计量的控制限可以利用 F 分布按下式计算：

$$T_{k,n,\alpha}^2 \sim \frac{k(n-1)}{n-k} F_{k,n-k,\alpha} \tag{3-14}$$

式中，n 为建模数据的样本个数；k 为 PAC 模型中保留的主元个数；α 为显著性水平；在自由度为（k，$n-k$）条件下 F 分布临界值可以在统计表中查得。

残差空间中 Q 统计量的控制限计算公式如下：

$$Q_\alpha = \theta_1 \left(\frac{h_0 C_\alpha \sqrt{2\theta_2}}{\theta_1} + 1 + \frac{\theta_2 h_0 (h_0 - 1)}{\theta_1^2} \right)^{\frac{1}{h_0}} \tag{3-15}$$

$$\theta_i = \sum_{j=p+1}^{m} \lambda_j^i \quad (i = 1, 2, 3)$$

$$h_0 = 1 - \frac{2\theta_1 \theta_3}{3\theta_2^2}$$

式中，C_α 是正态分布在显著性水平 α 下的阈值；λ_j 为协方差矩阵 $\boldsymbol{\Sigma} = X^{\mathrm{T}}X$ 较小的几个特征根。

SPE 统计量对不符合正常过程相关性的变化进行测量，从而衡量在残差子空间中数据偏离主元模型的程度；T^2 统计量是对主元方向上的变化到模型中心的距离进行测量，从而衡量在主元子空间中数据偏离主元模型的程度。通常，T^2 统计量的控制限的数值比 SPE 统计量的控制限的数值要大，这是因为在主元子空间中的大幅方差变化代表的是信号波动情况，而在残差子空间中的大幅值方差变化代表的是噪声扰动。当生产过程处于受控状态时，在正常工况下采集的过程数据建立的 PCA 模型能够很好地解释当前的过程变量测量值之间的相关关系，并能够得到受控的 T^2 和 Q 指标。若生产过程出现故障，即当前的 T^2 和 Q 统计量不再满足正常操作条件下的两个统计量的统计分布，则需要用建模数据来确定过程在正常运行状态下的统计控制限。

2. 基于主元分析的故障诊断方法实施步骤

基于 PCA 的故障诊断方法包括离线建模和在线诊断 2 个过程。

首先是离线建模过程，具体步骤如下。

➤ 采集正常操作工况下的过程数据 $X(n \times m)$，并将其标准化成变量均值为 0、方差为 1；

➤ 对 X 进行主元分解，并确定模型中保留的主元个数 k，得到如式（3-3）所示的主元模型；

➤ 计算建模数据 X 中每个样本的主元和残差，估计 T^2 和 Q 统计量的控制限。

其次是在线诊断过程，具体步骤如下。

➤ 对于在线采集的过程数据，由式（3-10）计算其主元和残差；

➤ 计算新数据的 T^2 和 Q 统计量；

➤ 计算出的统计量与控制限比较，可能出现如下情况：T^2 和 Q 统计量都超过控制限；T^2 统计量超过控制限，Q 统计量没有超过控制限；T^2 统计量没有超过控制限，Q 统计量超过控制限；T^2 和 Q 统计量都没有超过控制限。

上述第一种和第二种情况发生了故障；第三种情况可能是由工况变化引起的；而第四种情况表明生产过程处于受控状态，无故障发生。

3.2.3 基于变量贡献图的故障诊断方法

采用多变量统计分析故障诊断方法检测出故障后，需要对故障进行识别。尽管 T^2 和 Q 统计量对于故障诊断比较有效，但对于故障分离却无能为力。贡献图（Contribution Plot）作为一种故障诊断的辅助工具，能够从异常的 T^2 和 Q 统计量中找到导致过程异常的过程变量，实现故障分离。

对于 Q 统计量，当过程中新的测量数据的 Q 超过限值后，根据各个变量残差对 Q 的贡献绘制 Q 贡献图。显然，对 Q 具有较大贡献的变量最有可能发生故障。同样地，如果基于主元空间的 T^2 值超过限值，则可以根据每个变量对 t_i 贡献的大小，得到 T^2 贡献图，从而判断各个变量的变化率，确定故障源。

T^2 的定义式（3-11）可展开如下：

$$T^2 = t_1^2 + t_2^2 + \cdots + t_k^2$$

第 i 个主元 t_i 对 T^2 的贡献可简单地定义为

$$C_{t_i} = \frac{t_i^2}{T^2} \quad (i=1,2,\cdots,k) \tag{3-16}$$

而过程变量 x_j 对第 i 个主元的贡献可由主元得分向量的定义式反推，即

$$t_i = \boldsymbol{x}\boldsymbol{p}_i = [x_1,x_2,\cdots,x_m]\cdot\begin{bmatrix} p_{1,i} \\ \vdots \\ p_{m,i} \end{bmatrix} = \sum_{j=1}^{m} x_j p_{j,i}$$

因此，x_j 对 t_i 的贡献率定义为

$$C_{t_i,x_j} = \frac{x_j p_{j,i}}{t_i} \quad (i=1,2,\cdots,k;j=1,2,\cdots,m) \tag{3-17}$$

根据式（3-13）对 Q 统计量的定义，每个过程变量 x_j 对 Q 的贡献为

$$Q_{x_j} = \text{sign}(x_j - \hat{x}_j)\cdot\frac{(x_j - \hat{x}_j)^2}{Q} \tag{3-18}$$

式中，$\text{sign}(x_j - \hat{x}_j)$ 用来提取残差的正负信息。

在实际应用贡献图时，可以将式（3-17）和式（3-18）得到的变量贡献率向量标准化成模为 1 的向量，然后用柱形图画出每个主元对 T^2 的贡献及每个变量对每个主元的贡献，或者每个变量对 Q 的贡献。

基于变量贡献图的故障诊断方法的依据是过程变量之间的关联性，它无法为过程的故障与变量建立一一对应的因果关系，即无法直接进行故障诊断，而只能显示一组与该故障相关联的系统变量，然后由工程技术人员根据经验进行分析判断。当然，对于简单的传感器或执行器故障，由于只有某一个变量与其他变量之间的关联性被破坏，因此，该方法可以有效地进行故障分离。此外，由于 PCA 法是以历史测量数据集为基础建立主元模型的，因此它对故障的检测限于仅有的测量变量，无法检测由过程内部机理变化或未测变量变化引起的故障。

3.2.4 基于核函数主元分析（KPCA）的故障诊断方法

基于 PCA 的故障诊断方法经过多年的研究和发展，已经成功地应用于过程分析和监测。然而，由于基于 PCA 的故障诊断方法是一种线性方法，对于复杂非线性系统，有可能出现线性主元个数增多等情况。为了限制主元数，该方法会舍弃那些较小主元贡献率的主元，从而导致某些重要信息丢失。为了克服基于 PCA 的故障诊断方法（以下简称 PCA 法）的非线性处理能力差的弱点，一些非线性方法被提出。但是，这些非线性方法通常都含有复杂的非线性优化过程，并不适合实时过程监控。基于 KPCA 的故障诊断方法（以下简称 KPCA 法）是一种新的非线性特征提取方法，它通过非线性函数将输入映射到高维特征空间，并在特征空间通过线性运算进行特征提取，从而得到输入空间的非线性主元。该方法在实施中没有复杂的非线性计算，可调参数少，速度快，因此十分适合非线性过程的实时状态监控。

1. KPCA 原理

KPCA 首先用 $\varphi(\boldsymbol{x})$ 对输入 $\boldsymbol{x}\in\boldsymbol{R}^m$ 进行非线性变换，然后在非线性变换后的特征空间进

行线性 PCA 分解，这样特征空间的线性 PCA 算法即对应原始输入空间的非线性算法，因此 KPCA 是非线性主元分析。

特征空间的数据矩阵的协方差矩阵为

$$\bar{C} = \frac{1}{n}\sum_{i=1}^{n}\varphi(\boldsymbol{x}_i)\varphi(\boldsymbol{x}_i)^{\mathrm{T}} \tag{3-19}$$

式中，n 为样本数量。

式（3-19）的特征向量 $\boldsymbol{v}$ 是原样本集的非线性主元方向，满足

$$\lambda\boldsymbol{v} = \bar{C}\boldsymbol{v} \tag{3-20}$$

将每个样本与式（3-20）内积，得

$$\lambda\varphi(\boldsymbol{x}_k)\cdot\boldsymbol{v} = \varphi(\boldsymbol{x}_k)\cdot\bar{C}\boldsymbol{v} \quad (k=1,2,\cdots,n) \tag{3-21}$$

此外，存在 $\alpha_i\ (i=1,2,\cdots,n)$ 满足

$$\boldsymbol{v} = \sum_{i=1}^{n}\alpha_i\varphi(\boldsymbol{x}_i) \tag{3-22}$$

因此有

$$\lambda\sum_{i=1}^{n}\alpha_i(\varphi(\boldsymbol{x}_k)\cdot\varphi(\boldsymbol{x}_i)) = \frac{1}{n}\sum_{i=1}^{n}\alpha_i\left(\varphi(\boldsymbol{x}_k)\cdot\sum_{j=1}^{n}\varphi(\boldsymbol{x}_j)\right)(\varphi(\boldsymbol{x}_j)\cdot\varphi(\boldsymbol{x}_i)) \quad (k=1,2,\cdots,n) \tag{3-23}$$

定义 $n\times n$ 矩阵 $\boldsymbol{K}\in\boldsymbol{R}^{n\times n}$，其元素

$$[\boldsymbol{K}]_{ij} = (\varphi(\boldsymbol{x}_i)\cdot\varphi(\boldsymbol{x}_j)) = k(\boldsymbol{x}_i,\boldsymbol{x}_j) \tag{3-24}$$

于是有

$$n\lambda\boldsymbol{\alpha} = \boldsymbol{K}\boldsymbol{\alpha} \tag{3-25}$$

式中，$\boldsymbol{\alpha} = [\alpha_1,\alpha_2,\cdots,\alpha_n]^{\mathrm{T}}$。

在求解如式（3-25）所示的特征值问题时，假设其非零特征值按降序排列，即 $\lambda_1\geq\lambda_2\geq\cdots\geq\lambda_p$，与之对应的特征向量为 $\boldsymbol{\alpha}_1,\boldsymbol{\alpha}_2,\cdots,\boldsymbol{\alpha}_p$，$p$ 为非线性主元数。对特征向量进行标准化：

$$\lambda_i(\boldsymbol{\alpha}_i\cdot\boldsymbol{\alpha}_i) = 1 \tag{3-26}$$

原空间中的任意向量 $\boldsymbol{x}$ 在特征空间中的主元向量 $\boldsymbol{t} = (t_1,t_2,\cdots,t_p)$ 是 $\varphi(\boldsymbol{x})$ 在主元方向 $\boldsymbol{v}$ 上的投影，即

$$t_k = \boldsymbol{v}_k\cdot\varphi(\boldsymbol{x}) = \sum_{i=1}^{n}\alpha_i^k\varphi(\boldsymbol{x}_i)\cdot\varphi(\boldsymbol{x}) = \sum_{i=1}^{n}\alpha_i^k K(\boldsymbol{x}_i,\boldsymbol{x}) \quad (k=1,2,\cdots,p) \tag{3-27}$$

式中，$K(\boldsymbol{x}_i,\boldsymbol{x})$ 为核函数；α_i^k 表示第 k 个特征值对应的特征向量 $\boldsymbol{\alpha}_k$ 中的第 i 个元素。由式（3-27）可以看出，同其他核函数方法一样，非线性主元分析法只需要在原输入空间中计算用作内积的核函数，无须知道非线性函数 $\varphi(\boldsymbol{x})$ 的形式及参数。与线性 PCA 相比，KPCA 的计算量增加不大。

由于输入空间零均值化的数据在特征空间的映射 $\varphi(\boldsymbol{x})$ 不一定是零均值化的，因此，要按照下式对矩阵 $\boldsymbol{K}$ 进行零均值化处理。

$$\tilde{\boldsymbol{K}} = \boldsymbol{K} - \boldsymbol{l}_l\boldsymbol{K} - \boldsymbol{K}\boldsymbol{l}_l + \boldsymbol{l}_l\boldsymbol{K}\boldsymbol{l}_l \tag{3-28}$$

式中，$\boldsymbol{l}_l = \frac{1}{n}\boldsymbol{E}$，$\boldsymbol{E}$ 为 $l\times l$ 维的单位矩阵。

在 KPAC 中，常用的核函数如下。

1）线性核

$$K(\boldsymbol{x}_i, \boldsymbol{x}_j) = \boldsymbol{x}_i^{\mathrm{T}} \boldsymbol{x}_j$$

2）多项式核

$$K(\boldsymbol{x}_i, \boldsymbol{x}_j) = (\boldsymbol{x}_i^{\mathrm{T}} \boldsymbol{x}_j)^d$$

式中，d 表示多项式的次数，当 $d=1$ 时，多项式核退化为线性核。

3）RBF 核（高斯核）

$$K(\boldsymbol{x}_i, \boldsymbol{x}_j) = \exp\left(-\frac{\|\boldsymbol{x}_i - \boldsymbol{x}_j\|^2}{2\sigma^2}\right)$$

式中，σ 表示高斯核的带宽。

4）Sigmoid 核

$$K(\boldsymbol{x}_i, \boldsymbol{x}_j) = \tanh(\beta \boldsymbol{x}_i^{\mathrm{T}} \boldsymbol{x}_j + \theta)$$

在 KPCA 及其他核方法中，高斯核使用最多。

2. 基于 KPCA 的故障检测

基于 KPCA 的故障检测建立在 KPCA 的基础上。假设在进行 KPCA 特征提取时，只要 p 个非线性主元就可以反映过程的主要信息，则 T^2 可以定义为

$$T^2 = [t_1, t_2, \cdots, t_p] \boldsymbol{\Lambda}^{-1} [t_1, t_2, \cdots, t_p]^{\mathrm{T}} \tag{3-29}$$

式中，$\boldsymbol{\Lambda}^{-1}$ 为前 p 个主元对应的特征值矩阵的逆对角矩阵。检测过程故障是否发生的 T^2 统计量的上限为

$$T_{p,n,\alpha}^2 \sim \frac{p(n-1)}{n-p} F_{p,n-p,\alpha} \tag{3-30}$$

式中，n 为建模数据的样本个数；p 为 KPAC 主元模型中保留的主元个数；α 为显著性水平；$F_{p,n-p,\alpha}$ 表示置信度为 α、自由度分别为（p，$n-p$）的 F 分布，其临界值可在 F 分布统计表中查得。

基于 KPCA 的故障检测的 SPE 统计量的计算是在映射后的高维特征空间中进行的，其计算公式为

$$\mathrm{SPE} = \|\boldsymbol{e}\|^2 = \|\varphi(\boldsymbol{x}) - \hat{\varphi}_p(\boldsymbol{x})\|^2 = \sum_{j=1}^{n} t_j^2 - \sum_{j=1}^{p} t_j^2 \tag{3-31}$$

SPE 统计量的上限值可以根据它的近似分布确定，即

$$\mathrm{SPE}_\alpha \sim g\chi_h^2 \tag{3-32}$$

式中，χ_h^2 表示自由度为 h 的 χ^2 分布；$g = b/2a$，是一个加权参数，a 和 b 分别是正常工况下 SPE 的估计均值和方差；$h = 2a^2/b$，表示自由度。

3．基于 KPCA 的故障检测步骤

与基于 PCA 的故障检测过程类似，基于 KPCA 的故障检测在实施过程中包括两个步骤，即先离线分析正常工况下的过程数据，提取正常工况下的特征值，再对实时测量数据进行在线统计检验，以确定生产过程是否存在故障。

首先采集正常工况下的过程数据，并进行标准化处理，然后计算核函数矩阵 $\boldsymbol{K}$，并进行零均值化处理，再求解特征值问题，获取正常工况下的非线性主元向量 $\boldsymbol{t}$，进而用式（3-29）和式（3-31）求取正常工况下的统计量 T^2 及 SPE，并确定 T^2 和 SPE 的监控上限。这样就可以按照以下步骤，进行非线性过程的在线监控了。

➤ 对于实时测量过程变量（测试数据）$\boldsymbol{x}_f$，用在离线分析中得到的变量均值和标准差进行标准化处理。

➤ 计算核函数向量 $\boldsymbol{k}_t \in \boldsymbol{R}^{1 \times m}$，其中 $[\boldsymbol{k}_t]_j = k(\boldsymbol{x}_f, \boldsymbol{x}_j)$，$\boldsymbol{x}_j \in \boldsymbol{R}^m$，$j = 1, 2, \cdots, n$。按照下式对 $\boldsymbol{k}_t$ 进行零均值化，则

$$\tilde{\boldsymbol{k}}_t = \boldsymbol{k}_t - \boldsymbol{l}_t \boldsymbol{K} - \boldsymbol{k}_t \boldsymbol{I}_n + \boldsymbol{l}_t \boldsymbol{K} \boldsymbol{I}_n \tag{3-33}$$

式中，$\boldsymbol{l}_t = \dfrac{1}{n}[1, \cdots, 1] \in \boldsymbol{R}^{1 \times n}$。

➤ 对测试数据 $\boldsymbol{x}_f$ 提取非线性主元 $\boldsymbol{t}_k$，即

$$\boldsymbol{t}_k = \boldsymbol{v}_k \cdot \varphi(\boldsymbol{x}) = \sum_{i=1}^{n} \alpha_i^k \tilde{k}_t(\boldsymbol{x}_i, \boldsymbol{x}_f) \quad (k = 1, 2, \cdots, p) \tag{3-34}$$

➤ $\boldsymbol{t}_k$ 按照式（3-29）和式（3-31）计算测试数据 $\boldsymbol{x}_f$ 对应的监控统计量 T^2 及 SPE。

➤ 按照式（3-30）和式（3-32）计算 2 个统计量的上限。

➤ 检验得到的统计量是否超过在离线部分获得的监控上限，从而确定工业过程是否存在故障。若状态监控系统在线运行，则反复执行最后三个步骤。

3.2.5 仿真示例

1．TE 仿真模型

田纳西-伊斯曼（Tennessee-Eastman，TE）过程是由唐斯（Downs）等人在 20 世纪 90 年代建立的一种化工生产过程，它为过程控制技术、故障诊断、过程监控等研究领域提供了很好的仿真平台。TE 过程包含两个放热反应：

$$A(g) + C(g) + D(g) \longrightarrow G(liq)$$

$$A(g) + C(g) + E(g) \longrightarrow H(liq)$$

式中，A、C、D、E 是四种气体原料，G、H 是液体产物，反应过程需加入一种催化剂 B。TE 过程还伴随着两个放热副反应，反应方程式为

$$A(g) + E(g) \longrightarrow F(liq)$$

$$3D(g) \longrightarrow 2F(liq)$$

式中，g 表示气体；liq 表示液体；F 是副反应的液体产物。上述四个放热反应都是不可逆的，反应速率满足阿伦尼乌斯（Arrhenius）方程，并且反应速率与反应浓度线性相关，近似

为一阶反应。其中产物 G 的活化能高，其反应速率受温度影响大，对温度的敏感性比 H 高。

　　TE 过程的反应设备主要有反应器、冷凝器、气液分离器、压缩机、汽提塔，其工艺流程如图 3.9 所示。四种气体反应物 A、C、D、E 分别从管道 1、4、2、3 进入反应器，在惰性气体 B 的催化下生成产物 G 和 H，随后连同未反应的原料一同进入冷凝器。经过冷凝器的冷凝作用，产物 G 和 H 液化，而剩余原料仍为气态，进入气液分离器，进一步通过气液分离器分离气体和液体，其中原料蒸气通过压缩机送回反应器，冷凝得到的液体部分经管道 10 进入汽提塔。在汽提塔中，产物 G 和 H 在原料 C 的作用下进一步提纯，通过精炼后，从管道 11 提取最终产物。

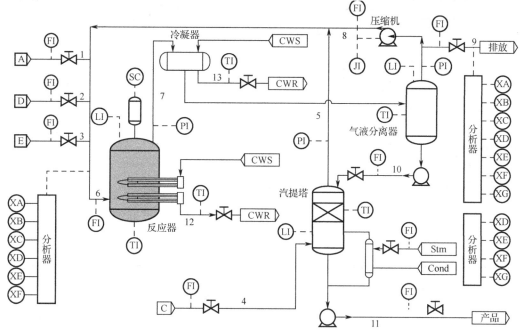

图 3.9　TE 过程工艺流程

　　唐斯（Downs）等人最初在提出 TE 过程时提供了用 Fortran 语言编写的仿真代码，后来雷克（Ricker）用 C 语言重写了 TE 仿真模型，并使用麦卡沃伊（Mcavoy）等人提出的基本控制策略对 TE 过程进行控制，设计了供 MATLAB 调用的接口及 Simulink 仿真模型，如图 3.10 所示。

　　TE 过程包含 2 个变量模块，即 xmv 模块和 xmeas 模块，其中，xmv 模块包含 11 个控制变量（操纵变量）；xmeas 模块包括 41 个测量变量，这 41 个测量变量又分为 22 个过程变量和 19 个分析变量。其中，过程变量的采样间隔为 3min，分析变量的采样间隔具有 6～15min 不等的时间延迟。由于篇幅限制，这里不对这些变量进行详细介绍。

　　TE 过程还设置了故障列表，如表 3.1 所示。故障列表包含 15 个已知故障、5 个未知故障，共 20 个故障。在 TE 过程中，引入哪些故障类型由图 3.10 中的 "Disturbances" 决定。如图 3.10 所示，模型在原有模型中引入了延时模块，用以控制故障发生的时刻。

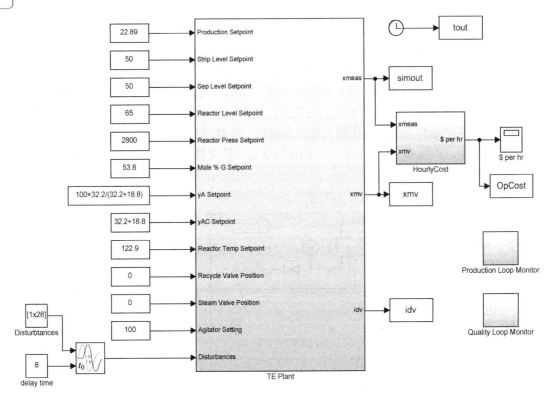

图 3.10 TE 过程 Simulink 仿真模型

表 3.1 TE 过程故障一览表

变　量	描　　　述	类　型
idv（1）	A/C 进料比，B 成分不变（流 4）	阶跃
idv（2）	B 成分，A/C 进料比不变（流 4）	阶跃
idv（3）	D 的进料温度（流 2）	阶跃
idv（4）	反应器冷却水的入口温度	阶跃
idv（5）	冷凝器冷却水的入口温度	阶跃
idv（6）	A 进料损失（流 1）	阶跃
idv（7）	C 压力损失（流 4）	阶跃
idv（8）	A、B、C 进料成分（流 4）	随机变量
idv（9）	D 的进料温度（流 2）	随机变量
idv（10）	C 的进料温度（流 2）	随机变量
idv（11）	反应器冷却水的入口温度	随机变量
idv（12）	冷凝器冷却水的入口温度	随机变量
idv（13）	反应动力学特性	缓慢漂移
idv（14）	反应器冷却水阀门	粘住
idv（15）	冷凝器冷却水阀门	粘住
idv（16）～idv（20）	未知故障	

2. PCA 法和 KPCA 法的 TE 仿真示例

1）针对故障 1 的仿真结果

故障 1：A/C 进料比发生阶跃变化，变化幅值为 0.1。

利用本节介绍的 PCA 法，得到了如图 3.11 所示的结果。由图 3.11 可以看出，当故障 1 发生后，两个统计量都显著超过了统计量阈值，且不存在误诊的情况，表明 PCA 法在检测该故障方面有较高的灵敏度，效果较好。

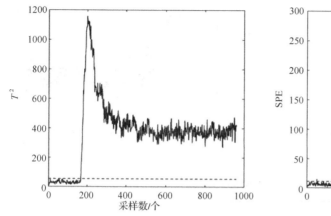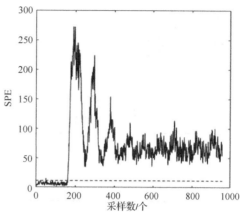

图 3.11　故障 1 的 PCA 法监控图

采用贡献图来进行故障识别，故障 1 的 PCA 法贡献图如图 3.12 所示。由图 3.12 可以看出，变量 1 和变量 44 同时对 SPE 和 T^2 有最大贡献。在 TE 模型中，变量 1 是 A 进料量的测量值，变量 44 是 A 进料量的操纵变量。因此，根据贡献图故障可以定位到 A 进料量。由于 A 进料量发生变化，A/C 的进料比发生变化。从 SPE 贡献图看，还有一些其他变量对 SPE 贡献率较大，因此，在采用 SPE 贡献图进行故障判断时，要联合使用两个统计量的贡献图。

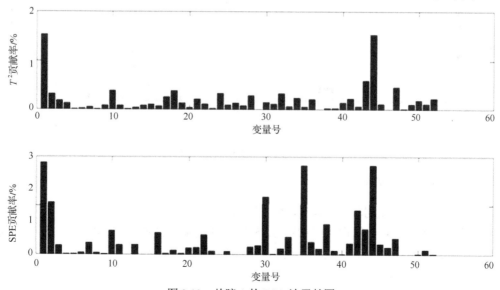

图 3.12　故障 1 的 PCA 法贡献图

采用 KPCA 法得到了如图 3.13 所示的结果。由图 3.13 可以看出，当故障 1 发生后，T^2 和 SPE 统计量都显著超过了统计量阈值，且不存在误诊的情况，但 T^2 统计量的检测效果比 PCA 法的差一些。KPCA 法的贡献图如图 3.14 所示，从故障诊断结果看，其比采用 PCA 法的贡献图效果好。KPCA 法中的核函数为高斯函数，两种方法的置信度 $\alpha = 0.95$。

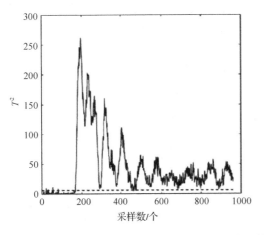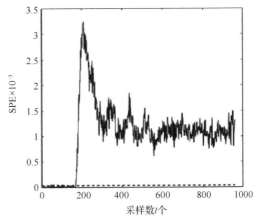

图 3.13　故障 1 的 KPCA 法监控图

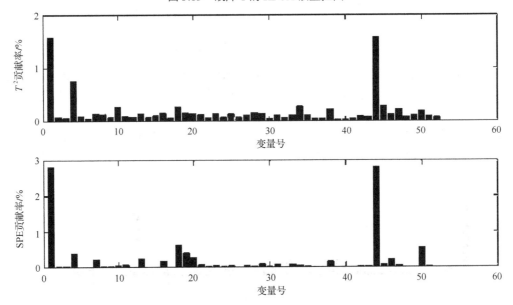

图 3.14　故障 1 的 KPCA 法贡献图

2）针对故障 11 的仿真结果

故障 11：反应器冷却水的入口温度随机变化。

利用本节介绍的 PCA 法得到了如图 3.15 所示的结果。由图 3.15 可以看出，当故障 11 发生后，2 个统计量在阈值上下波动，无法进行有效的故障检测。

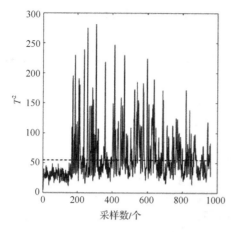 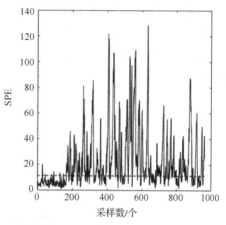

图 3.15　故障 11 的 PCA 法监控图

采用 KPCA 法得到了如图 3.16 所示的结果。由图 3.16 可以看出，当故障 11 发生后，2 个统计量检测效果明显好于 PCA 法，多数统计量的数值都在阈值以上。由于 KPCA 法的贡献图故障识别效果一般，此处不再给出相关的贡献图。

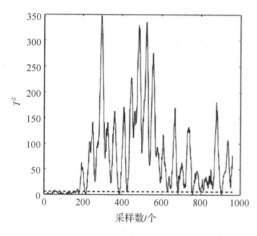 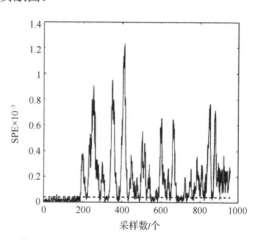

图 3.16　故障 11 的 KPCA 法监控图

3．PCA 法与 KPCA 法的非线性故障检测及其比较

考虑如下单因子、三变量系统：

$$\begin{aligned} x_1 &= t + e_1 \\ x_2 &= t^2 - 3t + e_2 \\ x_3 &= -t^3 + 3t^2 + e_3 \end{aligned} \tag{3-35}$$

式中，e_1、e_2 和 e_3 是独立噪声变量，它们服从分布 $N(0,0.02)$；$t \in [0.01,2]$。首先根据上述方程产生 200 组正常状态下的数据；然后产生两组容量为 300 的测试数据，这两组数据分别引入如下两个故障。

故障 1：从 $k=101$ 步开始，对 x_2 引入阶跃变化 0.4。

故障 2：k 从 101 到 270 步，对 x_1 引入线性变化扰动——$0.01 \times (k-100)$。

图 3.17 所示为正常操作数据与故障 2 的数据分布，从图 3.17 可以发现，这个系统有显著的非线性，故障数据和正常数据混杂在一起，很难对故障数据与正常操作数据进行区分和识别。

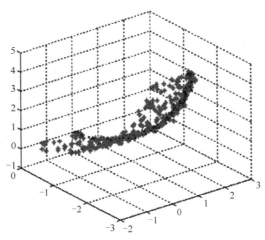

图 3.17　正常操作数据与故障 2 的数据分布（灰色：故障；黑色：正常操作数据）

在利用 PCA 法和 KPCA 法进行故障检测时，首先对数据进行标准化，然后分别采用 PCA 法和 KPCA 法进行状态监测，核函数选用高斯函数，两种方法的置信度 $\alpha = 0.99$。PCA 法和 KPCA 法对故障 1 进行故障检测的结果如图 3.18 和图 3.19 所示，由图可以看出，PCA 法中的 T^2 和 SPE 都不能检测出故障；而 KPCA 法中的 SPE 能够显著并且快速地检测出故障，且 KPCA 法中的 T^2 虽然不能显著地检测出故障，但比较图 3.18 和图 3.19 仍能看出 KPCA 法的 T^2 变化要比 PCA 法的 T^2 变化大得多。

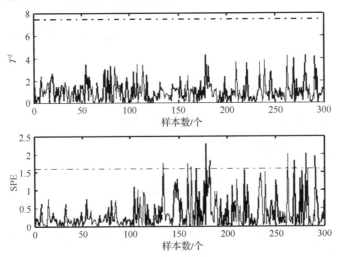

图 3.18　PCA 法对故障 1 进行故障检测的结果

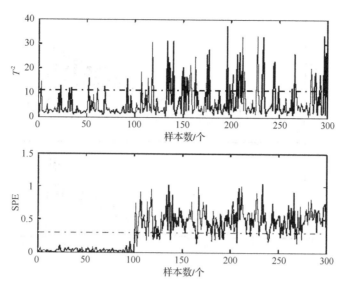

图 3.19 KPCA 法对故障 1 进行故障检测的结果

PCA 法和 KPCA 法对故障 2 进行故障检测的结果如图 3.20 和图 3.21 所示，PCA 法和 KPCA 法中的 SPE 都能检测出故障，但 KPCA 法能够更早地检测出故障，而 PCA 法中的 T^2 不能检测出故障，KPCA 法中的 T^2 能快速地检测出故障。比较图 3.20 中的 T^2 监控图与 SPE 监控图还可以发现，SPE 在检测故障时要比 T^2 更加快速。

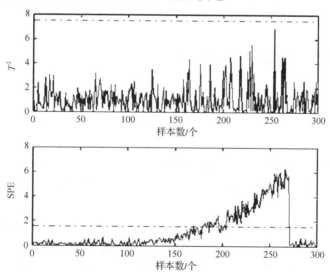

图 3.20 PCA 法对故障 2 进行故障检测的结果

通过对比可以发现，对于非线性过程，在故障检测方面，KPCA 法明显比 PCA 法要好，这主要是因为 KPCA 法能够有效地提取过程的非线性特性，而 PCA 法不能有效地提取过程的非线性特性。作为一种非线性特征提取方法，KPCA 法的优点还表现在算法中无复杂非线性运算，只有矩阵运算与分解，因此，算法实时性能很好，十分适合在线状态检测。

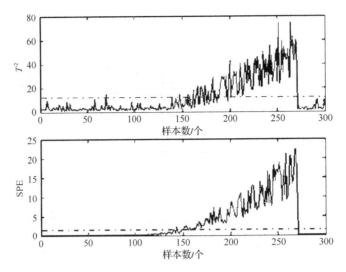

图 3.21　KPCA 法对故障 2 进行故障检测的结果

3.3　BP 神经网络及其在工业过程 故障诊断中的应用

3.3.1　BP 神经网络基本原理

符号论和联结论是人工智能发展中最有代表性的两个经典学派，其中人工神经网络（ANN）是联结主义的典型代表之一。人工神经网络的计算结构和学习规则受高度联结的生物神经网络信息传递机制的启发，模拟真实人脑神经网络的结构和功能，在理论上进行了抽象和简化。人工神经网络由许多神经元节点组成，这些神经元具有很强的非线性映射能力，神经元之间通过权系数相连接。人工神经网络具有并行处理非线性问题的能力，同时还具有自适应、自组织、自学习的能力。

在人工神经网络的发展中一个标志性事件是 1986 年哈特（Rumelhart）和麦凯兰（McCelland）等人提出了带有导师的多层前馈网络的反向传播学习算法，它又称 BP 神经网络。前馈网络的节点分布于各层网络结构中，层内节点不连接，层间节点相互连接，节点之间无反馈。随后 BP 神经网络在化工、控制、模式识别、机械等众多领域中得到成功应用。

BP 神经网络一般由多层节点组成，即输入层、隐含层、输出层，如图 3.22 所示。其中节点（感知器）是 BP 神经网络的基本结构单元，其作用是将输入标量经过加权、阈值化处理进行累加，再经过激活函数进行变换后产生输出变量。BP 神经网络常用的激活函数有线性函数、S 形函数和阶跃函数，如图 3.23 所示。

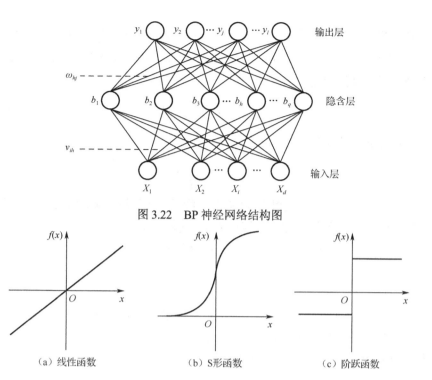

图 3.22 BP 神经网络结构图

(a) 线性函数　　　　　(b) S形函数　　　　　(c) 阶跃函数

图 3.23 BP 神经网络常用的激活函数

在一般情况下，输入层节点数为所研究问题的自变量数，输出层节点数为待解决问题的目标数。如果研究 2 个输出变量与 6 个输入变量之间的关系，则输入层节点数是 6，输出层节点数是 2（当然也可以建立 2 个输入节点数是 6、输出节点数是 1 的 BP 神经网络）。输入信息由输入层通过隐含层到达输出层，彼此之间通过权值与阈值来调节连接强度。虽然数学理论表明含有有限数量节点的 1 个隐含层 BP 网络能够逼近任意连续函数，但是如果一层隐含层的节点数过多，可能会导致 BP 神经网络的性能不佳，这时可以考虑用两个隐含层。隐含层具体的节点数目前未有一致结论，故一般采用经验公式试凑。

为了将 BP 神经网络用于所研究的问题，需要确定 BP 神经网络的结构和参数，其中，核心是确定 BP 神经网络的参数，现有的 BP 神经网络算法多数是在网络结构一定的情况下，利用训练样本来确定网络参数的。BP 算法是前馈网络训练中最有名和有效的算法之一，它是一种监督学习算法，又称作误差反向传播算法。该算法分为两部分：信息的正向传递和误差的反向传播。所谓信息的正向传递，即信号由输入层经隐含层逐层传播，直到它被传递到输出层，并生成输出信号。所谓误差的反向传播，即将网络的实际输出与预期输出进行比较，并获得误差变化值，如果误差无法达到要求，则将误差向后传播，从输出层到输入层，逐层获得误差，并修改权值，直至达到所定目标。

设有训练集 $D = \{(x_1, y_1), (x_2, y_2), \cdots, (x_m, y_m)\}, x_i \in \mathbf{R}^d, y_i \in \mathbf{R}^l$，在该训练集中有 d 个特征，那么模型的输出值是 l 维实值向量。BP 算法的推导过程如下。

1. 信号的正向传递

在图 3.22 中，X_i 是该网络的输入信号，BP 神经网络结构由输入层、隐含层和输出层组成，每一层的神经元个数分别是 d、q、l，ω_{hj} 和 v_{ih} 是相邻两层神经元之间的连接权值，y_j 和 b_h 分别是输出层和隐含层神经元的输出，γ_h 和 θ_j 是隐含层和输出层神经元的阈值。其中，第 h 个隐含层神经元的输入为

$$\alpha_h = \sum_{i=1}^{d} v_{ih} X_i \tag{3-36}$$

第 j 个输出层神经元的输入为

$$\beta_j = \sum_{h=1}^{q} \omega_{hj} b_h \tag{3-37}$$

隐含层和输出层中的神经元都是功能性神经元，假设这两层所使用的激活函数均为 Sigmoid 函数，则对于训练集 (x_k, y_k)，输出为 $\hat{y}_k = (\hat{y}_1^k, \hat{y}_2^k, \cdots, \hat{y}_l^k)$，即

$$\hat{y}_j^k = f(\beta_j - \theta_j) \tag{3-38}$$

2. 误差的反向传播

误差的反向传播的思想是根据网络的误差评价指标来调整参数。对于阈值、权值的修正，我们可以对它们进行数学求导，从而得出修正方向和修正步长。

对于如图 3.22 所示的网络结构和训练样本，网络的均方误差公式可以表示为

$$E_k = \frac{1}{2} \sum_{j=1}^{l} (\hat{y}_j^k - y_j^k)^2 \tag{3-39}$$

BP 神经网络基于梯度下降策略，以目标值的负梯度方向为调整方向来修正参数，取网络的均方误差 E_k 为目标值，且学习率设置为 η，$\eta \in (0,1)$，则目标值的求导公式为

$$\Delta \omega_{hj} = -\eta \frac{\partial E_k}{\partial \omega_{hj}} \tag{3-40}$$

从 BP 神经网络结构可以看出 ω_{hj} 对 E_k 的影响关系如下：ω_{hj} 先影响的是输出层神经元的输入 β_j，继而影响的是输出层神经元的输出 $\hat{y}_j^k$，最后影响的是目标值 E_k。根据链式求导法则可得

$$\frac{\partial E_k}{\partial \omega_{hj}} = \frac{\partial E_k}{\partial \hat{y}_j^k} \cdot \frac{\partial \hat{y}_j^k}{\partial \beta_j} \cdot \frac{\partial \beta_j}{\partial \omega_{hj}} \tag{3-41}$$

由式（3-37）可知

$$\frac{\partial \beta_j}{\partial \omega_{hj}} = b_h \tag{3-42}$$

假设激活函数是 Sigmoid 函数，则

$$f(x) = \frac{1}{1+e^{-x}}$$

该函数的性质是

$$f'(x) = f(x)(1 - f(x)) \tag{3-43}$$

一般假设

$$g_j = -\frac{\partial E_k}{\partial \hat{y}_j^k} \cdot \frac{\partial \hat{y}_j^k}{\partial \beta_j} = \hat{y}_j^k(1-\hat{y}_j^k)(y_j^k-\hat{y}_j^k) \qquad (3\text{-}44)$$

综上所述，可以得到

$$\Delta \omega_{hj} = \eta b_h g_j \qquad (3\text{-}45)$$

同理，可得其他参数的修正公式为

$$\Delta \theta_j = -\eta g_j \qquad (3\text{-}46)$$

$$\Delta \nu_{ih} = \eta e_h x_i \qquad (3\text{-}47)$$

$$\Delta \gamma_h = -\eta e_h \qquad (3\text{-}48)$$

式中

$$e_h = -\frac{\partial E_k}{\partial b_h} \cdot \frac{\partial b_h}{\partial \alpha_h} = b_h(1-b_h)\sum_{j=1}^{l} g_j \omega_{hj} \qquad (3\text{-}49)$$

这样，就可以采用递推方法得到 BP 神经网络的参数值。BP 神经网络算法流程图如图 3.24 所示。网络训练完成后，我们还需要利用测试集进行测试。

在 BP 神经网络等黑箱故障诊断模型中，诊断模型会出现欠拟合问题和过拟合问题。若模型结构过于简单，则会造成欠拟合；若模型结构过于复杂，则可能造成过拟合。过拟合和欠拟合都会造成故障诊断模型性能的下降。除了过拟合问题与欠拟合问题，在采用经典 BP 神经网络时，还要防止算法陷入局部最优。在 BP 算法中，学习率对于 BP 神经网络的训练也很重要，它控制着算法每次迭代的更新步长，过大或过小都会对网络的预测精度造成影响，我们应该结合训练集大小、特征数量、网络结构等考虑其取值。

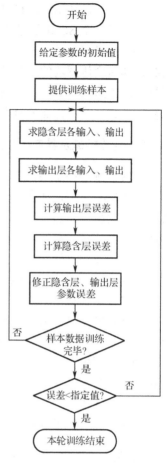

图 3.24　BP 神经网络算法流程图

3.3.2　BP 神经网络在冷冻机组故障诊断中的应用

1. 冷冻机组信号采集

某企业的 YORK 冷冻机组的使用时间较长，已经到了事故易发阶段，需要开发相应的状态监测与故障诊断系统。在旋转机械状态监测与故障诊断中，信号采集非常重要。根据现场信息的特点和要求，该系统采用模块式结构，由振动信号采集卡结合软件设计完成振动量的同步、同时刻、整周期采样。振动信号采集卡选用美国国家仪器公司的高速数据采集卡 PCI-MIO-16E，并充分发挥该卡的即插即用、高采样速率、高级定时、高精度采样及高速数据传送速率等功能。整个系统由以下功能模块组成。

➢ 振动信号采集模块 PCI-MIO-16E；
➢ 电平移动模块；
➢ 低通滤波模块 SCXI-1141；
➢ 采样/保持模块 SCXI-1140；

➢ 网络通信模块。

低通滤波模块 SCXI-1141 和采样/保持模块 SCXI-1140 被装入四槽机箱 SCXI-1000 中，从而构成了一个 SCXI 信号调理系统。

振动信号采集的原理是：涡流传感器的信号通过电平移动模块加入低通滤波模块 SCXI-1141，加速度传感器的信号可直接加入低通滤波模块 SCXI-1141，经低通滤波后的信号送入采样/保持模块 SCXI-1140，最后经 SCXI 系统总线送入振动信号采集模块 PCI-MIO-16E。每组数据的第一个采样点的触发信号均以键相脉冲前沿为基准。

2. 旋转机械及其典型故障

旋转机械是指主要功能由旋转动作来完成的机械。在工业领域中有相当一部分生产机械可以归入旋转机械，如离心式压缩机、汽轮机、鼓风机、离心机、发电机、离心泵、电动机及各种齿轮箱等。由于转子、轴承、壳体、联轴节、密封和基础等部分的结构、加工及安装方面的缺陷，机械在运行中会产生振动；在机器运行过程中，由于运行、操作、环境等方面的原因所造成的机器状态的劣化，也会表现为振动异常。由于过大的振动往往是机器损坏的主要原因，所以对旋转机械的振动测量、监视和分析是非常重要的。另外，振动参数比起其他状态参数能更直接、快速、准确地反映机组的运行状态。

旋转机械的常见故障有转子不平衡、转子不对中、转轴弯曲及裂纹、油膜涡动及油膜振荡、机组共振、机械松动、碰磨、流体的涡流激振等。通过转子系统各种振源的振动机理分析可知，不同振源在振动功率谱上出现的激振频率和幅值变化特征是不同的，在频谱图中每个振动分量都与特定的零部件和特定原因相联系。所以，对各类激振频率和幅值变化特征的分析对于识别转子系统振动，乃至故障诊断十分重要，这也是智能故障诊断系统通常也要基于振动信号及其频谱分析结果的原因。

3. 基于 BP 神经网络的冷冻机组故障诊断

某冷冻机组的常见故障有不平衡（F1）、不对中（F2）、喘振（F3）、油膜振荡（F4）、齿轮损坏（F5）、装配件松动（F6）、轴承偏心（F7）、部件摩擦（F8）和止推轴承破坏（F9）等。状态监测系统采集了振动和工艺参数后，工作人员通过主监视图、时基图、频谱图、时基-频谱图等多个监测窗口，能初步掌握冷冻机组的工作状况，一旦有异常，即可启动故障诊断模块。故障诊断模块采用轴承振动烈度作为评定标准，采用频谱图及频率分布分析方法来确定故障模式。由于频谱图上一些倍频及工频的分数倍频的振幅集中了振动的大部分能量，体现了各种振动状态，因此这些频率下的振幅可以作为故障特征。通常把每一个监测点的振动信号进行傅里叶变换，选用 $0\sim0.39X$、$0.4\sim0.49X$、$0.5X$、$0.51\sim0.99X$、$1X$、$2X$、$3\sim5X$、$6X\sim zX$ 及 $\geq zX$ 等 9 个频段作为特征频率，其中，X 为轴转速频率，即工频；zX 为齿轮啮合频率。根据不同的频率分量对应不同的振动原因，分析各种频率的幅值大小和引起振动的主要频率成分，判断各种故障。

用从该冷冻机组上得到的故障数据对 BP 神经网络进行训练，其中 BP 神经网络的结构为 9-11-9，9 个输入对应特征频率，9 个输出分别对应 F1～F9 9 个故障，且 BP 神经网络的输出值为 0～1。在对训练数据做标记时，若每个训练样本对应故障 F_i（i 为 1～9），则第 i 个输出置于 1，其他 8 个输出置于 0。在对模型进行验证时，若网络的第 k 输出节点的输出值在所有输出节点中最大，且接近 1，则表明该测试样本的预测输出对应故障 Fk。该冷冻机组的故障诊断测试结果如表 3.2 所示，表中数据表明了 BP 神经网络在该应用中的有效性。

表 3.2　冷冻机组的故障诊断测试结果

| 特 征 频 率 | | | | | | | | | 故　障 | |
0～0.39X	0.4～0.49X	0.5X	0.51～0.59X	1X	2X	3～5X	6～zX	≥zX	实际	预测
0.04	0.02	0.02	0.02	0.8	0.03	0.03	0.02	0.02	F1	F1
0.02	0.03	0.02	0.04	0.8	0.6	0.15	0.05	0	F2	F2
0.82	0.03	0.02	0.03	0.02	0.02	0.02	0.02	0.02	F3	F3
0.0	0.9	0.15	0.1	0.15	0	0.1	0	0	F4	F4
0.05	0.05	0.05	0	0.05	0.15	0.05	0	0.7	F5	F5
0.05	0	0.05	0.2	0.2	0.05	0.15	0.3	0.8	F6	F6
0	0.01	0.01	0	0.75	0.15	0.01	0.01	0.01	F7	F7
0.05	0	0.1	0.1	0	0.15	0	0.1	0.1	F8	F8
0.1	0.2	0.2	0.4	0.2	0.2	0.05	0.1	0.1	F9	F9

3.4　支持向量机及其在工业过程故障诊断中的应用

3.4.1　支持向量机原理与分类算法

1. 支持向量机原理

支持向量机（SVM）的发展是从线性支持向量分类机开始的，与之相关的一个概念是最优分类面。最优分类面不仅能够将所有训练样本正确分类，而且使训练样本中离分类面最近的点到分类面的距离（margin，定义为间隔）最大，如图 3.25 所示。可以证明，通过使间隔最大化而得到的支持向量分类机具有最佳推广能力。在线性不可分的情况下，通过非线性变换将输入空间变换到一个高维空间，在这个新空间中求取最优线性分类面，而这个非线性变换是通过核函数实现的。

假定训练数据（$\{x_i, y_i\}$, $i = 1, 2, \cdots, n$, $x_i \in \mathbf{R}^m$，$y_i \in \{-1, +1\}$）可以被一个超平面 $(w \cdot x) + b = 0$ 没有错误地分

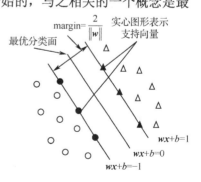

图 3.25　最优分类面

开，则与两类样本点距离最大的分类超平面会获得最佳推广能力。最优超平面由离它最近的少数样本点（称为支持向量）决定，而与其他样本无关。用如下形式描述与样本间隔为 Δ 的分类超平面：

$$(\boldsymbol{w} \cdot \boldsymbol{x}) + b = 0 , \quad \| \boldsymbol{w} \| = 1 \tag{3-50}$$

$$y_i = 1 , \quad (\boldsymbol{w} \cdot \boldsymbol{x}) = b \geqslant \Delta \tag{3-51}$$

$$y_i = -1 , \quad (\boldsymbol{w} \cdot \boldsymbol{x}) = b \leqslant -\Delta \tag{3-52}$$

将 SVM 的最优化问题中的分类超平面做以下归一化：令 $\Delta = 1$，而 $\boldsymbol{w}$ 和 b 可以按比例缩放。离超平面最近的样本点（支持向量）满足：

$$(\boldsymbol{w} \cdot \boldsymbol{x}_i) + b = 1 , \quad y_i = 1 \tag{3-53}$$

$$(\boldsymbol{w} \cdot \boldsymbol{x}_i) + b = -1 , \quad y_i = -1 \tag{3-54}$$

而其他样本满足如下条件：

$$(\boldsymbol{w} \cdot \boldsymbol{x}_i) + b \geqslant 1 , \quad y_i = 1 \tag{3-55}$$

$$(\boldsymbol{w} \cdot \boldsymbol{x}_i) + b \leqslant -1 , \quad y_i = -1 \tag{3-56}$$

式（3-55）和式（3-56）可以归结为

$$y_i(\boldsymbol{w}^{\mathrm{T}} \cdot \boldsymbol{x}_i + b) - 1 \geqslant 0 \tag{3-57}$$

可以证明，支持向量到超平面的距离为 $1/\| \boldsymbol{w} \|$，即两个超平面之间的距离为 $2/\| \boldsymbol{w} \|$。当两个超平面之间距离最大时，满足条件式（3-57），使得 $\| \boldsymbol{w} \|^2$ 最小，即

$$\mathrm{Minimize} \quad \frac{1}{2} \| \boldsymbol{w} \|^2 \tag{3-58}$$

$$\mathrm{s.t.} \quad y_i(\boldsymbol{w}^{\mathrm{T}} \cdot \boldsymbol{x}_i + b) - 1 \geqslant 0 \quad (i = 1, 2, \cdots, n)$$

按照最优化理论中二次规划的解法，可把该问题转化为 Wolfe 对偶问题来求解。构造拉格朗日（Lagrange）函数：

$$L(w, \boldsymbol{\alpha}, b) = \frac{1}{2} \| \boldsymbol{w} \|^2 - \sum_{i=1}^{n} \alpha_i y_i(\boldsymbol{x}_i \cdot \boldsymbol{w} + b) + \sum_{i=1}^{n} \alpha_i \quad (\alpha_i \geqslant 0, i = 1, 2, \cdots, n) \tag{3-59}$$

式中，α_i 是 Lagrange 乘子。

根据最优化原理有

$$\frac{\partial}{\partial w} L(w, \boldsymbol{\alpha}, b) = 0 \tag{3-60}$$

$$\frac{\partial}{\partial b} L(w, \boldsymbol{\alpha}, b) = 0 \tag{3-61}$$

即

$$\boldsymbol{w} = \sum_{i=1}^{n} \alpha_i y_i \boldsymbol{x}_i \tag{3-62}$$

$$\sum_{i=1}^{n} \alpha_i y_i = 0 \tag{3-63}$$

将式（3-62）和式（3-63）代入式（3-59），消去 $\boldsymbol{w}$ 和 b，经运算得到原最优化问题的 Wolfe 对偶问题，即

$$\mathrm{Maxmize} \quad W(\boldsymbol{\alpha}) = \sum_{i=1}^{n} \alpha_i - \frac{1}{2} \sum_{i,j}^{n} \alpha_i \alpha_j y_i y_j \boldsymbol{x}_i \cdot \boldsymbol{x}_j \tag{3-64}$$

$$\mathrm{s.t.} \quad \sum_{i=1}^{n} \alpha_i y_i = 0$$

式中，$\alpha_i \geqslant 0$，$i = 1, 2, \cdots, n$。式（3-64）的解是原最优化问题的整体最优解。$\boldsymbol{\alpha}$ 可以采用优

化算法解出；参数 b 可以根据 Karush-Kuhn-Tucker 条件求出，即

$$b = y_i - \boldsymbol{w}^{\mathrm{T}} \boldsymbol{x}_i \tag{3-65}$$

于是最优超平面为

$$f(\boldsymbol{x}) = \mathrm{sgn}\{(\boldsymbol{w} \cdot \boldsymbol{x}) + b\} = \mathrm{sgn}\left\{\sum_{i=1}^{n} \alpha_i y_i (\boldsymbol{x}_i \cdot \boldsymbol{x}) + b\right\} \tag{3-66}$$

对于线性不可分的分类问题，可以将输入 $\boldsymbol{x}$ 通过非线性函数映射到高维特征空间 $\boldsymbol{\varphi}(\boldsymbol{x})$，在此空间再进行线性分类。最终结果为以核函数 $K(\boldsymbol{x}_i, \boldsymbol{x})$ 代替式（3-66）中的 $(\boldsymbol{x}_i \cdot \boldsymbol{x})$。即

$$f(\boldsymbol{x}) = \mathrm{sgn}\left\{\sum_{i=1}^{n} \alpha_i y_i K(\boldsymbol{x}_i, \boldsymbol{x}) + b\right\} \tag{3-67}$$

当存在线性不可分样本时，在式（3-58）中增加松弛项，将其作为错误分类的描述，即允许存在错误分类的样本，但是要在优化目标函数中引入错分样本的惩罚参数，详细的推导过程可以参考相关的参考文献。

2. 支持向量机算法

SVM 解决多类分类问题的标准算法是对含 c 个类的问题构造 c 个两类分类器，第 i 个 SVM 用第 i 类中的训练样本作为正训练样本，将其他样本作为负训练样本，这种算法称为"一对多"（One Versus All）算法。该方法需要构造的 SVM 分类器的数目等于样本的模式数目 c，其缺点是对每个分类器的要求较高。另一种算法是"一对一"（One Versus One）算法，即为了对 c 个类的训练样本进行两两区分，分别构造 $c(c+1)/2$ 个 SVM 分类器。在测试时，使用成对的 SVM 分类器进行鉴别比较，每次比较淘汰一个 SVM 分类器，而优胜者间继续进行竞争淘汰，直到最后仅剩一个优胜者，该 SVM 分类器的输出决定测试数据的类别。因此该算法又被称为最大赢投票法。

为了更好地理解这两类算法的原理和特点，以 3 个类别的分类问题为例，分析比较"一对多"和"一对一"两类算法，如表 3.3 所示。"一对多"分类过程要训练 3 个分类器，其中 SVC-1 要把类别 1 与类别 2、类别 3 分开，其他情况以此类推。在训练中，所有的训练数据都要使用，即若第 i 个样本属于类别 1，则 $y_i = 1$；对于所有非类别 1（不管是类别 2 还是类别 3）的训练样本，其 $y_i = -1$。这样每训练一个分类器都使用了所有的训练样本。

表 3.3 两类分类算法比较

	一对多			一对一		
分类器	1	2	3	1	2	3
+分类器	1	2	3	2	3	2
−分类器	2，3	1，3	1，2	1	1	3
y_{pre}	1.2	−0.9	−1.3	−1.2	−0.90	1.3
y_{class}	+	−	−	−	−	+
预测类别	1	1，3	1，2	1	1	2
最终结果	1（分类器 1 决定）			1（多数表决得到）		

而"一对一"分类过程要训练 3 个分类器，其中 SVC-1 要把类别 1 与类别 2 分开，SVC-2 要把类别 1 与类别 3 分开，SVC-3 要把类别 2 与类别 3 分开。在训练中，只需要与这两个类别相关的样本数据，而不需要其他类别的样本数据。例如，在训练 SVC-1 分类器时，对于属于 1 类的样本，$y_i = 1$；对于属于类别 2 的样本，$y_i = -1$。"一对一"算法在训练分类器时，训练样本容量较小。

"一对一"与"一对多"两类算法要训练的分类器个数之比为$(c-1)/2$，当 c 的数目较大时，采用"一对一"算法训练，分类器的数目较多。因此采用"一对一"算法时，c 的数目不能太大。

3.4.2 支持向量机故障诊断方法原理

假设所研究的故障诊断问题的故障模式数量不太多，而且样本数量同样也较少，这类故障诊断问题选择用"一对多"算法来建立故障诊断模型。

已知某系统的故障训练样本为$(\bm{x}_1, y_1), (\bm{x}_2, y_2), \cdots, (\bm{x}_n, y_n)$，其中 $\bm{x}_i \in \bm{R}^m$，$y_i \in \{-1, 1_q\}$，$q = 1, 2, \cdots, c$，n 为样本容量，c 为系统故障种类数，$y_i = 1_q$ 表示第 i 个样本为第 q 类故障模式训练样本，建立 SVM 故障诊断模型的步骤如下。

1. Step1：数据准备

➢ 对训练样本数据进行归一化处理，以消除量纲的影响。

➢ 调整 y_i：若故障属于第 q 类，则 $y_{qi} = 1$；否则，$y_{qi} = -1$。这样，将原来的训练样本分为 q 组样本容量为 1 的训练组合，以训练 q 个支持向量故障分类器。

2. Step2：建立 SVM 故障分类器

训练样本通过函数 φ 映射到高维特征空间，选择适当的核函数和惩罚参数 C，利用训练样本 $(\bm{x}_i, y_i)$ 求解如下二次优化问题，以获得 (α_i, b) 及其对应的支持向量。

$$\max \quad W(\bm{\alpha}) = -\frac{1}{2}\sum_{i,j=1}^{n}\alpha_i\alpha_j y_{qi}y_{qj}K(\bm{x}_i, \bm{x}_j) + \sum_{i=1}^{n}\alpha_i \tag{3-68}$$

$$\text{s.t.} \quad 0 \leqslant \alpha_i \leqslant C, \sum_{i=1}^{n}\alpha_i y_{qi} = 0 \quad (q = 1, 2, \cdots, c)$$

式中，α_i 和 α_j 为拉格朗日乘子。在参数 b 的求解过程中利用了 Karush-Kuhn-Tucker 条件，$K(\bm{x}_i, \bm{x}_j)$ 为核函数。利用获得的 α_i 和 b 及支持向量 $(\bm{x}_i, y_{qi})$，可以得到第 q 类故障的诊断模型，即

$$f(\bm{x}) = \sum_{i=1}^{n}\alpha_i y_{qi}K(\bm{x}, \bm{x}_i) + b \tag{3-69}$$

重复进行 Step2 c 次，得到 c 个故障分类模型。

3. Step3：利用获得的诊断模型，判断故障类型

用新的输入测试 c 个故障分类模型，若第 q 个诊断模型的输出显著接近 1，而其他诊断

模型的输出明显偏离 1，则有第 q 类故障发生；若第 q 个诊断模型的输出接近-1，则无第 q 类故障发生。训练好的故障诊断分类器对每一个故障输入，最多只能有一个 SVM 分类器的输出显著接近 1（该方法不能诊断多个故障同时发生的情况）。

3.4.3 仿真示例

1. 过程对象描述

考虑一个连续搅拌釜式反应器（CSTR），该反应过程的仿真模型为

$$\frac{\mathrm{d}C_A}{\mathrm{d}t} = \frac{q}{V}(C_{Af} - C_A) - k_0 \exp\left(-\frac{E}{RT}\right)C_A$$

$$\frac{\mathrm{d}T}{\mathrm{d}t} = \frac{q}{V}(T_f - T) + \frac{-\Delta H}{\rho C_p}k_0 \exp\left(-\frac{E}{RT}\right)C_A + \frac{UA}{V\rho C_p}(T_c - T)$$

式中，C_A 是反应物浓度；T 是反应温度；T_c 是冷却剂温度；q 是反应物进料流速；C_{Af} 是进料浓度；T_f 是进料温度；V 是反应体积；k_0 是预指数因子；E 是活化能；ΔH 是反应热；C_p 是热容量。在标准状态下，系统的参数为 $q=100\text{L/min}$，$-\Delta H = 17\,835.82\text{J/mol}$，$T=446\text{K}$，$C_{Af}=1\text{mol/L}$，$\rho = 1000\text{g/L}$，$E/R = 5360\text{K}$，$V = 100\text{L}$，$UA = 11950\text{J/(min·}K)$，$C_A = 0.2\text{mol/L}$，$T_c = 419\text{K}$，$k_0 = \exp(13.4)\text{min}^{-1}$，$T_f = 400\text{K}$，$C_p = 0.239\text{J/(g·K)}$。

系统控制律采用数值 PID 控制律 [采样间隔 $\mathrm{d}t = 0.2\text{min}$，$T_c$ 为控制输入量（操纵变量）]，进行反应浓度设定点的控制。

2. 故障诊断结果及分析

CSTR 可能会发生 6 种故障，即 F1——进料流量偏低；F2——进料流量偏高；F3——进料组分偏低；F4——进料组分偏高；F5——进料温度偏低；F6——进料温度偏高。定义偏离稳态值 10%～20%是小故障，偏离稳态值 20%以上是大故障，偏离稳态值为 0～10%是许可的正常情况。

SVC 诊断模型的训练样本是通过对进料流量、浓度及进料温度分别引入-30%～30%的随机扰动，然后利用 4 阶龙格-库塔法产生各种系统状态的动态数据构成输入向量。为了实现动态故障诊断，在仿真中以 12s 为间隔分别对反应器温度和反应物浓度采样 8 次，取 16 个点的数据构成输入向量。

通过仿真构建 100 组训练样本，这些样本中的故障样本有 87 组，然后采用上述方法建立 CSTR 的故障诊断模型。SVC 诊断模型采用高斯核函数，通过交叉验证确定模型参数，即 SVC 诊断模型中核函数参数 $\sigma_2 = 1$，采用 SMO 算法训练 SVC 诊断模型。训练结束后一共得到 6 个 SVC 诊断模型 f_g，其中 $g = 1, 2, \cdots, 6$。用这 6 个 SVC 诊断模型分别判断 CSTR 可能发生的六种故障，即 f_1 判断是否有进料流量偏低故障，其他依次类推。训练结束后又通过仿真产生了 100 组测试样本，这些样本中故障样本有 82 组，故障诊断模型的测试结果如表 3.4 所示。

表 3.4　故障诊断模型的测试结果

	实际状态数	诊断出状态数目	误 诊	漏 诊
F1	11	12	1	0
F2	14	13	0	1
F3	15	14	1	2
F4	17	19	2	0
F5	12	12	1	1
F6	13	12	0	1
正常	18	17	0	1
			总误诊 5	总漏诊 6

3.5　多模态工业过程状态监测

3.5.1　多模态工业过程状态监测概述

现在的工业过程日益复杂，设备磨损、过程负荷等因素的变化及工艺的调整，使得一个连续生产过程经常在不同模态间转换，变成了多模态过程。多模态工业过程可定义为随着工况切换而明显改变过程运行特征的连续工业过程。任何一个多模态过程必将产生模态切换，所以其既包含运行稳定的平稳模态，又包含逐渐变化的过渡模态。工业过程过渡模态的产生途径一般分为以下几种：硬转换、产品方案切换、系统维护、单元开停车和间歇或半间歇操作。

不同模态的过程特性和统计特征具有较大差异，并且过渡模态本身具有时变、持续时间短及非线性强等特点，这给精确的监测模型建立带来很大阻碍。传统单一的过程整体监测模型不适用于复杂的多模态过程监测，因为无法用一个线性模型来描述多个不同模态的特性。因此，有必要针对多模态工业过程的不同模态特点分别建立相应的监测模型，提高多模态过程监测的准确率，降低误报率。

多模态工业过程状态监测与故障诊断的基础是过程工作模态的识别，针对不同的模态或阶段建立监测模型。目前，模态划分的主要方法有专家知识法、过程特征分析法和聚类法等。在多模态工业过程状态监测与故障诊断研究方面，统计类方法应用最多。多模态工业过程状态监测与故障诊断的原理是在模态识别或划分的基础上，根据过程历史数据建立系统的数学模型，得到多模态过程中各模态的监测指标，然后根据监测指标判断故障是否发生，并进一步对故障进行识别。

PCA 和 PLS 等在连续过程的状态监测与故障诊断中有效的统计类方法很难直接用于多模态工业过程。因为 PCA 和 PLS 的建模对象是二维数据，而且要求测量值的均值和方差不随时间变化；而多模态工业过程的特点恰恰是过程变量随着操作时间不断变化，甚至在不同的操作工序中显示出不同的变化特征。另外，间歇过程的建模数据通常表示成一个三维矩阵（三个维度分别是间歇操作周期、过程变量和采样时间），PCA 和 PLS 无法直接处理这样的三维数据矩阵。

20 世纪 90 年代中期，加拿大学者麦格雷戈（MacGregor）教授和他的学生诺米科斯（Nomikos）将瑞典数理统计学家 Wold 的多向主元分析（MPCA）成功应用于间歇过程状态监测和故障诊断引发了该领域的研究热潮，出现了各种改进的 MPCA 和其他多变量统计分析故障诊断方法。

3.5.2　MPCA 及其在间歇过程状态监测中的应用

1. 间歇过程的数据特点及其标准化

间歇过程是多批次的生产方式，它组成的是一个三维的数据空间。这里考虑一个具有 J 个测量变量的间歇过程，它在一次间歇操作周期内，对每个过程变量采集 K 个测量数据。一次间歇操作的数据可以组成一个二维矩阵 $\tilde{X}(J \times K)$，即每一行由某个采样时刻的所有过程变量的测量值组成，而每一列则是一个过程变量在一次间歇操作内的运行轨迹。假定某一间歇过程有 I 批次，则这些数据组成了间歇过程典型的数据表示形式——三维矩阵 $\bar{X}(I \times J \times K)$，如图 3.26 所示。

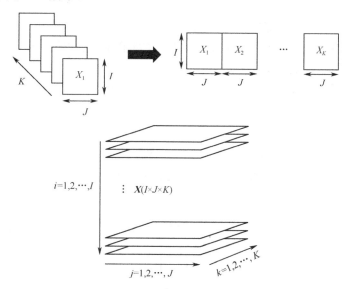

图 3.26　间歇过程的三维数据表示形式

通常按照过程建模或状态监测的需要把三维矩阵展开成二维矩阵。将一个三维矩阵展开成二维矩阵有六种方式，目前常用的展开方式有两种，即基于批次展开和基于变量展开。

1）基于批次展开

基于批次展开方式示意图如图 3.27 所示，即将三维矩阵沿着时间轴方向切割成批次和变量数据块 $X(I \times J)$，然后将每个数据块按水平方向排列，形成一个二维矩阵 $X(I \times KJ)$。

该方式保留了 $\bar{X}$ 第一维的信息，即保留了间歇操作周期，并将时间和过程变量两个维度上的数据糅合在一起，其每一行包含一次间歇操作周期内的所有数据。

由于基于批次展开方式更能反映过程的特性，因此在间歇过程监控中常被采用。该方式是将每一批完整的数据看作批次处理过程的一次采样，多批数据构成样本集合，并在此样本集合上进行 MPCA。上述特点导致 MPCA 在应用于实际监测时会出现采样数据不完善的问题，因为在批次处理过程中，只有当前时刻及以前的数据是已知的，这些数据不足以构成对批次过程的一次完整采样。目前大多时候采用通过预测过程变量的未来输出方法来补齐数据。

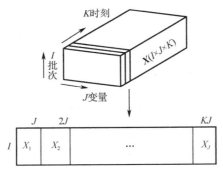

图 3.27　基于批次展开方式示意图

2）基于变量展开

2004 年，李（Lee）等人提出了一种基于变量展开的 MPCA 算法，这种算法在处理三维矩阵时，按照如图 3.28 所示的算法，先将三维矩阵沿批次方向展开，生成二维矩阵 $X_1(I \times KJ)$，并对每一列进行均值中心化和方差归一化处理，消除间歇过程数据批次之间存在的部分动态特性，然后对经过一次展开处理后的矩阵 $X_2(I \times KJ)$ 按照基于过程变量个数不变的方式展开，得到用于建模的矩阵 $X(KI \times J)$。

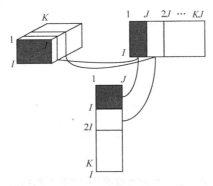

图 3.28　基于变量展开的 MPCA 算法

对展开后的矩阵 $X(I \times KJ)$ 进行标准化、中心化处理，公式如下：

$$\tilde{x}_{ijk} = \frac{x_{ijk} - \bar{x}_{jk}}{s_{jk}} \tag{3-70}$$

式中，$\bar{x}_{jk} = \dfrac{1}{I}\sum_{i=1}^{I} x_{ijk}$；$s_{jk} = \sqrt{\dfrac{1}{I-1}\sum_{i=1}^{I}(x_{ijk} - \bar{x}_{jk})^2}$。

2. 多向主元分析（MPCA）原理

与基于 PCA/PLS 的统计过程监测方法一样，用于间歇工业过程统计分析和在线监测的 MPCA 模型的建模数据来自历史数据库中正常操作工况下的变量测量值。因此，MPCA 模型反映的是一种在正常操作工况下过程变量之间的协相关关系及变量自身的自相关关系。当生产过程出现异常情况并导致过程变量的运行轨迹或过程变量之间的相关关系发生变化时，根据前面得到的 MPCA 模型，通过监测多变量统计量 T^2 和 SPE 可以检测到这些异常工况的发生。

首先将三维矩阵 $\boldsymbol{X}(I\times J\times K)$ 基于批次方式展开为二维矩阵 $\boldsymbol{X}(I\times JK)$，对新展开的二维矩阵利用多向主元分析法进行分析，从中抽取间歇过程的主要变化信息。展开矩阵 $\boldsymbol{X}$ 被分解为得分向量和载荷向量乘积与残差矩阵 $\boldsymbol{E}$ 之和，即

$$\boldsymbol{X} = \boldsymbol{T}_q \boldsymbol{P}_q^{\mathrm{T}} + \boldsymbol{E} \tag{3-71}$$

式中，$\boldsymbol{P}_q(KJ\times q)$ 是负载矩阵；$\boldsymbol{T}_q(I\times q)$ 是得分矩阵；$\boldsymbol{E}(I\times KJ)$ 是残差子空间；q 是主元数。与 PCA 建模方法类似，MPCA 对应的过程状态监测统计量 T^2 可以表示为

$$T^2 = \boldsymbol{T}_q \boldsymbol{\Lambda}^{-1} \boldsymbol{T}^{\mathrm{T}} = \sum_{i=1}^{q} \frac{\boldsymbol{t}_i^2}{\lambda_i} \tag{3-72}$$

式中，对角矩阵 $\boldsymbol{\Lambda}=\mathrm{diag}(\lambda_1,\lambda_2,\cdots,\lambda_k)$ 是由建模数据集 $\boldsymbol{X}$ 的协方差矩阵 $\boldsymbol{\Sigma}=\boldsymbol{X}^{\mathrm{T}}\boldsymbol{X}$ 的前 q 个特征值所构成的。

由于 SPE 统计量表示每次采样在变化趋势上与 MPCA 模型的误差，即 SPE 统计量表征 MPCA 模型外部数据变化的一种测度，可以通过 SPE 统计量来监测过程状态。SPE 统计量的定义为

$$\mathrm{SPE} = \boldsymbol{E}\boldsymbol{E}^{\mathrm{T}} \tag{3-73}$$

MPCA 中的控制限和 PCA 有所不同，MPCA 法的 SPE 控制限需要确定每一个采样点的控制限，并且近似服从 $g\chi^2(h)$；MPCA 法的 T^2 统计量控制限利用 F 分布处理，可用式（3-74）表示，即

$$T_\theta^2 \sim \frac{q(I^2-1)}{I(I-q)} F_{q,I-q,\alpha} \tag{3-74}$$

式中，I 是样本建模所用的批次个数；$F_{q,I-q,\alpha}$ 是检验水平为 α 的带有自由度为 q、$I-q$ 的 F 分布的临界值。

SPE 统计量控制限表示为

$$\mathrm{SPE}_{k,\alpha} = g_k \chi^2_{h_k,\alpha}$$
$$g_k = v_k/2m_k,\ h_k = 2(m_k)^2/v_k \tag{3-75}$$

式中，m_k 是建模数据集中所有间歇操作周期数据在第 k 个时刻 $\mathrm{SPE}_{i,k}$（$i=1,2,\cdots,I$）值的均值；v_k 则是对应的方差；$\chi^2_{h_k,\alpha}$ 是检验水平为 α、自由度为 h_k 的卡方分布临界值。

正常工况的 MPCA 模型建立起来之后，对一个新批次数据集 $\boldsymbol{X}_{\mathrm{new}}(K\times J)$ 进行新批次的展开，并进行标准化处理得到 $\boldsymbol{X}_{\mathrm{new}}(1\times KJ)$，则新批次数据的统计量计算公式为

$$\boldsymbol{T}_{\mathrm{new}} = \boldsymbol{X}_{\mathrm{new}} \boldsymbol{P}_q$$

$$T^2 = T_{new} \Lambda^{-1} T_{new}^T$$

$$e = X_{new} - T_{new} P_q^T \qquad (3\text{-}76)$$

$$SPE = \sum_{c=(k-1)J+1}^{kJ} e(c)^2$$

用 MPCA 法监测间歇过程状态，首先要离线建立诊断模型，包括数据的预处理、主元数的确定、建立 T^2 统计量、SPE 统计量控制限指标；然后在线计算新批次的统计量之后与相应的控制限比较，根据是否超限来判断是否有故障。基于 MPCA 的间歇过程故障检测流程图如图 3.29 所示。

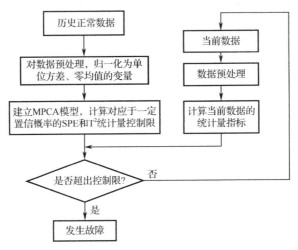

图 3.29　基于 MPCA 的间歇过程故障检测流程图

3. 仿真示例

青霉素（又称盘尼西林）的生产过程是一个典型的间歇过程，青霉素的发酵过程按照菌体的活动特点及青霉素的合成过程分为 4 个生理阶段：调整期、菌体的增长期、青霉素的合成期及菌体自溶期。青霉素的发酵过程是一个耗氧过程，微生物生长需要氧气，并且氧气需要溶解到发酵液中才会被菌体利用，溶氧是一个重要的参数指标；底物是菌体营养必需物质。溶氧浓度对菌体生长的速率和青霉素产物的合成都有较大影响，在一定区间内的溶氧浓度，有助于菌体生长和青霉素合成，但是当溶氧浓度偏大时会抑制菌体产物的合成。为了使溶氧达到合理的量，需要监测发酵过程中空气流量的变化。

在仿真中，引入如下两种故障。

➢ 在 150h 的时候空气流量发生-10%阶跃响应故障（空气流量的变化影响溶氧率）直到反应结束；

➢ 在 100h 时底物流量发生+5%阶跃响应故障直到反应结束。

为了验证 MPCA 法对间歇过程故障检测的有效性，选取 30 个批次正常数据库，选取 16 个输出变量，历时 400h，每小时采集一次数据，这样建立的正常数据库表示为 $X(30 \times 16 \times 400)$，应用 MPCA 法，建立统计量控制限模型，再选取 1 个批次的在 150h 时发生-10%空气流量故障数据作为测试数据数据。

基于 MPCA 的间歇过程故障检测监控图，如图 3.30 所示。由图 3.30 可以看出，在 158h

时 T^2 统计量超过控制限范围；在 160h 时 SPE 统计量检测到了故障，这说明 MPCA 对于间歇过程的故障检测有一定的效果。当然，T^2 统计量和 SPE 统计量监控图也存在一定的误报。

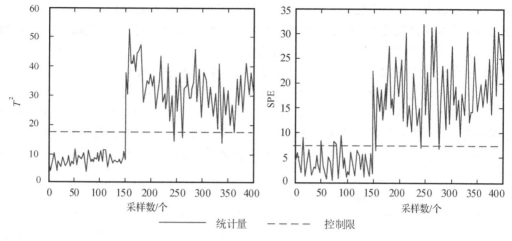

图 3.30　基于 MPCA 的间歇过程故障检测监控图

3.6　机械设备状态监测与故障诊断

3.6.1　机械设备状态监测与故障诊断概述

1. 机械设备故障诊断

近年来，随着科学技术和现代工业的发展，机械设备也在朝着大型、高速和自动化方向发展，然而，由于许许多多无法避免的因素的影响，有时设备会出现各种故障，以致降低或失去其预定的功能，甚至造成严重的事故。这对提高设备的安全性和可靠性，对发展先进的设备维修方式，提出了新的要求。目前在大多数工业国家，设备维修方式大致经历了事后维修、预防维修和预知维修等阶段，而设备状态监测与故障诊断是预知维修的技术基础。

机械设备故障诊断技术的研究最早出现于工业发达的国家，在 1967 年，美国海军成立了第一个机械故障诊断研究课题组，该课题组把机械故障诊断技术成功应用于航空航天等行业中。我国的机械故障诊断技术的研究虽然起步比较晚，但发展十分迅速，目前已经在很多行业都得到了应用。

机械设备状态监测与故障诊断系统通过对所获取的设备信息进行处理分析，结合机械设备的历史运行情况，综合利用各类状态识别与故障诊断方法来判断机械设备的运行状态，确定故障的具体部位、原因及相应的解决措施，并预测机械设备未来可能产生的故障，从而确定相应的预防性措施与对策。

随着机械设备状态监测与故障诊断研究的不断发展与完善，该领域已经成为机械、力学、数学、信号处理与人工智能等专业的交叉领域。目前，机械设备状态监测与故障诊断的方法主要分为三类，其中，第一类是系统建模方法，第二类是振动信号分析方法，第三类是

智能故障诊断方法。

在利用系统建模方法建立机械系统的数学模型时，应根据系统的状态输入和系统模型确定系统的运行状态，这种方法的优点是诊断结果具有较强的理论基础作为支撑。但是结构较为复杂的机械系统往往具有较强的非线性特性，对这种复杂系统建立较为精确的系统模型比较困难，所以系统建模方法往往用在简单系统上。

振动信号分析方法弥补了系统建模方法的不足。随着机械故障机理的不断完善，我们发现很多利用系统建模方法难以解决的故障诊断问题，可以很好地利用振动信号的时域或频域分析来进行描述。随着电子工业的发展，振动信号的采集变得极为方便而且成本更加低廉，所以振动信号分析方法是目前故障诊断领域较为常用的方法。常用的振动信号分析方法包括幅值谱分析法、包络分析法、倒谱分析法、相干函数法、频谱细化法、全息谱法、小波分析法等。

随着模式识别、人工智能、专家系统等智能方法的出现，各类机械设备的智能故障诊断方法被提出。在机械设备故障诊断领域，专家系统、基于人工神经网络的诊断方法及混合智能诊断方法应用较多。这些智能故障诊断方法十分依赖故障样本，而很多故障样本都是建立在信号分析所提取的振动特征变量基础上的。

2. 信号分析中的瞬态数据与稳态数据

信号分析包括对瞬态数据的分析和对稳态数据的分析，在启停态下获得的振动数据称为瞬态数据，而在稳定转速下获得的振动数据称为稳态数据。

1）瞬态数据

瞬态数据代表了在机械运转状态不断改变时所收集的振动数据，通常以转速的变化作为瞬态数据的采集依据。瞬态数据常见的表示形式有瀑布图、级连图等。

2）稳态数据

稳态数据是在稳定转速运行中获得的振动数据，此时机械的转速、负荷都是稳定不变的。这类振动数据是机械在运转状态下振动信号的最佳资料。从稳态运转的机械中取得的数据称为基准数据，这类数据的表示形式与瞬态数据的表示形式完全不同，常见的有时域信号、频谱图、趋势图等。

瞬态数据和稳态数据是反映机械运行状态的重要信息，为了能够对这些数据进行分析，以便从中提取出反映设备状态的特征信息，必须采用信号分析方法。对于稳态数据，经典的时域分析和频域分析是较好的数学工具。对于非稳态数据，常用的数学工具有短时傅里叶变换、Wigner-Ville 分布、小波变换及小波包分析和 Hilbert-Huang 变换等时频分析方法。时频分析方法利用时间和频率的联合函数来对非平稳信号进行分析和处理，可以用来描述信号频谱含量的变化规律。时频联合分析的目的是同时在时间和频率上表示信号的能量，从中提取机械故障信号中所包含的特征信息。

3．机械设备状态监测与故障诊断步骤

1）数据采集与存储

数据采集是所有故障诊断的基础，信号的质量直接影响故障诊断系统的性能。由于振动信号对机械设备，特别是旋转机械设备的健康状态最为敏感，因此它在设备故障诊断、健康状态评估、故障预测中得到了广泛的应用。机械设备故障诊断除了要采集振动、转速等机械量，通常还要采集一些工艺参数，如温度、压力和流量等，以辅助进行故障诊断。

通常用于描述机械振动响应的三个参数是位移、速度、加速度。从测量的灵敏度和动态范围角度考虑，高频时的振动强度由加速度值度量，中频时的振动强度由速度值度量，低频时的振动强度由位移值度量。从异常的种类角度考虑，当冲击是主要问题时，要测量加速度；当振动能量和疲劳是主要问题时，要测量速度；当振动的幅值和位移是主要问题时，应测量位移。

数据采集部分的任务通常包括以下几方面。

➢ 信号的预处理，包括电平变换、放大、滤波、限幅，以及单位转换、错点剔除、零均值化处理等；

➢ 快变信号、慢变信号及开关量信号的采集；

➢ 键相位信号的处理及利用。

2）信号分析与处理

由于在数据采集阶段所采集到的信号中掺杂着各种干扰信息，因此需要对信号进行预处理，如滤波、平稳性检验、周期性检验、正态性检验等，以消除各类扰动信号，提高数据的质量。

3）特征提取

时域指标、频域特征参数、时频域特征参数是旋转机械故障特征提取的基本参数。近年来，国内外有关非平稳信号的特征提取方法的研究非常活跃，出现了短时傅里叶变换、小波变换等时频分析方法。

通常，机械设备的故障特征首先可以从时域进行检测，在峰值、均值、均方值、方差等有量纲的时域统计量中，均方值与故障之间的关系最为紧密，但主要适用于稳态振动。在裕度、偏斜度、峭度、散度等无量纲的时域统计量中，峭度和散度对信号的冲击特征比较敏感，是典型的特征变量。这些指标计算较为简单、快速，因此常用于在线快速监测。

故障的频域分析常用幅值谱、包络谱、细化谱、倒谱、高阶谱和全息谱分析。旋转机械振动信号的故障信息通常以调制的方式出现，而包络解调能够从高频调制信号中将与故障相关的信息解调出来，成为常用的提取旋转机械故障特征的方法。

小波变换（Wavelet Transform，WT）是基于短时傅里叶变换的局部化思想，采用可变的时频窗口，既能定位分析非平稳信号中的短时高频成分，又能分析低频成分，这种多分辨率的特性十分适合故障特征提取。

4）状态监测与故障诊断

以提取的故障特征参量为基础，进行状态监测与故障诊断，以诊断出故障发生的原因、部位，并给出故障处理对策等。状态监测系统可以使用棒图、频谱图、轴心轨迹图等各种监视图来监测设备的状态；而故障诊断系统则利用诊断模型检测故障及进行故障分类。一般的故障诊断系统能对诊断结果进行解释，给出故障处理对策、建议和维修咨询等。另外，故障诊断系统具有自学习功能，能对潜在故障进行早期诊断等。在本阶段，建立故障诊断模型是核心。故障诊断模型实质上是一个分类器，能把故障与正常模式分离开来，目前常用的模型有人工神经网络、支持向量机等。非监督模式识别的方法，如 K 最近邻方法、聚类分析方法及各种改进方法等，在建立故障分类模型方面也有一定的应用。

在故障诊断系统中一些特征阈值对故障诊断的结果有较大影响，但由于机械设备的工作状态复杂，结构多种多样，所以固定的阈值设定存在不合理之处，这也是故障诊断的一个难点。

在状态监测与诊断系统中，专家的经验、各种先验知识也十分重要。因此，了解机械设备的典型故障及其表征对设备状态监测与故障诊断有十分重要的意义。例如，图 3.31 列出了两类不同故障的频率特征，表 3.5 也列出了机械设备常见的故障及其分类。

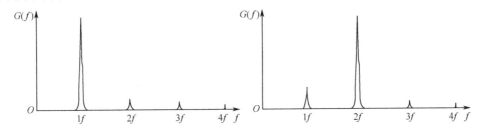

图 3.31　不平衡（左图）与不对中（右图）的频率特征

表 3.5　机械设备常见的故障及其分类

分类的依据	故障名称	定义
按发生故障的原因分类	磨损性故障	机械系统因使用过程中的正常磨损而引发的一类故障，对这类故障形式，一般只进行寿命预测
	错用性故障	因使用不当而引发的故障
	先天性故障	由于设计或制造不当而造成机械系统中存在某些薄弱环节而引发的故障
按引发故障的过程速率分类	渐发故障	通过事前测试或监控可以预测到的故障
	突发故障	通过事前测试或监控不能预测到的故障
按功能分类	潜在故障	运行中的设备若不采取预防性维修和调整措施，再继续使用到某个时刻将会发生的故障
	功能故障	产品不能继续完成自己功能的故障
按故障影响的程度分类	轻微故障	设备略微偏离正常的规定指标，但设备运行受影响轻微的故障
	一般故障	设备运行质量下降导致的能耗增加、环境噪声增大等的故障
	严重故障	某些关键设备或部件整体功能丧失，造成停机或局部停机的故障
	恶性故障	设备遭受严重破坏，造成重大经济损失，甚至危及人身安全或造成严重环境污染的故障

3.6.2　机械设备状态监测中的信号处理

1. 信号采集

现有的信号采集采用数字化采样，但传感器输出的是模拟信号，因此，需要将传感器输出的模拟信号转化为离散数字化信号。为了确保离散数字化信号能重构原始信号，采样频率要满足如下采样定理：

$$f_s \geq 2f_{max} \tag{3-77}$$

式中，f_{max} 为原始信号中最高频率成分的频率。当不满足采样定理，即欠采样时，会产生频率混叠现象，在这种情况下得到的采样信号不能正确反映原始信号的特征。

通过提高采样频率以满足采样定理可以解决频率混叠，此外，还可以用低通滤波器滤掉不需要的高频成分以防止频率混叠现象，此时的低通滤波器也称抗混频滤波器。

振动信号采集还存在采样长度和频率分辨率的问题。在一般信号分析仪中，采样点数是固定的（如 N=1024、2048、4096 点等），各档分析频率范围取

$$f_a = \frac{f_s}{2.56} = \frac{1}{2.56}\Delta t \tag{3-78}$$

则频率分辨率为

$$\Delta f = \frac{1}{N}\Delta t = 2.56\frac{f_a}{N} = (1/400, 1/800, 1/1600, \cdots)f_a \tag{3-79}$$

这就是信号分析仪的频率分辨率选择中常说的 400 线、800 线、1600 线的含义。

在实际应用中，如果采样点数很多，数据的处理量就会很大，所以往往只截取序列的一段进行处理，这样可以使用较短的离散傅里叶变换来对信号进行频谱分析，这一过程相当于对序列进行加窗处理，如果窗函数是矩形窗，则会造成数据项被截断，窗内的数据值不发生变化。在时域序列与窗函数相乘，相当于在频域将序列的频谱和窗函数的频谱进行卷积，这一卷积过程将造成序列频谱的失真，称为频谱泄露。

频谱泄露是无法避免的，因为时域的截断是必须的，实际上无法取到无限个数据。在实际应用中通过采取一些措施尽可能减少频谱泄露的影响，如增大矩形窗的宽度或改变窗函数的形状，采用其他形式的窗函数。同时频谱泄露不能完全与混叠现象分开，因为频谱泄露会使序列频谱的高频分量增加，使有些频率分量超过采样频率而造成混叠。

2. 振动信号分析方法

1）振动信号的时域指标

振动信号的时域指标主要有峰值、峰-峰值、平均值和有效值等，这些指标的测量和计算简单，是振动监测的基本参数。

随机信号的幅值概率密度函数 $p(x)$ 是指振动信号幅值为 x 的概率。由于幅值概率密度函数的形状可以判断信号的类型，所以幅值概率密度函数可以直接用于机械设备的故障诊断。

当振动特征较为明显的设备，如齿轮、轴承、柴油机等，出现故障时，各振动时域指标值会表现为增大或减小，这样，通过与标准时域指标的对比，即可对设备的大致运行状况进

行评估。但时域指标只能对设备进行定性诊断，即指出设备有无故障，而对故障的定位则较为困难。

2）振动信号的频域分析

频域分析在振动信号分析领域被广泛使用，常用的指标有幅值谱和功率谱，另外，自回归谱也常作为必要的补充。幅值谱表示振动参数（位移、速度、加速度）的幅值随频率分布的情况；功率谱表示振动参数的能量随频率分布的情况；自回归谱为时序分析中自回归模型在频域分析中的转换。

频谱分析计算是以傅里叶积分为基础的，任何一个周期函数都可以表示成无穷多个由不同频率的正弦信号组成的和，即傅里叶级数。一个满足收敛定理的周期函数 $x(t)$ 可以展开成如式（3-80）所示的傅里叶级数：

$$x(t) = \frac{a_0}{2} + \sum_{n=1}^{\infty} [a_n \cos(n\omega_0 t) + b_n \sin(n\omega_0 t)] \tag{3-80}$$

式中，$\omega_0 = 2\pi/T$；系数 a_n 和 b_n 分别为

$$a_n = \frac{2}{T} \int_0^T x(t) \cos n\omega_0 t \mathrm{d}t \quad (n = 0,1,2,\cdots)$$

$$b_n = \frac{2}{T} \int_0^T x(t) \sin n\omega_0 t \mathrm{d}t \quad (n = 0,1,2,\cdots)$$

令 $c_n = \sqrt{a_n^2 + b_n^2}$，$\theta_n = \arctan(b_n / a_n)$，则 $c_n - \omega$ 关系描述了信号的幅值谱，$\theta_n - \omega$ 关系描述了信号的相位谱，$c_n^2 - \omega$ 关系描述了信号的功率谱。

如果非周期时域函数 $x(t)$ 在实数域上满足绝对可积条件，那么可以将 $x(t)$ 看作周期函数在 $T \to \infty$ 时的极限，那么傅里叶级数的定义就可以推广到更一般的函数。

时域离散的周期序列的频域也是周期离散的序列，时域和频域的一对傅里叶级数关系为

$$\begin{cases} X(k) = \sum_{n=0}^{N-1} x(n) \mathrm{e}^{-\mathrm{j}\frac{2\pi}{N}nk} = \mathrm{DFS}[x(n)] & (k = 0,1,\cdots,N-1) \\ x(n) = \frac{1}{N} \sum_{n=0}^{N-1} X(k) \mathrm{e}^{\mathrm{j}\frac{2\pi}{N}nk} = \mathrm{IDFS}[X(k)] & (n = 0,1,\cdots,N-1) \end{cases} \tag{3-81}$$

式中，$\mathrm{DFS}[x(n)]$ 表示傅里叶变换。傅里叶变换的实质是将时域信号变换为无穷多个连续的谐波，得到的是频率函数 $X(k)$，称为频谱分析。$\mathrm{IDFS}[X(k)]$ 表示傅里叶级数反变换。

在对模拟信号进行数字信号处理时，必须对模拟信号 $x(t)$ 进行时域采样，得到 $x(n) = x(nT)$，其中时域采样频率 $f_s = 1/T$。而利用 $\mathrm{DFT}[x(n)]$ 进行频谱分析时，必须对 $x(n)$ 进行 DFT，得到 $X(k)$。$X(k)$ 是 $x(n)$ 的傅里叶变换 $X(\mathrm{e}^{j\omega})$ 在频率区间 $[0, 2\pi]$ 上的 N 点等间隔采样，其中数字域频域采样间隔为 $2\pi/N$，对应的模拟频域采样间隔 $F = f_s/N$。

DFT 变换的信号在时域和频域中都是有限长且离散的。但由式(3-81)可以看出，离散傅里叶变换的运算量是比较大的，在一次运算过程中，函数 $X(k)$ 采样 N 点数据，则需要进行 N^2 次复数乘法及 $N(N-1)$ 次复数加法。为了满足实时性的要求，目前大多采用离散傅里叶变换的快速算法，即快速傅里叶变换（FFT），该算法的实现过程利用了 W_N^{nk} 的周期性和对称性，可以将 DFT 运算中的一些项合并、简化，使采样得到的长序列分解成点数较少的短序

列，这使得数据的计算量级从 N^2 降到了 $N\log_2 N$，大大减少了运算工作量，提高了计算机的运算速度，也减少了内存开销。

　　3）时频域分析

　　傅里叶变换是将时域信号变换到频域来进行分析的，但不适合非平稳性信号的分析，而实际上大多数信号都不是平稳信号，这些信号的相位或频率等是随时间的变化而变化的，需要对信号进行局部分析。傅里叶变换分析在局部不能同时获得时域和频域的最佳分辨率；而小波分析在一定程度上解决了这一问题，通过伸缩和平移对信号进行多尺度细化分析，在高频处对时间进行细分，在低频处对频率进行细分，实现任意细节部分的分析。因此小波分析法是一类重要的时频域分析方法。

　　小波分析实质上是把信号分解到小波函数形成的对应函数空间上。假设待分析的信号 $f(t)$ 是平方可积的函数，而且属于平方可积空间 $L^2(\boldsymbol{R})$，那么定义 $f(t)$ 的连续小波变换为

$$W_{f(a,b)} = \frac{1}{\sqrt{|a|}} \int_{-\infty}^{\infty} f(t) \overline{\psi\left(\frac{t-b}{a}\right)} \mathrm{d}t \tag{3-82}$$

式中，a 为缩放因子（描述了函数的频率信息）；b 为平移因子（描述了函数的时空信息）；$\psi(t)$ 为小波函数（又称基本小波或母小波）；$\overline{\psi(t)}$ 表示 $\psi(t)$ 的复数共轭。

　　母小波在时域上一般是以 $t=0$ 为中心的带通函数，在时频域具有局部化（紧支撑）的特点，且其均值为零，即 $\int_{-\infty}^{\infty} \psi(t)\mathrm{d}t = 0$。

　　对于函数 $f(t) \in L^2(\boldsymbol{R})$，如果每一种小波函数 $\psi(t)$ 都满足容许性条件中正负抵消的条件，那么就可以实现小波变换的逆变换，即实现了在 $L^2(\boldsymbol{R})$ 空间中的函数同变换系数之间的一一对应关系。

　　小波分析应用于机械故障诊断中有很多优势。例如，当齿轮发生故障时，整个频率段上低频处是齿轮的转频及其倍频，中频处是啮合频率及其边频带，高频处是啮合频率的倍频及其边频带。小波分析可以在整个频段进行多层频带分解，其不仅对低频信号进行了分解，还对高频信号进行了分解，从而提高了频率分辨率。

复习思考题

　　1．试说明故障检测与诊断的过程及其性能指标。

　　2．主要的故障检测方法有哪些？为什么统计量方法在过程工业中应用比较广泛？

　　3．人工神经网络与支持向量机在故障检测中各有何特点？

　　4．以间歇过程为代表的多模态过程故障检测与诊断存在哪些难点？目前主要有哪些方法？

　　5．机械设备状态监测与故障诊断和工业过程故障检测与诊断有何不同？

第4章 功能安全与安全仪表系统

4.1 功能安全基础

4.1.1 安全功能与功能安全

据统计，在全球由于安全保障系统的缺失或不完善而引发的事故易造成大量伤亡，其中每年死于工伤事故和职业病危害的人数约为 200 万人，这是人类最严重的死因之一，也引起了各个行业及各国政府对功能安全的高度重视。

通过各种安全功能（Safety Function）保护层来降低风险、减少生命财产损失是非常必要的。目前，各种安全功能在各个行业都得到了广泛的应用，对于保证生命财产安全起到了很重要的作用。符合安全功能要求的安全系统在众多领域广泛使用，因此，相应的国际组织开展了有关的标准化工作。1996 年，美国仪器仪表协会完成了第一个关于过程工业安全仪表系统的标准——ANSI/ISA-S84.01。随后，国际电工委员会于 2000 年出台了功能安全国际标准 IEC 61508，即电气/电子/可编程电子（E/E/PE）安全相关系统的功能安全。该标准是功能安全的通用标准，是其他行业制定功能安全标准的基础。2003 年，IEC 发布了适用于石油、化工等过程工业的标准——IEC 61511。随即，美国用 IEC 61511 取代了 ANSI/ISA-S84.01 成为国家标准。IEC 61508 发布之后，适用于其他行业的功能安全标准相继出台，如核工业的 IEC 61513、机械工业的 IEC 62021 等。我国已于 2006 年、2007 年采用了 IEC 61508 和 IEC 61511，并发布了 GB/T 20438 和 GB/T 21109 两个国家推荐功能安全标准。

作为主要的功能安全国际标准，IEC 61508 把功能安全定义为：与被控设备（Equipment Under Control，EUC）和 EUC 控制系统有关的、整体安全的一部分，取决于电气、电子、可编程电子安全相关系统，以及其他技术安全相关系统和外部风险降低措施机制的正确执行。而 IEC 61511 把功能安全定义为：与工艺过程和 BPCS 有关的、整体安全的一部分，取决于安全仪表系统和其他保护层机能的正确施行。IEC 61511 把安全仪表系统（Safety Instrument System，SIS）定义为：用于执行一个或多个安全仪表功能（Safety Instrumented Function，SIF）的仪表系统。根据 IEC 61511，安全仪表功能的定义为：由 SIS 执行的，具有特定安全完整性等级的安全功能，用于应对特定的危险事件，从而达到或保持过程的安全性。

因此，功能安全是包括安全仪表系统在内的安全子系统是否能有效地执行其安全功能的体现。也就是说，当出现安全风险，需要安全仪表系统、其他安全相关系统和外部风险降低措施执行安全功能时，它们是否由于故障或其他原因而不能正确执行期望的安全功能，不能实现预期的风险降低目标，并且这种不能正常工作的可能性有多大。

4.1.2 危险与风险

危险是指通过某种途径或方式使过程脱离安全状态，对人身或环境造成损害的可能。IEC 61508 定义了危险的概念，即"损害的潜在源泉"，可以概括为各种威胁，包括对环境产生破坏的威胁，对人体健康造成不利影响的威胁，对财产产生破坏的威胁等。当然危险的定义不仅局限于上述领域，在经济、文化等领域中也有危险存在。

通常用风险的概念来评估危险事件。风险定义为危险事件发生的后果与发生的可能性（或频率）的乘积，可以表示为

$$风险（R）=严重度（S）\times 频率（P） \tag{4-1}$$

标准中定义了风险等级的概念。危险发生的频率有大有小，IEC 61508 根据危险发生的频率的不同将风险分为六个等级，分别为频繁发生、偶尔发生、可能发生、小可能发生、不太可能发生和极不可能发生。另外，危险造成的后果也不尽相同，根据后果的差异，IEC 61508 给出了四个等级的后果分类，即可忽略、不严重、严重及大灾难。对于具体的设备或项目，相关部门或项目负责人可以根据实际情况，在分析生产及社会影响的基础上，选择相应的风险等级和后果。意外事件的风险等级及其解释如表 4.1 和表 4.2 所示。实际上，不同的行业甚至公司有自己的风险等级定义与解释方法，有些定义与解释方法比标准更加细化。

表 4.1 意外事件的风险等级

频 率	后 果			
	大 灾 难	严 重	不 严 重	可 忽 略
频繁发生	1	1	1	2
偶尔发生	1	1	2	2
可能发生	1	2	3	3
小可能发生	2	3	3	4
不太可能发生	3	3	4	4
极不可能发生	4	4	4	4

表 4.2 风险等级的解释

风 险 等 级	解 释
等级 1	不允许风险
等级 2	不期望风险，当风险降低不可行或成本与取得的改善严重不相称时为允许的风险
等级 3	如果风险降低的成本超过取得的改善时为允许的风险
等级 4	可忽略的风险

4.1.3 风险评估

功能安全是一种基于风险的安全技术和管理模式。风险评估是实施功能安全管理的前

提，安全完整性等级（Safety Integrity Level，SIL）是功能安全技术的体现，安全生命周期是功能安全管理的方法。因此，风险评估、安全完整性等级和安全生命周期是 IEC 61508 的精髓。

IEC 61508 定义了四种类型的风险：过程风险、允许风险、残余风险和必要的风险降低，具体含义如下。

过程风险：在设备、基本过程控制系统（BPCS）和有关人为因素的特定危险事件中所存在的风险，在确定这一风险时，暂不考虑采用的安全防护措施。

允许风险（过程安全目标水平）：根据当今社会、国家、地方的法规、经济、道德、环境等多方面因素，在给定的环境中能够接受的风险。

残余风险：在使用了外部风险降低措施、E/E/PE 安全相关系统和其他技术安全相关系统后，仍存在的过程风险。

必要的风险降低：通过风险降低措施所必须达到的风险降低水平，从而使系统风险降低到可接受的程度。

风险评估是对生产过程中的风险进行识别、评估和处理的系统过程，风险评估包括对在危险分析中可能出现的危险事件的风险程度进行分级。风险评估的主要目的是建立一个风险界定的标准；划分风险的来源及影响范围；决定风险是否可以容忍，若不能容忍，应采取怎样的措施来降低风险，并确定这些措施是否适用。风险评估的技术有风险图，失效模式、影响和危害度分析（FMECA），失效模式和影响分析（FMEA），故障树分析（FTA）和危险与可操作性分析（HAZOP）等。其中，HAZOP 技术的应用较为广泛和成熟，它是一种结构化和系统化地检查被定义系统的技术。

4.1.4 风险降低与保护层模型

风险降低包括三个部分：E/E/PE 安全相关系统、外部风险降低设备和其他技术安全相关系统，风险降低指标的关系如图 4.1 所示。可见，对于整个安全措施来讲，E/E/PE 安全相关系统只是其中一部分，必须结合其他风险降低措施把受控装置的风险降低到可容忍的风险水平以下，即通过实际的风险降低措施，使得残余风险进一步降低。通常，风险评估得到的结果用于确定安全系统所需要达到的安全完整性等级，将整体安全完整性等级分配到不同的安全措施中，使系统的风险降低到允许的水平。

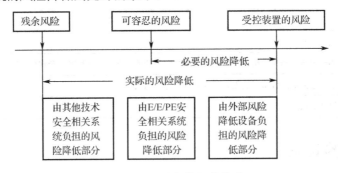

图 4.1 风险降低指标的关系

　　由于无论是从技术上还是投资或运行成本上完全避免风险事件的发生是不可能的，也是不必要的，因此，需要通过分析风险的大小，依据 ALARP（As Low As Reasonably Practicable）原则，即按照合理的、可操作的、最低限度的风险接受原则，确定可接受的风险水平和风险降低措施。ALARP 原则将风险水平分为三个区域：不可接受区域、容许区域和广泛可接受区域，三个区域的界线为风险水平上界和风险水平下界，ALARP 模型如图 4.2 所示。不可接受区域的风险必须进行风险降低，而广泛可接受区域的风险可以接受，不需要进行 ALARP 分析。允许区域的风险需要按照 ALARP 原则判断风险是否可接受，当风险降低不可行或成本的增加比安全性能改善所带来的收益大得多时，认为风险降到了可接受水平，即确定了容许风险水平。

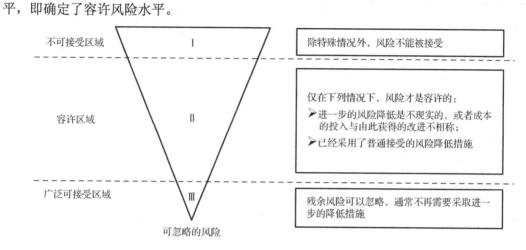

图 4.2　ALARP 模型

　　上述风险降低的措施在实际的工程设计中也被广泛采用。例如，在工艺和设备设计时，根据生产流程中物料的物理性质和化学性质，采用合适的设备和管道材质；对于高温操作，设计适宜的隔热措施；对于高压操作，选择适当的设备结构、材质和壁厚；对于储存或加工危险物料的容器或设备，降低处理量或加大设备间距。这种从工艺设计本身消除风险的措施被称为固有安全（Inherent Safety）设计。

　　对绝大多数工艺装置或单元来说，固有安全设计是不能把整体风险降低到可接受程度的，还必须采取其他安全措施，如在高压反应器上设置安全阀，以保护设备在反应压力超高时不受损坏。这种在危险发生之前使工艺装置或单元转危为安的防护方法称为主动保护（Active Protection）。

　　在某些场合如油罐的罐区，为了防止油品溢出或泄漏导致火灾或污染周围环境，会设置围堰、防护堤等。这种防护并没有阻止危险事件的发生，它只是在泄漏或火灾发生时，使其限制在一定范围内，这种措施称为被动保护（Passive Protection）。

　　上述主动保护或被动保护属于如图 4.1 所示的外部风险降低设备，而常用的紧急停车系统（ESD）、燃烧管理系统（BMS）、透平压缩机控制系统（ITCC）等主动保护属于 E/E/PE 安全相关系统。

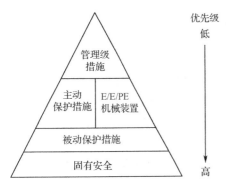

图 4.3 安全保护系统的优先级金字塔模型

固有安全、被动保护措施、主动保护措施和管理级措施等构成了安全保护系统的优先级金字塔模型，如图 4.3 所示，安全保护措施的优先级是从底向上逐步降低的。

过程工业典型风险降低机制可以用如图 4.4 所示的保护层模型来表示，由图可以看出，通过采用不同层次、不同措施实现工艺过程的必要风险降低，可最终达到可接受风险的目标。这些不同的层次和措施因相互独立（或必须保证各自的独立性），被称为独立保护层。该模型中各保护层的含义如下。

➢ 工艺过程层在设计中注重本质安全或固有安全设计，通过工艺技术、设计方法、操作规程等有效地消除或降低过程风险，避免危险事件的发生。

➢ 工艺控制/报警层由基本过程控制系统和报警系统组成，它关注的焦点是将过程参数控制在正常的操作设定值附近。

➢ 重要报警及人员干预/调整层是指当生产发生异常时，操作人员可以通过改变控制参数等方式，力图使生产恢复到正常状态。该功能实际上仍然属于工艺控制/报警层。

➢ 安全仪表系统层的作用是降低危险事件发生的频率，保持或达到过程的安全状态，常见的紧急停车系统属于该层。

➢ 释放设备层的作用是减轻或抑制危险事件的后果，即降低危险事件的烈度，泄压阀等机械保护系统属于该层。

➢ 物理保护层的设计目的也是减轻或抑制危险事件的后果。

➢ 应急响应层包括医疗、人员紧急撤离、工厂周边居民撤离等。

图 4.4 过程工业典型风险降低机制

综上所述，保护层可以分为两大类：事件阻止层和后果减弱层。事件阻止层的作用是阻止潜在危险发生；后果减弱层的作用是对已发生的危险事件，尽可能地减小后果带来的损失。事件阻止层属于主动保护，而后果减弱层属于被动保护。一般来说，为了确保保护层的事件阻止或后果减弱功能，保护层应具有以下特点。

➢ 特定性：一个独立保护层必须特定地防止被考虑的风险后果发生，而不是通用的风险保护措施。

➢ 独立性：保护层必须能够独立地防止风险，同其他保护层没有公共设备。

➢ 可靠性：保护层必须能够可靠地防止危险事件的发生，包括由系统失效或随机失效引发的危险事件。

➢ 可审查性：保护层设备应该能够进行功能测试和维护，功能审查对于确保一定水平的风险降低是必须的。

4.1.5 安全完整性等级

安全完整性等级（SIL）也称安全完整性水平。IEC 61508 定义了 SIL 的概念：在一定时间、一定条件下，安全相关系统执行其所规定的安全功能的可能性。为了降低风险及危险事件发生的频率，需要确定安全仪表系统的安全完整性等级，只有达到了指定的安全完整性等级，才能够满足生产过程的安全要求，从而将风险降低到可以容忍的水平。

安全完整性等级包括两个方面的内容。

➢ 硬件安全完整性等级。硬件安全完整性等级由相应危险失效模式下的硬件随机失效决定，应用相应的计算规则对安全仪表系统中各部分设备的安全完整性等级进行定量计算，概率运算规则也可以应用于此过程中，如确定子系统与整体的关系。

➢ 系统安全完整性等级。系统安全完整性等级由相应危险失效模式下的系统失效决定。系统失效与硬件失效不同，它往往在设计之初就已经出现，难以避免。通常系统失效统计数据不容易获得，即使系统失效率可以估算，也难以推测其分布。

IEC 61508 将 SIL 分为四个等级：SIL1～SIL4，其中 SIL1 是最低的安全完整性水平，SIL4 是最高的安全完整性水平。SIL 等级的确定是通过计算系统的平均要求时失效概率 PFD_{avg} 来实现的。不同的失效概率对应着不同的 SIL 等级，SIL 等级越高，失效概率越小。失效概率是指发生危险事件时安全仪表系统没有执行安全功能的概率；而平均要求时失效概率是指在整个安全生命周期内的危险失效概率。

IEC 61511 将安全仪表功能的操作模式分为要求操作模式（Demand Mode of Operation）和连续操作模式（Continuous Mode of Operation）。要求操作模式也称为低要求操作模式，而连续操作模式也称为高要求操作模式。在要求操作模式和连续操作模式下的失效概率如表 4.3 所示。

从表 4.3 可以看出，每个 SIL 等级对应着 SIF 一个数量级的平均失效概率 PFD_{avg}（也称平均危险失效概率）。目标风险降低数值也称为风险降低因数 RRF（Risk Reduction Factor），它和 PFD_{avg} 互为倒数关系。

在实际工程设计中，对于要求操作模式，在 SIL 评级中若 $PFD_{avg}>1$，称为无此需求（Not Applicable，NA）；若 $0.1<PFD_{avg}<1$，称为 SIL0。

表 4.3 在要求操作模式和连续操作模式下的失效概率

SIL	要求操作模式时的平均失效概率	连续操作模式时的每小时危险失效概率	要求操作模式时的目标风险降低概率
4	$10^{-5} \sim 10^{-4}$	$10^{-9} \sim 10^{-8}$	10 000～100 000
3	$10^{-4} \sim 10^{-3}$	$10^{-8} \sim 10^{-7}$	1000～10 000
2	$10^{-3} \sim 10^{-2}$	$10^{-7} \sim 10^{-6}$	100～1000
1	$10^{-2} \sim 10^{-1}$	$10^{-6} \sim 10^{-5}$	10～10^{0}

SIL 的定性描述如表 4.4 所示。对安全仪表系统来说，因安全仪表系统自身失效导致的后果是决定安全仪表系统的 SIL 的主要因素之一。

表 4.4 SIL 的定性描述

SIL	事 故 后 果
4	引起社会灾难性的影响
3	对工厂员工及社会造成影响
2	引起财产损失并有可能伤害工厂内的员工
1	较少的财产损失

安全完整性等级的确定是在风险评估结果的基础上进行的，不合理的风险评估技术会导致安全仪表系统的安全完整性等级过高或过低。安全完整性等级过高会造成不必要的浪费，而安全完整性等级过低会因为不能满足安全要求而导致出现不可接受风险。

在工程实践中，把一些较低 SIL 的安全仪表系统配置成较高要求的 SIL 是可行的。例如，在工程实践中，经常用 SIL2 的安全仪表系统通过二取一或三取二的表决机制，使安全仪表系统整体达到 SIL3 要求。

4.1.6 必要的风险降低与 SIL 的关系

在生产过程中存在的风险对生产安全造成了潜在的威胁，安全相关系统如安全仪表系统，负责保证生产安全，降低由各种因素产生的风险，以满足生产要求。风险降低的程度需根据实际工业环境来确定，功能标准给出了安全仪表系统降低风险的标准尺度。对于相应的工况而言，安全仪表系统需将外部风险降低到可以接受的水平，使剩余风险可以忽略，去除不能容忍风险。

图 4.5 所示是安全完整性等级与风险降低的关系，IEC 61508 定义了以下三种风险指标。

➢ 被控装置自身产生的或自控系统与其作用产生的风险被定义为被控设备的风险；

➢ 在一定的经济和社会环境下，可以被容忍的风险被定义为可容忍风险；

➢ 在添加安全系统保护或采取保护措施以后仍然不能去除的风险称为残余风险。

对于一个安全相关系统而言，风险来源于发生危险时的要求时失效概率，即风险概率=危险事件发生概率×安全系统要求时失效概率。要求时失效概率反映了安全系统带来的整体风险概率的降低。风险是风险概率和后果严重程度的组合，所以风险概率降低的程度就是风险下降的程度。因此，安全完整性等级反映了整体风险水平的降低。

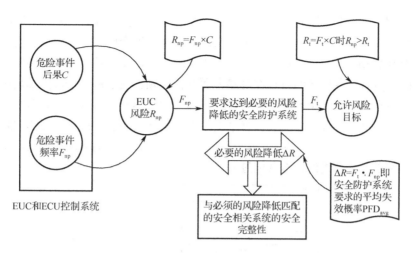

图 4.5　安全完整性等级与风险降低的关系

IEC 61508 将风险降低和安全完整性等级联系起来，从而达到通过对安全完整性等级进行管理来控制风险水平的目的。平均要求时失效概率 PFD_{avg}（Average Probability of Failing on Demand）满足下面的公式：

$$PFD_{avg} \leqslant F_t / F_{np} \tag{4-2}$$

式中，PFD_{avg} 是安全防护系统要求的平均失效概率；F_t 是允许风险频率；F_{np} 是安全防护系统的要求率，即危险发生概率。

随着时间的流逝，安全系统的可靠性会降低，其平均要求时失效概率增大。安全完整性是安全功能能够有效被执行的能力，而安全完整性等级是用来衡量这种能力的大小的。IEC 61508 把要求安全功能动作的频率低于每年一次的称为低要求操作模式。低要求操作模式是一种在化工行业中应用最普遍的模式；高要求操作模式是一种在制造加工业和航空工业中应用比较普遍的模式。

4.1.7　安全生命周期

IEC 61508 把安全生命周期定义为：在安全仪表功能（SIF）实施中，从项目的概念设计阶段到所有安全仪表功能停止使用之间的整个时间段。IEC 61508 对安全系统整体安全生命周期的描述通过如图 4.6 所示来表示。

安全生命周期是以使用系统的方式建立的一个框架，用以指导过程风险分析、安全系统的设计和评价。IEC 61508 是关于 E/E/PE 安全相关系统的功能安全的国际标准，其应用领域涉及许多部门，如化工工业、冶金、交通等。整体安全生命周期包括系统的概念、定义、分析、安全需求、设计、实现、验证计划、安装、验证、操作、维护和停用等各个阶段。对于以上各个阶段，IEC 61508 根据它们各自的特点，规定了具体的技术要求和安全管理要求，该阶段要实现的目标、包含的范围和具体的输入与输出，以及规定了具体的责任人。其中每一阶段的输入往往是前面一个阶段或前面几个阶段的输出，而这个阶段所产生的输出又会作为后续阶段的输入，即成为后续阶段实施的基础。例如，IEC6 1508 规定了整体安全要求阶段的输入是前一阶段——风险分析所产生的风险分析的描述和信息，而它所产生的对于系统整体的安全功能要求和安全完整性等级要求则被用来作为下一阶段——安全要求分配的输入。通过这种一环扣一环的安全框架，IEC 61508 将安全生命周期中的各项活动紧密地联系在一起；又因为 IEC 61508 对每一环节都有十分明确的要求，使得各个环节的实现又相对独立，可以由不同的人负责，各环节间只有在时序方面互相依赖。由于每一个阶段都是承上启下的环节，因此如果某一个环节出了问题，其后续阶段都会受到影响，所以 IEC 61508 规定，当某一环节出了问题或外部条件发生了变化，整个安全生命周期的活动要回到出问题的阶段，评估变化造成的影响，对该环节的活动进行修改，甚至重新进行该阶段的活动。因此，整个安全系统的实现活动往往是一个渐进的、迭代的过程。

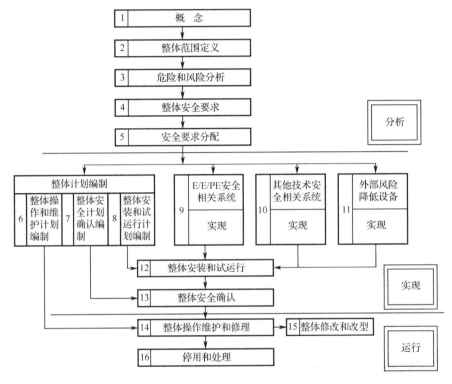

图 4.6 安全生命周期的描述

IEC 61508 中安全生命周期管理的对象包括系统用户、系统集成商和设备供应商。IEC 61508 中的安全生命周期与一般概念的工程学术语不同，在功能安全标准中，当评估风险和危险时，安全生命周期是评价和制定安全相关系统 SIL 设计的一个重要方面。也就是说，不同的功能安全系统的安全生命周期的管理程序是不同的，一些变量如维护程序、测试间隔等，可以通过计算实现安全、经济的最优化。这是最先进的安全管理技术，在国外少数过程工业公司里，这已经成为标准程序。

综上所述，安全生命周期有以下几个特点。

➤ 安全系统从无到有，直到停用的各个阶段，为安全系统的开发与应用建立了一个框架。

➤ 整体安全生命周期清楚地说明了各个阶段在时间和结构上的关系。

➤ 能够按照不同阶段更加明确地为安全系统的开发与应用建立文档、规范，为整个安全系统提供结构化的分析。

- 与传统非安全系统开发周期类似，已有的开发、管理经验和手段都能够被应用。
- 安全生命周期框架虽然规定了每一阶段的活动目的和结果，但是并没有限制过程，实现每一阶段可以采用不同的方法，促进了安全相关系统实现各个阶段的方法创新，也使得标准具有更好的开放性。
- 从系统的角度出发进行安全系统开发，涉及面广，同时蕴含了一种循环、迭代的理念，使得安全系统在分析、设计、应用和改进中不断完善，保证更好的安全性能和投入成本比。

4.2 安全仪表系统

4.2.1 安全仪表系统的概念

安全仪表系统（Safety Instrument System，SIS）由传感器、逻辑控制器和执行器三部分构成，用于当预定的过程条件或状态出现背离时，将过程置于安全状态。例如，当系统超压或高温时，安全仪表系统可以实现压力的降低或温度的降低，从而使处于危险状态的系统转入安全状态，保障设备、环境及生产人员的安全。IEC 61511 将安全仪表系统定义为执行一个或多个安全仪表功能的系统。所谓安全仪表功能（Safety Instrumented Function，SIF），是指由 SIS 执行的、具有特定安全完整性等级的安全功能，用于使特定的危险事件达到或保持过程的安全状态。SIF 是基于过程危险和风险分析的结果设计出来的，并根据必要的风险降低要求，确定其 SIL 要求。因此，SIF 是进行 SIL 评估的基础。

在安全仪表系统中，传感器用来检测生产过程中的某些参数，而逻辑控制器对传感器采集的参数进行分析，如果达到了构成危险的条件，由最终执行元件进行相应的安全操作，进而保障整个生产过程的安全。安全仪表系统是一个自动化的系统，其典型的结构框图如图 4.7 所示。

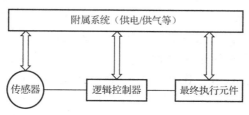

图 4.7 安全仪表系统典型的结构框图

图 4.8 所示是一个液体满溢保护系统，图 4.8（A）是没有设置满溢保护装置的系统，图 4.8（B）是设有满溢保护装置的系统。图 4.8（B）的满溢保护系统可以防止水箱水满使液体流出水箱并散布到环境中。这个系统由一个液位传感器、逻辑控制器及一个开关阀组成。根据液体溢出后造成的后果即可接受风险和风险评估结果，决定该液位安全保护功能是通过常规控制系统还是通过安全仪表控制系统来实现的。

液体满溢保护系统的工作流程描述如下：对于如图 4.8（A）所示装置来说，当水箱水满时，没有任何保护措施，液体会流出水箱，如果该液体是有毒有害的液体会对周围环境及工作人员带来危害；对于如图4.8（B）所示的装置来说，当水箱液体达到一定液位时，图中液位传感器（B1）会把采集到的液位信号通过开关放大器（B2）将信号传送给逻辑控制器（B3），逻辑控制器会根据事先预定的联锁功能来关闭阀门（B4），停止向水箱供水，这样就保证了水箱中的液体不会溢出，起到了安全防护的作用。

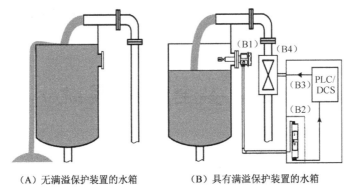

（A）无满溢保护装置的水箱　　　　（B）具有满溢保护装置的水箱

（B1）液位传感器；（B2）开关放大器；（B3）逻辑控制器（PLC或DCS）；（B4）阀门

图4.8　液体满溢保护系统

4.2.2　安全仪表系统的分类

安全仪表系统按照其应用行业的不同可以划分为化工安全仪表系统、电力工业安全仪表系统、汽车安全仪表系统、矿业安全仪表系统和医疗安全仪表系统等。每个行业又可以进行更进一步的细分，如矿业又可以分为煤矿、金属矿、非金属矿及放射性矿等。此外，安全仪表系统还可以根据实现的功能来分类，如可燃/有毒气体监测系统、紧急停车系统、移动危化品源跟踪监测系统及自动消防系统等。

在IEC 61508制定以前，油气开采运输、石油化工和发电等过程工业就有紧急停车系统（Emergency Shut Down System，ESD）、火灾和气体安全系统（Fire and Gas Safety System，FGS）、燃烧管理系统（Burner Management System，BMS）和高完整性压力保护系统（High Integrity Pressure Protection System，HIPPS）等。目前，这些都属于安全仪表系统。

如果按照安全仪表系统的逻辑结构划分，安全仪表系统又可以分为 1oo1、1oo2、2oo3、1oo1D、MooN 和 2oo4 等。其中，MooN 是"M out of N"（N 选 M）的缩写，代表 N 条通道的安全仪表系统中有 M 条通道正常工作；字母 D 代表检测部分是带有诊断电路检测模块的逻辑结构。MooN 表决的含义是基于安全的观点，"N-M"的差值代表了对危险失效的容错能力，即硬件故障裕度（Hardware Fault Tolerance，HFT）。硬件故障裕度意味着 N+1 个故障会导致全功能的丧失。例如，1oo2 表决的含义是两个通道中的一个健康操作就能完成所要求的安全功能，其 HFT 为 1，而容错（Spurious Fault Tolerance，SFT）为 0。

根据安全完整性等级的不同，安全仪表系统又分为 SIL1、SIL2、SIL3 和 SIL4 等不同等级。目前安全仪表系统的发展多样化，不同应用领域有着不同的类型，但其实现的功能都是统一的，都是为了保障安全生产而设定的，它们的设计、生产等相关过程都遵循国际标准。

4.2.3　安全仪表系统与基本过程控制系统

基本过程控制系统（BPCS）执行基本的生产控制要求，完成基本功能，如采用 PID 控制规律的自动控制系统，常用的 DCS、PLC 控制系统、SCADA 系统等也都属于常规控制系统。与安全仪表系统不同，基本过程控制系统只执行基本控制功能，其关注的是生产过程能否正常运行，而不是生产过程的安全。基本过程控制系统一般采用反馈控制的形式，对生产过程即物质和能量在生产装置中相互转换的过程进行控制。基本过程控制系统是通过对温度、压力、液位和流量等参量的调节，达到提高生产产量和质量，降低副产物，减少能量消耗等目的的。

基本过程控制系统与安全仪表系统一般要做到相互独立，两者的关系如图 4.9 所示。二者执行的功能不同，不可相互混淆。安全仪表系统监视整个生产过程的状态，当发生危险时动作，使生产过程进入安全状态，降低风险。

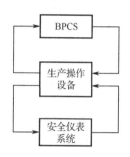

图 4.10 所示为一个反应器设置的基本过程控制系统与安全仪表系统，从图中可以看出，该反应器在生产过程中配置了基本过程控制系统与安全仪表系统，且两个系统配置独立，运行独立。当然，在实际的工业现场，有时安全仪表系统会和基本过程控制系统通信，在基本过程控制系统的操作员站可以观察到安全仪表系统的运行状态，但不能对其施加控制。

图 4.9　BPCS 和安全仪表系统的关系

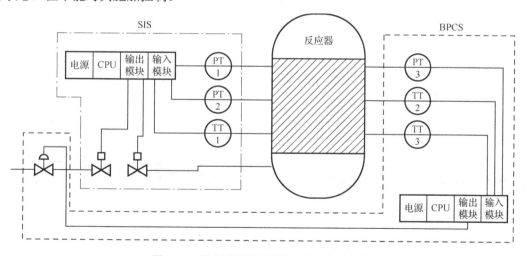

图 4.10　基本过程控制系统与安全仪表系统

虽然目前安全仪表系统与基本过程控制系统（如 SCADA 系统、DCS 等）都是基于计算机控制技术的，但由于安全仪表系统与基本过程控制系统的设计目的不同，因此，两者之间存在较大的差别，主要体现在以下几方面。

1. 功能不同

基本过程控制系统起调节作用，对于工业过程控制来说，就是抑制各种扰动，从而确保

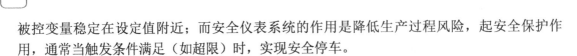

被控变量稳定在设定值附近；而安全仪表系统的作用是降低生产过程风险，起安全保护作用，通常当触发条件满足（如超限）时，实现安全停车。

2．组成不同

基本过程控制系统的组成主要包括现场控制器、工程师站、操作员站和控制网络等，通常不包括现场检测仪表与执行器。安全仪表系统由于需要进行回路的 SIL 等级评定，因此必须有检测仪表、执行器及外部电源等。

3．工作方式不同

基本过程控制系统处于动态，即基本过程控制系统的输出一直在变化，具有连续性，以起到抑制各种干扰对生产的影响作用；而安全仪表系统处于静态，即安全仪表系统的输出保持相对稳定，其工作具有间断特性。如果安全仪表系统的输出一直发生变化，则会导致工业生产无法正常进行。

4．可靠性与安全级别不同

基本过程控制系统不需要进行 SIL 等级评估，不需要选用具有一定 SIL 等级的控制仪表和装置；而安全仪表系统需要进行 SIL 等级评估，需要选择符合 SIL 等级的设备。

5．使用与维护要求不同

安全仪表系统必须按照标准要求使用与维护，对安全仪表系统的更改需要进行新的评估；而基本过程控制系统的使用与维护没有这么严格。

6．应对失效方式不同

基本过程控制系统的大部分失效都是显而易见的，其失效会在生产的动态过程中自行显现，很少存在隐性失效；而安全仪表系统的失效就没有那么明显，确定安全仪表系统是否正常工作的方法是对该系统进行周期性的诊断或测试，即安全仪表系统需要人为地进行周期性的离线或在线检验测试。

另外，基本过程控制系统虽然有联锁功能，但这种联锁功能通常是不进行 SIL 等级评估的，因此，基本过程控制系统的联锁功能与安全仪表系统的联锁功能是有本质不同的。

7．故障自诊断能力不同

安全仪表系统在设计和开发时充分考虑了出现失效和系统故障的情况，系统的各个部件都明确了其故障诊断能力与要求，系统的整体诊断覆盖率一般为 90%以上，以便在其失效后能及时采取相应的措施。基本过程控制系统虽然也具有一定的故障诊断能力，但其诊断覆盖率和可靠性要求没有安全仪表系统的高。

例如，对于 DCS 或 PLC 控制系统而言，通常一个开关量输入 DI 信号是直接被用于程序逻辑运算的。但在安全仪表系统（以希马 F35 机器级安全仪表为例）中，在使用该 DI 信号前，要把该信号与系统通道自检的结果进行联合判断，联合判断（逻辑与操作）的结果作为该 DI 信号参与程序逻辑的值。如果系统自检发现安全仪表出现故障，则 DI 信号不论是

"1"还是"0"，执行逻辑与操作联合判断的结果是"0"，安全仪表系统就输出"0"（除了火气系统，一般安全仪表设计的原则是只要出现故障就失电，即故障安全原则），实现安全联锁。这虽然会造成系统的可用性降低，但避免了危险失效。

4.2.4　安全仪表系统的安全性与可用性

1．安全性

安全仪表系统的安全性是指任何潜在危险发生时安全仪表系统保证使过程处于安全状态的能力。不同安全仪表系统的安全性是不一样的，安全仪表系统自身的故障无法使过程处于安全状态的概率越低，则其安全性越高。按照故障的可诊断性，安全仪表系统的故障可以分为可诊断故障与不可诊断故障；按照故障的后果，安全仪表系统的故障可以分为安全故障与危险故障。

1）安全故障

当故障发生时，不管过程有无危险，系统均使过程处于安全状态，此类故障称为安全故障。对于按故障安全原则（正常时闭合；异常时开路）设计的系统而言，回路上的任何断路故障都是安全故障。

2）危险故障

当出现危险事件、要求安全系统执行正确的安全功能时，安全仪表系统出现的失效称为危险（或要求）失效，把导致此类失效出现的故障称为危险故障。当此类故障存在时，系统即丧失使过程处于安全状态的能力。对于按故障安全原则设计的系统而言，回路上任何可断开触点的短路故障均是危险故障（按故障安全原则，有故障时，回路应该断开以使系统处于安全状态，而可断开触点的短路使得回路不可能处于断开状态，从而丧失了使过程处于安全状态的能力）。一个系统发生危险故障的概率越低，则其安全性越高。

2．可用性

安全仪表系统的可用性是指系统在冗余配置的条件下，当某一个系统发生故障时，冗余系统在保证安全功能的条件下，仍能使生产过程不中断的能力。

与可用性比较接近的一个概念是系统的容错能力。一个系统具有高可用性或高容错能力不能以降低安全性作为代价，丧失安全性的可用性是没有意义的。严格地讲，可用性应满足以下几个条件。

- ➤ 系统是冗余的；
- ➤ 系统产生故障时，不丧失其预先定义的功能；
- ➤ 系统产生故障时，不影响正常的工艺过程。

3．安全性与可用性的关系

安全性与可用性是衡量一个安全仪表系统的重要指标，是两个不同的概念。无论是安全性低、还是可用性低，都不利于系统的长期、安全、稳定运行。因此，在设计安全仪表系统时，要兼顾安全性和可用性。安全性是前提，可用性必须服从安全性；可用性是基础，没有高可用性的安全性是不现实的。一般来说，采用故障安全原则设计的系统的安全性高，采用非故障安全原则设计的系统的可用性好。

从某种意义上说，安全性与可用性有时又存在一定的矛盾，某些措施会提高安全性，但会导致可用性下降，反之亦然。例如，冗余系统若采用 2oo2 逻辑，则可用性提高，安全性下降；若采用 1oo2 逻辑，则相反。另外，2oo3 逻辑能同时兼顾安全性与可用性。

需要注意的是，现有的安全仪表产品在实际应用中会进行冗余配置，如对 CPU 模型、通信模块及 I/O 模块进行冗余配置，但这种冗余配置一般是不增加安全仪表系统的 SIL 等级的，只是提高了安全仪表系统的可用性。但 SIF 回路的传感器、执行器等的冗余配置会影响该 SIF 的 SIL 等级。

通常一个固定型号的安全仪表系统的冗余配置不能提高安全性，只能提高可用性，如对 CPU 模块或 I/O 模块进行冗余配置，其安全性是不变的，只是其可用性提高了。但是在安全仪表系统的整个回路中，增加传感器、执行器是可以提高其安全性的。例如，如果传感器、执行器只能达到 SIL2，而某个联锁回路的 SIF 要求安全性达到 SIL3，这时需对传感器和执行器进行冗余配置，并进行验证。

4.2.5 安全仪表系统的种类及其特征

1. 安全仪表系统的种类

从安全仪表系统的发展角度看，安全仪表产品主要包括以下几种。

1）继电线路

继电线路用安全继电器代替常规继电器实现安全控制逻辑。显然，这种解决方案属于全部通过硬件触点及其之间的连线形成安全保护逻辑，因此可靠性高，成本低，但是灵活性差，系统扩展、增加功能不容易。此外，继电线路还不宜用于复杂的逻辑功能，其危险故障（如触点粘连）的存在只能通过离线检测才能辨识出来。

2）固态电路

固态电路是指基于印刷电路板的电子逻辑系统。它采用晶体管元件实现"与、或、非"等逻辑功能。这种系统属于模块化结构，结构紧凑，可在线检测，容易识别故障，元件互换容易，可以进行冗余配置。但它的可靠性不如继电器，操作费用高，灵活性差。这类安全仪表系统与现代安全型 PLC 等安全仪表系统的根本区别是是否有 CPU。

3）安全 PLC

安全 PLC 以微处理器为基础，有专用的软件和编程语言，编程灵活，具有强大的自测试、自诊断能力。该系统可以进行冗余配置，可靠性高。

安全 PLC 是指当自身、外围元器件或执行机构出现故障时，依然能正确响应并及时切断输出的可编程系统。与普通 PLC 不同，安全 PLC 不仅可以提供普通 PLC 的功能，还可以实现安全控制功能，符合 EN ISO 13849-1 及 IEC 61508 等控制系统安全相关部件标准的要求。安全 PLC 的所有元器件都采用冗余多样性结构，两个处理器处理时进行交叉检测，每个处理器的处理结果都储存在各自的内存中，只有处理结果完全一致时才会进行输出，如果处理期间出现任何不一致，系统会立即停机。

此外，在软件方面，安全 PLC 提供的相关安全功能块，如急停、安全门、安全光栅等均经过认证并加密，用户仅需调用功能块进行相关功能配置即可，这保证了用户在设计时不会因为安全功能上的程序漏洞而导致安全功能丢失。

与普通 PLC 相比，用于安全系统的安全 PLC 除了产品本身不一样，在具体的使用方面也有明显不同。安全 PLC 的输入接法和普通 PLC 的输入接法也有区别，普通 PLC 的输入通常接传感器的常开接点，而安全 PLC 的输入通常接传感器的常闭接点，用于提高输入信号的快速性和可靠性。有些安全 PLC 的输入还具有"三态"功能，即"常开"、"常闭"和"断线"三个状态，而且通过"断线"来诊断输入传感器的回路是否断路，提高了输入信号的可靠性。另外，有些安全 PLC 的输出和普通 PLC 的输出也有区别。普通 PLC 输出信号之后，就和 PLC 本身失去了关联，即输出后，接通外部继电器，继电器本身到底通没通，PLC 并不知道，这是因为没有外部设备的反馈。安全 PLC 具有所谓"线路检测"功能，即周期性地对输出回路发送短脉冲信号（毫秒级，并不使用电器导通）来检测回路是否断路，从而提高了输出信号的可靠性。

4）故障安全仪表系统

故障安全仪表系统采用专用的紧急停车系统进行模块化设计，具有完善的自检功能，系统的硬件、软件都取得相应等级的安全标准证书，可靠性非常高，但价格较贵。生产这类产品的厂家包括希马公司、英维斯集团（现已被施耐德公司收购），以及横河公司、霍尼韦尔公司、艾默生公司等，并且该产品与自家生产的 DCS 集成度更高。这类安全产品的主流系统结构主要有 2oo3（三重化）、2oo4D（四重化）、1oo1D、1oo2D 等。

一般来说，只有采用继电器或固态继电器这种硬件方式的安全仪表系统的安全完整性等级才能达到 SIL4，如希马公司的 Planar4 系统，采用硬接线，无须使用软件进行编程，从而使它对各种错误具有极强的抵抗能力，也能抵御各种网络攻击，平均无故障时间超过 200 年。

2. 安全仪表系统的特征

1）三重模块冗余结构（Triple Modular Redundant，TMR）

三重模块冗余结构将三路隔离、并行的控制系统（每路称为一个分电路）和广泛的诊断集成在一个系统中，用 2oo3 表决提供高度完善、无差错、不会中断的控制。英维斯集团（现已被施耐德公司收购）、ICS、通用电气公司等公司的安全仪表产品均采用具有 TMR 结构的系统。英维斯集团的 Tricon 安全仪表系统的 TMR 结构如图 4.11 所示。这类结构安全仪表系统在每个扫描周期内的安全回路数据流如下所述。

➤ 现场传感器信号通过输入端子模块将信号分配到三重化的输入通道；
➤ 每个序列输入通道通过 I/O 总线将本序列输入数据发送给本序列控制器；

> 三个序列处理器通过 MPU 总线交换输入数据，每个序列处理器得到三份输入数据；
> 每个序列处理器表决三份输入数据，用表决结果运行用户组态逻辑，得到本序列输出数据；
> 三个序列处理器通过 MPU 总线交换输出数据，每个序列处理器得到三份输出数据；
> 每个序列处理器表决三份输出数据，得到表决后的输出数据；
> 每个序列处理器通过 I/O 总线发送输出数据到本序列的输出通道；
> 每个序列输出通道通过三取二（2oo3）硬件表决电路得到输出至输出端子模块的信号；
> 输出信号通过输出端子板输出到现场执行器。

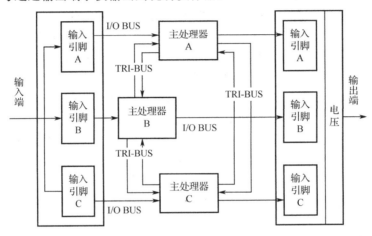

图 4.11　Tricon 安全仪表系统的 TMR 结构

上述处理器之间及处理器与 I/O 模块之间通过带有安全协议的安全通信链路进行数据传输，提高了安全性能。

三重模块冗余结构由三个相同的系统通道组成（电源模块除外，该模块是双重冗余的），具有较好的容错能力，能满足 AK6/SIL3 的安全标准。每个系统通道独立地执行控制程序，并与其他两个通道并行工作。硬件表决机制对所有来自现场的数字式输入和输出进行表决和诊断，模拟输入进行取中值处理。因为每一个分电路都是和其他两个分电路隔离的，任一分电路内的任何一个故障都不会传递给其他两个分电路。如果在一个分电路内有硬件故障发生，该故障的分电路能被其他两个分电路修复。维修工作（包括拆卸和更换故障分电路的故障模块）可以在 Tricon 在线的情况下进行，而不中断过程控制。系统对于各个分电路、各模块和各功能电路的广泛诊断工作能够及时地探查到运行中的故障，并进行指示或报警。诊断还可以把有关故障的信息存储在系统变量内。当发现故障时，操作员可以根据诊断信息来修改控制动作，或者指导其维护过程。因此，容错是 Tricon 控制器最重要的特性，它可以在线识别瞬态和稳态的故障并进行适当的修正，容错技术提高了控制器的安全性和可用性。

2）2oo4D 结构

2oo4D 系统是由两套独立并行运行的系统组成的，通信模块负责其同步运行，当系统自诊断发现一个模块发生故障时，CPU 将强制其失效，确保其输出的正确性。同时，安全输出模块中的 SMOD 功能（辅助去磁方法）确保在两套系统同时故障或电源故障时，系统输出一个故障安全信号。一个输出电路实际上是通过四个输出电路及自诊断功能实现的，这样确保了系统的高可靠性、高安全性及高可用性。霍尼韦尔公司的 SM 安全仪表系统、希马公司的 H51q 系统均采用了 2oo4D 结构。

　　希马公司的 H51q 系统为 CPU 四重化冗余结构（Quadruple Modular Redundant，QMR），其结构图如图 4.12 所示。系统的中央控制单元共有四个微处理器，每两个微处理器集成在一块 CPU 模件上，再由两块同样的 CPU 模件构成中央控制单元。一块 CPU 模件即构成 1oo2D 结构，希马公司的 1oo2D 结构产品满足 AK6/SIL3 的安全标准。为了向用户提供具有较大可用性的系统，该系统采用双 1oo2D 结构，即 2oo4D 结构。在冗余结构下，高速双重 RAM 接口（DPR）使两个中央单元通信，从而解决了无故障修复时间限制的难题。2oo4D 结构的容错能力使系统中的任何一个部件发生故障均不影响系统的正常运行。与传统的三重化冗余结构相比，它的容错能力更加完善。

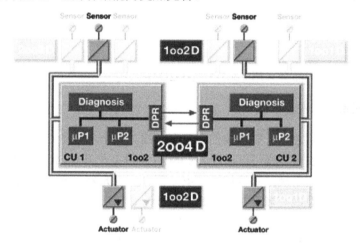

图 4.12　希马公司的 H51q 系统的四重化冗余结构图

　　在控制器中有一个"看门狗"（Watchdog）电路，它实际上是一个特殊的定时器，其功能是当程序运行发生故障并经设定延时后，产生 1 个非屏蔽中断，使系统复位。在 2oo4D 结构中，任意一个控制器模块的一个微处理器在正常存储数据的存储器下运行，而另一个则在数据以取反的方式存储的存储器下运行，它们同步运行执行同一用户程序，通过硬件比较器监视比较，两存储器内的数据应刚好相反，否则触发"看门狗"，但这并不影响另外一个控制器的正常运行。故障控制器经过"看门狗"复位后回到安全状态，通过 DPR 接收正常运行的控制器的全部运行参数和中间变量，继续同步执行同一用户程序。这种 2oo4D 结构保证了系统的可靠性，同时也使系统具有很高的可用性。

　　Watchdog 信号不仅可以实现控制器故障时的切换，还在主机架的背板输出并连接到其他 I/O 机架，使每个机架内的输出模件都可以引入"看门狗"定时器信号。当 CPU 内部故障时令所有输出模件的各通道切换到"关"状态，与安全相关的工艺设备被快速关断，从而保证了系统的安全。Watchdog 信号的存在及被引入每一个 I/O 机架这一形式是希马公司的安全控制系统与普通 PLC 的重要区别之一。

　　希马公司的安全控制系统与普通 PLC 相比，整个控制系统的电源是由 3 块安装在主机架上的电源模块（第 3 块电源模块作为后备电源）经背板电缆把各个电源模块连接起来统一供电的，进一步提高了电源的可靠性。希马公司的安全控制系统在每个机架上都设置了 4 块用于提供开关量模块的查询电压的电源分配模块；而对于普通 PLC 来说，开关量模块的查询电压是通过外部配电提供的，不属于 PLC 的一部分。因此，希马公司的安全控制系统具有更高的电源可靠性。

安全控制系统的软件操作系统是以嵌入的方式直接集成到控制器中的。在运行过程中，操作系统除了以循环扫描的方式来处理用户程序，还通过监视程序的代码版本号、运行版本号、数据版本号、区域代码号的更改来保证程序的安全性。H51q 系统的编程软件是 ELOP-Ⅱ（近年来，希马公司的安全产品进行了升级，编程软件统一升级为 SILworX），用户程序的创建和修改必须按照绑定的 IEC 61508、DIN 标准来执行，同时编程软件还集成了源代码比较器、目标代码比较器和经过认证的编译器。这些工具在创建、下载和修改用户程序过程中分别对源代码和目标代码进行测试并标识出来。只有经过测试的应用程序才允许被下载到控制器中。

3）其他

一些 SIL 等级低的产品会采用 1oo1D、1oo2D 等结构。

3. 安全仪表系统的安全总线

安全仪表系统若使用总线，则需要使用安全总线。安全总线是指采用安全措施的现场总线。与普通总线相比，安全总线可以达到 EN ISO 13849-1 及 IEC 61508 等控制系统安全相关部件标准的要求，主要用于满足急停按钮、安全门、安全光幕、安全地毯等的安全相关功能的分布控制要求。安全总线有多种拓扑结构，如线形、树形等，安全总线采用的安全措施主要包括 CRC 冗余校验、Echo 模式、连接测试、地址检测和时间检测等，相比传统现场总线可靠性更高。若安全总线采用以太网，则需要选用安全以太网。安全以太网是适用于工业应用的基于以太网的多主站总线系统，用于满足分布式控制系统的要求。安全以太网的协议包含一条安全数据通道，该通道的数据传输符合 SIL3 的要求。通过同一根电缆或光纤，安全数据通道可以同时传输安全相关数据及非安全相关数据。在拓扑结构上，安全以太网和标准以太网类似，支持如星形、树形、线形和环形等不同的以太网结构。安全以太网具有较高的网络灵活性、较强的可用性、较大的网络覆盖范围等特点。

4. 霍尼韦尔公司的 SM 安全仪表系统及其信息安全机制

霍尼韦尔公司的 SM（Safety Manager）安全仪表系统（以下简称 SM）基于 QMR 诊断技术及 2oo4D 架构。QMR 技术增强了系统的灵活性，提高了系统诊断和传递信息的能力，并改善了系统运行关键应用的容错能力。QMR 技术支持在 SM 中同时处理多个系统故障，从而满足了各种关键控制应用的需要。该产品实现了较高水平的安全与过程集成，集成了该公司的过程安全数据、应用、系统诊断和关键控制策略等知识。与一般独立的 SIS 产品相比，SM 与该公司的 Experion PKS 集散控制系统紧密结合，并且可以把基于 SM 的各安全系统（如 ESD、火气系统等）整合到同一个安全系统架构中，以提高系统的安全性和可用性。

霍尼韦尔公司的 SM 的 SafeNet 通过 SIL4 认证，可以提供两种类型的网络连接，一种是在系统层面，可以将不同地理位置的 SM 构成一个安全管理系统；另一种是 SM 的远程 I/O 点可以连接多层次的远程 I/O 点，将处于远端的分散的 I/O 点集中到 SM 中。

SM 在信息安全方面采用了如下机制。

- 安全与防护：每个 SM 都包含一个安全防火墙，用于保护关键的安全仪表系统层，避免受到网络攻击和服务中断问题的干扰。
- 深度防卫：SafeNet 和远程 SM 可以用于设计深度防卫安全策略，以便将传统 I/O 技术的潜在风险和可能损失范围降到最低，同时实现出色的安全防卫性能。

5. 安全仪表的 I/O 卡件

安全仪表系统不仅控制器设计采用各种冗余等可靠性设计，其 I/O 卡件也与非安全控制系统的卡件不同。下面以某国产安全仪表系统配套的 DI 模块为例加以说明。该 DI 模块的设计采用硬件三序列架构，每个序列之间相互独立，分别处理 32 路信号，经过三条独立的通信总线送至 MPU，其主体功能框图如图 4.13 所示。

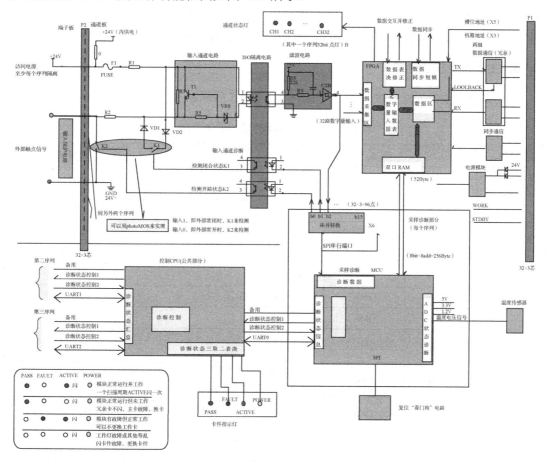

图 4.13　DI 模块主体功能框图

每个序列数字处理部分采用 MCU+FPGA 方式，MCU 负责诊断功能，FPGA 负责通道数据的采集、交互同步，以及和 MPU 之间的通信。控制 CPU 负责诊断控制，在固定的诊断

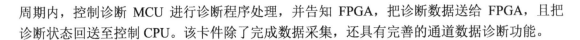

周期内，控制诊断 MCU 进行诊断程序处理，并告知 FPGA，把诊断数据送给 FPGA，且把诊断状态回送至控制 CPU。该卡件除了完成数据采集，还具有完善的通道数据诊断功能。

1）通道数据采集

通道的触点信号经过外部保护电路后，通过光电隔离、硬件滤波，由 FPGA 直接快速采集，32 位通道数据和另外两个序列的 FPGA 交互修正后，放在最新的 RAM 区数据表内，以供 MPU 随时读取数据。32 位通道数据的扫描周期为 1μs，以保证 MPU 读到的数据在任何时候都是最新的。

2）通道数据诊断

诊断控制 CPU 在固定的时间发出诊断握手信号给诊断 MCU，通知其进行诊断测试，诊断 MCU 优先采集外部状态数据。若外部触点闭合即输入 1，则发出控制信号使 K1 闭合，检测到 0，认为正常，反之认为出错；若外部触点断开即输入 0，则发出控制信号使 K2 闭合，检测到 1，认为正常，反之认为出错。诊断 MCU 若发现出错，立即把诊断出错码通知 FPGA，由 FPGA 将出错上传给 MPU，并使对应的通道灯进行红灯显示报警（或闪烁）。将相应的诊断状态信息告知诊断控制 CPU，由其进行状态灯显示。

6. 主要安全仪表产品

目前市场上主流安全仪表制造商及其产品如表 4.5 所示。

表 4.5　主流安全仪表制造商及其产品

公 司	产 品	体系架构	主 要 特 点	应 用 领 域
施耐德	Tricon	TMR	主流安全系统产品，在石化行业广泛应用，2oo3 系统的典型代表	ESD、ITCC、FGS
	Trident	TMR	Tricon 的小型化版本	小型应用场合
希马	H41q/H51q	QMR	应用广泛，四取二结构典型产品	ESD、ITCC、FGS
	HIMatrix	可变	响应速度非常快	铁路、机器级应用
	Planar4		达到 SIL4 等级	核电
	HIMax	QMR	希马的最新产品	ESD、ITCC
霍尼韦尔	FSC	QMR	核心安全控制器	与非安全系统平台集成
	Experion	QMR	非安全控制系统平台，集成安全和非安全控制系统，应用较广	与安全系统集成，应用于多种场合
ICS Triplex	Trusted	TMR	技术一流、价格稍贵，最近几年由浙大中控代理后应用业绩呈上升趋势	ESD、ITCC、FGS
	AADvance	TMR	ICS 最近几年推出的新品，具有精简化、模块化特点	ESD、ITCC、FGS
西门子	TXS		核电级安全仪表控制系统	核电
	S7-300F		中小型安全 PLC，达到 SIL3	ESD、FGS
	S7-400FH		可应用于大中型场合的安全 PLC	ESD、FGS

续表

公 司	产 品	体系架构	主 要 特 点	应 用 领 域
横河	ProSafe-RS	单卡冗余达到 SIL3	可与横河 DCS 集成	ESD、FGS、BMS
艾默生	DeltaV SIS	可变	可与 DeltaV DCS 集成	ESD、FGS、BMS
康吉森	TSplus	TMR	快、慢任务同时实现	ESD、ITCC、FGS
和利时	HiaGuard	TMR	首套国产功能安全控制系统	

4.2.6 安全仪表系统相关的主要参数

安全仪表系统相关的主要参数有失效模式、硬件故障裕度（Hard Fault Tolerance，HFT）、安全失效分数（Safety Failure Faction，SFF）、平均修复时间（Mean Time to Repare，MTTR）、维修率、诊断覆盖率（Diagnostic Coverage，DC）、共因失效因子β、要求时失效概率（Probability of Failure on Demand，PFD）、安全失效概率（Probability of Falling Safty，PFS）、功能测试时间间隔（Proof Test Time Interval，PTTI）、功能测试覆盖率（Proof Test Coverage，PTC）等。其中有些参数反映了安全仪表失效对安全仪表功能的影响，另外一些参数可以对安全仪表系统的可靠性进行度量。

1. 失效模式

安全仪表系统的失效可能导致其不能对过程中的危险状况做出响应，即不能完成保护功能。另外，安全仪表系统的失效也会导致误停车，中断正常生产。这些不同的失效方式称作失效模式。只有在分析失效模式的基础上才能对安全仪表系统进行可靠性建模。

一般来说，安全仪表系统的失效模式可分为安全失效和危险失效；考虑设备的自诊断功能，安全仪表系统的失效模式又可分为检测到的失效和未检测到的失效；考虑本质原因，安全仪表系统的失效模式还可分为随机硬件失效和系统失效。

根据 IEC 61508，由随机硬件失效引起的失效能够定量评价，而由系统失效引起的失效不能以准确的量化值来评价。在实际操作中，常常将由设计、安装和人为的操作错误造成的失效划分为系统失效，将由自然老化造成的失效划分为随机硬件失效。在 IEC 61508 中将失效模式分为检测出的危险失效（DD）、未检测出的危险失效（DU）、检测出的安全失效（SD）、未检测出的安全失效（SU），它们之间的关系如图 4.14 所示。

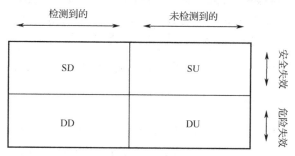

图 4.14 失效模式之间的关系

2. 硬件故障裕度和安全失效分数

硬件故障裕度是指硬件功能单元在存在故障的情况下实现要求功能的能力。在 SIS 中，传感器、逻辑控制器、最终执行机构这三个子系统都应该具有各自的最低硬件故障裕度的要求，及各自的最低冗余水平。

根据子系统的结构的复杂程度，IEC 61508 将子系统划分为 A 型子系统和 B 型子系统，它们的结构约束规则如表 4.6 和表 4.7 所示。

表 4.6　A 型子系统的结构约束规则

安全失效分数 （SFF）	硬件故障裕度（HFT）		
	0	1	2
<60%	SIL1	SIL2	SIL3
60%～90%	SIL2	SIL3	SIL4
90%～99%	SIL3	SIL4	SIL4
>99%	SIL3	SIL4	SIL4

表 4.7　B 型子系统的结构约束规则

安全失效分数 （SFF）	硬件故障裕度（HFT）		
	0	1	2
<60%	不允许	SIL1	SIL2
60%～90%	SIL1	SIL2	SIL3
90%～99%	SIL2	SIL3	SIL4
>99%	SIL3	SIL4	SIL4

A 型子系统是指结构简单的常用设备要求所有组成部件的失效模式都能被准确定义，且子系统的故障状态能被完全确定，有充分可靠的失效率数据的系统。

B 型子系统是指结构复杂或采用微处理器技术的设备在一组冗余结构中，至少存在一个组件的失效模式不能被准确确定，或者子系统的故障行为不能被完全确定，没有可靠的失效率数据的系统。

在表 4.6 和表 4.7 中提及的硬件故障裕度 HFT 和安全失效分数 SFF，其中硬件故障裕度是指当 $N+1$ 个故障发生时会导致安全功能失效；安全失效分数计算公式如式（4-3）所示：

$$\text{SFF} = \left(\sum \lambda_{\text{S}} + \sum \lambda_{\text{DD}}\right) / \left(\sum \lambda_{\text{S}} + \sum \lambda_{\text{D}}\right) \tag{4-3}$$

式中，λ_{S} 是指安全失效率；λ_{D} 是指危险失效率；λ_{DD} 是指检测出的危险失效率。

3. 平均修复时间及维修率

平均维修时间（MTTR）也称平均停机时间（Mean Down Time，MDT），表示从设备失效到运行正常所需的平均时间，包括检测到失效的时间和确认失效后的维修时间。

维修率表示在 t 时刻之前设备没有维修的条件下，在 t 时刻后的单位时间内完成维修的概率，用 $\mu(t)$ 表示。在通常情况下 $\mu(t)$ 为常数，且等于 MTTR 的倒数。

4. 诊断覆盖率

诊断测试是一种在线检测故障的测试方法。IEC 61508 给出了关于诊断覆盖率的定义：通过诊断测试诊断出危险失效率 λ_{DD} 在总的危险失效率 $\lambda_{DD} + \lambda_{DU}$ 中所占的比例。根据诊断覆盖率的定义，诊断覆盖率只将元件模型的危险失效率考虑在内，通过诊断覆盖率和总的危险失效概率 λ_D，可以得出检测到的危险失效率和未检测到的危险失效率，它们的关系如式（4-4）和（4-5）所示：

$$\lambda_{DD} = DC \cdot \lambda_D \tag{4-4}$$

$$\lambda_{DU} = (1 - DC) \cdot \lambda_D \tag{4-5}$$

在 SIS 设计中，对于使用的元件，供应商大多会提供相应的失效数据，四种失效模式的失效率都会给定，从而诊断覆盖率的值也是确定的，通常我们认为 DC 值不变。

5. 共因失效因子 β

失效模式的分析是将所有的失效模式从可检测性和安全性两个角度进行划分的，如果从失效的独立性角度分析，可以将失效分为共因失效和独立失效。共因失效是指在多个通道系统中，因一个或多个事件引起的两个或多个隔离通道失效；独立失效与共因失效相对，是指引起通道间失效的原因是相互独立的。

在共因失效分析中，IEC 61508 引入了共因失效因子，这一参数用于表示共因失效在总的失效中所占的比例。共因失效、独立失效和共因失效因子 β 之间的关系如式（4-6）～式（4-9）所示：

$$\lambda = \lambda_I + \lambda_C \tag{4-6}$$

$$\lambda_I = (1 - \beta) \cdot \lambda \tag{4-7}$$

$$\lambda_C = \beta \cdot \lambda \tag{4-8}$$

$$\beta = \frac{\lambda_C}{\lambda_I + \lambda_C} \tag{4-9}$$

式中，λ_I 表示独立失效概率；λ_C 表示共因失效概率；λ 表示总的失效概率。

6. 要求时失效概率和安全失效概率

要求时失效是指当危险情况出现，安全仪表系统动作时出现的失效，用要求时失效概率 PFD 来衡量。PFD 可以表示发生危险失效的概率，平均要求时失效概率一般采用安全功能运行时间跨度上的概率的平均值 PFD$_{avg}$ 来表示。

安全失效概率是指安全仪表功能失效造成过程误停车的概率。

7. 功能测试时间间隔和功能测试覆盖率

与诊断测试不同，功能测试是离线状态的诊断，作用是定期对安全仪表系统进行失效诊断。功能测试的目的是确认正确的功能，从功能需求的角度显示可能阻碍 SIS 正常运行，且未检测到的故障。

在实际工程应用中，功能测试主要关心功能测试时间间隔和功能测试覆盖率。通过调节

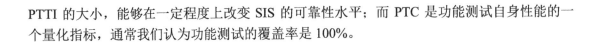
PTTI 的大小，能够在一定程度上改变 SIS 的可靠性水平；而 PTC 是功能测试自身性能的一个量化指标，通常我们认为功能测试的覆盖率是 100%。

4.3 风险评估与 SIL 定级

4.3.1 过程危险分析

按照功能安全国际标准，功能安全管理的第一步是清晰地了解与过程相联系的危险与风险。过程危险分析（Process Harzard Analysis，PHA）是工艺安全管理的核心要素，是指通过一系列有组织的、系统性的和彻底的分析活动来发现、估计或评价一个工艺过程的潜在危险。PHA 的内容包括识别危险和安全问题的关键部位、提高安全专业人员对潜在危险的了解、风险管理规划、紧急事故响应规划、适用的环保及安全法规监管、做出事故反应的相应决策等。PHA 常用的方法有如下几种。

1. 定性分析方法

定性分析方法包括 What-If 法、检查表法、What-If/检查表法和危险与可操作性分析（Hazard and Operability Analysis，HAZOP）法等。

2. 半定量分析方法

半定量分析方法包括保护层分析（LOPA）法和故障模式法及后果分析（Failure Mode and Effect Analysis，FMEA）法等。

3. 定量分析方法

定量分析方法包括事件树分析法、事故树分析法等。

PHA 应该由一个包括多方面人员的队伍完成，包括工程、管理、操作、设计等人员。另外，在 PHA 过程中产生的文档，特别是产生的建议，应该有完善的管理和后续跟踪手段。

4.3.2 主要的风险分析方法

1. HAZOP 法

HAZOP 法是按照科学的程序和方法，从系统的角度出发对工程项目或生产装置中潜在的危险进行预先识别、分析和评价，识别生产装置设计、操作和维修中的潜在危险，并提出改进意见和建议，以提高装置工艺过程的安全性和可操作性，为制定基本防灾措施和应急预案提供依据。HAZOP 法的主要目的是对装置的安全性和操作性进行设计审查。HAZOP 法由生产管理、工艺、安全、设备、电气、仪表、环保、经济等工种的专家进行共同研究。这种分析方法包括辨识潜在的偏离设计目的的偏差、分析其可能的原因并评估相应的后果。它采用标准引导词，结合相关工艺参数等，按流程进行系统分析，并分析正常/非正常时可能出现的问题、产生的原因、可能导致的后果及应采取的措施。但 HAZOP 法只能定性地分析工艺流程中存在的危险。而保护层分析（Layer of Protection Analysis，LOPA）法是一种半定量的风险评估方法，在 HAZOP 法中引入 LOPA 法，可以定量分析安全措施是否有效的问题。因此，LOPA 法是 HAZOP 法的延续，是在 HAZOP 法对生产过程中的危险进行风险分析后的丰富和补充。

HAZOP 法于 1974 年由英国帝国化学工业公司开发，最初用于热力-水力系统安全分析和化工过程安全分析，目前其应用已扩展至机械、运输、软件开发等领域，并在实践中形成了多种应用类型。通过 HAZOP，可以系统地识别生产过程中的各种潜在风险和危害，并通过提出合理可行的安全措施降低危险发生的可能性或减轻事故后果的严重性，为安全生产保驾护航。

HAZOP 法具有以下 3 个方面的特点。

➢ HAZOP 法可以确定分析系统或工艺过程中存在的危险，并判断危险所造成的后果。

➢ HAZOP 法可以确定系统中的主要危险源，对安全管理工作有正确的指导作用。

➢ HAZOP 法适用性强，既可以用于设计阶段，也可以用于现有的系统装置；既可以用于连续过程的危险性分析，又可以用于间歇过程的危险性分析，还可以用于新技术开发中的静态和动态过程的危险性辨识。

HAZOP 是一种集思广益、循序渐进的创造性过程，组长主导分析过程，并安排一位记录人员，他采用一系列的引导词，系统地辨识出与设计意图的潜在偏差。围绕着偏差，通过小组成员的集体讨论，探询导致出现偏差的原因及后果，并针对后果提出应采取的安全措施和建议措施。图 4.15 所示是 HAZOP 流程示意图。

图 4.15　HAZOP 流程示意图

HAZOP 的具体步骤如下。

➢ 划分节点。对于连续工艺过程，HAZOP 的第一步是将生产过程根据工艺流程划分为合理的分析节点，这样有利于分析工作的深入、完善。

➢ 选择工艺参数，确定偏差。选择适用于所选分析节点的工艺参数，如流量、温度、压力、液位、界位、腐蚀侵蚀、破裂泄漏、维修、采样、污染等。

➢ 确定风险矩阵。根据各个公司的事故统计情况和风险接受程度，制定适用于本公司的风险矩阵。

➢ 分析偏差的原因和后果。针对节点内某一设备的工艺参数的偏差，结合现有资料和小组成员的经验，分析导致这一偏差的原因，以及参数发生偏离后可能导致的后果，并根据风险矩阵，确定风险等级。

➢ 提出建议措施。通过分析，审查现有安全措施是否足够，若事故风险等级高、后果严重且影响恶劣，则小组成员有必要提出合理可行的建议措施。

表 4.8 所示为某炼油厂的原料节点中原料罐 D-602A 液位高的 HAZOP 工作表。

表 4.8　HAZOP 工作表

HAZOP 工作表
说明：
1．表格中"频率（L）为 1、严重性（S）为 1、RR 为 1"是没有进行风险评估的事故剧情；
2．表格中"建议措施"为空的情况属于无须新的建议；
3．没有出现在表格中的具体参数形成的偏离是在会前已经经过筛选的不会产生后果的偏离；
4．表格中的 RR（风险等级）是指初始风险或裸风险，即在不考虑任何现有措施对风险的消减作用情况下的风险，RR1（剩余风险 1）是指在初始风险 RR 的基础上，考虑了"安全措施"（已有保护措施）对风险的消减作用后剩余的风险，RR2（剩余风险 2）是指在 RR1 的基础上，考虑了"建议措施"（新提出来的安全措施）对风险的消减作用后剩余的风险；
5．S 下面括号里的数字代表不同方面的影响，1 为健康和安全影响（人员损害）、2 为财产损失影响、3 为非财务性影响与社会影响

节点名称	节点.0003　原料缓冲罐
分析日期	××年××月××日
参加人员	李××（主席）　孙××（书记员）　刘××（安全顾问）　沈××（工艺工程师）　赵××（安全工程师）　陆××（设计）
节点描述	原料缓冲罐 D-602A 中的原料主要有来自焦化的汽柴油、催化的柴油、3#蒸馏的直馏柴油及 1#蒸馏的直馏柴油。原料缓冲罐 D-602A 内原料油由罐底侧面抽出经升压泵 P-815A/B 升压至 1.5MPa 后由液控 LV-50201 控制进原料油过滤器 SR-602 进行过滤，SR-101 为原料油自动反冲洗过滤器，滤后原料油进精制柴油与原料油换热器（E-815A/B）壳程换热后进滤后原料缓冲罐 D-602B
设计意图	保持原料缓冲罐 D-602A 液位稳定
运作条件	操作液位：80%；操作压力：0.55MPa；操作温度：140℃
流程图	B180002-001-DF20-PID-002/4

序号	偏离	原因	后果	L	S	RR	安全措施	建议措施	备注
3.1	原料罐液位高	原料罐进料量过大	1．D602-A 原料冲罐； 2．直馏柴油原料泵憋压，造成设备损坏甚至引起管线爆炸	6 6 6	D（1） D（2） C（3）	65 32 19	1．原料罐液位高报警； 2．原料罐液位高高联锁		

在 HAZOP 的基础上，根据 IEC 61508 给出的风险的定义，风险分析需要对危险事件的发生频率和产生后果的严重程度进行等级划分，最终得出的风险等级与可接受的风险等级进行对比，从而判断是否需要增加保护措施。在对工艺过程进行风险分析之后，需要针对工艺过程中存在的风险，确定其可接受的风险水平，最终形成工艺过程的可接受风险标准，用于接下来的 LOPA 中。

2. 事件树分析法

事件树分析法是一种按事件发展顺序，由初始时间开始推断可能的后果，从而进行危险辨识的一种分析方法。事件树分析法的分析过程是以所研究的易于出现故障或事故的最初原因作为一个初始事件，找出与其相关的后续事件，分析这些后续事件的安全或危险、成功或失败、正常或故障的两种对立状态，分别逐级推进，直至分析到系统故障或事故为止。由于这一分析过程是用一棵树状的图形直观表述的，所以称为事件树。事件树的表现形式如图 4.16 所示。

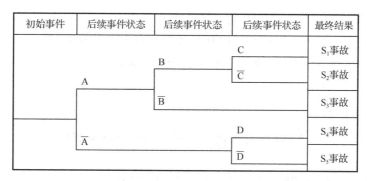

图 4.16　事件树的表现形式

初始事件是指在一定条件下能造成事故后果的最初的原因事件，后续事件是指出现在初始事件之后的一系列造成事故后果的其他原因事件。

事件树分析法是一种以归纳法为基础的系统安全分析方法，它不仅可以用于事先预测事故，以预计事故的可能后果，为采取预防措施提供依据，而且可以用于事故发生后的分析，以找出事故原因。这种方法既可以进行定性分析，也可以进行定量分析，是一种直观方便、适用性强的分析方法。

事件树分析法的基本内容是通过编制事件树，找出系统中的危险源和导致事故发生的联锁关系，以采取预防措施。事件树分析法的步骤主要包括如下内容。

➢ 研究初始事件，包括发生事故的系统、设备、人员和工艺参数等；
➢ 找出后续事件，分析安全状态（安全或危险、成功或失败、正常或故障）；
➢ 绘制事件树；
➢ 找出事件联锁关系；
➢ 采取预防措施。

例如，某控制回路信号传输如图 4.17 所示，控制器 A、执行器 B 与继电器 C 组成串联信号传输回路，已知它们正常工作的概率为 0.98、0.90、0.88，不能正常工作的概率为 0.02、0.10、0.12。试对该串联信号传输单元的安全性进行分析。

首先分析该串联信号传输系统发生故障的起始事件和中间事件及它们之间的联锁关系，并建立事件树，A、B、C 有正常和失效两种状态，它们之间的联锁关系可以用如图 4.18 所示的事件树表示。

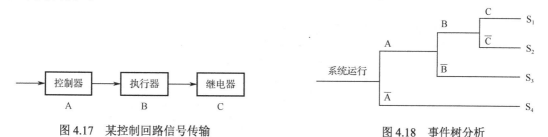

图 4.17　某控制回路信号传输　　　　图 4.18　事件树分析

其次确定定量关系，系统能正常运行的联锁关系只有 S_1，概率为

$$P_{S_1} = P(A) \times P(B) \times P(C) = 0.98 \times 0.90 \times 0.88 \approx 0.776$$

即 $P = 0.776$。

系统不能正常运行的状态有 S_2、S_3、S_4，概率分别为

$$P_{S_2} = P(A) \times P(B) \times P(\overline{C}) = 0.98 \times 0.90 \times 0.12 \approx 0.106$$

$$P_{S_3} = P(A) \times P(\overline{B}) = 0.98 \times 0.10 = 0.098$$

$$P_{S_4} = P(\overline{A}) = 0.02$$

则系统不能运行的概率为

$$\overline{P} = P_{S_2} + P_{S_3} + P_{S_4} = 1 - P = 1 - 0.776 = 0.224$$

4.3.3 安全保护层分析（LOPA）与示例

1. 安全保护层分析

LOPA 法是通过对已有的安全措施降低风险的能力进行量化评估的一种简化的风险评估方法。它一般是基于定性的风险分析方法的一种半定量风险评估方法，主要目的是通过量化事故风险的大小确定现有的保护层是否可以阻止危害后果的发生。

2015 年，我国颁布了《保护层分析（LOPA）方法应用导则》（AQ/T 3054—2015），规定了化工企业采用 LOPA 法的技术要求。2017 年，我国颁布了《保护层分析（LOPA）应用指南》（GB/T 32857—2016），它规定了 LOPA 技术的相关策略和细则。

LOPA 是 HAZOP 的延续，可以解决 HAZOP 中残余风险不能定量化的缺陷，是对 HAZOP 的分析结果的丰富和补充。LOPA 法先找出工艺装置中潜在的危害、产生危害的原因及后果，然后将产生偏差的主要原因作为初始事件，对这一初始事件添加各种保护层，从而降低后果发生的概率。通过对现有保护措施的可靠性进行量化评估，确定其消除或降低风险的能力。使用 LOPA 法进行风险分析的思路如图 4.19 所示，具体步骤如下。

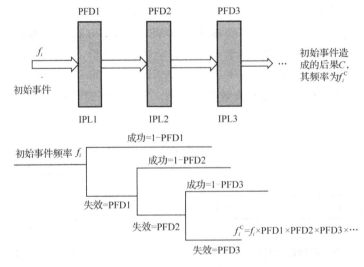

图 4.19　使用 LOPA 法进行风险分析的思路

> 识别后果，筛选场景。因为 LOPA 通常评估先前危害分析识别出的危险场景或事故场景，因此 LOPA 的第一个步骤是筛选这些场景。最常见的筛选方法是基于后果的筛选方法，后果通常在定性危害分析（如 HAZOP）过程中进行识别。LOPA 对后果进行评估（包括后果影响），如事故场景对人员、财产、环境和声誉产生的危害或影响。

> 选择一个事故场景。一个事故场景对应的事故原因和事故后果都是单一的，进行一次 LOPA 只考虑一个事故场景、一个事故原因及一个事故后果。

> 确定情景的初始事件、中间事件和后果事件，并确定相应的频率（次/年）。初始事件即触发原因，在 LOPA 中称为始发事件；中间事件即诱发事件，在 LOPA 中称为条件事件；后果事件即初始事件最终导致的严重后果。而各类事件的发生频率需要根据实际情况选定。

> 从保护层中辨别出独立保护层（IPL），并确定每个保护层的失效概率 PFD。保护层失效表示当危险发生时，保护层对生产过程不能起到保护作用。识别现有的安全防护措施是否满足独立保护层的要求是 LOPA 的核心内容，根据独立性、有效性、可审查性等特征要求来判断一个保护措施是否是独立保护层。

> 将后果、初始事件和独立保护层的相关数据进行计算，以评估事故场景风险。已知每个初始事件的发生频率、独立保护层对每个事件的失效概率等参数，根据公式（4-10）可以计算出初始事件导致的事故后果的频率。

$$f_i^C = f_i \times \prod_{j=1}^{m} \text{PFD}_{ij} \qquad (4\text{-}10)$$
$$= f_i \times \text{PFD}_{i1} \times \text{PFD}_{i2} \times \cdots \times \text{PFD}_{im}$$

式中，f_i^C 表示在有保护层的情况下第 i 个初始事件造成事故后果 C 的发生频率；f_i 表示造成事故 C 的第 i 个初始事件的发生频率；PFD_{ij} 表示第 j 个独立保护层对导致事故后果 C 发生的第 i 个初始事件的失效概率；m 为独立保护层数。

> 确定需要添加的安全仪表功能的安全完整性等级。已知初始事件的发生频率、可接受的风险水平、独立保护层的失效概率，根据式（4-11）、式（4-12）计算出安全仪表功能的失效概率。根据安全完整性等级与失效概率的对应关系，即可得到安全仪表功能的安全完整性等级。

$$f_C = \sum_{i=1}^{n} f_i^C = f_i^1 + f_i^2 + \cdots + f_i^n \qquad (4\text{-}11)$$

$$P_{\text{SIF}} = \frac{f_{\max}}{f_C} \qquad (4\text{-}12)$$

式中，$f_{\max}$ 表示可接受风险的风险频率。

> 后续跟踪与审查。对 LOPA 的分析结果的执行情况进行后续跟踪，对 LOPA 提出的降低风险的措施的实施情况进行落实。LOPA 的程序和结果需接受相关的审查。

2. 安全保护层分析示例

由以上分析可知，我们能够以情景为单位完成对工艺的 LOPA。情景是指一个或一系列触发原因导致不期望的影响事件的发生。情景主要由触发原因和影响事件组成。下面接着表 4.8 的 HAZOP 案例，对某炼油厂原料罐 D-602A 液位高事件的情景进行详细分析。

情景：触发原料罐液位高的原因是原料罐进料量过大，造成的后果如下。

➤ 会造成 D602-A 原料冲罐。

➤ 导致直馏柴油原料泵憋压，造成设备损坏甚至引起管线爆炸。

针对上述后果描述，从安全、环境、经济三个角度完成初始风险的等级确定和独立保护层风险降低能力的确定，进而确定缓解安全、环境和经济三个方面风险的能力，情景分析表如表 4.9 所示。

表 4.9　情景分析表

触发事件			
原因	原料罐进料量过大	频率	0.1
初识风险			
后果描述	进料量过大造成原料罐 D602-A 冲罐；还会导致直馏柴油原料泵憋压，造成设备损坏甚至引起管线爆炸		
安全等级	2	初始安全风险	M（中度风险）
环境等级	1	初始环境风险	L（可以接受风险）
经济等级	5	初始经济风险	VH（严重风险）
IPL		IPL 类型	
原料罐液位高报警 LXH12116		报警与人员响应	0.1
原料罐液位高高联锁 LXHH13124		安全仪表功能	SIL1
缓解风险			
缓解安全等级	L	安全 SIL	SIL0
缓解环境等级	L	环境 SIL	SIL0
缓解经济等级	H	经济 SIL	SIL2

通过原料罐 D602-A 液位高事件情景的 LOPA，该情景的 SIL 最终确定为 SIL2，所以确定原料罐液位高对应的安全联锁机制的目标安全完整性等级为 SIL2，这也是后续 SIS 设计，包括设备的选型、结构类型的选定等的重要依据。

4.3.4　SIF 的 SIL 确定方法

SIS 的功能安全设计是否合理，安全相关部件的 SIL 确定是否合适等，这些都是在 SIS 设计之前需要考虑的问题。IEC 61508 要求 SIS 设计之前所选择的安全仪表功能 SIF 必须达到需要的 SIL，但并未规定具体用什么方法来进行选择。采用不同的 SIL 确定方法计算得到的 SIL 并不完全相同，或多或少会存在偏差。如果使用的 SIL 确定方法使 SIS 的 SIL 过高会使投入成本偏高，过低则满足不了安全生产的要求。因此，SIL 确定方法的选择是否合适显得尤为重要。目前，IEC 61508 和 IEC 61511 对选择安全仪表系统的 SIL 确定方法并没有具体要求，运用的方法主要有定性和定量两类。

虽然定性方法简单、省时、所需资源少，但它过于依赖人的主观判断和经验，一致性差，而且不利于在整体生命周期内对系统进行修改的需要，在复杂过程中使用困难。定性方法包括风险矩阵方法、风险图方法等，下面仅简单讨论风险矩阵和风险图这两种定性方法，后面会对定量方法进行详细的阐述。

1. 风险矩阵方法

风险矩阵方法是由美国空军电子系统中心的采办小组在 20 世纪 90 年代中期提出来的，该方法由于操作简单方便，因此在美国军方武器系统研制项目的风险管理中得到了广泛的应用。风险矩阵没有固定的形式，一般来说，公司决策者对风险的态度决定风险矩阵的形式及内容。

风险矩阵方法是工程项目在风险管理过程中最常用的方法，它既有定性分析又有定量分析，是一种能将危险发生的可能性和事故产生后果的严重性程度综合起来考虑的风险评估方法。风险矩阵方法可以对企业潜在的风险划分风险等级。风险等级（Risk Rate）可以用危险发生的可能性（P）与事故后果的严重性程度（S）的乘积来表示。

例如，危险事件的可能性等级和事故后果的严重性程度可以划分为五个等级，用数字 $1 \sim 5$ 表示，但是每个数字表示的含义根据具体项目的要求来决定。风险等级划分是根据危险源风险度值的范围进行划分的，不同的项目对危险源风险度值的范围有不同的划分，对应的风险等级也不一样。表 4.10 所示为某项目的风险矩阵，由表 4.10 可知，该风险矩阵将风险划分成 25 个等级。

表 4.10 某项目的风险矩阵

风险等级 RR		S				
		1	2	3	4	5
P	1	1	2	3	4	5
	2	2	4	6	8	10
	3	3	6	9	12	15
	4	4	8	12	16	20
	5	5	10	15	20	25

2. 风险图方法

风险图方法是一种基于分类的定性方法，其结构中蕴含着风险的允许水平。风险图方法分别用后果（C）、处于危险区域的时间（F）、避开危险的概率（P）和要求率（W）四个参数来确定安全完整性水平。表 4.11～表 4.13 分别列出了典型的后果分类、典型的处于危险区域的时间分类和典型的避开危险的概率分类，典型的要求率分类如表 4.14 所示。

当确定了这些分类以后，就可以用风险图来选择安全相关系统需要达到的 SIL。图 4.20 所示是一个典型的风险图，它从整体上涵盖了表 4.11～表 4.14 所体现的内容。例如，依据此风险图，通过风险分析，最终确定当相关参数为 C_C、F_A、P_B 和 W_2 时，系统的 SIL 为 SIL2。

表 4.11　典型的后果分类

严重度分类	描　述
C_A	较轻的伤害
C_B	严重、持久的伤害
C_C	少数伤亡
C_D	多人伤亡

表 4.12　典型的处于危险区域的时间分类

分　类	描　述
F_A	处于受风险影响的区域的时间少于总时间的 10%
F_B	经常到持续处于受意外影响的区域

表 4.13　典型的避开危险的概率分类

分　类	描　述	选择 P_A 的条件
P_A	在一定条件下可能	选择 P_A，如果下面条件为真：
P_B	几乎不可能	如果安全仪表系统失效，操作员会得到警告； 有独立于安全仪表系统的保护装置，并且使人员可以从危险区域逃脱；操作员得到警告危险事件的发生的时间大于 1h 或有明确的足够长的时间采取行动

表 4.14　典型的要求率分类

分　类	描　述
W_1	小于 0.03 次/年
W_2	0.03～0.3 次/年
W_3	0.3～3 次/年

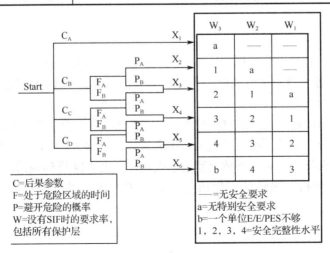

图 4.20　典型的风险图

与定性方法相比，定量方法能得到更加准确的 SIL，还能够用于其他非 E/EE/PES 技术安全仪表系统。常用的定量方法有故障树分析法、可靠性框图法及 Markov 模型法等。详细内容见 4.4 节。

4.4　安全仪表系统的结构及其可靠性分析与计算

4.4.1　安全仪表系统的冗余结构及其定性分析

1. 1oo1 结构

1oo1 结构包括一个单通道（传感电路、输出电路、公共电路），如图 4.21 所示，这里的公共电路可以是安全继电器、固态逻辑器件或现代的安全 PLC 等逻辑控制器。该系统是一个最小系统，这个系统没有提供冗余，没有失效模式保护，也没有容错能力，电子电路可以安全失效（输出断电、回路开路）或危险失效（输出粘连或给电、回路短路），而危险失效会导致安全功能失效。

图 4.21　1oo1 物理结构图

2. 1oo2 结构

图 4.22 所示为 1oo2 物理结构图，该结构将两个通道输出触点串联在一起。当正常工作时，两个输出触点都是闭合的，输出回路带电。但当输入存在"0"信号时，两个输出触点断开，输出回路失电，从而确保安全功能的实现。

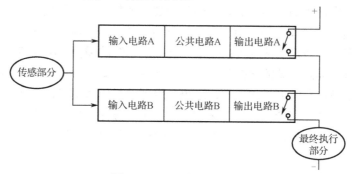

图 4.22　1oo2 物理结构图

1oo2 结构的失效模式分析如下。

➤ 当任意一个输出触点出现开路故障，输出电路失电时，会造成工艺过程的误停车。也就是说，只有两个输出触点都正常工作才能避免整个系统的安全失效。因此，这种结构的可用性较低（SFT=0）。

➤ 当任意一个输出触点出现短路故障时，不会影响系统的正常安全功能实现。只有当两个触点都出现短路故障时，才会造成系统的安全功能丧失，即导致系统危险失效。因此，这种结构系统的安全性有提高（HFT=1）。

3. 2oo2 结构

图 4.23 所示为 2oo2 物理结构图。该结构由并联的两个通道构成，当系统正常运行时，两个回路输出都是闭合的；当存在安全故障时，两个回路都断开，输出失电。

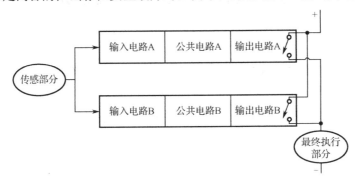

图 4.23　2oo2 物理结构图

这种双通道系统的失效模式和影响分析如下。

➤ 当任意一个输出触点出现开路故障时，不会造成输出电路失电；只有当两个触点同时存在开路故障时，才会造成工艺过程误停车。也就是说，只要两个输出触点中的一个能正常工作，就能避免危险失效。

➤ 当任意一个输出触点出现短路故障时，会导致危险失效，使得系统安全功能丧失。该结构降低了系统安全性（HFT=0），但提高了过程可用性（SFT=1）。

4. 2oo3 结构

图 4.24 所示为 2oo3 物理结构图。该结构由三个并联通道构成，其输出信号具有多数表决安排，仅其中一个通道的输出状态与其他两个通道的输出状态不同，不会改变系统的输出状态。任意两个通道发生危险失效会导致系统危险失效，任意两个通道发生安全失效会导致系统安全失效。采用上述冗余结构可以提高安全仪表系统的硬件故障裕度。

当采用冗余方法提高系统的 SIL 时，必须考虑共同原因失效问题，即必须尽量防止一个故障导致几个冗余通道同时失效的问题，这也是用硬件故障裕度来评价产品的 SIL 而不直接用冗余数的原因。一些公司的安全产品采用三个不同厂家生产的微处理器来构成三个冗余通道，其目的是避免共因失效，从而提高产品的容错能力与安全性能。

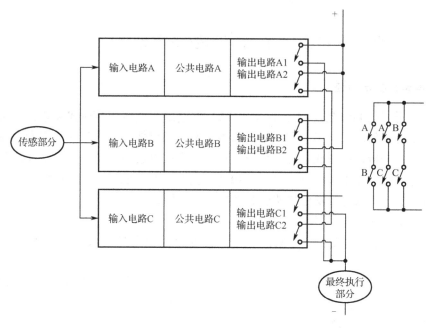

图 4.24   2oo3 物理结构图

5．1oo1D 结构

1oo1D 结构由两个通道组成，其中一个通道为诊断通道。1oo1D 物理结构图如图 4.25 所示。

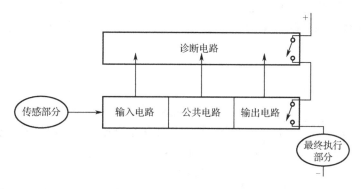

图 4.25   1oo1D 物理结构图

诊断通道的输出与逻辑运算通道的输出串联在一起，当检测到系统存在故障时（故障标签变为"0"），诊断电路的输出（不论逻辑运算通道结果是"1"还是"0"，与故障标签值逻辑运算后诊断输出都变为"0"）可以切断系统的最终输出，使工艺过程处于安全状态。这种一选一诊断系统功能相当于一种二选一系统，因为这种系统的造价相对低廉，所以在安全应用中被广泛使用。1oo1D 结构通常由一个单一逻辑解算器和一个外部的监视时钟构成，定时器的输出与逻辑解算器的输出进行串联接线。

4.4.2　安全仪表系统冗余结构的故障树分析

1．故障树分析法概述

故障树分析（Failure Tree Analysis，FTA）法是由上往下的演绎式失效分析法，利用布尔逻辑组合低阶事件，用来识别和分析引起指定不期望事件发生的条件和因素。故障树分析法虽然基于定性分析，但在此基础上使用布尔代数也可以获得定量计算的结果，即顶事件发生的概率，它是基本事件概率的函数。因此，当被考察对象为安全仪表系统的完整性水平时，故障树分析法可以用于安全完整性等级的量化评估。

故障树分析法的优点如下。

➢ 通过把系统分解成许多独立的部分，每部分生成自身的故障树，可以处理复杂的系统；

➢ 不仅可以处理硬件和软件故障，也可以处理人为因素等影响失效的条件和因素；

➢ 有可用的工具来进行评估、量化甚至自动生成故障树；

➢ 非专业人士也可以理解故障树模型；

➢ 可用于包含冗余的系统分析。

故障树分析法的缺点如下。

➢ 通常其目标是一个指定的顶事件，因此对不同的顶事件如安全系统失效（误跳车）和危险系统失效需要建立不同的模型；

➢ 通常其计算结果是顶事件在某一时间（经常是稳态）的概率；

➢ 不能使用传统的故障树来分析相继事件及其发展，但动态故障树可以执行系统行为的顺序相关性分析；

➢ 不能充分地描述修理模型；

➢ 不能模拟事件之间的相互作用。

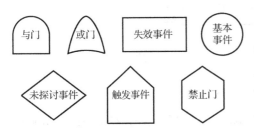

图 4.26　故障树分析法的基本符号

故障树是一种特殊的倒立树状逻辑因果关系图，它用事件符号、逻辑门符号和转移符号描述系统中各种事件之间的因果关系。逻辑门的输入事件是输出事件的"因"，逻辑门的输出事件是输入事件的"果"。故障树分析法的基本符号如图 4.26 所示。与门表示门的输出事件仅在所有输入事件都发生时才发生；或门表示门的输出事件在至少一个输入事件发生时就发生；失效事件既可以为故障树的顶事件也可以为故障树的中间事件；基本事件是已探明其发生原因的底事件，位于故障树的底部；未探讨事件是需要进一步探讨的底事件；触发事件是能够触发其他事件发生的事件。除了这几种常用的基本符号，故障树分析法还有很多其他的基本符号，读者有兴趣可以参考相关书籍。

下面针对不同冗余结构的故障树阐述 SIS 的 SIL 计算方法，并推导出计算 PFD_{avg} 的简化公式。在对安全仪表冗余结构进行 SIL 的定量分析之前，对用到的符号及其代表的含义进行归纳，如表 4.15 所示。

表 4.15　公式符号含义表

符　号	名　称	计 算 公 式
TI	平均周期性功能测试时间间隔（h）	
RT	平均维修时间（h）	
T_{SD}	系统停车后重新启动时间（h）	
μ_{SD}	系统启动率	$\mu_{SD} = 1/T_{SD}$
MTTR	平均恢复时间（h）	
λ	失效率	$\lambda = \lambda_D + \lambda_S$
λ_D	危险失效率（h^{-1}）	
λ_S	安全失效率（h^{-1}）	
λ_{DU}	未检测出的危险失效率（h^{-1}）	$\lambda_{DU} = (1-C_D)\lambda_D$
λ_{DD}	检测出的危险失效率（h^{-1}）	$\lambda_{DU} = C_D\lambda_D$
λ_{SU}	未检测出的安全失效率（h^{-1}）	$\lambda_{SU} = (1-C_S)\lambda_S$
λ_{SD}	检测出的安全失效率（h^{-1}）	$\lambda_{SD} = C_S\lambda_S$
λ_{SUN}	正常未检测出的安全失效率（h^{-1}）	$\lambda_{SUN} = (1-\beta)\lambda_{SU}$
λ_{SUC}	未检测出的共因安全失效率（h^{-1}）	$\lambda_{SUC} = \beta\lambda_{SU}$
λ_{SDN}	正常检测出的安全失效率（h^{-1}）	$\lambda_{SDN} = (1-\beta)\lambda_{SD}$
λ_{SDC}	检测出的共因安全失效率（h^{-1}）	$\lambda_{SDC} = \beta\lambda_{SD}$
λ_{DUN}	正常未检测出的危险失效率（h^{-1}）	$\lambda_{DUN} = (1-\beta)\lambda_{DU}$
λ_{DUC}	未检测出的共因危险失效率（h^{-1}）	$\lambda_{DUC} = \beta\lambda_{DU}$
λ_{DDN}	正常检测出的危险失效率（h^{-1}）	$\lambda_{DDN} = (1-\beta)\lambda_{DD}$
λ_{DDC}	检测出的共因危险失效率（h^{-1}）	$\lambda_{DDC} = \beta\lambda_{DD}$
C_S	安全覆盖因子	$C_S = \lambda_{SD}/\lambda_S$
C_D	危险覆盖因子	$C_D = \lambda_{DD}/\lambda_D$
β	共因失效因子	
β_D	可检共因失效因子	$\beta_D = \lambda_{DC}/(\lambda_{DC} + \lambda_{DI})$
t_{CE}	等效平均停工时间（h）	

2. 1oo1 结构的故障树分析

1oo1 结构的危险失效故障树如图 4.27（a）所示。如果通道发生未检测到的或检测到的危险失效，系统将发生危险失效。当通道的失效率很小时，系统的要求时失效概率可近似表示为

$$\text{PFD}_{1oo1} = \lambda_{DD} \times \text{RT} + \lambda_{DU} \times \text{TI} \tag{4-13a}$$

该系统的平均要求时失效概率可近似表示为

$$\text{PFD}_{avg1oo1} = \frac{\int_0^{TI}(\lambda_{DD} \times \text{RT} + \lambda_{DU} \times \text{TI})d\text{TI}}{\text{TI}} = \lambda_{DD} \times \text{RT} + \frac{1}{2}\lambda_{DU} \times \text{TI} \tag{4-13b}$$

1oo1 结构的安全失效故障树如图 4.27（b）所示。如果通道发生检测到的安全失效或未检测到的安全失效，系统将发生安全失效。当通道的失效率很小时，系统的安全失效概率可近似表示为

$$\text{PFS}_{1oo1} = \lambda_{SD} \times T_{SD} + \lambda_{SU} \times T_{SD} \tag{4-13c}$$

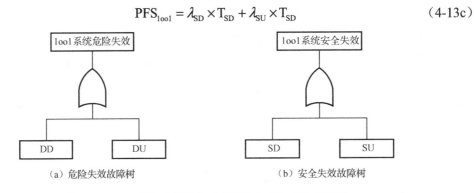

（a）危险失效故障树　　　　　　　　　（b）安全失效故障树

图 4.27　1oo1 结构的危险失效故障树与安全失效故障树

3．1oo2 结构的故障树分析

1oo2 结构的危险失效故障树如图 4.28（a）所示。

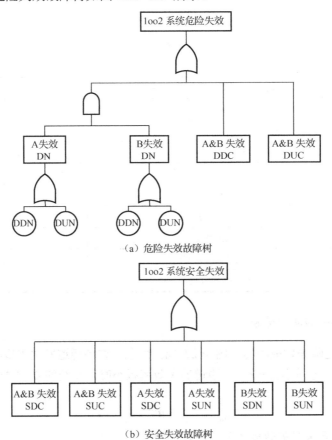

（a）危险失效故障树

（b）安全失效故障树

图 4.28　1oo2 结构的危险失效故障树与安全失效故障树

系统在两个通道都发生未检测到的或检测到的危险失效情况下，会发生危险失效，两个通道 A 和 B 也会因为共因而同时失效，此时系统的 PFD 可近似表示为

$$PFD_{1oo2} = \lambda_{DUC} \times TI + \lambda_{DDC} \times RT + (\lambda_{DDN} \times RT + \lambda_{DUN} \times TI)^2 \quad (4\text{-}14)$$

该系统的平均要求时失效概率可近似表示为

$$PFD_{avg1oo2} = \frac{\int_0^{TI}[\lambda_{DUC} \times TI + \lambda_{DDC} \times RT + (\lambda_{DDN} \times RT + \lambda_{DUN} \times TI)^2]dTI}{TI}$$

$$= \frac{1}{2}\lambda_{DUC} \times TI + \lambda_{DDC} \times RT + (\lambda_{DDN} \times RT)^2 + \frac{1}{3}(\lambda_{DUN} \times TI)^2 + \lambda_{DDN} \times RT \times \lambda_{DUN} \times TI$$

$$(4\text{-}15)$$

1oo2 结构的安全失效故障树如图 4.23（b）所示。任一通道的安全失效都会造成系统安全失效，导致误停车，此时系统的 PFS 可近似表示为

$$PFS_{1oo2} = (\lambda_{SDC} + \lambda_{SUC} + 2\lambda_{SDN} + 2\lambda_{SUN}) \times T_{SD} \quad (4\text{-}16)$$

4. 2oo2 结构的故障树分析

2oo2 结构的危险失效故障树如图 4.29 所示。由于 2oo2 结构的两个通道是并联的，因此任何通道的危险失效都会导致系统的危险失效，其 PFD 可近似表示为

$$PFD_{2oo2} = \lambda_{DUC} \times TI + \lambda_{DDC} \times RT + 2\lambda_{DDN} \times RT + 2\lambda_{DUN} \times TI \quad (4\text{-}17)$$

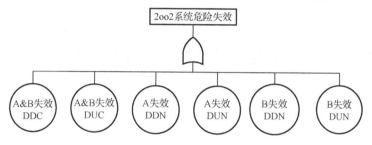

图 4.29 2oo2 结构的危险失效故障树

该系统的平均要求时失效概率可近似表示为

$$PFD_{avg2oo2} = \frac{\int_0^{TI}(\lambda_{DUC} \times TI + \lambda_{DDC} \times RT + 2\lambda_{DDN} \times RT + 2\lambda_{DUN} \times TI)dTI}{TI}$$

$$= \frac{1}{2}\lambda_{DUC} \times TI + \lambda_{DDC} \times RT + 2\lambda_{DDN} \times RT + \lambda_{DUN} \times TI$$

$$(4\text{-}18)$$

同理，2oo2 结构如果两个通道都发生检测到或未检测到的安全失效，那么系统就会发生安全失效。另外，两个通道还会发生共因失效。其 PFS 可近似表示为

$$PFS_{2oo2} = \lambda_{SDC} \times T_{SD} + \lambda_{SUC} \times T_{SD} + (\lambda_{SDN} \times RT + \lambda_{SUN} \times TI)^2$$

5. 2oo3 结构的故障树分析

2oo3 结构只要有两个通道发生危险失效，系统就会发生危险失效，因此危险失效有三种情况：A 通道和 B 通道发生危险失效，A 通道和 C 通道发生危险失效，B 通道和 C 通道发生危险失效，它的危险失效故障树如图 4.30 所示。

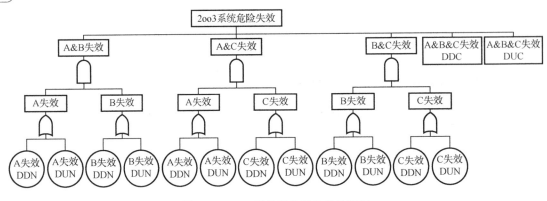

图 4.30　2oo3 结构的危险失效故障树

计算 PFD 的一阶公式可近似表示为

$$PFD_{2oo3} = \lambda_{DUC} \times TI + \lambda_{DDC} \times RT + 3(\lambda_{DDN} \times RT + \lambda_{DUN} \times TI)^2 \qquad (4\text{-}19)$$

该系统的平均要求时失效概率可近似表示为

$$PFD_{avg2oo3} = \frac{\int_0^{TI} [\lambda_{DUC} \times TI + \lambda_{DDC} \times RT + 3(\lambda_{DDN} \times RT + \lambda_{DUN} \times TI)^2] dTI}{TI}$$

$$= \frac{1}{2} \lambda_{DUC} \times TI + \lambda_{DDC} \times RT + 3(\lambda_{DDN} \times RT)^2 + (\lambda_{DUN} \times TI)^2 + 3\lambda_{DDN} \times RT \times \lambda_{DUN} \times TI$$

$$(4\text{-}20)$$

4.4.3　安全仪表系统冗余结构的可靠性框图分析

1. 可靠性框图法概述

可靠性框图（Reliability Block Diagram，RBD）是具有代表性的图形和计算工具，用于系统可用性和可靠性建模。可靠性框图法从可靠性角度出发研究系统与部件之间的逻辑关系，是系统单元及其可靠性意义连接关系的图形表达，表示单元的正常或失效状态对系统状态的影响，以帮助评估系统的整体可靠性。可靠性框图法以功能框图为基础，利用互相连接的方框来显示系统的失效逻辑。可靠性框图的结构定义了系统中各故障的逻辑交互作用，而不一定定义各故障的逻辑连接和物理连接。可靠性框图只反映各个部件之间的串并联关系，与部件之间的顺序无关。

在可靠性框图中，串联连接用逻辑"与"表示，并联连接用逻辑"或"表示，框图和连线的布置反映各个部件发生故障时对系统功能特性的影响。假定系统各个部分的框图的失效机制相互独立，连接线代表系统成功条件下框图的逻辑连接。当可靠性框图用于系统完整性考量时，分析结果是一个给定事件条件下的系统失效或成功概率，可以作为安全完整性的代表。

可靠性框图法的优点包括分析相对简单，采用图形化表示，简化了对系统相关行为可靠性的理解，以及有工具可以利用。

可靠性框图法的缺点表现在如下几个方面。

➤ 框图只能有一个失效模式，它们要么失效要么不失效；
➤ 没有考虑部件的测试和修理；

> 共因失效只能通过引入另一框图来解决；
> 不能对系统的降级状态进行建模；
> 不能模拟失效事件的时间或序列；
> 为评估系统级的安全失效（误跳车）和危险失效需要建立不同的失效模型。

2．1oo1 结构的可靠性框图

1oo1 结构的可靠性框图如图 4.31 所示。在诸多冗余结构中，1oo1 结构是最简单的，它的危险故障裕度与安全故障裕度均为 0，安全性和可用性均是最低的，常用于安全完整性等级较低的场合。

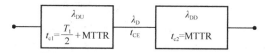

图 4.31　1oo1 结构的可靠性框图

通道的等效平均停止工作时间表示为

$$t_{\mathrm{CE}} = \frac{\lambda_{\mathrm{DU}}}{\lambda_{\mathrm{D}}}\left(\frac{\mathrm{TI}}{2} + \mathrm{MTTR}\right) + \frac{\lambda_{\mathrm{DD}}}{\lambda_{\mathrm{D}}}\mathrm{MTTR} \tag{4-21}$$

检测到的和未检测到的危险失效概率表示为

$$\lambda_{\mathrm{DU}} = \frac{\lambda}{2}(1 - \mathrm{DC}); \quad \lambda_{\mathrm{DD}} = \frac{\lambda}{2}\mathrm{DC}$$

1oo1 结构的平均要求时失效概率可近似表示为

$$\mathrm{PFD}_{\mathrm{avg1oo1}} = (\lambda_{\mathrm{DU}} + \lambda_{\mathrm{DD}})t_{\mathrm{CE}} \tag{4-22}$$

3．1oo2 结构的可靠性框图

1oo2 结构的可靠性框图如图 4.32 所示。该结构有两个独立的通道，在没有发生共因失效的情况下，两通道仅其中一个通道出现危险失效，不会造成系统安全功能丧失，安全功能能够正常运行，其危险故障裕度为 1。与 1oo1 结构相比，1oo2 结构的安全性较高，但是，只要其中一个通道发生安全失效，就可能造成系统误停车。与 1oo1 结构相比，1oo2 结构的过程可用性降低了，误停车率

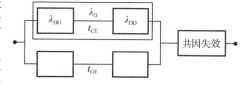

图 4.32　1oo2 结构的可靠性框图

大约是 1oo1 结构的两倍，所以 1oo2 结构适用于安全性要求高、可用性要求低的场合。由于两个设备是并联的，所以在计算时需要考虑共因失效。

1oo2 结构的失效函数为

$$F_{\mathrm{1oo2}}(t) = (\lambda_{\mathrm{D}}t)^2 \tag{4-23}$$

则失效函数的概率密度函数为

$$f(t) = F'(t) = 2\lambda_{\mathrm{D}}^2 t \tag{4-24}$$

在功能测试时间间隔 [0,TI] 内，在 t 时刻检测失效，那么失效停止的时间段为 [t,TI]，则未检测到失效的期望停止工作时间为

$$E(\text{TI} - t) = \frac{\int_0^{\text{TI}} (\text{TI} - t) 2\lambda_D^2 t \mathrm{d}t}{\int_0^{\text{TI}} 2\lambda_D^2 t \mathrm{d}t} = \frac{\text{TI}}{3} \tag{4-25}$$

图 4.32 中 t_{CE} 表示第一个通道发生失效的等效平均停止时间，t_{GE} 表示第二个通道发生失效的等效平均停止时间，出现表达式分别如式（4-26）和式（4-27）所示：

$$t_{CE} = \frac{\lambda_{DU}}{\lambda_D} \left(\frac{\text{TI}}{2} + \text{MTTR} \right) + \frac{\lambda_{DD}}{\lambda_D} \text{MTTR} \tag{4-26}$$

$$t_{GE} = \frac{\lambda_{DU}}{\lambda_D} \left(\frac{\text{TI}}{3} + \text{MTTR} \right) + \frac{\lambda_{DD}}{\lambda_D} \text{MTTR} \tag{4-27}$$

由以上分析可知，在 1oo2 结构中，第一个通道的独立失效概率为

$$\text{PFD}_1 = C_2^1 [(1 - \beta)\lambda_{DU} + (1 - \beta_D)\lambda_{DD}] t_{CE} \tag{4-28}$$

在第一个通道发生失效的情况下，第二个通道的独立失效概率为

$$\text{PFD}_2 = [(1 - \beta)\lambda_{DU} + (1 - \beta_D)\lambda_{DD}] t_{GE} \tag{4-29}$$

共因失效概率可分为两部分，一是可检测危险失效的共因失效概率，二是未检测出危险失效的共因失效概率，则共因失效的失效概率为

$$P_{CCF} = \beta \lambda_{DU} \left(\frac{\text{TI}}{2} + \text{MTTR} \right) + \beta_D \lambda_{DD} \text{MTTR} \tag{4-30}$$

根据以上对独立失效和共因失效两部分的分析，1oo2 结构的平均要求时失效概率为

$$\text{PFD}_{avg1oo2} = \text{PFD}_1 \cdot \text{PFD}_2 + \text{PFD}_{CCF} \tag{4-31}$$

进一步计算可得

$$\text{PFD}_{avg1oo2} = 2(1 - \beta)\lambda_{DU}[(1 - \beta)\lambda_{DU} + (1 - \beta_D)\lambda_{DD} + \lambda_{SD}]t_{GE}t_{CE} +$$
$$\beta_D \lambda_{DD} \text{MTTR} + \beta \lambda_{DU} \left(\frac{\text{TI}}{2} + \text{MTTR} \right) \tag{4-32}$$

4. 2oo2 结构的可靠性框图

2oo2 结构的可靠性框图如图 4.33 所示。

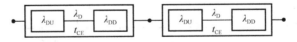

图 4.33　2oo2 结构的可靠性框图

根据 2oo2 结构的分析可知，2oo2 结构等效为两个 1oo1 结构串联，则其平均要求时失效概率是 1oo1 结构的两倍，其平均要求时失效概率 $\text{PFD}_{avg2oo2}$ 的表达式为

$$\text{PFD}_{avg2oo2} = 2\lambda_D t_{CE} \tag{4-33}$$

5. 2oo3 结构的可靠性框图

2oo3 结构的可靠性框图如图 4.34 所示，该结构有三个独立的通道，只有当其中两个通道正常运行时，系统的安全功能才能够实现，同理，当两个通道同时出现安全失效时，可能会导致系统误停车。2oo3 结构具有高安全性和可用性，安全故障裕度和危险故障裕度均为 1。

2oo3 结构的失效函数为

$$F_{2oo3}(t) = (\lambda_D t)^3 \tag{4-34}$$

则失效函数的概率密度函数为

$$f(t) = F'_{2oo3}(t) = 3\lambda_D^3 t^2 \tag{4-35}$$

在检验测试时间间隔[0,TI]内，在 t 时刻检测失效，那么失效停止的时间段为[t,TI]，未检测到失效的期望停止工作时间为

$$E(TI_1 - t) = \frac{\int_0^{TI}(TI - t)3\lambda_D^3 t^2 dt}{\int_0^{TI}3\lambda_D^3 t^2 dt} = \frac{TI}{4} \tag{4-36}$$

$$t_{G2E} = \frac{\lambda_{DU}}{\lambda_D}\left(\frac{TI}{4} + MTTR\right) + \frac{\lambda_{DD}}{\lambda_D}MTTR \tag{4-37}$$

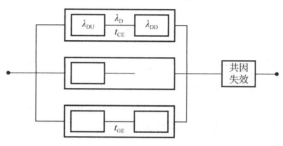

图 4.34　2oo3 结构的可靠性框图

图 4.34 中 t_{CE} 表示第一个通道发生失效的等效平均停止时间，t_{GE} 表示第二个通道发生失效的等效平均停止时间，t_{G2E} 表示第三个通道发生失效的等效平均停止时间。

但是在 2oo3 结构中，当出现第二个通道发生危险失效时就认为整个系统安全功能已经失效，第三个通道是否失效对系统已无影响，所以，在进行系统失效分析时，忽略三个通道同时失效的概率。在 1oo3 结构中，只有当三个通道都发生危险失效时才会导致系统的安全功能失效。由以上分析可知，在 2oo3 结构中，当出现两个通道发生独立失效时，系统安全功能失效。第一个通道发生失效的概率 PFD_1 和第二个通道发生失效的概率 PFD_2 的表达式分别如式（4-38）和式（4-39）所示：

$$PFD_1 = C_3^1[(1-\beta)\lambda_{DU} + (1-\beta_D)\lambda_{DD}]t_{CE} \tag{4-38}$$

$$PFD_2 = C_2^1[(1-\beta)\lambda_{DU} + (1-\beta_D)\lambda_{DD}]t_{GE} \tag{4-39}$$

共因失效概率的分析与 1oo2 结构的分析相同。

根据以上对独立失效和共因失效两部分的分析，2oo3 结构的平均要求时失效概率 $PFD_{avg2oo3}$ 的计算公式如式（4-40）和式（4-41）所示：

$$PFD_{avg2oo3} = PFD_1 + PFD_2 + PFD_{CCF} \tag{4-40}$$

$$PFD_{avg2oo3} = 6[(1-\beta_D)\lambda_{DD} + (1-\beta)\lambda_{DU}]^2 t_{CE}t_{GE} + $$
$$\beta_D\lambda_D MTTR + \beta\lambda_{DU}\left(\frac{TI}{2} + MTTR\right) \tag{4-41}$$

在 2oo3 结构分析的基础上，可知在 1oo3 结构中第三个通道发生危险失效的概率为 PFD_3，其计算公式为

$$\mathrm{PFD}_3 = [(1-\beta)\lambda_{\mathrm{DU}} + (1-\beta_{\mathrm{D}})\lambda_{\mathrm{DD}}]t_{\mathrm{G2E}} \tag{4-42}$$

共因失效部分与 1oo2 结构中的分析相同，1oo3 结构的平均要求时失效概率 $\mathrm{PFD}_{\mathrm{avg1oo3}}$ 的计算公式如式（4-43）和式（4-44）所示：

$$\mathrm{PFD}_{\mathrm{avg1oo3}} = \mathrm{PFD}_1 + \mathrm{PFD}_2 + \mathrm{PFD}_3 + \mathrm{PFD}_{\mathrm{CCF}} \tag{4-43}$$

$$\mathrm{PFD}_{\mathrm{avg1oo3}} = 6[(1-\beta_{\mathrm{D}})\lambda_{\mathrm{DD}} + (1-\beta)\lambda_{\mathrm{DU}}]^3 t_{\mathrm{CE}}t_{\mathrm{GE}}t_{\mathrm{G2E}} +$$
$$\beta_{\mathrm{D}}\lambda_{\mathrm{D}}\mathrm{MTTR} + \beta\lambda_{\mathrm{DU}}\left(\frac{\mathrm{TI}}{2} + \mathrm{MTTR}\right) \tag{4-44}$$

4.4.4 安全仪表系统冗余结构的马尔可夫模型分析

1. 马尔可夫模型法概述

1）马尔可夫模型法及其特点

马尔可夫（Markov）模型有两种，一种是离散时间马尔可夫模型，在随机过程理论上被称为马尔可夫链；另一种是连续时间马尔可夫模型，在随机过程理论上被称为马尔可夫过程。离散时间马尔可夫模型便于通过计算机进行计算，安全仪表系统具有周期性的功能测试和维修，求解离散时间上的 PFD 平均值更加准确方便。

马尔可夫模型具有无记忆的性质，它将安全相关系统归于不同的若干状态，每个状态会以某种概率转移到其他状态。此外，系统将来所处的状态和系统的历史状态无关，只和现在的状态有关。马尔可夫模型的这一特性恰好能够解决电子电气系统失效的指数概率密度（常数失效率）问题。因此，马尔可夫模型适合于分析 E/EE/PE 系统的动作和可靠性。

相对于其他模型，马尔可夫模型进行系统可靠性分析具有以下特点。

➤ 相对于可靠性框图和故障树一次建模只能求得某一类可靠性指标，马尔可夫模型一次建模可以求得多类可靠性指标，如属于同类指标的要求时失效概率 PFD 和平均危险失效时间 MTTFD，以及属于另一类指标的安全失效概率 PFS 和平均误动作时间 MTTFS。

➤ 相对于可靠性框图和故障树一次建模只能考虑一种失效模式，一个马尔可夫模型可以求得要求时失效概率 PFD 和安全失效概率 PFS。故障树和可靠性框图只有在设备独立或互斥的假设下才能够大大简化计算，而马尔可夫模型不受设备之间依赖关系的影响，不需要做此假设，即可获得良好的计算精度。马尔可夫模型可以分析多个影响可靠性的因素，包括结构冗余、共因失效、自诊断、在线或离线维修测试、非理想的维修测试、周期性功能测试、单一或多个维修队伍等。

马尔可夫模型可以动态地反映系统从启动到失效再到经过修复恢复正常运行的一连串的事件序列，既能反映系统设备之间的静态关系又能反映其动态关系，可靠性分析精度高。

当然，马尔可夫模型也存在以下缺点。

➤ 模型比较复杂，假定常数失效率。

➤ 模型较难构建和验证。

➤ 模型可能非常大。如果一个组件有四种失效模式，那么加上正常状态，它就有五种状态，对应的是 5 维转移矩阵。理论上 n 个互不相同的组件的马尔可夫模型会有 5^n 维。

➢ 通常一个系统的改变必须重新创建一个完整的新模型。

2）马尔可夫模型的基本原理

马尔可夫模型采用状态转移图表示系统状态变化。状态转移符号如图 4.35 所示，圆圈表示系统的状态，可以是正常、失效或中间状态；带箭头的一条弧线表示系统状态转移，起点表示转移前系统状态，终点表示转移后系统状态。通常状态之间的转移概率标在相应的弧线上方。

图 4.36 所示为马尔可夫模型示例图，各状态表示正常设备和失效设备的组合，设备失效和维修通过带箭头的弧线来表示。随着失效和维修，系统从一个状态转移到另一个状态。马尔可夫模型可以实现多失效模式的建模，不同的失效模式可以用不同的状态来表示。

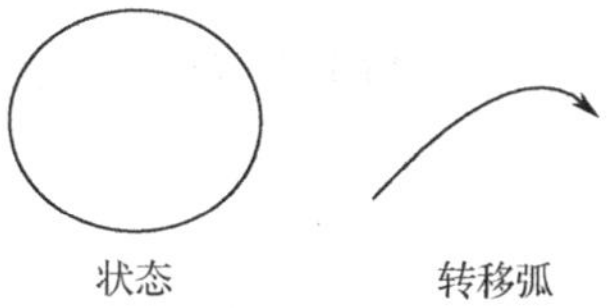

图 4.35　状态转移符号

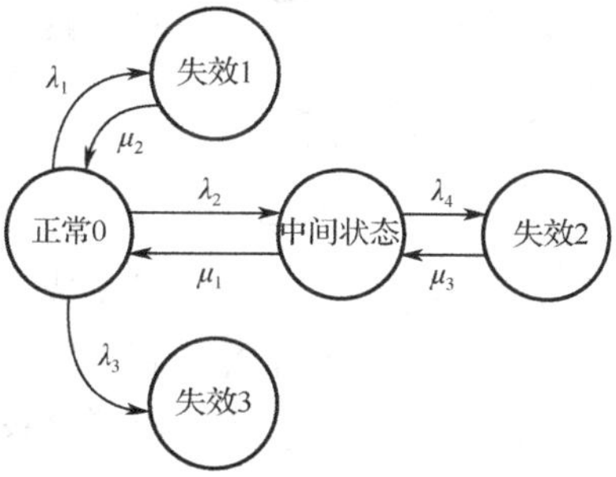

图 4.36　马尔可夫模型示例图

求解马尔可夫模型的方法很多，工程上常采用一种离散时间矩阵相乘的方法。该方法首先选择一个时间间隔 Δt 作为基本的时间单位，状态的转移概率等于失效率或维修率与时间间隔的乘积（$\lambda\Delta t$ 或 $\mu\Delta t$）。时间间隔越小，模型解的精度就越高。状态转移图可以省略 Δt。

由马尔可夫状态转移图可以得到状态转移矩阵 $\boldsymbol{P}$，它是一个方阵，矩阵元素表示各状态之间的转移概率。用一个向量表示系统的初始状态 $\boldsymbol{S}_0$，它乘 $\boldsymbol{P}$ 便得到经过一个 Δt 后系统处于各状态的概率，经过 n 个时间间隔后系统处于各状态的概率等于 $\boldsymbol{S}_0 \times \boldsymbol{P}^n$。

2. 1oo1 结构的 Markov 模型

图 4.37 所示是 1oo1 结构的 Markov 模型，其中四个圆圈表示系统的四个状态，用 OK、FS、FDD、FDU 表示，它们分别代表系统正常运行、安全失效、检测到的危险失效、未检测到的危险失效；各个圆圈之间的方向箭头表示两个状态之间的转换方向，其上的标示表示状态转移发生的概率，其中 μ_{SD} 表示系统从安全失效状态转移到正常状态的概率，即维修率；μ_0 表示系统从检测到的危险失效状态转移到正常状态的概率。值得注意的是，未检测到的危险失效状态不能转移到正常状态，即该状态表示不可修复的状态。

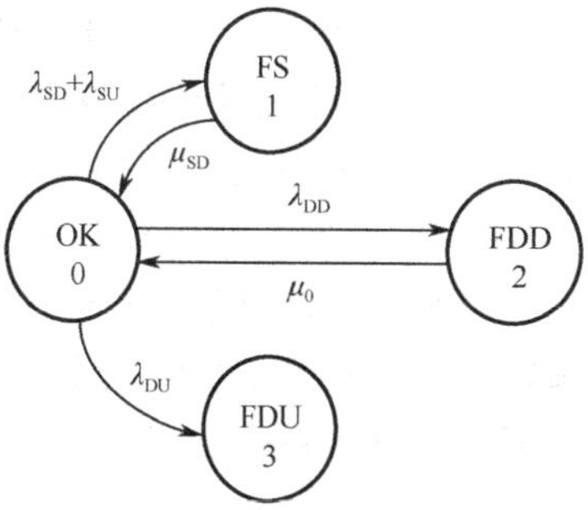

图 4.37　1oo1 结构的 Markov 模型

由马尔科夫模型得出的状态转移矩阵 $\boldsymbol{P}_{1oo1}$ 如式（4-45）所示：

$$\boldsymbol{P}_{1oo1} = \begin{bmatrix} 1-(\lambda_S+\lambda_D) & \lambda_{SD}+\lambda_{SU} & \lambda_{DD} & \lambda_{DU} \\ \mu_{SD} & 1-\mu_{SD} & 0 & 0 \\ \mu_0 & 0 & 1-\mu_0 & 0 \\ 0 & 0 & 0 & 1 \end{bmatrix} \tag{4-45}$$

矩阵的第一行第三列表示从状态 0 向状态 2 转移的概率是 λ_{DD}，其他依次类推。

3. 1oo2 结构的 Markov 模型

图 4.38 所示是 1oo2 结构的 Markov 模型，该模型有六个状态，在图中分别用六个圆圈表示。由可靠性框图和故障树的分析可知，该结构的状态 0、1、2 都能够正常运行。当任意一个通道发生安全失效时，系统就会进入状态 3。在状态 1 和状态 2 时，系统由 1oo2 结构降级为 1oo1 结构，这时对于 1oo1 结构而言，如果发生安全失效，则系统进入状态 3；若发生危险失效，则系统进入状态 4 或状态 5。由于多通道的存在，共因失效的发生成为可能，当系统发生共因危险失效时，系统会从状态 0 转移到状态 4 或状态 5。此外，状态 1、3、4 都可以通过修复转移到状态 0。

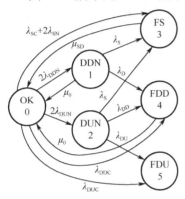

图 4.38　1oo2 结构的 Markov 模型

根据图 4.38 所示的 Markov 模型，1oo2 结构的状态转移矩阵 $\boldsymbol{P}_{1oo2}$ 如式（4-46）所示：

$$\boldsymbol{P}_{1oo2} = \begin{bmatrix} 1-\sum & 2\lambda_{DDN} & 2\lambda_{DUN} & \lambda_{SC}+2\lambda_{SN} & \lambda_{DDC} & \lambda_{DUC} \\ \mu_0 & 1-\sum & 0 & \lambda_S & \lambda_D & 0 \\ 0 & 0 & 1-\sum & \lambda_S & \lambda_{DD} & \lambda_{DU} \\ \mu_{SD} & 0 & 0 & 1-\mu_{SD} & 0 & 0 \\ \mu_0 & 0 & 0 & 0 & 1-\mu_0 & 0 \\ 0 & 0 & 0 & 0 & 0 & 1 \end{bmatrix} \tag{4-46}$$

式中，$\sum$ 表示该元素所在的行除此元素外其他元素的和。

4. 2oo2 结构的 Markov 模型

图 4.39 所示是 2oo2 结构的 Markov 模型，该模型包含六个状态，分别是状态 0 为 OK，状态 1 为 SDN，状态 2 为 SUN，状态 3 为 FS，状态 4 为 FDD，状态 5 为 FDU。从状态 0 开始，若一个控制器发生安全失效，则系统降级到状态 1 和状态 2，但不影响系统正常运行；若一个控制器发生危险失效，则系统发生危险失效。状态 1 和状态 2 可以继续降级，导致系统发生安全失效或危险失效。

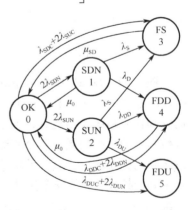

图 4.39　2oo2 结构的 Markov 模型

2oo2 结构的状态转移矩阵 $\boldsymbol{P}_{2oo2}$ 如式（4-47）所示：

$$\boldsymbol{P}_{2oo2} = \begin{bmatrix} 1-\sum & 2\lambda_{SDN} & 2\lambda_{SUN} & \lambda_{SC} & \lambda_{DDC}+2\lambda_{DDN} & \lambda_{DUC}+2\lambda_{DUN} \\ \mu_0 & 1-\sum & 0 & \lambda_S & \lambda_D & 0 \\ 0 & 0 & 1-\sum & \lambda_S & \lambda_{DD} & \lambda_{DU} \\ \mu_{SD} & 0 & 0 & 1-\mu_{SD} & 0 & 0 \\ \mu_0 & 0 & 0 & 0 & 1-\mu_0 & 0 \\ 0 & 0 & 0 & 0 & 0 & 1 \end{bmatrix} \tag{4-47}$$

式中，$\sum$ 表示该元素所在的行除此元素外其他元素的和。

5．2oo3 结构的 Markov 模型

图 4.40 所示是 2oo3 结构的 Markov 模型，该模型包含 12 个状态，即状态 0 为 OK，状态 1 为 SDN，状态 2 为 SUN，状态 3 为 DDN，状态 4 为 DUN，状态 5 为 SDN、DDN，状态 6 为 SDN、DUN，状态 7 为 SUN、DDN，状态 8 为 SUN、DUN，状态 9 为 FS，状态 10 为 FDD，状态 11 为 FDU。其中，状态 1、状态 2、状态 3 及状态 4 为一次降级状态；状态 5、状态 6、状态 7 及状态 8 为二次降级状态。从状态 0 开始，一个控制器发生失效将导致控制器子系统发生一次降级。在状态 1 和状态 2，系统一次降级到 2oo2 结构；在状态 3 和状态 4，系统一次降级到 1oo2 结构。若第二个控制器发生失效，会使控制器子系统发生二次降级或失效。

2oo3 冗余结构的状态转移矩阵 $\boldsymbol{P}_{2oo3}$ 如式（4-48）所示：

$$\boldsymbol{P}_{2oo3} = \begin{bmatrix} 1-\sum & 3\lambda_{SDN} & 3\lambda_{SUN} & 3\lambda_{DDN} & 3\lambda_{DUN} & 0 & 0 & 0 & 0 & 3\lambda_{SC} & 3\lambda_{DDC} & 3\lambda_{DUC} \\ \mu_0 & 1-\sum & 0 & 0 & 0 & 2\lambda_{DDN} & 2\lambda_{DUN} & 0 & 0 & \lambda_{SC}+2\lambda_{SN} & \lambda_{DU} & \lambda_{DUC} \\ 0 & 0 & 1-\sum & 0 & 0 & 0 & 0 & 2\lambda_{DDN} & 2\lambda_{DUN} & \lambda_{SC}+2\lambda_{SN} & \lambda_{DU} & \lambda_{DUC} \\ \mu_0 & 0 & 0 & 1-\sum & 0 & 2\lambda_{SDN} & 0 & 2\lambda_{DUN} & 0 & \lambda_{SC} & \lambda_{DC}+2\lambda_{DN} & 0 \\ 0 & 0 & 0 & 0 & 1-\sum & 0 & 2\lambda_{SDN} & 0 & 2\lambda_{SUN} & \lambda_{SC} & \lambda_{DDC}+2\lambda_{DDN} & \lambda_{DUC}+2\lambda_{DUN} \\ \mu_0 & 0 & 0 & 0 & 0 & 1-\sum & 0 & 0 & 0 & \lambda_S & \lambda_D & 0 \\ \mu_0 & 0 & 0 & 0 & 0 & 0 & 1-\sum & 0 & 0 & \lambda_S & \lambda_{DD} & \lambda_{DU} \\ \mu_0 & 0 & 0 & 0 & 0 & 0 & 0 & 1-\sum & 0 & \lambda_S & \lambda_D & 0 \\ 0 & 0 & 0 & 0 & 0 & 0 & 0 & 0 & 1-\sum & \lambda_S & \lambda_{DD} & \lambda_{DU} \\ \mu_{SD} & 0 & 0 & 0 & 0 & 0 & 0 & 0 & 0 & 1-\sum & 0 & 0 \\ \mu_0 & 0 & 0 & 0 & 0 & 0 & 0 & 0 & 0 & 0 & 1-\sum & 0 \\ 0 & 0 & 0 & 0 & 0 & 0 & 0 & 0 & 0 & 0 & 0 & 1 \end{bmatrix}$$

$$\tag{4-48}$$

6．安全仪表系统用 Markov 模型法计算 SIL

安全仪表系统在实际应用中会受到周期性功能测试、运行时间及功能测试覆盖率等因素的影响。考虑的因素越多，Markov 模型的求解就越复杂。在研究 Markov 建模方法时，可以对不同冗余结构的系统进行 Markov 建模，利用建立的 Markov 模型能够很方便地得出其状态转移矩阵，将其代入推导出来的计算公式就可以计算出系统的 PFD_{avg}。

系统的状态一般有四种：正常（OK）、安全失效（Fail Safe，FS）、未检测到的危险失效（Fail Dangerous Undetected，FDU）和检测到的危险失效（Fail Dangerous Detected，FDD）。除了正常状态，其他三个状态都是故障状态，由于安全失效可以导致过程立即误停车，所以不区分检测到的安全失效或未检测到的安全失效。

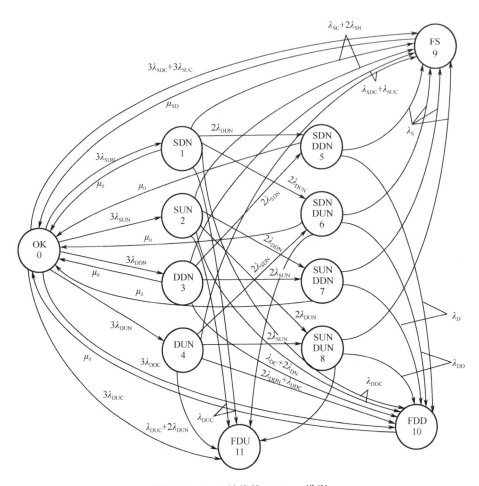

图 4.40　2oo3 结构的 Markov 模型

Markov 模型是以状态转移矩阵为计算依据的，为了减少计算量，一般使用一个月的状态转移矩阵 $\boldsymbol{P}_\mathrm{m}$。如果每个月按 31 天计，每天 24 小时，则一个月的状态转移矩阵可以表示为 $\boldsymbol{P}_\mathrm{m} = \boldsymbol{P}^{744}$。

在功能测试期间的状态转移矩阵对应的相同的状态序列矩阵 $\boldsymbol{W}$ 如式（4-49）所示：

$$\boldsymbol{W} = \begin{pmatrix} 1 & 0 & \cdots & 0 & 0 \\ 1 & 0 & \cdots & 0 & 0 \\ \vdots & \vdots & \vdots & \vdots & \vdots \\ 1 & 0 & \cdots & 0 & 0 \\ \mathrm{PTC} & 0 & \cdots & 0 & 1-\mathrm{PTC} \end{pmatrix} \tag{4-49}$$

式中，PTC 是指检验覆盖范围；TI 是指功能测试周期。

假设每个月按 31 天计，每天 24 小时，月状态转移矩阵如式（4-50）所示：

$$\boldsymbol{P}_\mathrm{m} = \boldsymbol{P}^{744} \tag{4-50}$$

则 t 个月后系统的状态概率如式（4-51）所示：

$$S(t) = \begin{cases} S_0 (\boldsymbol{P}_\mathrm{m}^{\mathrm{TI}} \boldsymbol{W})^n \boldsymbol{P}_m^r & (r \neq 0) \\ S_0 (\boldsymbol{P}_\mathrm{m}^{\mathrm{TI}} \boldsymbol{W})^{n-1} \boldsymbol{P}_m^{\mathrm{TI}} & (r = 0) \end{cases} \tag{4-51}$$

式中，$r = t \bmod \mathrm{TI}$；$n = \dfrac{t-r}{\mathrm{TI}}$。

失效概率如式（4-52）所示：

$$\lambda(t) = \boldsymbol{S}(t) \cdot \boldsymbol{V} \tag{4-52}$$

所有的设备在系统初始状态时均正常工作，如果系统状态个数为 N，则 N 维初始状态向量 $\boldsymbol{S}_0 = [1\ 0\cdots0]$。若第 N-1 和第 N 个状态分别是 FDD 和 FDU，则 N 维危险失效向量为

$$\boldsymbol{V}_{\mathrm{FD}} = [0\ \ 0\ \ 0\ \ \cdots\ \ 1\ \ 1]^{\mathrm{T}} \tag{4-53}$$

同理，若第 N-2 个状态为 FS，则 N 维安全失效向量为

$$\boldsymbol{V}_{\mathrm{FS}} = [0\ \ 0\ \ 0\ \ \cdots\ \ 1\ \ 0\ \ 0]^{\mathrm{T}} \tag{4-54}$$

由危险失效向量和失效概率可得 t 时刻的危险失效概率 $\mathrm{PFD}(t)$ 如式（4-55）所示：

$$\mathrm{PFD}(t) = \boldsymbol{S}(t) \cdot \boldsymbol{V}_{\mathrm{FD}} \tag{4-55}$$

最后计算平均要求时失效概率 $\mathrm{PFD}_{\mathrm{avg}}$，即

$$\mathrm{PFD}_{\mathrm{avg}} = \frac{1}{12\mathrm{LT}} \sum_{t=1}^{12\mathrm{LT}} \mathrm{PFD}(t)$$

式中，LT 是指系统生命周期。

4.5　安全仪表系统的设计与应用

4.5.1　安全仪表系统的设计原则

1．基本原则

安全仪表系统在设计时必须遵循以下两个基本原则。

➢ 在进行安全仪表系统设计时，设计人员应当遵循 E/E/PES（电子/电气/可编程电子设备）安全要求规范。

➢ 通过一切必要的技术与措施使设计的安全仪表系统达到要求的安全完整性水平。

2．逻辑设计原则

1）可靠性原则

安全仪表系统的可靠性由系统各单元的可靠性乘积组成，因此，任何一个单元的可靠性下降都会降低整个系统的可靠性。在设计过程中，设计人员往往比较重视逻辑控制系统的可靠性，而忽视了检测元件和执行元件的可靠性，这是不可取的，设计人员必须全面考虑整个回路的可靠性，因为可靠性决定系统的安全性。

2）可用性原则

可用性虽然不会影响系统的安全性，但可用性较低的生产装置会使生产过程无法正常进行。在进行安全仪表系统设计时，设计人员必须考虑其可用性应该满足一定的要求。

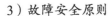

3）故障安全原则

当安全仪表系统出现故障时，系统应当能处于或导向安全的状态，即故障安全原则。故障安全能否实现取决于工艺过程及安全仪表系统的设置。

4）过程适应原则

安全仪表系统的设置应当能在正常情况下不影响生产过程的运行，当出现危险状况时能发挥相应的作用，以保障工艺装置的安全，即满足系统设计的过程适应原则。

3. 回路配置原则

在安全仪表系统的回路配置过程中，为了确保系统的安全性和可靠性，应该遵循以下三个原则。

1）独立配置原则

安全仪表系统应独立于常规控制系统，独立完成安全保护功能，即安全仪表系统的逻辑控制系统、检测元件与执行元件应该独立配置。

2）中间环节最少原则

安全仪表系统应该被设计成一个高效的系统，中间环节越少越好。在一个回路中，如果仪表较多可能导致可靠性降低（因为回路总的平均要求时失效概率是指每个仪表的失效概率的代数和，仪表越多，回路总的平均要求时失效概率越大）。安全仪表系统应尽量采用隔爆型仪表，以减少由于安全栅而产生的故障，并且防止发生误停车。

3）完整性原则

安全仪表系统的联锁回路的 SIL 必须符合要求。

4. 信息安全原则

安全仪表系统要能安全运行，即使常规控制系统受到网络攻击，与常规控制系统通信的安全仪表系统也要确保不受外部攻击。因此，为了确保安全仪表系统的信息安全，要加强对安全仪表系统的防护。

4.5.2 安全仪表系统的设计步骤

根据安全生命周期的概念，安全仪表系统设计的一套完整步骤如图 4.41 所示，具体描述如下。

➤ 初步设计过程系统；
➤ 对过程系统进行危险分析和危险评价；
➤ 验证使用非安全控制保护方案能否防止危险或降低风险；

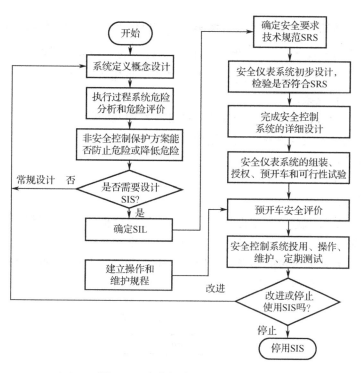

图 4.41　安全仪表系统设计步骤

➢ 判断是否需要设计安全仪表系统，如果需要转第五步，否则按照常规控制系统进行设计；

➢ 依据 IEC 61508 确定 SIL；

➢ 确定安全要求技术规范（Safety Requirement Specification，SRS）；

➢ 初步完成安全仪表系统的设计并验证是否符合安全要求技术规范；

➢ 完成安全控制系统的详细设计；

➢ 安全仪表系统的组装、授权、预开车和可行性试验；

➢ 在符合规定的条件下对安全仪表系统进行预开车安全评价；

➢ 安全仪表系统投用、操作、维护及定期测试；

➢ 如果原工艺流程被改造或在实际生产过程中发现安全仪表系统不完善，判断是否需要改进或停止使用安全仪表系统；

➢ 若安全仪表系统需要改进，则转到第一步进入新的安全仪表系统设计流程。

4.5.3　SIF 的 PFD 计算

对一个安全仪表系统进行安全仪表功能评估需要考虑整个系统回路的安全完整性水平，以及对系统的平均要求时失效概率 $\mathrm{PFD}_{\mathrm{avg}}$ 进行计算。按照 IEC 61508 划分的 SIL，将计算得到的 SIL 与目标 SIL 进行比较，确定是否达到设计要求。对于某个安全仪表系统而言，其平均要求时失效概率为

$$\mathrm{PFD}_{\mathrm{avg}} = \sum \mathrm{PFD}_{\mathrm{S}} + \sum \mathrm{PFD}_{\mathrm{L}} + \sum \mathrm{PFD}_{\mathrm{F}}$$

式中，$\mathrm{PFD_{avg}}$ 为系统的平均要求时失效概率，$\sum\mathrm{PFD_S}$ 为传感器的整体失效概率，$\sum\mathrm{PFD_L}$ 为逻辑控制器的整体失效概率，$\sum\mathrm{PFD_F}$ 为最终执行器的整体失效概率。

常用的 SIL 评估过程如图 4.42 所示，主要包括下面几个步骤。

➢ 工艺流程资料收集；

➢ 进行系统风险分析，确定安全仪表功能 SIF 及相应的目标 SIL。

➢ 确定 SIS 设计方案（操作模式、结构约束等）

➢ 确定 SIS 的可靠性数据；

➢ SIL 的验证计算；

➢ SIL 的评估。

SIL 的评估方法可以划分为定性和定量两种。定性分析法主要包括风险矩阵法、风险图法、保护层分析法、基于专家经验法、失效模式法和影响分析法等，但定性分析并不能完全满足精确评估安全完整性等级的要求，定量分析评估 SIL 才能更好地保障安全。定量分析法包括故障树分析法、可靠性框图法和马尔科夫模型法等，这些方法在 4.4 节已有详细介绍。

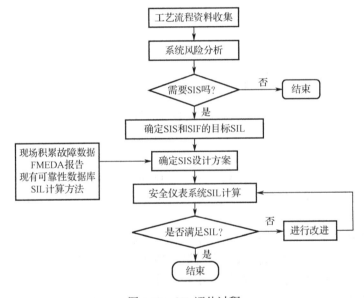

图 4.42　SIL 评估过程

复习思考题

1. 在功能安全中，安全功能指什么？
2. 功能安全国际标准有哪些？
3. 安全完整性包括哪两个方面？它与风险降低之间的关系怎样？
4. 什么是安全仪表系统？有哪些典型的安全仪表系统？
5. 安全仪表系统与常规控制系统相比有何异同点？
6. 试举例说明什么是故障安全原则。

7．目前国际上主要的安全仪表系统产品有哪些？各有什么特点？

8．安全仪表系统的冗余结构有哪些？各有什么特点？

9．风险分析方法有哪些？各有什么特点？

10．安全仪表系统的可靠性分析方法有哪些？

11．LOPA 一般的分析步骤是什么？

12．安全仪表系统的安全等级定量评估方法有哪些？各有什么特点？

13．如何对一个在役的安全仪表系统进行 SIL 评估？

14．安全仪表系统的设计要遵循哪些原则？

15．如何理解安全仪表系统的安全性与可用性之间的关系？

16．一般如何辨识生产过程是否需要安全仪表功能及其 SIL？

第5章 安全仪表系统工程案例

5.1 引言

本章以某废气处理站的安全仪表系统的评估与实施为例，详细介绍了目前流程工业中安全仪表系统设计的一般流程和步骤。本章首先进行了废气处理站的安全完整性等级评估，阐述了 HAZOP 法、LOPA 法及风险矩阵分析法等典型的风险评估方法的基本原理。其次根据管道与仪表流程图（P&ID）将废气处理站进行节点划分，针对燃烧器节点先开展了HAZOP，进行了风险辨识，然后利用 LOPA 法进行定量分析，确定 4 个 SIF 的 SIL。在此基础上，进行了安全回路逻辑结构设计、仪表选择和 SIL 的验证。最后对希马公司的安全仪表系统进行了介绍，采用该公司的 HIQuad 硬件和 SILworX 组态与配置软件进行了安全仪表系统联锁程序设计，并对相关的功能模块进行了分析。另外，本章对功能安全管理和项目实施的有关知识也进行了介绍。

本章依据 IEC 61511 和化工行业安全仪表规范，遵循安全仪表系统分析、设计与验证相关的工程要求，并利用 exSILentia 等专业软件进行风险评估和 SIL 验证。

5.2 工艺流程概述

5.2.1 工艺流程

某企业需要对生产过程中的废气进行处理，根据处理要求，综合考虑目前国内外典型的处理工艺，最终选用如图 5.1 所示的废气处理工艺。该工艺主要包括 1 套前置洗涤塔、1 套三槽蓄热式焚烧炉（三槽式 RTO）及其他辅助设备。采用该工艺能达到去除挥发性有机物（VOCs）的目的，并不会影响现有工艺。另外，该工艺还配置了 1 套 LEL 监测仪，以便进行相关参数的检测。

图 5.1 废气处理工艺

三槽蓄热式焚烧炉因具有适用范围广、处理效率高、热回收效果显著等特点而被推崇。三槽蓄热式焚烧炉通过高温氧化原理对挥发性有机物（VOCs）进行处理，处理后的气体成分主要为氮气、氧气、水蒸气、二氧化碳等。

　　三槽蓄热式焚烧炉由三个蓄热槽及一个燃烧室构成，内腔采用陶瓷纤维棉作保温材料。蓄热槽内填有耐高温的蓄热陶瓷，可以储存氧化后高温烟气所携带的能量，用于预热入口的工艺废气。焚烧炉利用气态燃料点燃燃烧机，以维持炉内温度高于有机物的氧化温度。位于蓄热槽底部的切换阀和气室实现蓄热槽作为工艺废气入口、吹扫及出口的状态切换，此气流方向切换模式由 PLC 控制完成。

　　在系统运行过程中，工艺废气通过上一循环为出口状态的高温蓄热床预热，工艺废气经过高温蓄热床预热后温度快速上升。此工艺废气进入燃烧室后，发生氧化反应，热量及干净的气体经过另一床蓄热陶瓷，此时热量会被此蓄热陶瓷吸收。周期性的方向切换会使热量均匀地分布在整个焚烧炉内，一个工艺循环过程如表 5.1 所示。三槽式 RTO 的工作原理如图 5.2 所示。

表 5.1   一个工艺循环过程

蓄热槽编号	I	II	III
第一阶段	入气	出气	吹扫
第二阶段	吹扫	入气	出气
第三阶段	出气	吹扫	入气

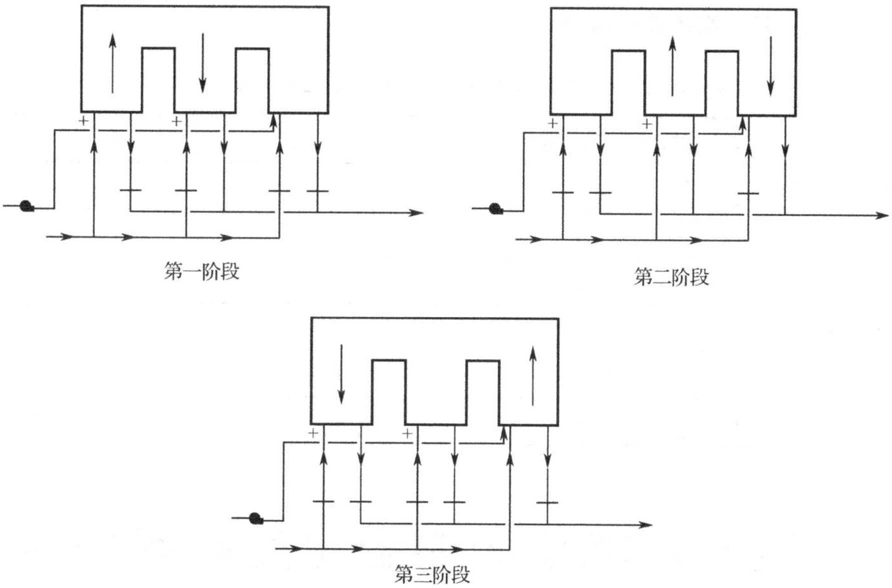

第一阶段　　　　　　　　　　第二阶段

第三阶段

图 5.2   三槽式 RTO 的工作原理

　　如此循环往复，使得废气氧化所释放的热量被充分利用。此焚烧炉的三槽式设计消除了系统槽床的废气入口与处理后的排放出口之间切换的间歇排放问题。

5.2.2   主要工艺参数

　　废气处理工艺的生产工况参数如表 5.2 所示。整个处理工艺有 3 种不同的工况，在不同的工况下，其对安全生产的要求是一致的。

表 5.2 生产工况参数

项 目	工况 1	工况 2	工况 3
废气风量	1500Am³/h （1398Nm³/h）	3000Am³/h （2795Nm³/h）	3000Am³/h （2795Nm³/h）
废气浓度	3000mg/Am³ （3220mg/Nm³）	0	3000mg/Am³ （3220mg/Nm³）
稀释空气量	0	0	855Nm³/h
苯质量流量/（kg/h）	0.375	0	0.750
甲苯质量流量/（kg/h）	1.725	0	3.450
苯乙烯质量流量/（kg/h）	0.800	0	1.600
二甲苯质量流量/（kg/h）	0.800	0	1.600
戊烯质量流量/（kg/h）	0.800	0	1.600
合计	4.500	0	9.000

经过三槽式 RTO 氧化焚烧处理后，洗涤塔出口废气的主要参数如表 5.3 所示。显然，经过处理后，废气中有害物质显著减少。

表 5.3 洗涤塔出口废气的主要参数（在工况 1 条件下）

项 目	摩尔质量（kg/kmol）	质量流量（kg/h）	体积流量（Nm³/h）
VOCs 挥发性有机物	89.74	0.029	0.007
氮气	28.013	1392	1113
氧气	31.999	390	273
二氧化碳	44.010	19	10
水蒸气	18.015	33	41
总计		1834.029	1437.007

5.3　废气处理站的安全完整性等级评估

5.3.1　安全仪表系统的设计流程与风险评估中的参照标准

1. 安全仪表系统的设计流程

设计一个安全仪表系统基本按照以下流程进行：首先进行风险分析及安全完整性等级的确认，其次详细设计安全仪表系统，最后对设计的安全仪表系统进行可靠性验证。

废气处理站的安全仪表系统的设计流程如图 5.3 所示。在进行风险分析和安全完整性等级的估计时，可以使用 HAZOP 法、风险矩阵法、LOPA 法；在进行安全仪表系统的验证及改进时，可以使用 Markov 模型法等。

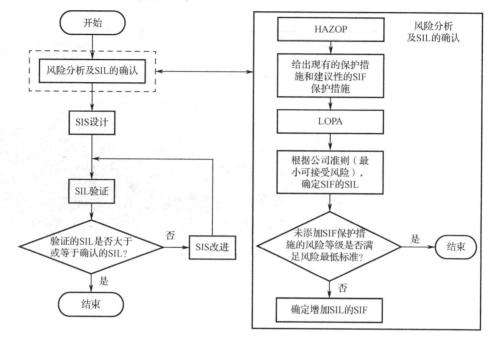

图 5.3　废气处理站的安全仪表系统的设计流程

HAZOP 法可以对废气处理过程进行定性风险分析，根据设定值与实际值之间的过大偏差，找出使这一过程超出安全运行范围的危险因素及这个偏差发生后可能导致的严重性事故后果，分析现有的安全措施，并提出建议性的安全仪表功能（SIF）保护措施。在 HAZOP的基础上引入 LOPA 来评估添加的安全仪表功能的安全完整性等级（SIL），用风险矩阵法判断并确定风险等级，以及判断是否需要添加建议性的安全保护措施。根据风险分析的结果先分配好所有的安全仪表功能，再设计废气处理站的安全仪表系统，选择每个 SIF 回路的仪表设备，确定其可靠性数据，并对每个 SIF 的 SIL 进行确认。如果验证的 SIL 大于或等于评估的 SIL，则设计的安全仪表系统达到功能安全；如果设计的安全仪表系统没有达到功能安全，则需要对安全仪表系统进行改进，直到使其达到功能安全。

2．风险评估中的参照标准

1）风险矩阵

不同的行业、企业对风险的接受程度不同，都有自身的风险矩阵。本项目采用如图 5.4所示的风险矩阵。

2）后果严重性与可能分级

事故后果严重性分级表如表 5.4 所示。

风险矩阵		发生的可能性等级（从不可能到频繁发生）➡							
事故严重性等级（从轻到重）⬇	后果等级	1 类似的事件没有在石油石化行业发生过，且发生的可能性极低	2 类似的事件没有在石油石化行业发生过	3 类似的事件在石油石化行业发生过	4 类似的事件在中国石化曾经发生过	5 类似的事件发生过或可能在多个相似设备设施的使用寿命中发生	6 在设备设施的使用寿命内可能发生1或2次	7 在设备设施的使用寿命内可能发生多次	8 在设备设施中经常发生（至少每年发生）
		$<10^{-6}$次/年	$(10^{-5}\sim10^{-6})$次/年	$(10^{-5}\sim10^{-4})$次/年	$(10^{-4}\sim10^{-3})$次/年	$(10^{-3}\sim10^{-2})$次/年	$(10^{-2}\sim10^{-1})$次/年	$(10^{-1}\sim1)$次/年	≥1次/年
	A	1	1	2	3	5	7	10	15
	B	2	2	3	5	7	10	15	23
	C	2	3	5	7	11	16	23	35
	D	5	8	12	17	25	37	55	81
	E	7	10	15	22	32	46	68	100
	F	10	15	20	30	43	64	94	138
	G	15	20	29	43	63	93	136	200

注：（1）风险等级分为重大风险、较大风险、一般风险和低风险 4 个等级，分别用不同底色进行区分，底色越深，风险等级越高。

（2）风险矩阵中每一个具体数字代表该风险的风险指数值，非绝对零风险的风险指数值最小为1、最大为200。

图 5.4　风险矩阵

表 5.4　事故后果严重性分级表

后果等级	健康和安全影响（人员损害）	财产损失影响	非财务性影响与社会影响
A	轻微影响的健康/安全事故： 1.急救处理或医疗处理，但不需要住院，不会因事故伤害损失工作日； 2.短时间暴露超标，引起身体不适，但不会造成长期健康影响	直接经济损失在 10 万元以下	能够引起周围社区少数居民短期内不满、抱怨或投诉（如抱怨设施噪声超标）
B	中等影响的健康/安全事故： 1. 因事故伤害损失工作日； 2. 1～2 人轻伤	直接经济损失在 10 万元以上，50 万元以下；局部停车	1. 当地媒体短期报道； 2. 对当地公共设施的日常运行造成干扰（如导致某道路在 24 小时内无法正常通行）
C	较大影响的健康/安全事故： 1.3 人以上轻伤，1～2 人重伤（包括急性工业中毒，下同）； 2.暴露超标，带来长期健康影响或造成职业相关的严重疾病	直接经济损失在 50 万元及以上，200 万元以下；1～2 套装置停车	1. 存在合规性问题，不会造成严重的安全后果或不会导致地方政府相关监管部门采取强制性措施； 2. 当地媒体长期报道； 3. 在当地造成不利的社会影响，对当地公共设施的日常运行造成严重干扰
D	较大的安全事故，将导致人员死亡或重伤： 1. 界区内 1～2 人死亡；3～9 人重伤。 2. 界区外 1～2 人重伤	直接经济损失在 200 万元以上，1000 万元以下；3 套及以上装置停车；发生局部区域的火灾爆炸	1. 引起地方政府相关监管部门采取强制性措施； 2. 引起国内或国外媒体短期负面报道

续表

后果等级	健康和安全影响（人员损害）	财产损失影响	非财务性影响与社会影响
E	严重的安全事故： 1.界区内 3～9 人死亡；10 人及以上，50 人以下重伤。 2.界区外 1～2 人死亡，3～9 人重伤	直接经济损失在 1000 万元以上，5000 万元以下；发生失控的火灾或爆炸	1．引起国内或国外媒体长期负面报道； 2．造成省级范围内的不利社会影响，对省级公共设施的日常运行造成严重干扰； 3．引起省级政府相关部门采取强制性措施； 4．导致失去当地市场的生产、经营和销售许可证
F	非常重大的安全事故，将导致工厂界区内或界区外多人伤亡： 1．界区内 10 人及以上，30 人以下死亡；50 人及以上，100 人以下重伤。 2．界区外 3～9 人死亡；10 人及以上，50 人以下重伤	直接经济损失在 5000 万元以上，1 亿元以下	1．引起国家政府相关部门采取强制性措施； 2．在全国范围内造成严重的社会影响； 3．引起国内或国外媒体重点跟踪报道或系列报道
G	特别重大的灾难性安全事故，将导致工厂界区内或界区外大量人员伤亡： 1．界区内 30 人及以上死亡；100 人及以上重伤。 2．界区外 10 人及以上死亡；50 人及以上重伤	直接经济损失 1 亿元以上	1．引起国家领导人关注，或者国务院、相关部委领导做出批示； 2．导致吊销国际主要市场的生产、经营和销售许可证； 3．引起国际主要市场上公众或投资人的强烈愤慨或谴责

事件发生的可能性分级表如表 5.5 所示。

表 5.5　事件发生的可能性分级表

可能性分级	定性描述	定量描述 发生的频率 F（次/年）
1	类似的事件没有在石油石化行业发生过，且发生的可能性极低	$<10^{-6}$
2	类似的事件没有在石油石化行业发生过	$10^{-5}>F\geqslant10^{-6}$
3	类似的事件在石油石化行业发生过	$10^{-4}>F\geqslant10^{-5}$
4	类似的事件在中国石化曾经发生过	$10^{-3}>F\geqslant10^{-4}$
5	类似的事件发生过或可能在多个相似设备设施的使用寿命中发生	$10^{-2}>F\geqslant10^{-3}$
6	在设备设施的使用寿命内可能发生 1 或 2 次	$10^{-1}>F\geqslant10^{-2}$
7	在设备设施的使用寿命内可能发生多次	$1>F\geqslant10^{-1}$
8	在设备设施中经常发生（至少每年发生）	$\geqslant1$

3）目标风险降低频率（可接受风险频率）

事故等级判断表如表 5.6 所示。

表 5.6　事故等级判断表

事故严重性等级	安全影响 TMEL	社会影响 TMEL	财产损失 TMEL
A	$\leqslant 1 \times 10^{-1}$	$\leqslant 1 \times 10^{-1}$	$\leqslant 1 \times 10^{-1}$
B	$\leqslant 1 \times 10^{-2}$	$\leqslant 1 \times 10^{-1}$	$\leqslant 1 \times 10^{-1}$
C	$\leqslant 1 \times 10^{-3}$	$\leqslant 1 \times 10^{-2}$	$\leqslant 1 \times 10^{-2}$
D	$\leqslant 1 \times 10^{-5}$	$\leqslant 1 \times 10^{-4}$	$\leqslant 1 \times 10^{-4}$
E	$\leqslant 1 \times 10^{-6}$	$\leqslant 1 \times 10^{-5}$	$\leqslant 1 \times 10^{-5}$
F	$\leqslant 1 \times 10^{-7}$	$\leqslant 1 \times 10^{-6}$	$\leqslant 1 \times 10^{-6}$
G	$\leqslant 1 \times 10^{-7}$	$\leqslant 1 \times 10^{-6}$	$\leqslant 1 \times 10^{-7}$

5.3.2　废气处理站的安全完整性等级评估

1. 废气处理站的风险分析及 SIL 评估流程

结合 HAZOP 法、LOPA 法和风险矩阵法进行风险分析及 SIL 评估的流程图如图 5.5 所示。

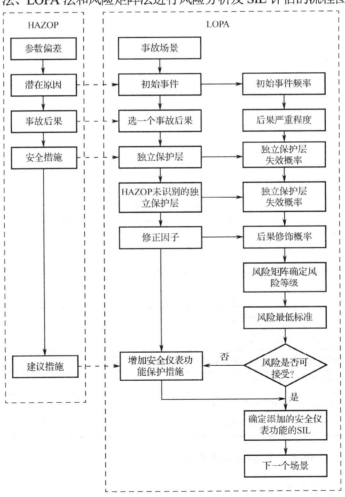

图 5.5　风险分析及 SIL 评估的流程图

图 5.5 所示是针对一个事故场景对应单个初始事件和单个事故后果的风险分析及 SIL 评估的流程。若一个事故场景对应多个初始事件，且多个初始事件对应的事故后果相同，则将每个初始事件都按照图 5.5 所示的流程进行计算，得到不同事故后果发生的频率，然后把相关数据输入 exSILentia 软件，该软件会自动计算出最终的安全仪表功能的安全完整性等级。当然，这一过程也可以利用第 4 章介绍的 LOPA 法进行计算。

2．工艺流程节点划分

采用 HAZOP 的目的是确保在运行年限内，废气处理站的安全风险、环境风险和资产风险都落在可容忍风险区域内。对于本废气处理站而言，HAZOP 的目的如下。

> 识别与设计意图不符的偏差；根据工艺过程分析造成偏差的可能原因、后果及防护措施；必要时，需要提供建议性安全仪表功能保护措施。
> 为 LOPA 提供分析输入或接口。

根据工艺流程图、管道与仪表流程图、工艺说明及工艺控制说明等文件进行 HAZOP。HAZOP 遵循 IEC 61882。HAZOP 针对工艺过程中出现的危险与可操作性问题进行分析，确保系统的安全性；评估与设计意图不符的偏差是否发生，针对每种偏差情况分析其可能的危害或可操作性问题。HAZOP 利用引导词+参数=偏差，对工艺流程中各个节点进行系统性分析。

HAZOP 的假设条件如下。

> 所有系统被划分为许多节点，进行逐节点分析；
> 操作参数值取每个节点的终点处数据；
> 所有分析的原因限定在节点内，而分析的后果可以在节点内、节点上游和节点下游；
> 当并行的两条生产线或两台设备的功能完全相同时，只需要分析其中一条生产线或一台设备，得出的结论可供两条生产线或两台设备使用；
> 所有的有毒有害气体或可燃气体释放造成的爆炸事故被认定为至少一人死亡，当地环境破坏，财产损失；
> 所有的应急系统的阀门都被认定为不会发生阀门内或外泄漏。

在进行 HAZOP 时，首先根据废气处理站的工艺流程图，将整个工艺流程细分为 12 个节点，如表 5.7 所示。其次分别对这 12 个节点进行分析，根据引导词找出每个节点可能出现的偏差，以及这些偏差出现的原因；如果这些偏差不处理，可能产生的后果有哪些；分析现有的安全措施，并提出建议性的安全保护措施以降低风险。在 HAZOP 法定性分析的基础上，用 LOPA 法进行定量分析，计算出此时所添加的安全仪表功能保护措施的安全完整性等级。最后用风险矩阵法确定风险等级，以及确定是否添加具有一定安全完整性等级的安全仪表功能保护措施，保证所有的风险最终满足企业要求的风险水平。

表 5.7　废气处理站的节点划分

序　　号	节　　点	序　　号	节　　点
1	废气至前置洗涤塔	3	前置洗涤塔
2	废气至风机	4	燃料气缓冲罐

序　号	节　点	序　号	节　点
5	蓄热式焚烧炉（RTO）燃烧器	9	系统风机到烟囱
6	新风风机	10	烟囱
7	废气到系统风机	11	仪表空气系统
8	系统风机	12	仪表空气分布至整个系统

5.3.3　废气处理站燃烧器节点的 HAZOP

现以燃烧器节点为例，进行该节点的风险分析及 SIL 评估。为了使该工艺生产过程处于安全状态，首先用 HAZOP 法找出燃烧器节点可能出现的偏差，分析这些偏差出现的原因及可能导致的事故后果，结合该站点已有的安全措施，提出建议性的安全措施；其次用 LOPA 法对燃烧器节点部分场景的安全完整性等级进行评估；最后用风险矩阵法确定风险等级，并判断风险是否在允许范围内。

该燃烧器的操作温度为 900℃，操作压力介于常压和负压之间，燃烧器工艺流程简图（局部）如图 5.6 所示。来自上游工序的尾气经洗涤塔洗涤后进入焚烧炉，焚烧炉利用气态燃料点燃燃烧机，以维持炉内温度高于有机物的氧化温度。位于蓄热槽底部的切换阀和气室实现蓄热槽作为工艺废气入口、吹扫及出口的状态切换，此气流方向切换模式由 PLC 控制完成。在系统运行过程中，工艺废气通过上一循环为出口状态的高温蓄热床预热，工艺废气经过高温蓄热床预热后温度快速上升。此工艺废气进入燃烧室后，发生氧化反应，热量及干净的气体经过另一床蓄热陶瓷，此时热量会被此蓄热陶瓷吸收。周期性的方向切换会使热量均匀地分布在整个焚烧炉内。如此循环往复，使得废气氧化所释放的热量被充分利用。此焚烧炉的三槽式设计消除了系统槽床的废气入口与处理后的排放出口之间切换的间歇排放问题。

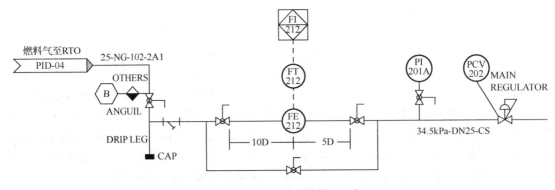

图 5.6　燃烧器工艺流程简图（局部）

利用 HAZOP 法进行风险分析。表 5.8 所示为蓄热式焚烧炉（RTO）燃烧器节点的 HAZOP 表。

表 5.8　蓄热式焚烧炉（RTO）燃烧器节点的 HAZOP 表

说明：

1. 表格中"频率（L）为 1、严重性（S）为 1、风险等级（RR）为 1"是未进行风险评估的事故场景；表格中"L"列数字的含义参见表 5.5，"S"列字母的含义参见表 5.4，"RR"列数字和底色的含义参见图 5.4。

2. 表格中"建议措施"列为空的情况属于无须新的建议。

3. 没有出现在表格中的具体参数形成的偏离是在会前已经经过筛选的、不会产生后果偏离。

4. 表格中的 RR（风险等级）是指初始风险或裸风险，即在不考虑任何现有措施对风险的消减作用情况下的风险；RR1（剩余风险 1）是指在初始风险 RR 的基础上，考虑了"安全措施"（已有保护措施）对风险的消减作用后剩余的风险；RR2（剩余风险 2）是指在 RR1 的基础上，考虑了"建议措施"（新提出来的安全措施）对风险的消减作用后剩余的风险。

5. "S"列字母后面括号里的数字代表不同方面的影响，1 为健康和安全影响（人员损害），2 为财产损失影响，3 为非财务性影响与社会影响。

节点名称	节点.0003　蓄热式焚烧炉（RTO）燃烧器
分析日期	2019 年×月××日
参加人员	孙××（主席）　张××（书记员）　胡××（安全顾问）　李××（工艺工程师）　程××（安全工程师） 杨××（设计）
节点描述	来自上游工序的尾气经洗涤塔洗涤后进入焚烧炉，焚烧炉利用气态燃料点燃燃烧机，以维持炉内温度高于有机物的氧化温度。位于蓄热槽底部的切换阀和气室实现蓄热槽作为工艺废气入口、吹扫及出口的状态切换，此气流方向切换模式由 PLC 控制完成。在系统运行过程中，工艺废气通过上一循环为出口状态的高温蓄热床预热，工艺废气经过高温蓄热床预热后温度快速上升。此工艺废气进入燃烧室后，发生氧化反应发生，热量及干净的气体经过另一床蓄热陶瓷，此时热量会被此蓄热陶瓷吸收。周期性的方向切换会使热量均匀地分布在整个焚烧炉内。如此循环往复，使得废气氧化所释放的热量被充分利用。此焚烧炉的三槽式设计消除了系统槽床的废气入口和处理后的排放出口之间切换的间歇排放问题
设计意图	尾气中的 VOCs 在高温蓄热床预热后温度快速上升，此工艺废气进入燃烧室后，发生氧化反应
运作条件	操作温度：900℃；操作压力：介于常压和负压之间
流程图	A190002-001-DE20-PID-001/3

序号	偏　离	原　因	后　果	L	S	RR	安全措施	建议措施
3.1	入 RTO 炉燃料气流量 FT212 低	1. 燃料气缓冲罐压力低； 2. PCV202 故障或开度减小； 3. PCV208 故障或开度减小； 4. TCV210 故障或开度过小； 5. XV205、XV207 故障	1. 炉膛温度 TE121A/B～TE123A/B 低，废气氧化不充分，排放不合格； 2. 长明灯熄灭，炉膛熄火，RTO 停炉，废气排放不合格	6 6 D（1） D（2） C（3） 6		37 37 16	1. PSL203A 低报警； 2. BE213 火焰检测器熄火报警； 3. TSLL121B～TSLL123B 报警； 4. TE124B～TE126B 低低联锁停炉	
3.2	入 RTO 炉燃料气流量 FT212 高	PCV202、PCV208、TCV210 开度大	1. 燃烧室温度高，设备损坏； 2. 发生闪爆，蓄热体损坏	5 5 D（1） C（2） B（3） 5		25 11 7	1. TIC124 控制器调整燃气流量、新空气流量、废气补充新鲜空气； 2. TAHH121A/B、TAHH122A/B、TAHH123A/B 温度高联锁； 3. BE213 火焰检测器熄火报警	

序号	偏 离	原 因	后 果	L	S	RR	安 全 措 施	建议措施
3.3	入 RTO 炉燃料压力 PALL-203A 低	1. PV208 故障,开度过小; 2. PV202 故障,开度过小; 3. TIC124 控制回路故障,TCV210故障; 4. PIC202 回路故障,PV202 开度过小	1. 入炉燃料量减少,炉膛温度 TE121A/B~TE123A/B 低,废气氧化不充分、排放不合格; 2. 长明灯熄灭,炉膛熄火,RTO 停炉,废气排放不合格	5 5 5	C (1) C (2) B (3)	11 11 7	1. 天然气压力低报警 PALL203A; 2. 燃烧室温度低 TALL121A/B ~ 123A/B 低报警; 3. BE213 火焰检测,熄火停炉; 4. PSLL203B 压力低低联锁保护	
3.4	入 RTO 炉燃料压力高	1. 燃料气缓冲罐压力高; 2. PCV202 开度大	1. 燃烧室温度高,设备损坏; 2. 发生闪爆,蓄热体损坏	5 5 5	D (1) C (2) B (3)	25 11 7	1. TIC124 控制器调整燃气流量、新空气流量、废气补充新鲜空气; 2. TAHH121A/B、TAHH122A/B、TAHH123A/B 温度高联锁; 3. BE213 火焰检测器熄火报警; 4. PDAHH204 差压高联锁保护	
3.5	入 RTO 炉燃料气带水	1. 燃料气缓冲罐切水不及时; 2. 燃料气管线检修吹扫置换不彻底	1. 炉膛熄火,RTO 停炉,废气排放不合格; 2. 长明灯熄灭,炉膛熄火,RTO 停炉,废气排放不合格; 3. 冬季燃料气管线冻堵,燃料气压力低	6 6 6	C (1) C (2) B (3)	16 16 10	1. 燃料气缓冲罐液位 LIA201 高报警; 2. BE213 火焰检测器熄火报警; 3. TSLL121B~TSLL123B 报警; 4. TE124B ~ TE126B 低低联锁停炉	
3.6	RTO 炉天然气压力 PDAHH-204 高	1. PCV202、PCV208 故障或调节失效; 2. TCV210 调节失效,开度大; 3. 系统风机 F-101 变频调节失效	1. 燃烧室温度高,设备损坏; 2. 空气量不足,含氧量低,燃烧不充分,废气排放不达标; 3. 发生闪爆,蓄热体损坏	5 5 5	D (1) C (2) B (3)	25 11 7	1. 联锁关闭 XV205、XV207; 2. 联锁停系统风机; 3. 炉膛温度高联锁停 RTO 炉	
3.7	新风风机 F-102 运转信号异常	1. 电气系统晃电; 2. 电气故障; 3. 线路故障	1. RTO 停车; 2. 废气超标排放	5 5 5	D (1) C (2) B (3)	25 11 7	新风风机 F-102 运转信号 XA0240 异常,联锁停车,XV205、XV207 关闭	

序号	偏　离	原　因	后　果	L	S	RR	安全措施	建议措施
3.8	助燃空气与 RTO 炉膛差压低 PDALL-244	1. F-102 故障； 2. F-102 入口过滤器堵塞； 3. TCV242 开度过小	1. 新风进入 RTO 炉量过低，炉膛氧含量低，燃烧不充分，炉膛温度降低，严重时熄火闪爆	5 5 5	D（1） C（2） B（3）	25 11 7	1. RTO 炉温度 TSLL121B ～ TSLL123B 低低联锁，RTO 炉停车，停系统风机； 2. PDSLL244 差压低联锁停车	
3.9	1#燃烧室温度 A 高 TAHH121A	1. 燃料气进气量大； 2. 废气进气量大，且浓度高	1. 燃烧室温度高，设备损坏； 2. 发生闪爆，蓄热体损坏	5 5 5	D（1） D（2） D（3）	25 25 25	1. RTO 炉入口燃料气压力 PDSHH204 高联锁，RTO 炉停车； 2. 炉膛温度高报警，高高联锁停车； 3. 碱洗塔出口 LEL 在线分析，浓度高，XV402 打开，经活性炭吸附后紧急放空	
3.10	尾气 LEL 高 AIC418	1. 污水尾气 LEL 含量高； 2. 储罐浮盘密封泄漏	RTO 浓度高，爆炸，人员伤亡、设备损坏	6 6 6	D（1） D（1） C（3）	37 37 16	1. AIC418 分析报警，停炉； 2. RTO 炉温度高联锁停炉（只限于 LEL 缓慢上升，突然升高时无效）	

5.3.4　废气处理站的 LOPA 与 SIL 等级确定

1. 评级软件介绍

艾思达（Exida）公司的 exSILentia 软件是综合型安全生命周期工具，它集合了 SIL 选择、安全需求规范和 SIL 认证等功能。exSILentia 软件可以为每一个项目和集合了几种安全功能的系统建立独立的 SILect、SIF SRS 和 SILver 记录。exSILentia 软件自动生成的文件可以用于遵循 IEC 61508 和 IEC 61511 等规范的功能安全报告。

2. LOPA 与 SIL 等级确定

1）PSLL203B 天然气压力低低联锁

PSLL203B 天然气压力低低联锁会导致燃烧室温度低，净化效果差，环境污染，严重时熄火闪爆，1～2 人重伤，直接经济损失 200 万元，环境局部污染。

与该分析相关的一些基本参数如下。

初始事件及频率：PV208 故障开度过小，频率为 0.05 次/年；PV202 故障开度过小，频率为 0.05 次/年；TIC124 控制回路故障，TCV210 故障，频率为 0.1 次/年；PIC202 回路故障，PV202 开度过小，频率为 0.1 次/年。

后果：导致燃烧室温度低，净化效果差，环境污染，严重时熄火闪爆，1～2 人重伤，直接经济损失 200 万元，环境局部污染。

可接受频率：根据目标风险降低频率（可接受风险频率），该风险的可接受频率如下：健康和安全影响（人员伤害）为 10×10^{-3} 次/年；财产损失影响为 10×10^{-2} 次/年；非财务性影响和社会影响为 10×10^{-2} 次/年。

独立保护层：查阅相关资料，在 PSLL203B 天然气压力低时，进行报警和人工干预；BE213 火焰检测，熄火停炉；燃烧室温度低报警 TALL121A/B～TALL123A/B 并进行人工干扰。

修正因子：当危险场景发生时，只有人员在现场才能遭到伤害，经现场计算（估计该危险场景的波及范围，在此范围内，在一定时间段内，各类现场操作人员、机电仪器操作人员、管理人员等人员巡检的时间占比），现场人员占比为 0.1。

PSLL203B 位号 LOPA 的界面与参数如图 5.7 所示。

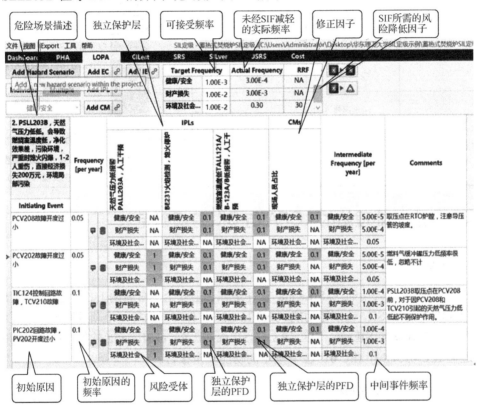

图 5.7　PSLL203B 位号 LOPA 的界面与参数

下面采用第 4 章介绍的 LOPA 法进行计算，需要分别对健康/安全、财产损失和环境及社会影响进行分析。表 5.9 所示是 PSLL203B 天然气压力低低联锁的 LOPA 表（针对健康/安全）。

将表 5.9 中的数据代入公式（4-10）可以得出 4 个初始事件造成的健康/安全事故后果频率分别为

$$F_{1s} = 0.05 \times 0.10 \times 0.10 \times 0.10 = 5.0 \times 10^{-5}$$

表 5.9　PSLL203B 天然气压力低低联锁的 LOPA 表（针对健康/安全）

		初始原因及其频率（每年）	1	2	3	4
			PV208 故障开度过小	PV202 故障开度过小	TIC124 控制回路故障，TCV210 故障	PIC202 回路故障，PV202 开度过小
			0.05	0.05	0.10	0.10
独立保护层失效率	1	天然气压力低报警 PALL203A，人工干预，失效概率	NA	1.00	NA	1.00
	2	BE213 火焰检测，熄火停炉失效概率	0.10	0.10	0.10	0.10
	3	燃烧室温度低，TALL121A/B～TALL123A/B 低报警，人工干预，失效概率	0.10	0.10	0.10	0.10
修正系数	4	人员暴露概率 P_e	0.10	0.10	0.10	0.10

$$F_{2s} = 0.05 \times 1.00 \times 0.10 \times 0.10 \times 0.10 = 5.0 \times 10^{-5}$$
$$F_{3s} = 0.10 \times 0.10 \times 0.10 \times 0.10 = 1.0 \times 10^{-4}$$
$$F_{4s} = 0.10 \times 1.00 \times 0.10 \times 0.10 \times 0.10 = 1.0 \times 10^{-4}$$

则有

$$F_s = F_{1s} + F_{2s} + F_{3s} + F_{4s} = 5.0 \times 10^{-5} + 5.0 \times 10^{-5} + 1.0 \times 10^{-4} + 1.0 \times 10^{-4} = 3.0 \times 10^{-4}$$

健康/安全事故后果的可接受频率 $F_{ss} = 1.0 \times 10^{-3}$，由公式（4-12）可以得出健康/安全事故后果的平均失效概率：

$$\text{PFD}_s = \frac{F_{ss}}{F_s} = \frac{1.0 \times 10^{-3}}{3.0 \times 10^{-4}} \approx 3.3$$

由计算结果可知，$\text{PFD}_s > 1$，说明该节点 PSLL203B 天然气压力低低联锁这一危险发生时，对健康/安全造成的事故后果在现有的保护措施之下就可以达到企业要求的每年允许发生的危险次数内，所以不需要再添加安全仪表功能，对应的安全完整性等级记作 NA（Not Applicable）。

利用软件进行分析，其结果和上述计算结果一致。

下面对事故发生造成的财产损失进行分析。表 5.10 所示是 PSLL203B 天然气压力低低联锁的 LOPA 表（针对财产）。

将表 5.10 中的数据代入公式（4-10）可以得出 4 个初始事件造成财产事故后果频率分别为

$$F_{1a} = 0.05 \times 0.10 \times 0.10 = 5.0 \times 10^{-4}$$
$$F_{2a} = 0.05 \times 1.00 \times 0.10 \times 0.10 = 5.0 \times 10^{-4}$$
$$F_{3a} = 0.10 \times 0.10 \times 0.10 = 1.0 \times 10^{-3}$$
$$F_{4a} = 0.10 \times 1.00 \times 0.10 \times 0.10 = 1.0 \times 10^{-3}$$

则有

$$F_a = F_{1a} + F_{2a} + F_{3a} + F_{4a} = 5.0 \times 10^{-4} + 5.0 \times 10^{-4} + 1 \times 10^{-3} + 1.0 \times 10^{-3} = 3.0 \times 10^{-3}$$

表 5.10　PSLL203B 天然气压力低低联锁的 LOPA 表（针对财产）

初始原因及其频率（每年）			1	2	3	4
			PV208 故障开度过小	PV202 故障开度过小	TIC124 控制回路故障，TCV210 故障	PIC202 回路故障，PV202 开度过小
			0.05	0.05	0.10	0.10
独立保护层失效率	1	天然气压力低报警 PALL203A，人工干预，失效概率	NA	1.00	NA	1.00
	2	BE213 火焰检测，熄火停炉失效概率	0.10	0.10	0.10	0.10
	3	燃烧室温度低，TALL121A/B～TALL123A/B 低报警，人工干预，失效概率	0.10	0.10	0.10	0.10
修正系数	5	人员暴露概率 P_e	NA	NA	NA	NA

　　财产事故后果的可接受频率 $F_{as} = 1.0 \times 10^{-2}$，由公式（4-12）可以得出财产事故后果的平均失效概率：

$$\mathrm{PFD}_a = \frac{F_{as}}{F_a} = \frac{1.0 \times 10^{-2}}{3.0 \times 10^{-3}} \approx 3.33$$

　　由计算结果可知，$\mathrm{PFD}_a > 1$，说明该节点 PSLL203B 天然气压力低低联锁这一危险发生时，对财产造成的事故后果在现有的保护措施之下就可以达到企业要求的每年允许发生的危险次数内，所以不需要再添加安全仪表功能，对应的安全完整性等级记作 NA。

　　利用软件进行分析，其结果和上述计算结果也一致。

　　接着对事故发生造成的环境及社会影响进行分析。表 5.11 所示是 PSLL203B 天然气压力低低联锁的 LOPA 表（针对环境）。

表 5.11　PSLL203B 天然气压力低低联锁的 LOPA 表（针对环境）

初始原因及其频率（每年）			1	2	3	4
			PV208 故障开度过小	PV202 故障开度过小	TIC124 控制回路故障，TCV210 故障	PIC202 回路故障，PV202 开度过小
			0.05	0.05	0.10	0.10
独立保护层失效率	1	天然气压力低报警 PALL203A，人工干预，失效概率	NA	1.00	NA	1.00
	2	BE213 火焰检测，熄火停炉失效概率	NA	NA	NA	NA
	3	燃烧室温度低 TALL121A/B～TALL123A/B 低报警，人工干预，失效概率	NA	NA	NA	NA
修正系数	5	人员暴露概率 P_e	NA	NA	NA	NA

将表 5.11 中的数据代入公式（4-10）可得出 4 个初始事件造成环境事故后果频率分别为

$$F_{1e} = 0.05$$
$$F_{2e} = 0.05 \times 1.00 = 0.05$$
$$F_{3e} = 0.10$$
$$F_{4e} = 0.10 \times 1.00 = 0.10$$

则有

$$F_e = F_{1e} + F_{2e} + F_{3e} + F_{4e} = 0.05 + 0.05 + 0.10 + 0.10 = 0.30$$

环境事故后果的可接受频率 $F_{es} = 1.0 \times 10^{-2}$，由公式（4-12）可以得出环境事故后果的平均失效概率：

$$PFD_e = \frac{F_{es}}{F_e} = \frac{1.0 \times 10^{-2}}{0.3} \approx 3.33 \times 10^{-2}$$

通过计算结果可知，$PFD_e < 1$，说明该节点 PSLL203B 天然气压力低低联锁这一危险发生时，对环境造成的事故后果在现有的保护措施之下超过每年允许发生的危险次数，需要添加安全仪表功能。由表 4.3 可知，需要的安全仪表功能的安全完整性等级为 SIL1。

利用软件进行分析，其结果和上述计算结果一致。

2）AIC418 尾气 LEL 浓度高高联锁

AIC418 尾气 LEL 浓度高高联锁会导致 RTO 炉膛爆炸，设备损坏，1～2 人伤亡，直接经济损失 1000 万元以内，厂区环境污染。

保护层分析过程及结果如下，这里利用软件进行 LOPA 计算。

初始事件及频率：污水尾气 LEL 浓度高，频率为 0.2 次/年。

后果：导致 RTO 炉膛爆炸，设备损坏，1～2 人伤亡，直接经济损失 1000 万元以内，厂区环境污染。

可接受频率：根据目标风险降低频率（可接受风险频率），该风险的可接受频率如下：健康和安全影响（人员伤害）为 1.0×10^{-5} 次/年；财产损失影响为 1.0×10^{-4} 次/年；非财务性影响和社会影响为 1.0×10^{-2} 次/年。

独立保护层：查阅相关资料，在 AIC418 尾气 LEL 浓度高时，打开新鲜空气阀，通入新鲜空气，稀释尾气中的 VOCs 含量，即 LEL 浓度。AIC418 位号 LOPA 的界面与参数如图 5.8 所示。

修正因子：当危险场景发生时，只有人员在现场才能遭到伤害，经现场计算，现场人员占比为 0.1。

辨识结果：该安全仪表功能的风险降低因子 RRF=2000，安全完整性等级为 SIL3，$PFD_{avg}=5.0 \times 10^{-4}$，即需要增加尾气 LEL 高浓度高高联锁事件的 SIF，要求达到 SIL3。

3）PDALL-244 助燃空气与 RTO 炉膛差压低低联锁

PDALL-244 助燃空气与 RTO 炉膛差压低低联锁导致助燃空气不足，废气超标排放，环境局部污染，严重时熄火闪爆，1～2 人死亡，直接经济损失 100 万元以上。

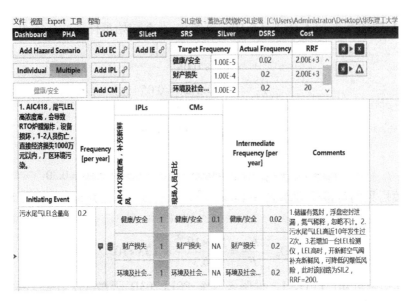

图 5.8　AIC418 位号 LOPA 的界面与参数

保护层分析过程及结果如下。

初始事件及频率：助燃风机 F-102 故障或风机入口过滤器堵塞，频率为 0.2 次/年；TV242 开度过小，频率为 0.1 次/年。

后果：废气超标排放，环境局部污染，严重时熄火闪爆，1~2 人死亡，直接经济损失 100 万元以上。

可接受频率：根据目标风险降低频率（可接受风险频率），该风险的可接受频率如下：健康和安全影响（人员伤害）为 1.0×10^{-5} 次/年；财产损失影响为 1.0×10^{-2} 次/年；非财务性影响和社会影响为 1.0×10^{-2} 次/年。

独立保护层：查阅相关资料，在压力低导致炉膛温度低时，通过 BE213 火焰检测，实现 RTO 炉温度 TSLL121B~TSLL123B 低低联锁，RTO 炉停车，停系统风机；此外，PDALL-244 差压低联锁停车。PDALL-244 位号 LOPA 的界面与参数如图 5.9 所示。

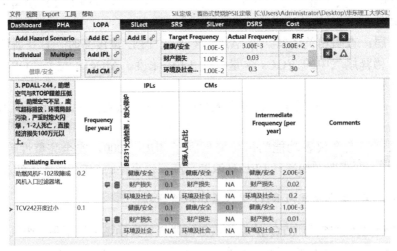

图 5.9　PDALL-244 位号 LOPA 的界面与参数

修正因子：当危险场景发生时，只有人员在现场才能遭到伤害，经现场计算，现场人员占比为 0.1。

辨识结果：该安全仪表功能的 RRF=300，安全完整性等级为 SIL2，$PFD_{avg}=3.33×10^{-3}$。

4）TAHH-121A1#燃烧室温度 A 高高联锁

TAHH-121A1#燃烧室温度 A 高高联锁导致燃烧室温度高，蓄热体损坏，严重时发生闪爆，1～2 人死亡，直接经济损失 1000 万元，RTO 炉停炉，尾气经活性炭吸收后放空，环境局部污染。

保护层分析过程及结果如下。

初始事件及频率：TIC124 初始回路故障，TCV210 开度过大，导致燃料气进气量大，频率为 0.1 次/年；PCV202、PCV208 故障开度过大，引起天然气压力高高，频率为 0.01 次/年；废气量大且浓度高，频率为 0.2 次/年。

后果：燃烧室温度高，蓄热体损坏，严重时发生闪爆，1～2 人死亡，直接经济损失 1000 万元，RTO 炉停炉，尾气经活性炭吸收后放空，环境局部污染。

可接受频率：根据目标风险降低频率（可接受风险频率），该风险的可接受频率如下：健康和安全影响（人员伤害）为 $1.0×10^{-5}$ 次/年；财产损失影响为 $1.0×10^{-4}$ 次/年；非财务性影响和社会影响为 $1.0×10^{-2}$ 次/年。

独立保护层：查阅相关资料，RTO 炉入口燃料气压力 PDAHH-204 高联锁，RTO 炉停车；废气压力 PSH-101 高报警；碱洗塔出口 LEL 在线分析，浓度高，XV402 打开，经活性炭吸附后紧急放空；炉膛温度高联锁停车。TAHH-121A 位号 LOPA 的界面与参数如图 5.10 所示。

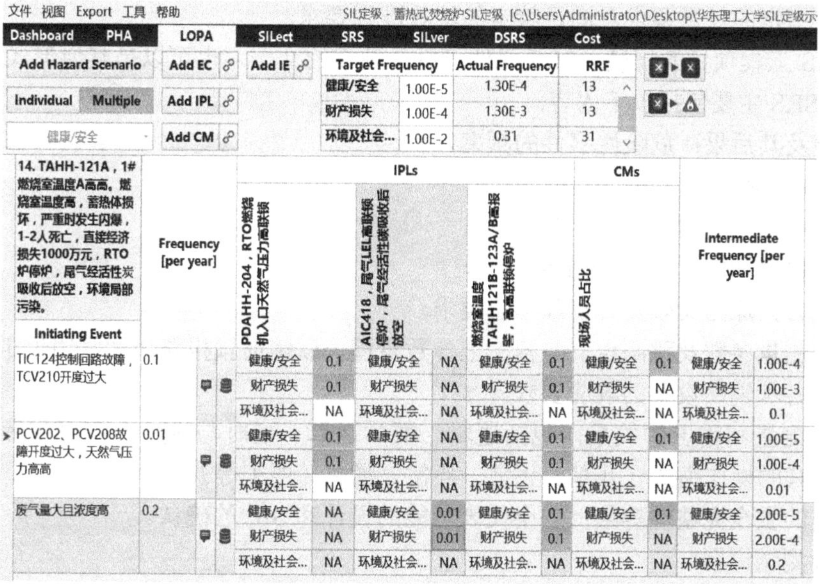

图 5.10　TAHH-121A 位号 LOPA 的界面与参数

修正因子：当危险场景发生时，只有人员在现场才能遭到伤害，经现场计算，现场人员占比为 0.1。

辨识结果：该安全仪表功能的 RRF=31，安全完整性等级为 SIL1，PFD$_{avg}$=3.22×10^{-2}。

综上所述，无论是利用公式计算还是利用软件工具计算，对案例中 4 个安全仪表功能的安全完整性等级的辨识结果一致，如表 5.12 所示。

表 5.12　案例中 4 个安全仪表功能的安全完整性要求

序号	位号	名称	SIL	RRF	PFD$_{avg}$	HFT	SC	备注
1	PSLL203B	天然气压力低低联锁	SIL1	30	3.33×10^{-2}	0		
2	AIC418	尾气 LEL 浓度高高联锁	SIL3	2000	5×10^{-4}	2		注 1
3	PDALL-244	助燃空气与 RTO 炉膛差压低低联锁	SIL2	300	3.33×10^{-3}	1		注 1
4	TAHH-121A	1#燃烧室温度 A 高高联锁	SIL1	31	3.22×10^{-2}	0		

注 1：当满足一定条件时，HFT 可以减 1。

5.4　废气处理站安全仪表系统的设计与验证

5.4.1　SIS 安全需求规范

制定安全需求规范（SRS）是整个 SIS 安全生命周期中最重要的活动之一，SRS 为 SIS 的系统设计、逻辑控制器的硬件集成和软件组态、安装和调试，以及开车运行、功能安全评估和审计等提供工程实践准则。例如，在工程设计中，根据 SRS，选择 SIS 部件或子系统，以满足 SRS 指定的技术要求及满足特定的验收准则要求。

根据 SIS 工程项目的规模，SRS 文件可以是独立的文档，也可以是其他形式。

通常，SRS 主要包括以下内容。

➢ 危险及其后果；危险性事件的频率。
➢ 相应的 P&ID。
➢ 过程安全状态的定义。
➢ 安全仪表功能（SIF）的描述。
➢ 确定公共原因失效及其消除措施要求。
➢ 过程测量参数及跳闸点，包括工艺参数量程、联锁前预报警值和联锁设定值。
➢ 主设备和辅助设备的响应要求。
➢ 过程测量和输出的关系，包括逻辑、数学运算、延时与时序、许可或旁路等，定义了所有的操作模式（开车、正常、异常、紧急、停车等）。
➢ 所需的安全完整性等级；安全仪表功能的设计和 SIL 的确认。
➢ 目标测试周期。
➢ 允许的最高误停车率。
➢ SIF 的最大响应时间要求。
➢ 手动启动 SIF 的要求。
➢ 得电联锁（Energize-to-trip）或失电联锁（De-energize-to-trip）要求：在一般情况下

紧急停车系统采用失电联锁，而火气系统采用得电联锁。

➤ SIS 启动、联锁动作后的复位、再启动允许和顺序要求。

➤ SIS 的失效模式及其对失效的期望（如报警、隔离、自动关停）。

➤ SIS 与其他系统的接口（如 BPCS 和操作员的接口）。

➤ 人机界面要求——变量显示和输入。

➤ 工艺装置的操作模式和操作状态，如工艺在开车、正常操作、工艺单元切换等不同模式下对 SIF 的要求。

➤ 旁路和禁止的设置及其取消操作的要求。

➤ 跳闸后的平均恢复时间及开车时间预估。

➤ 正常操作和紧急状态的环境条件，如温度、湿度、污染物、接地、电磁干扰/射频干扰、振动/撞击、电气防爆区域分级、雷击等。

➤ 在重大意外发生时，SIF 操作的特殊要求。例如，在火灾发生时，某些阀门要保持打开多长时间。

5.4.2　废气处理站安全仪表系统的 SIF 回路设计

1. 联锁逻辑因果表

根据 LOPA 与 SIL 辨识，废气处理站 RTO 节点需要 4 个 SIF 联锁回路，这 4 个 SIF 联锁回路的联锁逻辑因果表如表 5.13 所示。因果表是逻辑连锁说明，它一般涉及重要工况（事故、开车、停车）的安全连锁设置，是工艺设计安全审查的重点。因果表一般由工艺专利商提供，由工程设计承包商及第三方安全审核单位参与审查。

根据因果表，相关人员可以绘制设备运行联锁逻辑图。联锁逻辑图一般是由设计院仪表专业人员根据因果表进行转换得到的。这里的逻辑图比较简单，此处不再介绍。

表 5.13　4 个 SIF 联锁回路的联锁逻辑因果表

X—Equipment shutdown 设备停车 C—CLOSE 关闭 O—OPEN 开启		说明	引风机变频控制继电器	RTO 炉天然气进料阀	RTO 炉天然气进料阀	尾气排放阀	尾气去吸收系统阀门
		位号	F-101	XV205	XV207	XV401	XV402
用途描述	仪表位号	联锁号					
尾气 LEL 浓度高高	AIC481A	I-201	X	C	C	C	O
尾气 LEL 浓度高高	AIC481B	I-201	X	C	C	C	O
尾气 LEL 浓度高高	AIC481C	I-201	X	C	C	C	O
天然气压力低低	PSLL203B	I-202	X	C		C	O
助燃空气与 RTO 炉膛差压低低	PDALL-244	I-203	X	C		C	O
1#燃烧室温度 A 高高	TAHH-121A	I-204	X	C		C	O

2．4 个 SIF 联锁回路的设计

下面分别对每个 SIF 联锁回路的联锁逻辑及其设计加以说明。IEC 61511 给出了 SIS 部件和子系统的选型要求并指出了一些选型指导原则。这里基于经验进行设计和选型。

该设计没有选用本安型仪表，主要是因为现场没有该要求，因此使用了隔爆型仪表，这样，联锁回路就可以不使用安全栅。由于多数仪表、安全栅达不到 SIL3，因此，若要确保安全回路达到 SIL3，就需要仪表、安全栅的冗余，从而增加了成本，而且还会导致回路 SIL 等级降低。对于这种情况，一般在现场会使用隔爆仪表，把这些仪表放入防爆箱中，这样不仅达到防爆要求，而且可以简化联锁回路设计。

1）AIC418，尾气 LEL 浓度高高联锁

联锁动作 RTO 停炉逻辑：引风机 F-101 停止、切断天然气（XV205、XV207 关闭）、切断尾气（XV401 关闭）、接通尾气去活性炭吸收系统（XV402 打开）。

为了使该回路 SIF 达到 SIL3，采用了如图 5.11 所示的逻辑结构。

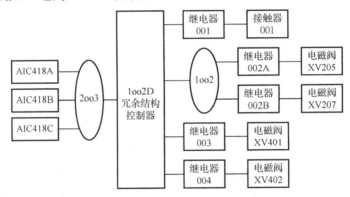

图 5.11　SIF1（AIC418）联锁控制回路的逻辑结构

2）PSLL203B，天然气压力低低联锁

联锁动作 RTO 停炉：引风机 F-101 停止、切断天然气（XV205 关闭）、切断尾气（XV401 关闭）、接通尾气去活性炭吸收系统（XV402 打开）。

为了使该回路 SIF 达到 SIL1，采用了如图 5.12 所示的逻辑结构。

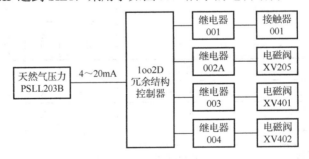

图 5.12　SIF2（PSLL203B）联锁控制回路的逻辑结构

3）PDALL-244，助燃空气与 RTO 炉膛差压低低联锁

联锁动作 RTO 停炉：引风机 F-101 停止、切断天然气（XV205 关闭）、切断尾气（XV401 关闭）、接通尾气去活性炭吸收系统（XV402 打开）。

为了使该回路 SIF 达到 SIL2，采用了如图 5.13 所示的逻辑结构。

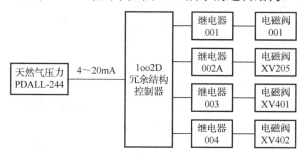

图 5.13　SIF3（PDALL-244）联锁控制回路的逻辑结构

4）TAHH-121A，1#燃烧室温度 A 高高联锁

联锁动作 RTO 停炉：引风机 F-101 停止、切断天然气（XV205 关闭）、切断尾气（XV401 关闭）、接通尾气去活性炭吸收系统（XV402 打开）。

为了使该回路 SIF 达到 SIL1，采用了如图 5.14 所示的逻辑结构。

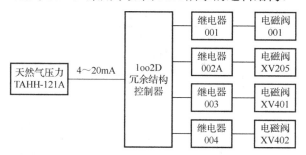

图 5.14　SIF4（TAHH-121A）联锁控制回路的逻辑结构

5.4.3　安全仪表系统的 SIF 验证

1. SIF 回路的 SIL 确认

按照 IEC 61511—2016 要求，在 SIF 辨识及其安全完整性等级确定后，编写安全需求规范，目的是指定所有的用在详细工程设计和工艺安全信息目的下的 SIF/SIS 要求，包括每一个 SIF 的功能性要求和安全完整性等级要求。

根据 IEC 61511—2016，每一个 SIF 的安全完整性等级应满足以下三个方面的要求：要求时平均失效概率（PFD$_{avg}$）或执行安全仪表功能目标危险失效频率（PFH）、硬件故障裕度（HFT）和系统能力（System Capacity）。

2. SIF 回路的 SIL 验证

1）SIF 回路的 SIL 验证步骤

使用专业的 exSILentia 软件进行 SIF 回路的 SIL 验证，具体操作步骤如下。

➢ 利用 HAZOP 找出需要进行 SIL 评估的 SIF 回路；

➢ 确定每个 SIF 回路的设备，包括传感器、逻辑控制器和最终执行器，同时也包括一些辅助设备，如继电器和安全栅等；

➢ 针对要进行 SIL 评估的 SIF 回路的设备，选择相应的失效数据，该数据大部分来自在 exSILentia 软件中内嵌的艾思达公司的失效数据库（Safety Equipment Reliability Handbook），其余数据一般来自仪表供应商提供的可靠性数据；

➢ 利用 exSILentia 软件对每个 SIF 回路进行 SIL 计算；

➢ 将计算得到的 SIL 与目标 SIL 进行比较，确定其是否满足规定的要求，如果不满足则提出改进意见。

2）PDALL-244 助燃空气与 RTO 炉膛差压低低联锁回路验证

下面仅以 PDALL-244 的 SIF 功能的验证为例加以说明。

（1）回路结构

SIF3（PDALL-244）验证中的回路结构（右侧为图例）如图 5.15 所示。

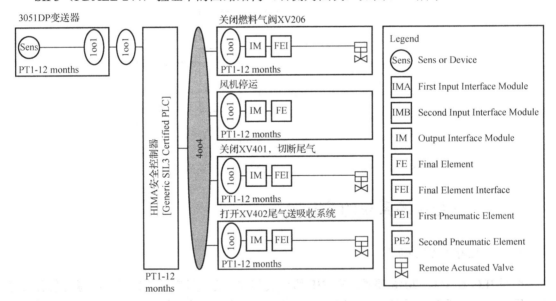

图 5.15　SIF3（PDALL-244）验证中的回路结构（右侧为图例）

（2）SIF 回路设备可靠性数据

① SIF 回路工作条件假设

任务时间：12 年；启动时间：10 小时；低要求工作模式。

② SIF 回路设备选型

SIF 回路设备选型及相关参数如表 5.14 所示。

表 5.14　SIF 回路设备选型及相关参数

参数类型	3051DP 变送器	HIMA 安全控制器	阀类执行器	安全继电器
组内表决	1oo1		1oo1	1oo1
HFT	0		0	0
表决类型	—			
每个回路设备	Rosemount 3051 CD / CG, SW1.0.0 - 1.4.x Low trip Alarm Setting: Under Range Diagnostic Filtering: Off Trip On Alarm: Off	Generic SIL3 Certified PLC	Emerson Safety Relay Module, Rev A ASCO 8320 FT Coil, NC, DTT MAXON Series MA11, MA12, MA21, MA22 Clean service, Full Stroke, Close on Trip	Emerson Safety Relay Module, Rev A Generic MCC-interrupt function 100 < HP ≤250
β因子		2		
MTTR	5 小时	5 小时	5 小时	24 小时
验证测试周期	12 月	12 月	12 月	12 月
验证测试覆盖率	90%	90%	99%	99%
结构约束类型		B		

③ SIF 回路各设备可靠性数据

3051DP 变送器可靠性数据如表 5.15 所示。HIMA 安全控制器可靠性数据如表 5.16 所示。终端执行元件（XV205、XV401、XV402）可靠性数据如表 5.17 所示。风机停止运行终端执行元件（安全继电器、接触器）可靠性数据如表 5.18 所示。有了这些可靠性数据就可以计算该 SIF 回路中各组件的安全相关参数，如 PFD_{avg} 等。

表 5.15　3051DP 变送器可靠性数据

组　件	失效率[1/h]								结构类型
	Fail Low	Fail High	Fail Det.	DD	DU	SD	SU	Res.	
Rosemount 3051 CD / CG, SW1.0.0 - 1.4.x [2014.01.01]	2.70×10^{-8}	2.40×10^{-8}	2.07×10^{-7}		3.20×10^{-8} **5.60×10^{-8}**		8.40×10^{-8} **3.18×10^{-7}**	7.90×10^{-8} **7.90×10^{-8}**	B

注：表中加粗数据表示 PLC 组态具有回路检测（短路、断路）功能时的可靠性数据。

表 5.16　HIMA 安全控制器可靠性数据

组　件	每个回路使用数量	失效率[1/h]					SFF/%
		SD	SU	DD	DU	Res.	
Main Processor	1	7.43×10^{-6}	7.50×10^{-8}	2.37×10^{-6}	1.25×10^{-7}		98.8
Power Supply	1	2.25×10^{-6}		2.50×10^{-7}			100.00
Analog In Module	1	9.90×10^{-7}	1.00×10^{-8}	9.00×10^{-7}	1.00×10^{-7}		95.1
Analog In Channel	1	4.80×10^{-8}	3.00×10^{-9}	4.80×10^{-8}	3.00×10^{-9}		—
Digital Out Low Module	1	7.60×10^{-7}	4.00×10^{-8}	1.90×10^{-7}	1.00×10^{-8}		98.8
Digital Out Low Channel	4	1.39×10^{-7}	1.00×10^{-9}	5.70×10^{-8}	3.00×10^{-9}		—

表 5.17　终端执行元件（XV205、XV401、XV402）可靠性数据

组件	失效率[1/h]					结构类型
	DD	DU	SD	SU	Res.	
Emerson Safety Relay Module, Rev A [2007.01.06]		1.80×10^{-11}		3.63×10^{-8}	2.54×10^{-8}	A
ASCO 8320 FT Coil, NC, DTT [2011.02.03]		8.80×10^{-8}		1.36×10^{-7}	4.80×10^{-8}	A
MAXON Series MA11, MA12, MA21 and MA22 [2014.01.03] - Clean service, Full Stroke, Close on Trip		6.25×10^{-7}		5.68×10^{-7}	7.74×10^{-7}	A

表 5.18　风机停止运行终端执行元件（安全继电器、接触器）可靠性数据

组件	失效率[1/h]					结构类型
	DD	DU	SD	SU	Res.	
Emerson Safety Relay Module, Rev A		1.80×10^{-11}		3.63×10^{-8}	2.54×10^{-8}	A
Generic MCC - interrupt function 100 < HP≤250[2012.03.02]		8.20×10^{-7}		1.40×10^{-6}		A

（3）利用 exSILentia 软件

首先利用 exSILentia 确定 SIF 联锁回路各组件的 PFD_{avg}、HFT 和 MTTFS，如表 5.19 所示。然后进一步对该回路进行 SIF 确认，验证结果如表 5.20 所示。该验算结果表明，该 SIF 的 SIL 等达到了目标安全等级，MTTFS（反映误停车水平）也处于可以接受的区间。

表 5.19　SIF 联锁回路各组件数据

安全指标参数	3051DP 变送器	HIMA 安全控制器	执行器
PFD_{avg}	5.59×10^{-4}	6.03×10^{-5}	1.68×10^{-2}
HFT	0	1	0
MTTFS/年	359.18	195.97	292.24

表 5.20　SIF 验证结果

PFD_{avg}	RRF	SIL（PFD_{avg}）	SIL（结构约束）	SIL（系统能力）	MTTFS
1.74×10^{-2}	58	1	1	NA	88.43 年

图 5.16 所示为该 SIF 的 PFD/PFD_{avg} 随工作时间的变化关系，显然，工作时间越长，其 PFD/PFD_{avg} 越大，这也是 SIS 需要定期测试的原因。

图 5.17 所示为 SIF 联锁回路不同组件设备对 PFD_{avg} 和 MTTFS 的贡献度。由图 5.17 可知，终端执行元件对 PFD_{avg} 的贡献非常高，而 HIMA 安全控制器和终端元件对 MTTFS 的贡献比较高，即该 SIF 的故障失效基本都是由终端执行元件引起的，而安全失效主要是由安全控制器和终端元件引起的。从图 5.19 也可以看出，该 SIF 联锁回路存在薄弱环节，若 SIL 验证结果达不到目标要求，从哪些方面进行改进是最有效的。

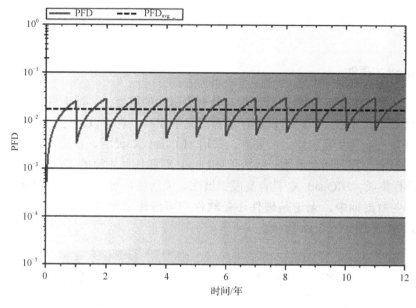

图 5.16　PFD/PFD$_{avg}$ 随工作时间的变化关系

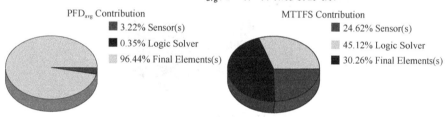

图 5.17　SIF 联锁回路不同组件设备对 PFD$_{avg}$ 和 MTTFS 的贡献度

5.5　基于 HIMA 安全仪表产品的废气站安全仪表系统实施

5.5.1　希马公司的安全仪表产品介绍

1. 希马公司及其安全产品

希马公司成立于 1908 年，总部位于德国曼海姆。自 1970 年开发出世界上第一套 TÜV 认证的故障安全型控制系统 Planar 开始，希马公司一直处于安全控制领域的最前沿，并先后引导了全球三代安全控制技术的发展。

希马公司的业务领域遍及工业过程和铁路等行业。目前，希马公司生产的安全控制系统已有 35 000 多套，它们广泛分布于世界各地的石化、海上石油平台、油气长输管线、冶金、电力、机械制造、交通运输及大型公共建筑等领域。希马公司的安全控制系统满足

IEC 61508 和 DIN 19250 等对安全控制的最高等级要求，并取得 TÜV 最高等级 AK7/SIL4 的认证。

2. HIQuad X 硬件

HIQuad X 是 HIQuad 的最新升级版，具有更强大的扩展性、适应性，可以适应目前任何工艺应用的要求。HIQuad X 可以进行单系统集中控制，也可以进行多系统分散控制，并且均能完全满足安全性和容错能力的要求。采用 HIQuad X 灵活、直观、简单易用的软件平台，可以大大节省工程时间和成本。另外，HIQuad X 和任何主流的 DCS 可以通过 OPC 或 Modubs 等进行集成。HIQuad X 具有高度扩展性、灵活性，可以与任一 HIMA 安全系统组合。 在整个生命周期中，无论是硬件还是软件均可应需求更改、扩展，无须中断系统运行。HIQuad X 产品图如图 5.18 所示。

图 5.18　HIQuad X 产品图

HIMA 系统的安全控制器是由带有诊断功能的双处理器结构实现的，通过冗余实现 1oo2D 结构。HIQuad X 51 CPU 内部结构如图 5.19 所示。由于这种内置的安全结构，HIMA 系统能够在仅有一个处理单元、一个输入及输出模块的情况下，满足 IEC 61508 及 IEC 61511 的 SIL3 的安全等级，以及根据 ISO 13849 的 PLe。

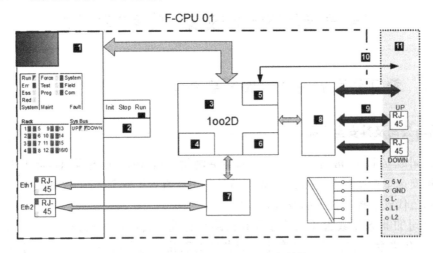

图 5.19　HIQuad X 51 CPU 内部结构

HIQuad X 的新特性是具有更灵活的系统架构、可扩展的单系统 H41X/H51X-MS，可以在线升级为冗余配置。除此之外，HIQuad X 硬件还可以提供 H41X/H51X-RS 系统，可以配置成冗余架构以满足运行状态下的维护的要求。两路 I/O 总线环路可以连接至冗余的中央处理单元。I/O 层可以根据应用的需要配置为单机或冗余形式，这样可以节省安装空间。

HIQuad X 系统有两种型号：H51X 和 H41X，二者使用相同的模块，H51X 系统最多可扩展 16 个 I/O 机架，最多可配置 256 个 I/O 模块；H41X 系统可扩展 1 个 I/O 机架，可配置 28 个 I/O 模块。

HIMA 系统的全部模件均按照相关国际标准制造，所有的模件都经过包括高、低温老化实验在内的各种机械性能测试。H41/51X 系统的所有模件都满足欧盟的 EMC 标准要求，并取得了 CE 认证。系统的 SOE 事故记录分辨率为毫秒级，系统的 SOE 功能可对系统本身的故障或导致联锁停车的各种事件进行记录。

HIMA 控制器的操作系统是循环的处理用户程序，循环时间取决于系统的状态（输入/输出）、程序逻辑的复杂程度、数据的传输及测试程序等，所以循环时间是动态的，不是一个定值。

HIQuad X 可以提供较多的通信选项，并且增加了与第三方系统通信的可靠性。HIQuad X 支持 SafeEthernet 和 HIPRO-S V2 安全通信协议及标准的通信协议，包括 Modbus TCP 主从协议、Modbus RTU 主从协议、Profibus DP 从站协议、SNTP 时间同步协议和 COM User Task（CUT）独立编程协议等。

HIQuad X 采用 HIMA 经验证的防御机制，支持虚拟隔离和物理隔离，可以有效阻断外部网络入侵。

3．HIQuad X 系统编程软件

SILworX 软件是 HIQuad X 系统的配置、组态与诊断工具，其编程界面如图 5.20 所示。直观的用户界面减少了应用错误，节省了工程集成的时间。另外，不同的用户操作权限、简明的状态及诊断信息的显示，以及覆盖广泛的验证工具保证了快速规划及开车。SILworX 软件可在标准 Windows 电脑上运行，并与目前主要的防病毒程序兼容。启动后，该软件会自动执行循环冗余校验（CRC）以检测安装数据中的错误并识别篡改操纵。额外的 CRC 可以防止对与功能相关的项目部分的蓄意更改，其中代码比较结果会以图形方式呈现。SILworX 软件还可以记录所有更改，帮助用户掌握整体的情况并在需要时恢复较早的项目版本。

SILworX 软件的优势如下。

➤ 集成的组态、编程及诊断环境。

➤ 一个软件授权适用于所有功能。

➤ 有助于排除人为错误。

➤ 灵活的编程，支持如下编程语言：FBD 和 SFC。用户还可以用 ST 来编写计算多个功能块，或者用预先测试过的 C 代码功能块选项。

➤ 缩短工程和开车时间周期。

➤ 具有安全编程所需的 IEC 61131 规定的所有函数和变量类型。

➤ 直观的用户界面，完全图形化的拖放设计。

➤ 使用离线仿真、线测试及编码对照实现应用程序确认。

> XML 导入/导出。
> 符合 IEC 61131-3。
> 强制 I/O 命令可以轻松地发现并修理故障。
> 项目之间的交叉引用和导航。

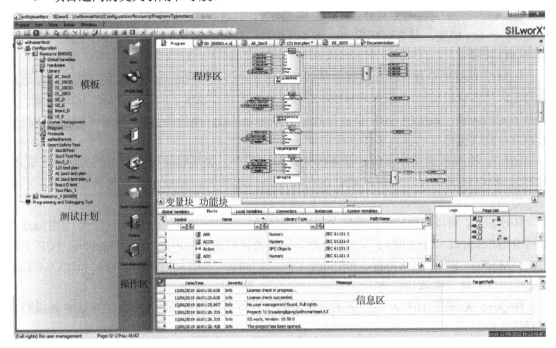

图 5.20　SILworX 软件编程界面

目前 HIMA 不同硬件平台的联锁程序编程统一采用 SILworX 软件，采用该软件开发的应用程序可以跨硬件移植。

5.5.2　基于 HIMA 安全仪表的废气站安全仪表系统组态

1．SIF 回路控制器逻辑组态

在采用 SILworX 软件开发联锁逻辑时，先进行硬件组态、参数定义等，然后根据联锁逻辑图编写联锁逻辑程序。图 5.21 所示为本案例 4 个 SIF 的联锁逻辑程序。在程序的编写过程中，利用了相关的库函数。由于联锁逻辑中间逻辑少，因此，程序十分简洁，这也是联锁逻辑与常规控制逻辑有较大不同的原因。

在联锁程序中，除了输入联锁的工艺条件变量，还增加了复位（Reset）和旁通（ByPass）两个开关量输入。其中旁通的作用是如果仪表检修或由于其他原因而不能正常工作，为了避免该回路联锁影响生产，这时可以把该仪表旁路。当 ByPass 为 1 时，不论与 ByPass 并联的信号状态如何，模块的输出始终为 1。旁路信号一般由操作员站软件实现，只有十分重要的回路才会用硬件旁路信号。当联锁发生后，需要恢复联锁回路工作时，执行复位操作。需要注意的是，当执行旁路时，实际上该 SIF 是不能正常工作的，因此要严格控制旁路操作。

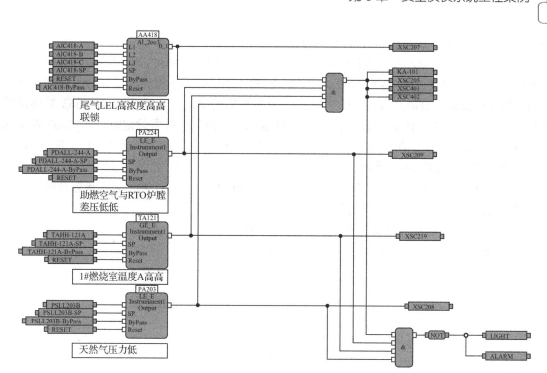

图 5.21　4 个 SIF 的联锁逻辑程序

为了了解安全仪表系统的"负逻辑"设计原则，这里对程序进行进一步解释。图 5.22 所示为 LE_E 功能块的逻辑实现，由图可以看出，当没有执行旁通（ByPass 为 0）和复位（Reset 为 0），且输入（Instrumment1）小于或等于设定（SP，一般是报警值）时（条件为真），LE_E 功能块的输出（0_1）为 0；输入（Instrumment1）大于设定时（条件为假），LE_E 功能块的输出（0_1）为 1。从这里大家也可以看出，安全仪表的编程逻辑与常规控制系统的编程逻辑不同。常规控制系统（如 PLC）的编程逻辑类似于 LE_E 功能块，当输入小于设定时，输出为 1（True）；反之为 0（False）。这是因为安全仪表系统遵循"负逻辑"原则，当条件满足时，执行联锁，输出为 0，即执行切断功能。当对该 SIF 执行旁通时，要使 ByPass 为 1，此时，不论输入（Instrumment1）与 SP 的大小关系如何，LE_E 功能块的输出（0_1）始终为 1，从而达到对该路输入信号的旁路。

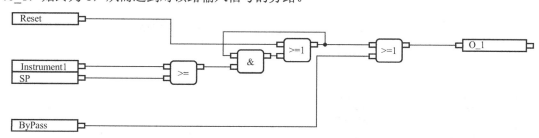

图 5.22　LE_E 功能块的逻辑实现

该功能块的">=1"指令后有一个输出反馈回路到"&"指令的一个输入端口，其目的是实现自锁功能，即一旦达到联锁条件，LE_E 功能块的输出（0_1）始终为 0，执行联锁。即使联锁条件不满足了，LE_E 功能块的输出（0_1）还是 0，只有执行复位（Reset=1）才能联锁复位，使得 LE_E 功能块的输出（0_1）为 1。

图 5.23 所示为 2oo3AI_WithAlarm 功能块的逻辑实现，由图可以看出，当没有执行旁通（ByPass 为 0）和复位（Reset 为 0），且 AI 的输入小于或等于报警设定（SP）时（条件为真），每个比较逻辑的输出为 1（布尔变量），比较逻辑的结果作为二进制 DI_2oo3 功能块的输入。当 3 个 AI 中，有 2 个或 2 个以上的 AI 输入小于或等于报警设定时，DI_2oo3 逻辑的输入有 2 个或 2 个以上的 1，此时其输出为 1；当 3 个 AI 中，有 2 个或 2 个以上的 AI 输入大于报警设定时，DI_2oo3 逻辑的输入有 2 个或 2 个以上的 0，此时其输出为 0。当某个通道的 AI 输入小于报警值时，其对应的报警输出 Alarm 为 1；当 AI 输入大于报警值时，其对应的报警输出 Alarm 为 0。该输出可以用于报警或其他目的。

该功能块内部也有一个自锁回路，读者可以自行分析。

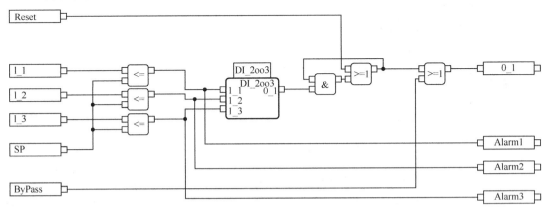

图 5.23　2oo3AI_WithAlarm 功能块的逻辑实现

当程序编写完成后，需要进行测试。为了充分验证联锁逻辑是否能正确执行，需要考虑各种触发条件，确保程序的每个逻辑通道都能被执行。现有的控制器编程软件一般都支持仿真功能，因此，可以制订测试计划，对程序的逻辑先进行仿真测试。图 5.24 所示为位号 TAHH-121A 的 SIF 联锁逻辑的一个测试计划。

	Name	Type	Setpoint	Description	Specification	ID
1	⊟ SEQUENCE	SEQUENCE				1
2	⊟ PREPARATION	PREPARATION				2
3	RESET	RESET				3
4	⊟ RESET_VALUE	RESET_VALUE				4
5	TAHH-121A	REAL	990.0	⎫ 设置仿真条件		5
6	TAHH-121A-SP	REAL	980.0	⎭		6
7	⊟ CHECK_VALUE	CHECK_VALUE				8
8	KA-101	BOOL	0	⎫		9
9	XSC205	BOOL	0	⎪ 检查结果		10
10	XSC401	BOOL	0	⎬		11
11	XSC402	BOOL	0	⎭		12
12	⊟ PREPARATION_1	PREPARATION				14
13	RESET	RESET				15
14	⊟ SET_VALUE	SET_VALUE				19
15	TAHH-121A	REAL	970.0	⎫ 设置仿真条件		20
16	TAHH-121A-SP	REAL	980.0	⎭		21
17	⊟ CHECK_VALUE	CHECK_VALUE				18
18	KA-101	BOOL	1	⎫		22
19	XSC205	BOOL	1	⎪ 检查结果		23
20	XSC401	BOOL	1	⎬		24
21	XSC402	BOOL	1	⎭		25

图 5.24　位号 TAHH-121A 的 SIF 联锁逻辑的一个测试计划

2. 操作员站人机界面组态

目前 SIS 与 DCS 的集成有两种典型方案，如图 5.25 所示。在图 5.25（a）中，生产过程的所有操作，包括常规调节与 SIS 的安全操作，都在中控室操作员站实现，即不设置独立的 SIS 操作员站。SIS 控制器与常规控制系统的控制器（如 DCS 控制器或 PLC 等）进行通信，把所有的 SIS 信息全部通过通信的方式送到常规控制系统操作员站，即中控的操作员站除了显示常规控制信息，还显示安全仪表系统信息。在这种方式下，SIS 与 DCS 的通信多采用串行通信（典型的是 Modbus RTU）。由于操作员站会对 SIS 中的旁路等信号进行写操作，因此，DCS 与 SIS 之间存在读写操作，当然，它们对于写操作是有严格限制的。为了对 SIS 进行操作，在辅助操作台上设置安全仪表操作的硬件操作盘。在图 5.25（b）中，常规控制系统的操作员站（在中控室）与 SIS 的操作员站（通常不在中控）是独立设置的。为了在常规控制系统操作员站上显示 SIS 信息，SIS 控制器与常规控制系统的控制器仍然进行通信，但由于常规控制操作员站不对 SIS 系统进行操作，因此，DCS 控制器只读取 SIS 的相关参数（有些应用也存在 DCS 在 SIS 中写参数的情况，但一般不推荐这样用）。与如图 5.25（a）所示方案相比，如图 5.25（b）所示方案把 SIS 操作与常规控制系统操作严格分开，有利于保证安全仪表系统的功能完整性和独立性。当然，如图 5.25（b）所示方案实现的成本更高。此外，SIS 与常规控制系统的信息集成还可以通过以太网、现场总线（如 Profibus DP）、OPC A&E、OPC DA 等方式实现。

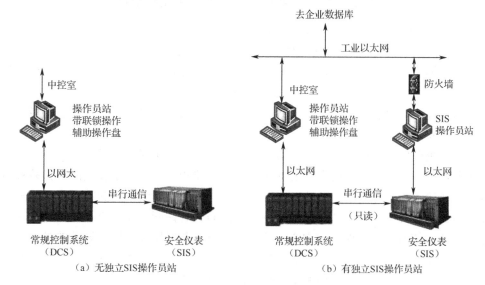

图 5.25　典型的 SIS 与 DCS 集成方案

本案例采用如图 5.25（b）所示方案实现 SIS 操作员的 HMI 监控功能，图 5.26 所示为废气处理站安全仪表系统操作员站人机界面。一般 SIS 的独立操作员站主要用来显示 SOE（Sequence Of Event，事件顺序记录）和联锁设备状态。本系统在操作员站安装并运行希马公司的 X-OPC 软件，操作员站的 HMI 是以以太网的通信方式通过 X-OPC（AE 服务器及 DA 服务器）来实现信息交互的。编程时，将所有下位机编程软件（SILworX 软件）内的 BOOL 型变量作为 SOE 数据通过 X-OPC 的 AE 服务器上传到 HMI 软件 CM 内的 AE_clinet 的客户端中，HMI 软件的 Event summary 可以以毫秒级的精度获取程序内的报警信息并加以实时显示。需要注意的是，AE_clinet 的客户端软件是 SOE 读取的灵魂，此客户端关闭则 SOE 将不会读取并记录任何报警信息数据。

图 5.26　废气处理站安全仪表系统操作员站人机界面

HMI 的数据同样通过 X-OPC（DA 服务器）实现显示。下位机编程软件设置好需要通信的变量并下装到控制器内，在 HIM 软件中设置相对应的变量并连接到 X-OPC ，以读取控制器内的实时数据，然后在画面上调取变量即可实现这些过程变量的显示。一般来说，SIS 的操作员站主要显示控制器、SIF 的联锁状态及联锁逻辑图等，而不显示工艺流程图。此外，对于最终用户而言，只有在仪表等产生故障、开停车期间需要进行强制或复位功能时才会使用 SIS 的人机界面。

SIS 作为企业信息系统的一部分，与常规控制系统一起实现生产过程的常规控制与安全保护，因此，两者之间在工作时间上的同步是十分重要的。一般对于较大的石化装置而言，除了 DCS、SIS，还有其他的辅助控制系统，为了确保这些不同系统的数据采集时间的一致性，便于对故障进行分析，这些不同的控制系统之间的时钟同步非常重要。特别是对于电力系统这样的快系统而言，确保调度中心、变电站、电厂各级监控与控制设备的时钟同步及子系统内部控制设备之间的时钟同步更加重要，且时钟同步的分辨率要求更高。目前使用 GPS 北斗标准同步时钟来统一全厂各种系统的时钟是常用的做法。

5.5.3　功能安全管理

安全仪表系统的项目实施与管理必须遵循功能安全管理原则。IEC 61511 涵盖了功能安全管理的基本原则，该标准关注功能安全实施的基本原则，而非具体实施方案。功能安全管理（FSM）是确保功能安全能够正确实施的、必要的管理活动，该活动包括但不限于组织架构和资源安排，风险的评估与管理，安全计划的编制、执行与监视，功能安全的评估、审核与修订，以及 SIS 的配置管理。

一个合格的 FSM 包含以下四个维度。

1．进程及内容的定义

许多失败的项目源于没有明确的工作内容定义与没有合理的时间安排。工作内容定义模糊不清会导致不同的人有不同的理解，或者在实施过程中产生不必要的错误，最终导致计划延期、质量瑕疵。

2．合理的人员安排

根据项目需求，每个角色都需要有特定的知识能力及工作经验背景。参与 SIS 的项目团队成员的个人资质要求如表 5.21 所示。

表 5.21　参与 SIS 的项目团队成员的个人资质要求

	过程应用知识	SIS 产品知识	传感器、执行机构知识	安全技术知识	安全法规、法律	网络安全知识	了解 SOE	理解 SIL	复杂产品应用常识
项目经理					✓	✓	✓	✓	✓
硬件工程师		✓	✓	✓			✓		
软件工程师	✓		✓	✓			✓		
硬件检查		✓		✓				✓	
FAT	✓	✓		✓				✓	
FSM 审核员						✓	✓	✓	

3．沟通

相关各方建立清晰明确的沟通方式和渠道非常重要，如规定特定的沟通联络人，设计不同项目节点的沟通形式等。

4．文档

所有的正式会议记录、设计、计划、执行记录等都需要以双方认可的方式记录，并得到项目各方的书面确认，以保证所有人在统一的平台上并理解相同。所有的文档都要妥善保存以保证追溯及作为未来设计和变更的输入。

5.5.4　项目实施

FSM 的工作流程包括项目计划、项目分析、项目实现和交付。在 FSM 的每个阶段都有一个需遵循的工作流程，从而使项目的功能安全性符合标准。

1．订单提交阶段

在订单提交阶段，相关人员将接收来自商务部门的所有商务及技术文档，为项目实施提供前期准备；指定项目经理，预估项目成本，核算项目成本，评估安全需求规格书与设计之

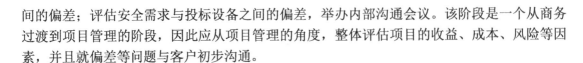

间的偏差；评估安全需求与投标设备之间的偏差，举办内部沟通会议。该阶段是一个从商务过渡到项目管理的阶段，因此应从项目管理的角度，整体评估项目的收益、成本、风险等因素，并且就偏差等问题与客户初步沟通。

2. 项目实施阶段

执行了功能安全管理的项目在本质上也需要项目管理，这里的项目管理需要按照功能安全 IEC 61511 的有关标准实施。

1）开工会

开工会标志着项目正式启动，也是项目的设计人员、业主及 SIS 供应商第一次集中在一起。工会内容主要包括确认进度、设计偏差，规定各方项目负责人、沟通方式及文档格式。工会结束后，会议纪要作为项目文件，由各方签署并确认。如果在这个过程中发现需要实施项目变更，则需要进入项目变更流程。

2）功能安全评估

开工会后执行第一次功能安全评估。根据 IEC 61511 的定义，功能安全评估工作包括定义功能安全评估的工作步骤和规章并遵照执行，评估方式应该确保能对安全仪表系统的功能安全和完整性水平做出判断。工作规章应对评估小组的人员做出明确的规定，包括特殊场合必需的技术、工艺应用知识，以及操作技能方面的要求。一般而言，工厂在正式开车前，至少需要做一次功能安全评估。例如，希马公司对项目实施的 FSM 流程规定项目至少需要进行 3 次功能安全评估。

3）项目应用软件开发原则

根据 SRS，以及所有相关的接受规范、编程指南、安全手册和通信手册等来创建应用程序，创建过程参考 IEC 61511 的有关规定。

➢ 相关人员必须通过结构化的形式创建应用程序。创建应用程序要实现的目标是：功能的模块化、功能的可执行安全修改的可能性及可以满足安全相关的需求。

➢ 应用软件应尽可能基于经过验证的软件组件构建。

4）硬件规划和系统集成

用户的硬件设计依据 SRS、所有相关的接受规范、硬件设计指南、第三方组件供应商的手册、数据表（系统手册、机柜和电源手册）等技术文档和手册。硬件设计在开工会时可以修改，规划文档和完整的硬件图纸（网络、电源、柜内布置图、IO 分配表）将发给用户审批后实施。任何用户标记的更改都要评估是否安全相关，任何偏差都将书面发给用户审批。本阶段要生成集成手册，该手册不限于硬件图纸，具体包括物料清单、安全审核、变更需求、内部硬件测试、集成测试、系统参数设置。

5）变更管理

如果在项目执行过程或运营过程中，因为生产、法律、评估等原因需要执行修改，则需要执行项目变更流程。执行项目变更流程时，需要先对变更进行描述和分析，并且告知用户影响的结果和相关操作。另外，必须指明变更是否与安全相关。只有对功能安全没有负面影响的变更才能获得批准并实施。项目变更流程必须包括发起变更申请、审批、危险评估、施工、检验及投用。整个过程需要用专用文档记录，需要有人审核并签字。在变更完成后，需要更新与变更内容相关的文档，包括逻辑描述、设计文件、开车验收测试、操作规程、安全需求规格书等。

6）形成软硬件测试执行计划

7）内部软硬件测试执行流程及文档

3．系统集成测试阶段

1）内部测试报告

内部测试报告主要分为五个测试类别：外观检查、机械测试、接线测试、接地和绝缘测试、功能测试。在功能测试期间，通过模拟二进制和模拟输入信号来模拟现场信号，所有输出信号均需经过 100%测试。

2）工厂验收测试（FAT）

IEC 61511 对 FAT 的功能描述为"对逻辑控制器及其相关软件一起测试，确保安全需求规格书中的定义得到满足。在交付用户前，通过对逻辑、控制权及其软件进行测试，系统中存在的错误易于辨识并且能及时得到修正"。工厂验收测试通常只针对逻辑系统及操作员接口，而不考虑采用何种逻辑。工厂验收测试要求对系统的软件和硬件都要进行彻底的测试。FAT 通常发生在项目结束后、发货前，可以邀请用户参与 FAT 测试，用户参与 FAT 对于所有维护和支持人员而言是一个很好的培训机会。

FAT 的测试内容如下。

- ➢ 逻辑系统的全部硬件，包括 IO 卡件、端子、内部电缆和接线、处理器、通信卡件，以及操作员接口等；
- ➢ 冗余的自动切换及故障状态时系统的反应；
- ➢ 软件逻辑。

FAT 的测试方法如下。

- ➢ 目测检验；
- ➢ 按照信号类型模拟输入信号，观察系统的响应；
- ➢ 操作输出信号，观察其变化；
- ➢ 测试非交互逻辑。

3）现场验收测试（SAT）

现场验收测试又称为确认（Validation），根据 IEC 61511，其定义为"通过证据证明交付的安全仪表功能和安全仪表系统在安装后满足安全需求规格书的各项要求"。现场验收测试具体要做到如下几点。

➤ 所有仪表已经按照安全手册正确安装与调试；

➤ 所有的测试及步骤都已经测试完成；

➤ 安全生命周期的各个技术文件及管理文件已经备齐；

➤ 确认在正式投料前，确保 SIS 的功能能够及时正确地发挥作用。

现场验收测试的必要文档包括如下几种。

➤《确认活动的检查步骤和规程》；

➤《安全需求规格书》；

➤《组态程序》；

➤《物理通道地址分配表》；

➤《管道仪表分配表》；

➤《仪表索引表》；

➤《盘柜布置图》；

➤《逻辑图，因果表》。

第6章　工业控制系统信息安全

6.1　工业控制系统信息安全问题

6.1.1　信息安全基础

信息作为一种资源，具有普遍性、共享性、增值性、可处理性和多效用性，对人类具有特别重要的意义。随着信息时代的到来，人们的生活和工作越来越离不开各种信息系统。信息系统在给人们的生活和工作带来便利的同时，也因为各种内在或外在的不安全因素给人们带来了困扰和损害，从而产生了所谓的信息安全问题。进入 21 世纪后，随着信息技术的不断发展，特别是移动互联网的迅速推广和普及，信息安全问题也日益突出，如何确保信息系统的安全已成为全社会关注的焦点问题。

信息安全的内涵因时代的不同而不同，人们对信息安全的认识也是一个发展变化的过程。信息安全是信息技术发展及其广泛应用的产物，具有非传统安全的特点，是一种对技术发展、用户行为、物理环境等具有强烈依赖性的安全。信息安全的概念是随着信息技术的发展而不断拓展的，同时信息安全的外延也在不断扩大。随着信息技术的发展及其对社会生活影响的日益深化，从最初的通信保密时代到 20 世纪 90 年代的信息安全时代，再到目前的信息安全保障时代都强调不能被动地保护信息安全，信息安全包括攻击检测、保护、管理、反应、恢复等要素。

在传统 IT 领域，信息安全是指信息网络的硬件、软件及其系统中的数据受到保护，不受偶然的或恶意的原因而遭到破坏、更改、泄露，系统能连续可靠正常地运行，且信息服务不中断。信息安全的实质是保护信息系统或信息网络中的信息资源免受各种威胁、干扰和破坏，即保证信息的安全性。根据国际标准化组织的定义，信息安全性主要是指信息的完整性、可用性、保密性和可靠性。为了保障信息安全，信息技术要有信息源认证、访问控制，不能有非法软件驻留和非法操作。所有的信息安全技术都是为了达到一定的安全目标，其核心包括保密性、完整性、可用性、可控性和不可否认性五个安全目标。

1. 保密性

保密性是指信息按给定要求不泄露给非授权的个人、实体或过程，以及提供其利用的特性，即杜绝有用信息泄露给非授权个人或实体，强调有用信息只被授权对象使用的特征。

2. 完整性

完整性是指信息在传输、交换、存储和处理过程中保持非修改、非破坏和非丢失的特性，即保持信息原样性，使信息能正确生成、存储、传输，这是最基本的安全特征。

3. 可用性

可用性是指网络信息可被授权实体正确访问，并按要求能正常使用或在非正常情况下能恢复使用的特性，即在系统运行时能正确存取所需信息，当系统遭受攻击或破坏时，能迅速恢复并投入使用。可用性是衡量网络信息系统面向用户的一种安全性能。

4. 可控性

可控性是指对流通在网络系统中的信息传播及具体内容能够实现有效控制的特性，即网络系统中的任何信息在一定传输范围和存放空间内可控。除了采用常规的传播站点和传播内容监控形式，最典型的可控形式为密码托管，当加密算法交由第三方管理时，必须严格按规定执行。

5. 不可否认性

不可否认性是指通信双方在信息交互过程中，确信参与者本身，以及参与者所提供的信息的真实同一性，即所有参与者都不可能否认或抵赖本人的真实身份，以及提供原样信息和完成的操作与承诺。

6.1.2 工业控制系统信息安全概述

1. 工业控制系统信息安全的含义

工业控制系统在关系到国家经济命脉和国家安全的行业，如电力输配、油气加工生产、冶金、油气采集和输送、水和污水处理、核电、交通等领域发挥着中枢神经的作用。传统工业控制系统的安全性主要依赖其技术的隐密性和应用的封闭性，系统本身几乎未采取任何安全措施。目前，工业控制系统信息安全呈现攻击目标和入侵途径多样化、攻击方式专业化、攻击后果严重化等趋势。随着工业控制系统的规模越来越大，控制层与企业管理网及互联网的融合度越来越高，这使得工业信息安全变得更加不可控，工业控制系统信息安全成为一个广受关注的热点问题。

IEC 62443 对工业控制系统信息安全的定义如下。

➢ 保护工业控制系统所采取的措施；
➢ 由建立和维护保护工业控制系统的措施所得到的系统状态；
➢ 能够免于对系统资源的非授权访问及意外的变更、破坏或损失；
➢ 基于计算机系统的能力，能够保证非授权人员和系统既无法修改软件及其数据也无法访问系统，却能够保证授权人员和系统不被阻止；
➢ 防止对工业控制系统的非法或有害入侵，或者干扰其正确和有计划的操作。

与信息安全不同，功能安全是为了达到设备和工厂安全功能，安全相关系统必须正确执行其功能，而且当发生失效或故障时，设备或系统必须仍能保持安全条件或进入安全状态，防止或减少安全事故对人员健康、财产和环境造成的伤害。可见，工业控制系统信息安全与传统的功能安全虽然都着眼于保障人员健康、生产安全、环境安全和财产安全，但面对的问题来源和采取的技术手段都有较大不同。由于两者都关注安全这个大主题，且在安全目标上有一致性，因此 IEC/TC65/WG20 功能安全和信息安全工作组在开展标准制定工作时，分析现有相关标准，弄清两者的区别与共性，协调两者的限制及可能的协议方法、紧急情况下的权衡与取舍等。

2．工业控制系统信息安全问题的由来

1）工业控制系统从封闭走向开放

随着工业控制系统的数字化程度不断提高，工业控制系统的开放性越来越高，特别是大量标准的 IT 产品和技术被广泛用于工业控制系统。例如，以往 DCS 的工程师站或操作员站都有专用的计算机设备，而现在，在硬件上，普遍使用 IT 系统的服务器、工作站或 PC 机；在软件上，微软的操作系统及数据库等软件成为标准配置。此外，各种通信协议在工业控制系统中的应用也越来越广泛。这些都造成 IT 系统存在的漏洞被引入原先封闭的工业控制系统中，给工业控制系统信息安全带来了隐患。

2）工业控制系统与上层管理网络的联网

"两化融合"（工业化与信息化）策略是我国利用现代信息技术实现制造业升级换代的重要策略。作为落实这一策略的前提，工业控制系统必然经历由封闭向开放、由静态向动态、由孤立系统向互联系统等方向转变，特别是控制网络与企业信息网络乃至互联网已经组成了一个复杂的、开放的网络。这种信息集成虽然在经济等方面带来了好处，但却使得工业控制系统暴露在互联网下，使工业控制系统面临的威胁大量增加。

3）网络威胁越来越多，攻击手段不断更新

攻击和防护是一对矛盾。由于存在各种类型、各种来源的攻击，工业控制系统的漏洞易被利用，引起工业控制系统信息安全问题。另外，网络上的攻击工具易得，这使得发起网络攻击的技术门槛降低。

4）现有防护手段不足

现代工业控制系统广泛采用各种网络和总线技术，各种通信协议大量使用，这些通信协议在设计时缺乏诸如接入认证、加密等安全机制。虽然一些工业控制系统的网络已经部署传统的防火墙，工作站也安装了杀毒软件。但是，传统的防火墙缺乏对工业控制系统有针对性地防护。例如，在保护 OPC 服务器时，由于传统的防火墙不对 OPC 协议的动态端口开放，不得不允许 OPC 客户端和 OPC 服务器之间大范围的任意端口的 TCP 连接，因此传统的防火墙提供的安全保障被降低，从而使工业控制系统很容易受到恶意软件和其他安全威胁的攻击。反病毒软件通常因得不到及时更新，而失去了对主流病毒、恶意代码的防护能力。由于工业控制系统的特殊性，工业控制系统的系统漏洞不能像 IT 系统一样得到及时的修复，从而使大量漏洞长期存在。显然，传统信息安全产品（如防火墙、反病毒软件）及传统信息安全的管理方法（如漏洞及时修复）并不适用于工业控制系统，不能解决其信息安全问题。

5）对工业控制系统信息安全认识不足，管理存在漏洞

长期以来，国家和企业对生产安全十分重视，通过技术和管理手段确保安全生产。然而，近些年企业对逐步产生的工业控制系统信息安全的认识还存在不足，企业信息安全的重点还停留在企业管理层。在工业控制系统运行过程中，与工业控制系统信息安全相关的管理手段缺失和落后，相关技术人员几乎空白，这也给工业控制系统信息安全带来了隐患。

3．工业控制系统信息安全事件及其危害

根据国际权威工控漏洞数据库（Open Source Vulnerability Database，OSVDB）及国内相关科研机构数据库的不完全统计，截至 2016 年底，工业控制系统公开披露的安全漏洞数量如图 6.1 所示。这些与日俱增的工业控制系统安全漏洞使得近年来工业控制系统遭受的网络攻击层出不穷，打破了原本安宁的"物理隔离"环境。面向传统 IT 系统的黑客攻击正不断向工业控制领域迁移和蔓延，这使得工业控制系统成为攻击者的目标。

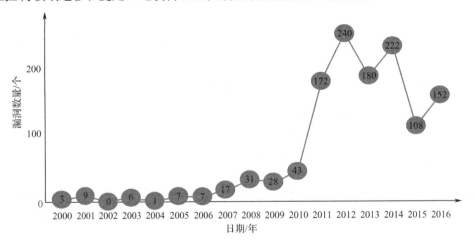

图 6.1　工业控制系统公开披露的安全漏洞数量

2001 年，澳大利亚昆士兰 Maroochy 污水处理厂由于内部工程师站的多次网络入侵（攻击 SCADA 系统），该厂发生了 46 次不明原因的控制设备功能异常事件，这导致数百万立方米的污水进入了地区供水系统。

2003 年，美国俄亥俄州的戴维斯-贝斯（Davis-Base）核电站由于施工商在进行常规维护时自行搭接对外连接线路以方便工程师在厂外进行维护工作，结果当私人电脑接入核电站网络时，将电脑上携带的 SQL Server 蠕虫病毒传入核电站网络，致使核电站的控制网络全面瘫痪，造成系统停机近 5 小时。

2006 年 10 月，一台用于工业控制系统维护的笔记本电脑被黑客利用互联网安装了病毒和间谍软件，并通过这台电脑入侵了美国宾夕法尼亚州哈里斯堡污水处理厂的计算机系统，致使该地区的农作物灌溉受到影响。

我国的工业控制系统病毒感染事件在最近几年中也时有发生。2011 年 2 月的西南管线调控中心及场站、2010 年 5 月的齐鲁石化控制系统、2011 年 3 月的大庆石化某装置控制系统均感染了蠕虫病毒并造成部分服务器和控制器通信中断。

工业控制系统信息安全最具国际影响的事件是 2010 年发生的针对伊朗布什尔核电站的"stuxnet"病毒攻击。该病毒的入侵对象是西门子公司的 PLC 和装有 WinCC 的工业控制系统，通过窃取系统的控制权限，更改控制参数，最终达到破坏核电站设施、延缓伊朗核计划的目的。这次入侵导致该核电站超过 20% 的离心机报废，严重阻碍了伊朗核计划的顺利进行。"stuxnet"病毒被认为是第一个针对工业控制系统的恶意病毒，该事件也是网络战争的雏形。2011 年出现的"duqu"病毒是继"stuxnet"病毒后最为恶性的一种窃取信息的蠕虫病毒，被用来收集攻击目标的各种情报，该病毒也被称为"stuxnet"姐妹病毒。2012 年 5 月，一种超级木马病毒"火焰"（Flame） 在中东等地区大范围传播。该病毒不直接对系统实施破坏性攻击，其主要功能类似之前的"duqu"病毒，负责收集攻击目标的各类重要信息，但该病毒具有更为强大的自毁功能，因此其轨迹极为隐蔽。

2015 年 12 月 23 日，乌克兰电力系统遭到了恶意软件"Black Energy"（黑暗力量）的攻击，该恶意软件控制了电力 SCADA 系统，下发了断电命令，同时，它还破坏数据以延缓系统恢复，从而扩大了事故的影响。该攻击事件导致乌克兰首都基辅部分地区和乌克兰西部地区的 140 万户居民家中突然停电。该攻击事件将工业控制系统信息安全推到了新的高峰，使普通百姓也切身感受到了网络攻击的影响和危害。

6.1.3　工业控制系统信息安全与 IT 系统信息安全的比较

工业控制系统信息安全研究的时间短，因此，关于工业控制系统信息安全的分析、评估、测试和防护，一个自然的想法就是借鉴传统 IT 系统信息安全的既有成果，因为工业控制系统是现代信息技术和控制技术的结合，它属于一类特殊的 IT 系统。然而，工业控制系统又不是一般的 IT 系统，在分清现代工业控制系统信息安全与传统 IT 系统信息安全的异同的基础上，才能有针对性地利用传统 IT 系统信息安全技术来解决工业控制系统信息安全问题。

工业控制系统信息安全与 IT 系统信息安全相比，主要的不同点表现在以下几个方面。

> 工业控制系统信息安全与 IT 系统信息安全的三个属性（机密性、完整性、可用性）是不同的，信息安全优先级比较如图 6.2 所示。工业控制系统以可用性为第一安全需求，而 IT 系统以机密性为第一安全需求。IT 系统的优先级顺序是机密性、完整性、可用性，强调信息数据传输与存储的机密性和完整性，能够容忍一定延迟，对业务连续性要求不高；而工业控制

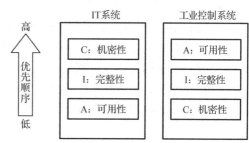

图 6.2　信息安全优先级比较

系统的优先级顺序是可用性、完整性、机密性。工业控制系统强调可用性，主要原因是工业控制系统属于实时控制系统，对信息的可用性有很高的要求，否则会影响工业控制系统的性能。特别是早期的工业控制系统都是封闭性系统，信息安全问题不突出。此外，由于工业控制系统的设备，特别是现场级的控制器，大多是嵌入式设备，软件、硬件资源有限，无法支撑复杂的加密等信息安全功能。

➤ 从系统特征角度看，工业控制系统不是一般的信息系统，现代的工业控制系统广泛用于电力、石油、化工、冶金、交通控制等重要领域。工业控制系统与物理过程紧密结合，已经成为一个复杂的信息物理系统（CPS），而 IT 系统与物理过程基本没有关联。因此，当工业控制系统受到攻击后，可能会导致有毒原料泄漏、发生环境污染或区域范围内大规模停电等影响社会环境、人类生命财产安全的恶劣后果；而 IT 系统遭受攻击后可能会由于重要数据泄露或被破坏而造成经济损失。

➤ 从系统目的和用途角度看，工业控制系统是以生产过程控制为中心的系统，服务于工业生产过程；而 IT 系统是以管理人使用信息为中心的系统，服务于各种管理与服务类应用。

➤ 工业控制系统的生命周期长，通常为 10～15 年；而 IT 系统的生命周期为 3～5 年。

➤ 运行模式不同。对于多数工业控制系统而言，除了定期检修，系统必须长期连续运行，任何非正常停机都会造成一定的损失。而 IT 系统通常与物理过程没有紧密联系，允许短时间停机、非计划停机或系统重新启动。

➤ 由于生产连续性的特点，工业控制系统不能接受频繁的升级更新操作，而 IT 系统通常能够接受频繁的升级更新操作。由于该原因，工业控制系统无法像 IT 系统一样，通过不断安装补丁、不断升级反病毒软件等典型的信息安全防护技术来提高工业控制系统的信息安全水平。

➤ 工业控制系统是基于工控协议（如 OPC、Modbus、DNP3、S7）的，而 IT 系统是基于 IT 通信协议（如 HTTP、FTP、SMTP、TELNET）的。虽然现在主流的工业控制系统已经广泛采用工业以太网技术，基于 IP/TCP/UDP 通信，但是应用层协议是不同的。此外，工业控制系统对报文时延很敏感，而 IT 系统通常强调高吞吐量。在网络报文处理的性能指标（吞吐量、并发连接数、连接速率、时延）中，IT 系统强调吞吐量、并发连接数、连接速率，对时延要求不太高（通常为几百微秒）；而工业控制系统对时延要求高，某些应用场景要求时延在几十微秒内，对吞吐量、并发连接数、连接速率往往要求不高。

➤ 工业控制网络流量的特征相对稳定，节点相对固定。工业控制网络流量的数据长度比 IT 网络的短，数据发送频率相对较高，且具有一定的周期性，流向比较固定。

➤ 工业控制系统通常在环境比较恶劣（如野外高低温、潮湿、振动、盐雾、电磁干扰）的现场工作，特别是各种现场仪表、远程终端单元等现场控制器；而 IT 系统通常在恒温、恒湿的机房工作。这样，一些 IT 系统信息安全产品无法直接用于工业现场，必须按照工业现场环境的要求设计专门的工业控制系统信息安全防护产品。

6.2　网络控制协议解析与漏洞分析

6.2.1　Modbus/TCP 协议解析

Modbus 协议是一种由莫迪康公司开发的通信协议，用于主从形式的多点网络的节点之间的通信，如实现可编程控制器之间的通信。该协议由莫迪康公司最先倡导，经过大多数公司的实际应用，逐渐被认可，成为一种事实上的标准协议，只要按照这种协议进行数据通信或传输，不同的系统就可以通信。目前 Modbus 协议的传输方式包括两种串行方式的 ASCⅡ、RTU 和基于以太网的 Modbus/TCP 协议。Modbus 通信网络的节点都有唯一的地址（1～247），而其在发送命令时会将目标设备的地址存在命令中，除了 Modbus 的广播特定命令，其他命令只有目标设备才会响应。串行方式的 Modbus 数据包包含校验信息，数据接收者可以通过校验信息检查数据包是否正确。通常 Modbus 指令负责命令数据接收方读取或控制 I/O 端口、更改寄存器值和指示设备返回寄存器中储存值等行为。

　　Modbus 协议定义了一种公用的消息结构，它制定了信息帧的格式，描述了服务端请求访问其他设备的过程、如何回应来自其他设备的请求，以及如何侦测错误并记录。通过 Modbus 协议在网络上通信时，必须清楚每个控制器的设备地址，根据每个设备地址来决定产生何种行动。如果需要回应，控制器会生成反馈信息并按照 Modbus 协议发出。

　　Modbus/TCP 协议是一种简单的客户机/服务器应用协议，又称主从站的请求应答体系。客户机向服务器发送数据请求，服务器分析处理请求后给予相应响应，如果是一个正常的响应则服务器复制原始功能码加上响应数据返回，这被称为 Modbus 的无差错事务处理机制，如图 6.3 所示。但当服务器确认无法正确响应时，它将使用 Modbus 异常功能码（差错码）加上具体的异常码返回给客户机，而异常功能码是由原请求功能码最高位置 1 得到的值。

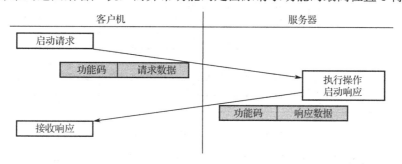

图 6.3　Modbus 的无差错事务处理机制

　　Modbus/TCP 协议基于开发系统互联模型（OSI）中普通的 TCP/IP 协议封装了自己的应用层消息数据单元 ADU，可以认为传统的 Modbus 应用数据单元 ADU 加上 TCP/IP 协议就组成了 Modbus/TCP 协议的数据帧，所以对 Modbus/TCP 协议进行解析需要掌握 ADU 的数据帧格式。图 6.4 所示是 Modbus/TCP 协议帧和串行数据帧的比较，图中 Modbus/TCP 协议帧多了 7Byte 的 MBAP 报文头，而实际协议数据单元一样。

　　Modbus 的地址区和数据区都使用大端对齐编码，即发送多字节数据时先高字节后低字节。Modbus 的数据模型主要分为 4 种：只读的离散量输入、读写的线圈、只读的输入寄存器、读写的保持寄存器。使用的 Modbus 通信服务器设备可设置成应用存储器和数据模型地址对应，以及客户机请求读取或写入数据模型地址和存储器的地址对应。

　　Modbus 公共功能码常用比特访问和 16 比特访问两种类型，如上位机运行的组态软件与现场可编程控制器通信时，01、05、15 功能码代表进行数字量输出或内部存储器数字量读写，02 功能码代表数字量输入读写，03、06 等功能码代表模拟量输出或内部存储器模拟量读写，04 功能码代表模拟量输入读写。Modbus 部分公共功能码如图 6.5 所示。

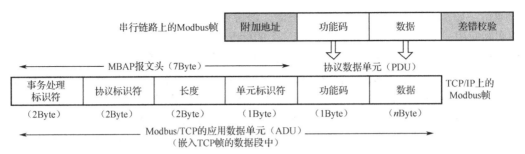

串行链路上的Modbus帧　附加地址　功能码　数据　差错校验

图 6.4　Modbus/TCP 协议帧和串行数据帧的比较

			功能码		
			码	子码	（十六进制）
数据访问	比特访问	物理离散量输入	读输入离散量	02		02
		内部比特或物理线圈	读线圈	01		01
			写单个线圈	05		05
			写多个线圈	15		0F
			⋮	⋮		⋮
	16比特访问	输入存储器	读输入寄存器	04		04
		内部存储器或物理输出存储器	读多个寄存器	03		03
			写单个寄存器	06		06
			写多个寄存器	16		10
			读/写多个寄存器	23		17
			屏蔽写寄存器	22		16
			⋮	⋮		⋮
	文件记录访问		读文件记录	20	6	14
			写文件记录	21	6	15
	封装接口		读设备识别码	43	14	2B

图 6.5　Modbus 部分公共功能码

除了上述公共功能码，在实际的产品开发过程中，系统开发人员还喜欢修改 Modbus 协议来满足自己的需要（Modbus 协议本身也预留了一些功能码）。当然，为了方便用户的通信编程或设置，修改后的协议格式会附在软件说明书上。

Modubs 协议是明文通信，通过对数据报文的分析，可以了解具体的参数信息。例如，在一个 Modbus/TCP 协议功能码 01 的主站和从站（客户机和服务器）通信中，从站控制器的物理线圈存储值如图 6.6 所示，其中 Y5 代表控制器数字量输出值，该输出可能控制继电器线圈或开关阀，Y0～Y4 与 Y5 类似，现在要求读取站号为 2 的从站中 Y0～Y5 线圈的状态。这里对从物理层到 TCP 层的报文不做分析，从应用层 Modbus 的应用数据 ADU 开始分析，请求报文是 0000 0000 0006 02 01 0500 0006，回应报文是 0000 0000 0004 02 01 01 35，具体报文解析如表 6.1 和表 6.2 所示，由表可以得到 Y5～Y0 的状态，即 110101。

当这种公开协议且报文透明传输的方式在受限范围内使用时，其安全问题没有凸显，但在信息社会，特别是当网络安全成为人们关注的焦点之后，该协议的漏洞就会被利用。因此，针对该协议的网络攻击很多。当然，由于该协议具有公开透明特性，大量网络安全的相关研究也是针对该协议的。例如，在安全监控过程中，可以检查数据报的具体变量是否超过阈值、功能码是否在允许范围内、寄存器地址是否合法等。

装置名称	Y7	Y6	Y5	Y4	Y3	Y2	Y1	Y0
状态								
数值内容	3				5			

图 6.6　从站控制器的物理线圈存储值

表 6.1　主站向从站发送请求报文解析

数　据	说　明		
0000	Transaction Idenfifier	2Byte	Modbus/TCP 协议 MBAP 报文头
0000	Protocol Idenfifier，用来确定应用层协议是否为 Modbus 协议	2Byte	
0006	数据长度，从 Slave 的通信地址开始计算	2Byte	
02	Unit Idenfifier，Slave 的通信地址	1Byte	
01	功能码	1Byte	Modbus 协议 PDU 数据
0500	欲读取的位装置起始地址	最大字节数为 148Byte	
0006	欲读取的位装置的数目（Byte）		

表 6.2　从站向主站发送回应报文解析

数　据	说　明
0000	Transaction Idenfifier
0000	Protocol Idenfifier
0004	数据长度，从 Slave 的通信地址开始计算
02	Slave 的通信地址
01	功能码
01	欲读取的位装置的数目（Byte），8bit 为 1Byte。当读取位装置的数目不足 1byte 时，以 1Byte 计算
35	数据内容（Y5～Y0 的状态）35

6.2.2　IEC 60870-5-104 远动规约协议解析

IEC 60870-5-104 远动规约协议简称 IEC-104 协议，是符合 IEC 60870-5 系列标准的规约之一，由国际电工委员会（IEC）制定，它替代 IEC 60870-5-101 远动规约协议在以太网中应用，它们共享了应用数据的定义编码标准，使通信更加方便。目前 IEC-104 协议主要应用于电力领域的以太网通信，在调度主站和远程终端 RTU 之间或调度主站和变电站从站之间传输数据。IEC-104 协议的网络结构模型采用 ISO-OSI 参考模型的第 5 层。

因为 TCP/IP 协议在以太网通信中的开放性和稳定性，IEC-104 协议选择了 TCP/IP 协议，其应用层协议和 IEC-101 协议一样，应用服务数据单元（ASDU）。为了适应以太网通信，IEC-104 协议又包装了应用规约控制信息接口层（APCI），APCI 和 ASDU 合起来被称为应用规约数据单元（APDU），如图 6.7 所示。APDU 报文的启动字符被规定为 68H，其后一个字节表示 APDU 报文的长度，IEC-104 协议规定一个 APDU 报文长度在 255 字节内，即一个 ASDU 报文长度在 249 字节内，这个限制使报文数据过大时必须分成多个 APDU，进行不同数据包报文发送。除此之外，IEC-104 协议还增加了重发和应答等机制，TCP 层的端口号为 2404，该端口号已经被互联网地址分配机构 IANA（Internet Assigned Numbers Authority）认可。

图 6.7 应用规约数据单元（APDU）的结构

IEC-104 协议规定了三种报文格式，即 I 格式、S 格式、U 格式，如图 6.8 所示。其中，I 格式报文主要传递实际的应用数据，如主站控制指令下发、从站开关量上传等。只有 I 格式报文包含 ASDU，其他两种格式报文都不包含 ASDU，只包含 APCI。S 格式报文主要是在 I 格式报文没有回应报文的条件下，回应确认报文的接收。U 格式报文主要用于通信过程的控制功能，如 TCP 链路测试（TESTFR）、启动从站的数据传输（STARTDT）和停止从站的数据传输（STOPDT）。U 格式报文启动时先发送报文，从站响应报文，未发送 STARTDT 信号前，从站可接收遥控信息，但不会主动上传召唤信息、周期信息等。主站发送 STARTDT 信号后，从站可以上传召唤信息或周期信息。主从站建立连接后立即启动测试链路，当达到标志时间 T2（20s）时，主从站都可以发送 TESTFR 信号。

信息传输（I格式）		
字节位 8 7 … 2		1
	0	
MSB发送序列号N（S）		
接收序列号N（R） LSB		0
MSB 接收序列号N（R）		

监视功能（S格式）			
字节位 8 7 … 3		2	1
	0	0	1
0			
接收序列号N（R） LSB			0
MSB 接收序列号N（R）			

控制功能（U格式）							
8	7	6	5	4	3	2	1
TESTFR		STOPDT		STARTDT		1	1
确认	生效	确认	生效	确认	生效		
0							
0							0
0							

图 6.8 IEC-104 协议的三种报文格式

I 格式中 ASDU 是真正意义上主站和从站需要传递的数据，其结构如图 6.9 所示。ASDU 报文完全按照规约制定的结构组装数据并传输，每帧 I 格式报文只有一个类型标识，通过类型标识区别遥控、遥测和遥信数据。它可分为多种类型数据，如从站向主站发送数据类型：1（1H）不带时标的单点信息（M-SP-NA-1）等，其中 1-40、1-70 都属于这种类型标识；从站需要逐条对命令用相同报文确认类型：45（2DH）单点命令（C-SC-NA-1）等，其中 45-51、100-106 都属于这种类型标识。其他文件传输类型标识在这里不再做介绍。ASDU 报文的下一个字节——可变结构限定词十分重要，其决定信息元素的个数和信息元素地址存放的方式。后两个字节代表 COT，其中低字节 D7～D0 代表传送原因有 3（突发）、6（激活）等。公共地址早期主要用于 IEC-101 协议，防止发送数据串线。每个信息的信息体地址都不重叠，信息体地址采用先低后高方式存放。

VSQ可变结构限定词: D7 D6 D5 D4 D3 D2 D1 D0

信息元素的个数

0——信息元素不按顺序摆放，
ASDU中每个元素=信息体地址+信息值
1——信息元素按顺序摆放，
ASDU中从第二个元素开始，只要给出信息值

传送原因: D7～D0——对应IEC-101协议的COT
D15～D8——源发地址，缺省值=0，有效值=1～255
当系统中有多个源时，在监视方向上形成的镜像必须
加上源发地址，以便返回给相应的源

ASDU公共地址: 0——未使用
1～65534——有效值（一般用1～255）
65535——全局地址

信息体地址: D7～D0 对应IEC-101协议的信息体地址
D15～D8
D23～D16 用于结构化对象信息体地址，不用时取0

图 6.9 I 格式中 ASDU 报文的结构

下面对一个主站（调度中心）利用 IEC-104 协议对从站（变电站或发电厂）的断路器进行遥控的过程进行分析，从而更加清楚地了解该协议。图 6.10 显示了调度中心通过 IEC-104 协议对厂站断路器执行遥控操作的流程。执行遥控操作时采用返送校核方式，确保该命令能被正确执行。在遥控过程中，主站发往从站的命令有三种，即选择命令、执行命令和撤销命令。选择命令包括两部分：一部分是选择对象码，用对象码指定对哪一个对象进行操作；另一部分是遥控操作性质码，用操作性质码指示是合闸还是分闸。当主站的选择命令下发后，变电站收到数据包时需要回应选择确认的报文，若返回的数据包中的返校信息与原发命令一致，则再发送执行命令，从站收到执行命令后，会驱使断路器动作。主站需要等变电站和断路器之间的信号交互完成后再执行确认报文的接收，接收后通信结束。当断路器状态发生变化，变位信息上传到变电站时，变电站会将变位信息主动上送到主站。这个数据传输过程都使用 I 格式报文，以类型标识为 2d 且不带时标的单点遥控为例，主站发送给从站的选择命令的报文如表 6.3 所示，从站发送给主站的返校命令的报文如表 6.4 所示，其他命令的报文格式不再给出。

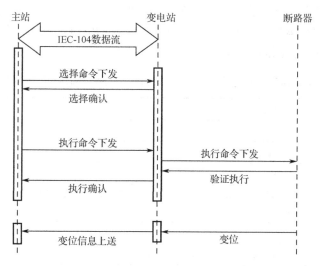

图 6.10 调度中心通过 IEC-104 协议对厂站断路器执行遥控操作的流程

表 6.3　主站发送给从站的选择命令的报文

报文	68	0e	0600	0a00	2d	01	0600	0100	020600	81
对报文的说明	报文头	长度	发送序号	接收序号	类型标识：不带时标单点遥控	可变结构限定词	传输原因：激活	公共地址（装置地址）	信息体地址：0x0602-0x0601=1	控合

表 6.4　从站发送给主站的返校命令的报文

报文	68	0e	0a00	0600	2d	01	0700	0100	020600	81
对报文的说明	报文头	长度	发送序号	接收序号	类型标识：不带时标单点遥控	可变结构限定词	传输原因：激活确认	公共地址（装置地址）	信息体地址：0x0602-0x0601=1	控合

6.2.3　工业控制系统的漏洞及其分析

1. 工业控制系统的漏洞

工业控制系统之所以存在信息安全问题，实质上是由于工业控制系统存在脆弱性或漏洞，而这些漏洞存在被攻击者利用的可能性，因此对工业控制系统及其物理过程造成威胁。一般来说，漏洞是在硬件、软件、协议的具体实现或系统安全策略及人为因素上存在的缺陷，它可以使攻击者在未经系统合法用户授权的情况下访问或破坏系统。漏洞是由系统设计人员、制造人员、检测人员或管理人员的疏忽或过失而产生的。若漏洞没有被发现或非法利用，则它是无害的。正如在亡羊补牢的故事中，坏栅栏可以看作羊圈的漏洞，狼发现了坏栅栏并且经过坏栅栏进入羊圈把羊偷吃了，则产生了损失和危害。若狼没有通过坏栅栏偷吃羊，则羊圈只是存在隐患，这个隐患还没有造成羊被狼偷吃的危害。

发现漏洞的人主要包括计算机专家、黑客、安全服务商、安全组织、系统管理员和个人用户等。当发现漏洞时，计算机专家和安全服务商通常会先向安全组织机构发出警告。我国的国家信息安全漏洞共享平台收集了大量工业控制系统的漏洞，表 6.5 所示为该平台收录的一个工业控制系统的软件漏洞信息。

表 6.5　国家信息安全漏洞共享平台收录的一个工业控制系统的软件漏洞信息

CNVD-ID	CNVD-2019-07712
公开日期	2019-05-03
危害级别	中　（AV:L/AC:H/Au:N/C:C/I:C/A:C）
影响产品	西门子 WinCC V7.2
漏洞描述	西门子 WinCC V7.2 是一款过程监视系统。西门子 WinCC V7.2 存在 DLL 劫持漏洞，攻击者可以利用该漏洞执行任意代码
漏洞类型	通用型漏洞
漏洞解决方案	厂家尚未提供漏洞修复方案，请关注厂家主页更新
厂家补丁	西门子 WinCC V7.2 存在 DLL 劫持漏洞

验证信息	已验证
报送时间	2019-03-19
收录时间	2019-03-21
更新时间	2019-03-25

关于典型的工业控制系统，我们可以从以下几个方面分析其漏洞。

1）体系架构漏洞

现代工业控制系统的体系架构经过多次变迁，以及在众多行业的应用考验，满足了工业生产对工业控制系统的性能需求，体系架构已经比较成熟稳定。不过，体系架构演变主要受用户需求提升、技术进步及市场竞争等因素的推动，体系架构演变过程较少考虑利用系统的体系架构应对工业控制系统信息安全，从而导致体系架构存在漏洞。例如，工业控制系统的不同层级之间较少进行边界防护；每个层级较少采取有针对性的安全监测与防护；较少考虑安全分区，一般把安全问题局限在局部区域，防止局部安全事件对系统全局安全产生影响等。

2）安全策略漏洞

在工业生产中与生产直接相关的安全策略受到高度重视，但信息安全属于信息化带来的问题，其安全策略不太受到重视。安全策略漏洞表现在如下几方面。

➢ 工业控制系统很少或不使用补丁。基于系统稳定性的考虑，相关人员认为补丁程序可能对系统的各种软件产生影响或需要重启系统才能生效。

➢ 杀毒软件可能影响系统软件的运行。即使安装了杀毒软件，工业控制系统也很少进行病毒库升级，这导致杀毒软件失去了应有的保护作用。

3）软件漏洞

工业控制系统的一切行为都是由软件管理的，软件不可能完全没有漏洞。一般来说，典型的软件漏洞有缓冲区溢出、SQL 注入、格式化字符串等，这些漏洞有可能导致工业控制系统受到网络攻击。

4）通信协议漏洞

大部分工业控制系统的通信协议如 Modbus、DNP、IEC 60870-5 是在很多年前设计的，这些协议在设计时主要考虑数据通信的实现问题，较少考虑通信的安全性。为了确保工业控制系统的实时性，不论是传统的串行通信还是现代的以太网通信，很少采用加密方式传输数据。大多数工业控制系统的通信协议还缺乏验证机制，即不能保证主站和从站之间发送的消息的完整性。此外，工业控制系统的通信协议也不包括任何不可抵赖性和防重放机制。攻击者可以利用工业控制系统的这些安全漏洞，发动拒绝服务攻击、中间人攻击、重放攻击、欺骗攻击等。

5）策略和过程漏洞

在工业控制系统的使用过程中，一些不完整、不正确的信息安全策略，不适当的配置或缺少特别适用的安全策略通常会导致工业控制系统存在漏洞，如缺乏信息安全机制实施方面的管理机制、审计机制，以及不间断操作或灾难恢复机制；缺乏对硬件、软件、整机和技术规范的修改过程的严格控制与管理，导致工业控制系统受到不恰当、不正确的配置与修改；缺乏利用工业控制系统信息安全技术与管理人员来应对信息安全事件的意识；缺乏对远程接入系统的设备的控制和监管；缺乏对系统中无线通信安全的监管等。

6）工业控制系统网络漏洞

工业控制系统包括层次化的网络系统，自底向上有传感器执行器网络、现场总线、工业以太网、企业信息网等。在实际使用过程中，工业控制系统网络和与之相连的其他网络的缺陷、错误配置或不完善的网络管理过程可能导致工业控制系统出现漏洞。虽然这些漏洞可以通过各种不同类型的信息安全措施，如深度防御的网络规划设计、加密网络通信过程、控制网络流量及对网络元素的物理访问过程进行控制等，得到控制，但由于各种原因，工业现场较少真正实施这些措施。

2. 工业控制系统漏洞分析示例

某型号工业控制器实现对某工业过程的控制，主要被控参数包括液位和温度等。控制器与监控计算机之间通过 Modbus/TCP 协议通信。在正常情况下，若人机界面的数据与控制器的数据是对应的，则工业控制系统正常工作。

Modbus 通信一次典型的请求/响应对话包含三个阶段：上位机向控制器发出"写"请求数据包、控制器根据请求数据包做出响应、发出相应数据包完成控制行为。Modbus 通信一次典型的请求/响应对话如图 6.11 所示。

```
275 6.378741   192.168.0.101      192.168.0.75       Modbus/   66   query [ 1 pkt(s): trans:
277 6.382294   192.168.0.75       192.168.0.101      Modbus/   67 response [ 1 pkt(s): trans:
283 6.580199   192.168.0.101      192.168.0.75       TCP       60 49167 > asa-appl-proto [ACK] S
287 6.690667   192.168.0.101      192.168.0.75       Modbus/   66   query [ 1 pkt(s): trans:
290 6.694283   192.168.0.75       192.168.0.101      Modbus/   67 response [ 1 pkt(s): trans:

⊞ Frame 275: 66 bytes on wire (528 bits), 66 bytes captured (528 bits)
⊞ Ethernet II, Src: Dell_bd:14:7f (d4:ae:52:bd:14:7f), Dst: SagemCom_3d:ac:50 (00:15:56:3d:ac:50)
⊞ Internet Protocol Version 4, Src: 192.168.0.101 (192.168.0.101), Dst: 192.168.0.75 (192.168.0.75)
⊞ Transmission Control Protocol, Src Port: 49167 (49167), Dst Port: asa-appl-proto (502), Seq: 169,
⊟ Modbus/TCP
    transaction identifier: 0
    protocol identifier: 0
    length: 6
    unit identifier: 1
⊟ Modbus
    function 3:  Read multiple registers
    reference number: 0
    word count: 2
```

图 6.11 Modbus 通信一次典型的请求/响应对话

控制器与上位机之间的通信通过 Modbus 协议的功能码识别控制行为（是读操作还是写操作）。在串行链路中一个完整的 Modbus 协议数据帧包含通信的地址域、数据单元（Modbus PDU）、校验码等，如图 6.12 所示。

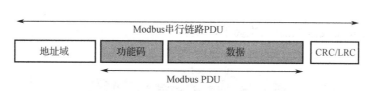

图 6.12　一个完整的 Modbus 协议数据帧

在测试环境下，控制器的注册 IP 为 20.0.0.3 和 192.168.0.3，子网掩码为 255.255.255.0，由该控制器的使用手册可知，仅在 20.0.0.X 和 192.168.0.X 网段内主机可与 RTU 通信。

在实际工业环境中，RTU 与上位机之间的网络地址分配在同一个网段，而外部攻击者的 IP 地址往往与 RTU 的注册 IP 地址是不同网段，这就需要外部攻击者先伪装成与注册 IP 同网段的主机之一，然后才能够发送 Modbus 数据包与控制器通信，并对控制器展开攻击（修改程序、改变控制命令和控制参数等）。在本示例中，测试主机 A 的地址为 192.168.1.20，控制器地址为 192.168.0.75。

假设攻击者伪造 Modbus 数据包与控制器通信，它在 TCP 伪连接过程中，伪装成注册 IP 网段的一个主机，其步骤如下。

➤ 攻击者先开启一个 TCP 会话，如图 6.13 所示。

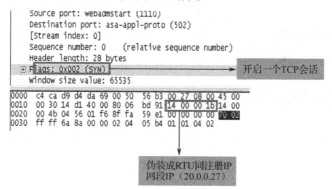

图 6.13　攻击者开启 TCP 会话

➤ RTU 响应攻击者的请求，如图 6.14 所示。

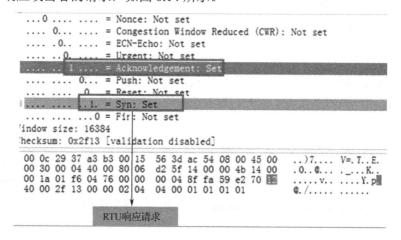

图 6.14　RTU 响应攻击者的请求

➤ 攻击者与 RTU 之间完成三次握手，成功建立会话，如图 6.15 所示。

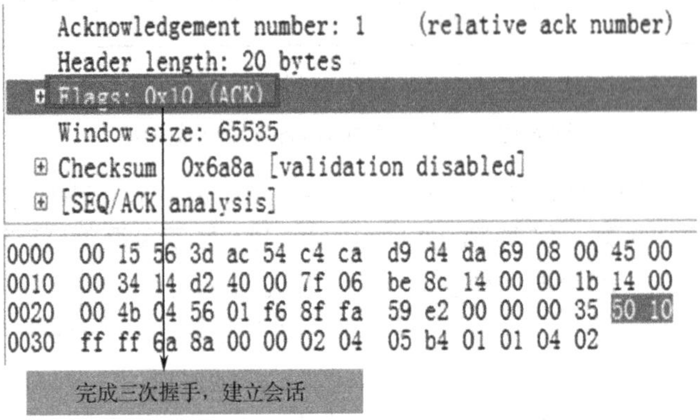

```
Acknowledgement number: 1    (relative ack number)
Header length: 20 bytes
⊟ Flags: 0x10 (ACK)
Window size: 65535
⊞ Checksum  0x6a8a [validation disabled]
⊞ [SEQ/ACK analysis]

0000   00 15 56 3d ac 54 c4 ca  d9 d4 da 69 08 00 45 00
0010   00 34 14 d2 40 00 7f 06  be 8c 14 00 00 1b 14 00
0020   00 4b 04 56 01 f6 8f fa  59 e2 00 00 00 35 50 10
0030   ff ff 6a 8a 00 00 02 04  05 b4 01 01 04 02
```

完成三次握手，建立会话

图 6.15　建立会话

　　测试机伪装成注册 IP 网段的主机，并实现 TCP 伪连接。伪连接建立之后，可以继续向控制器发送包含读、写信息指令的 Modbus 数据包，从而实现对该工业控制系统的攻击。Modbus 协议的漏洞在下一节有详细介绍。

　　通过此示例可以得出，攻击者是如何利用通信协议漏洞发动对工业控制系统的攻击的，这种攻击可以对工业控制系统造成重大影响。复杂的网络攻击会同时利用工业控制系统、操作系统甚至数据库的多个漏洞来进行攻击。

6.2.4　工业控制系统的典型通信协议漏洞分析

　　绝大多数工业控制协议在设计时，仅仅考虑了功能实现、通信效率、实时性、可靠性等。即使一些用于功能安全场合的通信协议也只会考虑通信中的功能安全，较少工业控制系统的通信协议会考虑信息安全。现有工业控制系统的通信协议的规约设计普遍缺乏接入控制、认证、授权、加密等安全机制，导致采用这些通信协议的工业控制系统易受到攻击。

1. Modbus 协议漏洞

1）缺乏接入控制

　　接入控制的目的是保证只有授权用户才能接入系统，并参与通信过程。接入控制过程包括认证与授权机制。Modbus 协议缺乏这个机制，使攻击者可以把攻击设备接入网络而不被发现，冒充合法用户来对系统实施监听、攻击或破坏。

2）缺乏认证

　　认证的目的是保证收到的信息来自合法用户，未认证用户向设备发送的控制命令不会被执行。在 Modbus 协议的通信过程中，没有任何与认证相关的定义，攻击者只需要找到一个合法的地址就可以使用功能码建立一个 Modbus 会话，从而扰乱整个或部分控制过程。

3）缺乏授权

　　授权的目的是保证不同特权的操作由拥有不同权限的认证用户来完成，这样可以大大降低误操作与内部攻击的概率。目前 Modbus 协议没有基于角色的访问控制机制，没有对用户进行分类，也没有对用户的权限进行划分，这会导致任意用户可以执行任意功能。

4）缺乏加密

Modbus 协议封装的是 ADU，传输的也是 ADU，在网络上是以明文的形式传输数据的，加密机制的缺乏使得攻击者可以很容易地通过抓包技术来解析数据包。

由于 Modbus 协议存在上述设计缺陷，在实际应用中会出现功能码滥用、代码缓冲区溢出，引发安全问题。

使用 Modbus 协议的工业控制系统需要异常行为检测、安全审计及加装防火墙等安全手段，避免不合理地使用功能码，降低安全风险。

2．OPC 规范的漏洞

传统的 OPC 规范在工业控制系统实时数据交换方面发挥了非常重要的作用，应用非常普遍。但 OPC 规范也存在安全问题，主要表现在如下几方面。

- ➤ 操作系统漏洞对协议安全的影响。由于传统的 OPC 规范是基于 Windows 操作系统的，因此，系统的安全问题也会影响 OPC 规范。OPC 规范是基于微软的 DCOM 技术的，而该技术存在较多漏洞，这些漏洞也成为传统的 OPC 规范漏洞的来源和攻击入口。
- ➤ Windows 操作系统的弱口令。传统的 OPC 规范使用的基本的通信握手过程需要建立在 DCOM 技术基础上，通过 Windows 内置账户的方式进行认证。但大量 OPC 主机使用弱安全认证，即使启用了认证机制也常使用弱口令。
- ➤ 部署的操作系统承载了多余的、不必要的服务。许多系统启用了与工业控制系统应用无关的、额外的 Windows 服务，导致了非必要的运行进程和开放端口，如 HTTP、NEBBIOS 等系统入口，这些问题将 OPC 主机暴露在攻击之下。
- ➤ 审计设备不完善。由于 Windows 2000/XP 审计功能的缺省设置是不记录 DCOM 连接请求的，因此攻击发生时，日志记录往往不充分甚至缺失，无法提供足够的证据。
- ➤ 远程过程调用（RPC）漏洞。OPC 规范使用了 RPC，因而容易受所有与 RPC 相关的漏洞的影响。攻击底层 RPC 漏洞可以导致非法执行代码或 DoS 攻击。

使用 OPC 规范的工业控制系统应该及时升级系统补丁。在补丁程序不能确保安全性的情况下，采取其他适当的安全控制手段是很有必要的。

此外，OPC 基金会已发布了新的 OPC UA 规范，该规范独立于微软操作系统及 DCOM 技术，在安全性方面进行了较为全面的设计，能较好地解决传统的 OPC 规范在安全性上的不足。新的工业控制系统应多采用 OPC UA 规范，以提高系统的安全性。

6.2.5　网络扫描

1．网络扫描概述

网络扫描是指对计算机系统或其他网络系统进行相关的安全检测，以便发现安全隐患和可能被黑客利用的漏洞。目前，大多数系统都存在一定的漏洞，如果根据具体的应用环境，尽可能早地通过网络扫描来发现这些漏洞，并及时采取适当的处理措施进行补救，就可能有效地阻止入侵事件的发生。系统管理员可以根据安全策略，使用网络扫描工具对系统实施保护。

通过网络扫描技术，网络安全管理员可以了解网络的安全配置和运行的应用服务、及时发现安全漏洞、评估网络风险，并可以根据扫描的结果及时修补系统漏洞、更正系统的错误安全配置，从而保护网络安全。与防火墙技术和入侵检测技术相比，扫描技术是一种更主动和积极的安全措施。

对在线运行的工业控制系统进行网络扫描要十分慎重，因为该动作可能造成一些工业控制系统设备的性能下降甚至死机，对生产的正常运行造成影响。

2．网络扫描技术

从实现的技术角度看，网络扫描可分为基于主机的扫描和基于网络的扫描。网络扫描通常采用两种策略，一种是被动式策略，另一种是主动式策略。被动式策略是基于主机的，对系统中不合适的设置、脆弱的口令及其他与安全规范相抵触的对象进行检查；而主动式策略是基于网络的，通过执行一些脚本文件模拟对系统进行攻击的行为并记录系统的反应，从而发现漏洞。

基于主机的扫描可以采用 Ping、Ping Sweep 或 ICMP Broadcast 三种方式进行。

基于网络的扫描可分为主机扫描、端口扫描、传输协议扫描、漏洞扫描等。

端口扫描的目的是探测主机的开放端口，其实现方式是对目标主机的每个端口发送信息，用扫描器对着目标主机进行查询，最终会查出哪些主机开放了哪些端口。系统的某些端口为一些固定的服务的默认端口，攻击者可以利用相应的端口检测系统漏洞，进而利用系统漏洞对系统发起攻击。一些比较重视安全的服务器可能会更改默认端口，以迷惑攻击者。

端口扫描主要有 TCP Connect 扫描、TCP SYN 扫描、TCP FIN 扫描等，其实质是通过向目标主机发送 TCP 报文，根据目标主机的回复来判断目标主机端口的开放情况。

目前在互联网中有各种实现网络扫描的工具，即扫描器。扫描器实质上是一种自动检测远程或本地主机安全性弱点的程序。互联网有很多网络安全工具，它们集成了较多功能，既可以扫描，又可以监听和检测，还可以捕获和分析信息，如 SuperScan、PortScan、Win Snifferhe Wireshark 等。

6.3　针对工业控制系统的攻击手段与攻击过程

6.3.1　针对工业控制系统的攻击手段

1．针对信息系统的攻击手段

从传统 IT 信息安全角度来看，针对信息系统的主要攻击手段如下。

1）拒绝服务攻击

DoS（Denial of Service）攻击即拒绝服务攻击，它采用各种非法手段耗尽被攻击对象的资源，造成目标主机的 TCP/IP 协议层拥堵，导致被攻击主机无法提供正常的服务，严重的会使被攻击系统停止响应甚至崩溃。常见的 DoS 攻击包括针对计算机网络带宽的攻击和针对连通性能的攻击。在物联网中 DoS 攻击是一种典型的网络攻击。

DoS 攻击的具体表现方式如下。

➢ 制造大量无用数据，造成通往被攻击主机的网络拥堵，使被攻击主机无法正常和外界通信。

➢ 利用目标提供的服务程序或传输协议自身的缺陷，反复高频地发出攻击性的服务请求，使被攻击主机无法及时处理其他正常的请求。

➢ 利用目标提供的服务程序或传输协议自身的缺陷，反复发送畸形的攻击数据，引发系统错误地分配大量系统资源，使主机处于挂起状态甚至死机。

泛洪攻击是一种比较常见的 DoS 攻击方式，它利用网络协议的缺陷，向服务器发送伪造的数据包以欺骗服务器，将该数据包的原 IP 地址设置为不存在或不合法。服务器一旦接收到该数据包便会返回接收请求，并开启自己的监听端口不断等待，而伪造的数据包不存在，这就浪费了系统的资源。

2）中间人攻击

中间人攻击（Man in the Middle Attack，简称 MITM 攻击）是计算机安全和密码学领域的一个概念，这种攻击模式是指攻击者与通信两端主体分别建立独立的联系，由攻击者分别扮演通信两端主体的角色与对方进行通信，同时，攻击者不仅能够窃听通信两端主体的对话内容，还能够将对话信息进行篡改后再转发给另一方，这时通信两端主体并不会意识到接收的信息已经不合法，此处攻击者就是中间人。

中间人攻击的示意图如图 6.16 所示。

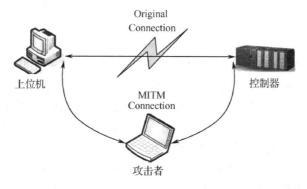

图 6.16　中间人攻击的示意图

实施中间人攻击时，攻击者惯用的手法有 ARP 欺骗和 DNS 欺骗等，即将会话双方的通信流暗中改变，而这种改变对于会话双方来说是完全透明的。

3）重放攻击

重放攻击（Replay Attacks）是信息安全领域常用的攻击方式之一，它是指攻击者利用以前通信或当前通信的消息或消息片段重新发送给目标主机，以实现欺骗的攻击行为。该攻击主要用于破坏身份认证的正确性，攻击者利用网络监听或其他方式盗取认证凭据，之后再把它重新发给认证服务器。例如，攻击者在向控制器下载程序时，可以利用重放攻击绕过下载程序需要的口令输入环节，把"攻击者"的程序下载到控制器中。

4）欺骗攻击

欺骗攻击是指向控制中心发送虚假信息，导致操作中心不能正确了解生产控制现场的实际工况，诱使其执行错误操作。

2. 针对工业控制系统的攻击手段

1）侦察攻击

侦察攻击（Reconnaissance Attacks）是攻击者为了获取尽可能多的目标系统信息而设计的，完备的侦察攻击可加大黑客攻击的成功率。侦察攻击的目的是收集工业控制系统的信息、侦测系统的网络架构并收集设备特征，如设备制造商支持的网络协议、设备和内存映射的地址。以针对 Modbus 协议的工业控制系统为例，侦察攻击入侵 Modbus 服务器可采取如下四种攻击方式。

地址扫描：通过向不同的 Modbus 服务器地址广播轮询的响应发现工业控制系统的服务器连接。

功能编码扫描：通过已经辨别的服务器来识别其支持的 Modbus 功能编码。

设备识别攻击：通过此类攻击获取供应商设备信息、产品代码、设备或固件版本信息等。

节点扫描：通过节点扫描建立 Modbus 服务器的内存映射，掌握输入、输出寄存器的信息。

2）响应注入攻击

工业控制系统通常采用广播轮询技术监测过程的状态信息。轮询机制采取由客户端向服务端发送查询数据包，由服务端向客户端发送响应数据包。系统的状态信息被实时发送到人机界面，用来监控控制过程、存储历史测量数据，并将测量过程参数和基于过程状态的控制测量反馈给控制回路。响应注入攻击（Response Injection Attacks）是指恶意篡改从服务端发送至客户端的状态信息，它被分为简单的恶意响应（Naive Malicious Response Injection，NMRI）攻击和复杂的恶意响应（Complex Malicious Response Injection，CMRI）攻击。其中 NMRI 攻击是指向网络中注入或改变数据包，使系统无法获得被监控的过程信息；而 CMRI 攻击试图掩盖物理过程的正常状态，给控制系统造成不利的影响，此类攻击需要深入了解目标系统。

3）命令注入攻击

命令注入攻击（Command Injection Attacks）是指通过恶意注入错误的控制和配置命令

来改变系统行为。命令注入攻击会导致系统设备通信中断、未授权更改设备配置信息和过程临界值。命令注入攻击主要分为以下三种攻击方式。

恶意状态命令注入（MSCI）攻击：通过恶意命令攻击远程终端设备，使其从安全状态变为临界状态。

恶意参数命令注入（MPCI）攻击：通过恶意命令改变工业控制系统的各类控制器的变量设定值或控制参数。

恶意功能编码命令注入（MFCI）攻击：通过恶意命令改变内置的协议功能。

4）拒绝服务攻击

拒绝服务攻击的内容同常规的 IT 攻击，这里不再详述。

在工业控制系统中，某些厂家的现场控制器会采取一些防护措施。当监控层服务器与现场控制器受到拒绝服务攻击，造成它们之间的通信瘫痪、服务器及操作员站数据异常，无法监控生产运行时，由于控制器仍然能继续运行，因此，被控的物理过程及设备仍然处于受控状态，减少了攻击的风险和后果。

3．针对工业控制系统的攻击分析

完整的工业控制系统从底向上包括现场物理层设备、基本过程控制系统（传感执行层、监控层和控制层）、制造执行系统和 ERP。由于监控设备越接近物理层，其对物理过程的控制和安全运行越重要，因此，这些设备是安全防护的重点，也是攻击的重点和目标。这里忽略最上层部分，只考虑物理层、控制层和监控层，针对工业控制系统的各类攻击示意图如图 6.17 所示。一个工业控制系统的攻击可分为 A0～A6。

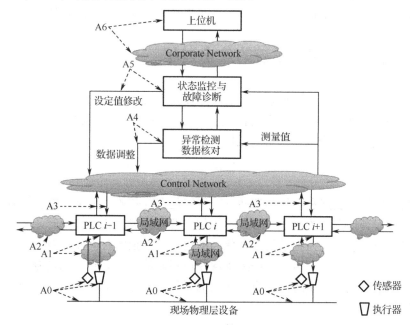

图 6.17　针对工业控制系统的各类攻击示意图

> A0 攻击是针对现场物理设备的。这类攻击更加直接，可能造成的破坏程度也大。但

此类攻击需要攻击者接触生产现场设备才能实施，而且代价较大，隐蔽性差。此外，由于设备的物理防护周密，此类攻击难度较大。因此，攻击者更多的是实施 A1～A6 这几种类型的攻击，即利用工业控制系统本身的漏洞，通过非接触方式，以信息战的形式实现破坏工业控制系统甚至关键生产设备的目的，本部分也主要讨论这一类信息安全问题。

➤ A1 和 A2 攻击是针对工业网络的。A1 攻击可能在控制系统局域网与过程设备之间造成拒绝服务攻击，或者对传感器实施欺骗攻击。A2 攻击也会形成类似的拒绝服务攻击或欺骗攻击，造成 PLC 内部通信障碍。如果这类攻击不修改数据报文的参数或指令，单纯造成通信中断，通常不会造成严重后果，因为现有的 PLC 等现场控制器在受到拒绝服务攻击时一般不会死机，仍然能正常运行，因此不会造成现场设备失控。对于有多个现场控制站的系统而言，如果一个控制站的控制功能依赖其他站的 I/O 等信息，可能造成控制功能异常，影响现场设备的运行。

➤ A3 攻击是针对控制网络的，会引起监控系统与控制系统之间的通信障碍，隐藏控制系统出现的异常，并导致上位机的数据记录、监控和调度等功能无法执行。

➤ A4 攻击是针对数据校核功能的，通过篡改状态观测数据来隐藏异常，或者通过修改设定值、控制器参数等对工业控制系统造成破坏。对数据校核功能的攻击会导致依赖这些数据的状态监测与故障诊断、操作优化、先进控制等系统工作异常，严重破坏工业控制系统的数据完整性。

➤ A5 攻击是针对状态监测与故障诊断系统的，它可能造成隐藏故障或制造生产故障假象等，导致系统漏报警和误报警，严重影响操作人员的操作和决策，威胁生产安全。

➤ A6 攻击是针对上位机的，它造成上位机无法正常工作，其结果是无论现场发生任何异常，上位机都无法进行操作，攻击者可以对工业控制系统进行任意破坏。

6.3.2　针对工业控制系统的攻击过程

人们要了解如何防护工业控制系统，就有必要知道攻击者是如何渗透并最终实现对工业控制系统的攻击的，以及了解入侵过程的一般知识。一般来说，黑客攻击工业控制系统的一般过程如图 6.18 所示，整个攻击过程包括以下步骤。

1. 侦察

工业网络、协议、资产和系统与普通 IT 系统是有区别的，如果攻击者计划渗透工业控制系统，就需要对具体在用的系统进行集中的信息搜索。黑客攻击企业时，会专注于侦察企业的公共信息，以了解工业控制系统资产使用的类型、转换的时间安排及与该企业进行合作的伙伴、服务或交易。由于大多数资产提供商使用不同的并且有时用的是专有的工业协议，因此，如果知道了工业控制系统内部资产使用的类型，攻击者就可以根据系统、设备和协议去搜索相关的信息。

在网络上有较多的工具可以搜索相关的信息，如可以使用已知的工具识别使用 SCADA 协议的设备。对于攻击者来说，直接侵入工业控制系统是有很大难度的，而且也不易利用逆向工程找到系统漏洞，但通过了解工业控制系统使用的设备，攻击者就能够发现已知的漏洞，或者通过反向通道获取特定设备的研究资料，以便找到其中的漏洞或"后门"。例如，在 Stuxnet 示例中，一个硬编码的认证过程被用来获得对可编程控制器的访问权限。

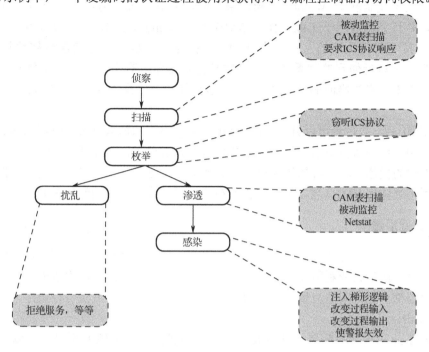

图 6.18　黑客攻击工业控制系统的一般过程

2．扫描

在网络上有大量的工具可以实现多种用途的网络扫描，如实现 ping 扫描、端口扫描、操作系统检测、服务器检测和服务器版本检测等。网络扫描通常从一个较宽的范围开始尝试，使用 ping 扫描以确定网络设备和主机，然后利用网络控制报文协议（ICMP）来确定其他信息，如网络掩码、开放的 TCP 和用户数据报协议（UDP）端口等。通过对工业网络的扫描，可以迅速识别 SCADA 系统或 DCS 的通信，这就使攻击者把重点放在这些项目上。例如，攻击者发现了一台使用 502 端口的设备，而该端口使用的是 Modubs 协议，因此，该设备很可能是 HMI 或一些正在与 HMI 通信的工作站。

在扫描工业网络时，会出现一些问题。例如，由于许多工业网络协议对 and/or 变量极其敏感，硬扫描可能导致工业网络瘫痪，有时一个简单的网络扫描就可能中断网络服务。另外，工业网络扫描被认为是 DoS 攻击。由于许多工业协议是实时的，并且过程是紧密同步的，网络扫描引入实时网络的额外数据包对工业控制系统具有破坏性，这也是工业控制系统在运行时不能扫描的原因。

每种工业协议利用的是自身的功能代码和一些专有的可用于指定设备的功能扫描（需要进行侦察）。例如，在串行实时通信 SERCOS 网络中，通过捕获一个主数据包可以很容易地确定所有的从设备，这是由于所有节点之间的通信打包成一个通用的消息。通过获取一个 SERCOS 主数据报文，攻击者可以找出特定设备之间通信的指定时隙，以及使用 TCP/IP 协议时的可用周期。

3．枚举

很多工业系统是基于 Windows 操作系统的，而该系统的用户账户可以以标准的方式枚举出来，并且完全适用于工业运作。这对依赖于 Windows OLE 和 DOCM 的经典 OPC 更是如此，其中获得认证的主机允许 OPC 进行控制。尽管缺乏底层网络协议的身份认证，但枚举仍可以延伸到控制系统内的具体身份和角色。有用的认证信息包括以下内容：HMI 用户、ICCP 服务器证书（双边表）、主节点地址（对所有主/从工业协议）、历史数据库认证。

接入 HMI 后，攻击者可以直接控制 HMI 的管理进程和窃取有关该进程的信息。如果攻击者获取了 ICCP 服务器证书，将导致 ICCP 服务器被欺骗，从而使攻击者能够窃取或操控控制中心传输的信息。攻击者如果获得主节点地址，就可以欺骗主节点，获得对控制回路的控制权，而无须访问 HMI（攻击者可以直接在此处的总线上注入功能代码）。

4．扰乱或渗透

通过确定防火墙允许通过的流量，攻击者就可以使用这些被允许的流量进行扫描，利用软扫描进行真正的侦察或利用硬扫描完成服务中断。一个配置好的防火墙能使扫描不成功，但所有防火墙都会允许某些流量通过。通过欺骗合法通信，异常流量可以被注入控制网络，造成 DoS 攻击。

因此，工业防火墙的配置十分重要。此外，为了弥补防火墙的不足，可以使用入侵检测、入侵防护或应用程序监控器之类的设备来检测协议运行时的隐藏通道或漏洞，防止攻击者的渗透。

6.4　工业控制系统的安全监控工具

6.4.1　协议分析器

当进行网络管理和网络安全管理时，人们除了需要从宏观上管理网络的性能，还需要从微观上分析数据包的内容，以确保网络安全运行。因此，人们需要使用协议分析工具，捕获在网络中传输的数据包并对数据包进行统计和分析。例如，人们可以通过数据包分析了解协议的实现情况、是否存在网络攻击行为等。黑客也常常借助协议分析器开展安全攻击，协议分析器也称嗅探器（Sniffer）。

协议分析器是捕获网络数据包并进行协议分析的工具，它可分为局域网分析器和广域网分析器。局域网分析器用来捕获和显示来自局域网的信息数据，一般局域网分析器通过集线器或交换机接入局域网。

协议分析器的主要功能如下。

1．捕获数据包

人们要进行协议分析首先要捕获数据包。协议分析器可以捕获所有流经其所控制的媒体的数据，高端的协议分析器还可以制订捕获计划和触发条件。

2．数据包统计

协议分析器可以对捕获的数据包进行统计和分析，它根据时间、协议类型和错误率等进行分析，甚至可以打印出各种直观的图表和报表。

3．过滤数据

大量数据包的捕获会消耗太多的系统资源，造成系统性能下降。协议分析器可以设置过滤功能，只捕获满足特定条件的数据包。当大量捕获结果排错的时候，协议分析器也需要过滤无关的数据包。

4．数据包解码

捕获的数据包的内容是 0/1 的比特流，协议分析器可以对这些比特流进行解码，识别封装的头部信息和有效净载荷。网络协议很多，好的协议分析器能对各种协议数据包进行解码。工业控制系统使用的通信协议较多，其中大多通信协议是私有协议，数据包解码有一定的困难。

协议分析器分为软件协议分析器和硬件协议分析器两种，软件协议分析器有 Packetboy、Net Monitor、Tcpdump 与 Wireshark 等，其优点是物美价廉，易于学习使用；缺点是无法抓取网络上所有的传输数据，在某些情况下也就无法了解网络的故障和运行情况。硬件协议分析器通常称为协议分析器，一般是商业性的，价格比较贵。

6.4.2　Libpcap 抓包框架

抓包（Packet Capture）是指对网络发送与接收的数据包进行截获、重发、编辑、转存等操作，也用来检查网络安全和进行数据截获等。对工业控制系统的网络进行抓包时，通常数据采集系统采取旁路方式接入网络中，然后用交换机端口映射的配置方式，将网络内所有数据包复制一份到该模块所在的硬件平台网口，并将其网卡设为混杂模式。因为只有以该模式工作，网络数据包采集模块的网卡才会接收所有经过该网卡的链路层协议数据包。抓包分析是进行网络监控、网络工作模式分析、入侵检测等的基础，这与工业控制系统先要通过传感器采集数据才能进行控制、监控是一个道理。

Libpcap（Packet Capture Library）是 Unix/Linux 平台下的网络数据包捕获函数库。Libpcap 抓包框是一系列经过实际流量捕获场景验证后得到的函数方法的集合。使用 Libpcap 时只需要在用户程序中直接调用其 API，不需要关注底层网络驱动捕获数据和传递数据的具体实现。由于 Libpcap 移植性好，函数库底层框架扩展性高，因此 Snort、Tcpdump、Wireshark 等网络流量分析领域的知名软件都直接调用该函数库。

Libpcap 数据传输流程如图 6.19 所示，其主要由网络接口层、内核层和用户层组成。基于以太网的网络由网卡硬件捕获一帧网络数据包,网卡驱动进行中断处理,通过旁路机制的分接口从网卡缓冲区直接拷贝一份数据至过滤缓冲区,若此时过滤器起作用,则数据包经过过滤规则筛选,通过的数据复制至系统缓冲区。若内核过滤器未设置过滤规则,则数据包直接从网卡缓冲区复制至系统缓冲区。数据包从系统缓冲区通过不同的协议栈传递到用户缓冲区,用户层可以通过调用 Libpcap 提供的 API 接口库从用户缓冲区读取数据包并进行处理,即开发者不需要关注底层实现,只需要正确调用 Libpcap,就能完成网络流量数据包的捕获和处理。

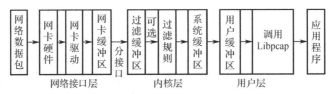

图 6.19　Libpcap 数据传输流程

6.4.3　Snort 入侵检测框架

Snort 是基于误用检测(特征检测)模型的一款优秀软件,它具有开源、可二次开发、轻量级、扩展性好等特点,几乎成为国际入侵检测业内的标准。Snort 能运行在大多数操作系统上,支持多种硬件平台,并且其具有开源性,对于入侵检测系统的二次开发来说是最好的选择。

Snort 入侵检测框架又被称为网络数据包嗅探器,它主要包括网络流量数据包记录器和入侵检测两种模式。Snort 主体的工作流程图如图 6.20 所示,入侵检测的实现过程是把处理过的网络数据流量和定义好的规则进行模式匹配。Snort 的入侵检测功能体现在其加入新规则就可以检测新的攻击类型方面。Snort 的检测规则存储在文本中,不同类型的规则存储在不同文件中,通过 snort.conf 引用规则文件,其中数据报文解码模块、预处理器模块和检测引擎模块是 Snort 入侵检测框架的核心。

Snort 入侵检测系统完成初始化后先要进行数据包解析,数据包解析模块的工作流程图如图 6.21 所示。由 Libpcap 的 pcap_loop 函数捕获数据包,通过回调函数将网络数据包交给 ProcessPacket 函数处理。由于之前主函数调用了 SetPktProcessor 函数,选择了后续的解码函数,因此在 ProcessPacket 中执行该解码函数,即调用 grinder 指针指向的解码函数对捕获的数据包进行解码。例如,对 Ethernet 网络数据包执行 DecodeEthPkt 函数,此后再直接调用下一层的解码器,一层层剥开网络流量数据包,从下往上按照协议栈的划分最终完成数据包的解码过程。

Snort 入侵检测系统的数据包解析模块比较复杂,几乎包含 TCP/IP 协议的所有协议,所以流程图不能全部画出,但各种协议的解析原理大致相同,同一层协议的解析方法可以相互参考。其中根据 Snort 源代码总结的解码函数可分为两类,一类是数据链路层解码函数,如以太网数据包的解码函数 DecodeEthPkt、IEEE802.11 数据包的解码函数 DecodeIEEE80211Pkt 等;另一类是其他上层协议解码函数,如 IP 数据包的解码函数 DecodeIP 等。

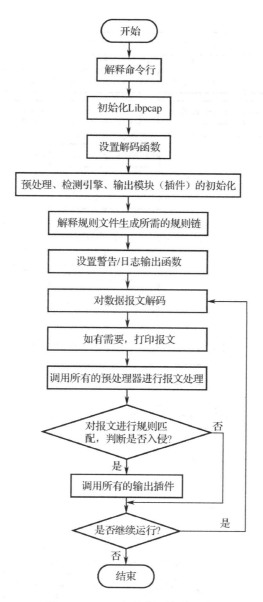

图 6.20 Snort 主体的工作流程图

数据包解码分析完成后，Snort 入侵检测系统要对预处理插件进行处理，其目的是对数据包报文进行分片重组和流重组，检查流量异常行为。预处理插件的开发方法充分表现了Snort 软件的扩展性，它允许开发者扩展自己定制的功能，并且提供了完善的插件模板供开发者参考。预处理插件只出现在 Snort 选择入侵检测模式中，由于预处理插件已经初始化，预处理模块可以在数据包解析模块后的 ProcessPacket 函数中直接调用子函数 Preprocess（&p）。Snort 预处理插件主要分为两种，一种是对典型的检测引擎不容易特征匹配出来的网络可疑行为进行提前检测，如 ARP 欺骗的预处理插件；另一种是对网络流量数据包进行标准化处理，使网络攻击不容易躲避检测引擎的检测，如 frag2 分片重组插件将特殊的分片攻击包利用 frag2 算法进行重组，其工作流程图如图 6.22 所示。

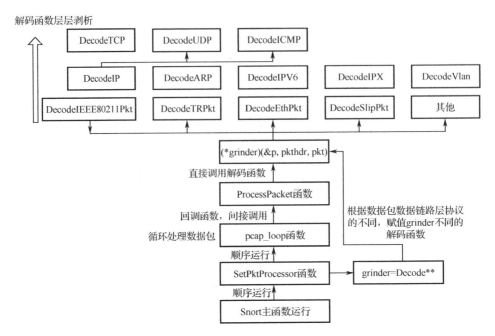

图 6.21　数据包解析模块的工作流程图

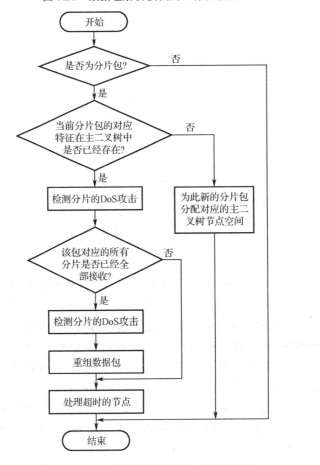

图 6.22　frag2 分片重组插件的工作流程图

在前面两步完成后就可以调用入侵检测规则模式匹配模块，系统先要进行检测引擎模块初始化，将文本文件规则初始化成规则链，如图 6.23 所示。读取规则之后，将规则以什么样的数据结构存放于内存中是重点，为了提高检测匹配效率并节约内存，Snort 开发者最终设计出一种三维链表树，如图 6.24 所示。建立该结构时，先根据动作分成五类，再根据协议分成四类，而每个协议根据规则头特征分类，每种规则头都指向对应的规则节点。根据链表树的构建原理，检测匹配模块将每个解析后的数据包的特征量和选项树节点进行匹配，先匹配规则头，再匹配规则体，若链表树无与之匹配的节点，则说明该条数据报文没有入侵行为特征。

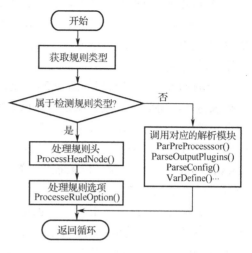

图 6.23　入侵规则初始化流程图

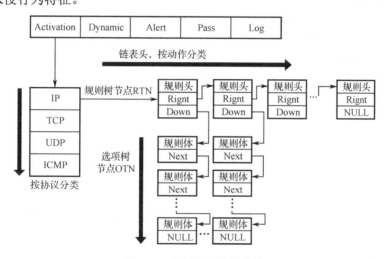

图 6.24　入侵规则数据结构

6.4.4　Wireshark 分析框架

Wireshark 是一个主流的开源包分析器，具有包捕获、分析和网络故障排除等功能。Wireshark 常被用来捕获实时网络流量，并将这些流量存储在 pcap 文件中，供以后分析。Wireshark 原名 Ethereal，是由杰拉尔德·库姆斯（Gerald Combs）在 1997 年开发出来的，在 1998 年由理查德·夏普（Richard Sharpe）改进使新协议解析方法更容易被添加，自此大量协议由开源工作者添加到 Ethereal 中，并且在 2006 年被正式命名为 Wireshark。它不仅支持捕获流量数据包的多种文件格式输出，还支持打开其他多种网络捕获器的文件。

Wireshark 不是入侵检测系统，它如果检测到网络入侵事件，并不会以任何形式发出警告，也不会处理网络事务，只是充当视频录像器的角色。由于工业控制行业的特殊性，工业控制系统的通信协议存在多种标准，各工业控制系统生产厂家基本都支持自己的私有协议。

由于 Wireshark 具有强大的开源扩展性和大量的开源技术，所以它支持大部分工业协议的深度解析，但是 Wireshark 并没有从工业控制行业角度对数据包进行解读，也没有对工业控制协议的数据做特殊处理，这使得一线工业控制行业监控者很难使用 Wireshark 去分析工业控制系统的网络安全性。

Wireshark 界面的布局如图 6.25 所示。普通版本的 Wireshark 界面主要分为三个区域：包列表区域、协议树区域、原始包区域。包列表区域概括性地显示实际抓取的每个网络流量数据包的大致信息，每个数据包对应一行信息，每行信息内容可定制显示，其中默认显示的是数据包顺序号（No.）、包抓取离开始秒数（Time）、源 IP 地址（Source）、目的 IP 地址（Destination）、协议类型（Protocol）、数据包长度（Length）、数据包概略信息（Info），并且通过过滤器规则筛选显示的数据包。协议树区域将一个数据包的详细信息通过分级形式展现，这是数据包实际解析的内容，也是 Wireshark 对底层数据进行具体协议解析所实现的内容。其中帧、包、段是数据包的三个常用术语，Frame 代表物理层的数据帧概况，Internet Protocol Version 4 代表该数据包 IP 层的头部信息，Transmission Control Protocol 代表传输层的数据段头部信息。

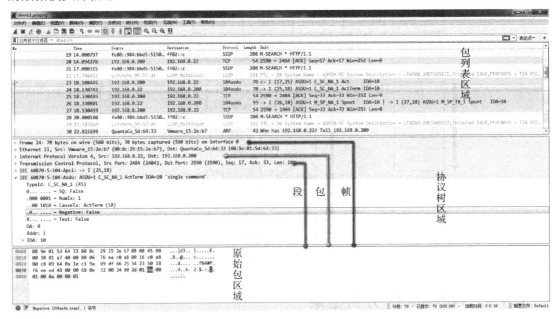

图 6.25 Wireshark 界面的布局

Wireshark 底层整体结构如图 6.26 所示，其各个组件的作用如下。

➤ GTK/Qt 主要处理用户级的输入、输出，即 UI 交互设计；

➤ Core 主要起将其他各模块黏合在一起的功能；

➤ Epan 是底层解析协议的核心，其中协议树（Protocol-Tree）保存数据包的协议信息，解析器（Dissectors）包含多种自带的协议解析器，插件（Plugins）允许开发者以插件形式开发一些专有协议解析器插件。

➤ Wiretap 用于读/写各种文件格式的捕获数据包。

➤ Capture 包括与抓包引擎相关的接口。

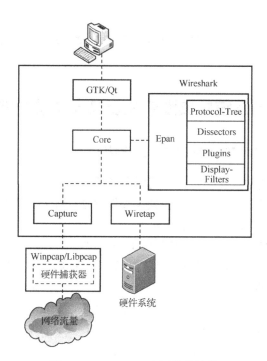

图 6.26　Wireshark 底层整体结构

近年来，Wireshark 在工业控制入侵检测中也得到广泛应用。一方面由于 Wireshark 对一些非开源的工业协议的支持和其本身代码的开源性，用户可以通过分析 Wireshark 底层协议解析的源代码去完善工业控制入侵检测系统的工业控制协议解析功能；另一方面工业控制入侵检测系统测试也可以通过 Wireshark 对比检测其准确性。

下面简单介绍一下 Wireshark 解析一个工业协议的底层流程。图 6.27 所示是通过在 Linux 系统下使用 gdb 工具对 tshark（Wireshark 命令行模式）进行断点式调试分析，读取 Wireshark 源代码并不断调试其运行过程，学习非开源工业协议的解析过程，将该工业协议解析功能融入工业控制入侵检测系统中完成对工业协议进行深度解析的需求。

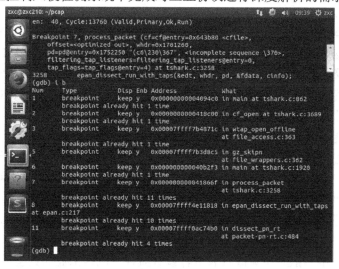

图 6.27　tshark 使用 gdb 工具进行调试分析

6.5 工业控制系统信息安全防护

6.5.1 工业控制系统的典型架构及其安全防护技术

1. 工业控制系统的典型架构特征及其安全现状分析

人们对工业控制系统进行安全防护，需要先了解目前工业控制系统的典型架构。在"两化融合"的背景下，典型工业控制系统的架构如图 6.28 所示。从该图可以看出，目前典型工业控制系统的应用特征与信息安全措施如下。

➢ 工业控制系统通常具有 BPCS-MES-ERP 三层结构。另外，工业界也把 MES 和 BPCS 称为 OT，ERP 等工厂信息系统称为 IT，这是一种典型的分层架构。

➢ 从信息的流动角度看，在纵向层次上，管理、监控、调度、优化、控制等信息从上层往下层传递，工厂的生产工艺参数、设备状态、产量、质量等数据从下往上传递。每个层面也存在横向的信息交换和传递。例如，安全仪表控制器会与 DCS 通信，把安全仪表系统的信息通过 DCS 送到操作员站。

➢ 如图 6.28 所示的工业控制系统的结构只是一般化的结构，具体配置随现场的需求不同而有所变化。例如，有些企业不配置独立的安全仪表系统、操作员站和工程师站，因此，安全仪表系统不会通过以太网连接到常规控制系统的控制层。

➢ MES 功能运用较少的场合没有独立的 MES 层，这部分功能可以通过在监控层增加专门的应用服务器来实现。

➢ 数据的汇总是通过 OPC 服务器（有些系统由工程师站兼作 OPC 服务器）来实现的。由于 OPC 服务器需要跨越不同网络，所以采用具有双网卡接口的电脑。典型的工业数据库如 PHD、IP.21 等都支持 OPC 规范，因此，可以通过 OPC 服务器把监控层的数据汇总到企业的实时/历史数据库中，这样 MES 层或 ERP 层的应用就能够读写现场的各类数据。

➢ 部分应用场合把工程师站、OPC 服务器及先进控制站与操作员站分区防护。此外，部分应用场合根据 IP 地址进行 VLAN 划分配置，对连接各个端口的 OPC 服务器进行网络隔离，不允许通信访问。有些应用场合还对 DCS 进行 VLAN 划分配置、访问控制列表配置，通过访问控制策略限定设备访问、限制网络流量、指定转发端口数据包等措施来保障网络性能。

➢ 目前在信息安全防护上，多数工业控制系统配置了工业防火墙，以实现边界隔离。部分工业控制系统还采用网络安全监控、主机监控及实时在线备份等安全手段。

➢ 目前多数工业控制系统与互联网的连接是受限的。远程用户要访问工厂信息系统，大多是通过 VPN 实现的。

➢ 工业企业重视对工业控制系统的物理防护。例如，操作员站主机的机柜会上锁，或者屏蔽 USB 口，防止操作工任意使用 U 盘。

➢ 流程工业企业一般采用无线仪表进行参数监视。流程工业的典型无线 HART 仪表通信协议具有加密功能，确保数据安全性；SCADA 系统的监控层一般采用无线通信，实现现场控制站点与监控中心的通信，一些重要场合会进行加密设置。

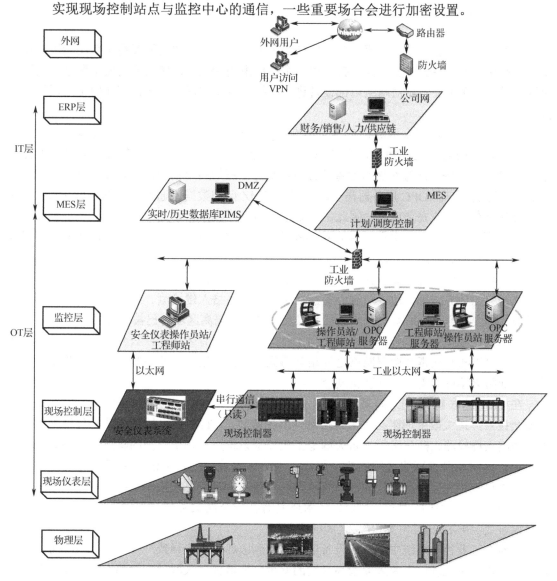

图 6.28　典型工业控制系统的架构

➤ 在非军事区（Demilitarized Zone，DMZ）或隔离区放置 PIMS 服务器，用于企业管理人员通过外网访问工厂数据。由于实时/历史数据库访问工厂控制层的 OPC 服务器，并向企业 MES 层及管理层提供数据，因此该服务器也被放入该区域。这种方式可以确保控制层的关键控制设备或监控设备不直接与外网或上层通信。

2．工业控制系统信息安全防护技术

根据工业控制系统的架构、特点及其安全现状，结合目前工业控制系统信息安全的要求及一些主要防护技术，并借鉴传统的信息安全防护技术，对工业控制系统实施综合的防护策略，实现工业控制系统综合、全面的防护。

1）建立边界隔离

深度防御将设备、端口、服务甚至用户隔离至功能组中，通过隔离将每个功能组的攻击平面最小化，使用各类安全产品和技术对每个功能组进行保护，使其成为安全区域。由于安全区域提供的服务会阻止对网络内部设备进行扫描和枚举的任意企图，因此安全区域是难以渗透的。

在理想情况下，每个区域都应尽可能获得最高程度的保护，然而，受成本等因素的制约，这一目标较难实现。例如，在如图 6.28 所示的系统中，监控层有操作员站、工程师站、OPC 服务器等，通过对这些设备的分析可知，工程师站承担一定的开发任务，存在使用 U 盘等的可能性；而 OPC 服务器需要跨边界与 DMZ 区的数据库通信。与操作员站相比，这两个设备存在更高的安全风险，因此，在某些应用中，操作员站是一个安全区，工程师站、OPC 服务器等也需要独立分区，并且对 OPC 服务器加强防护，如管控 OPC 服务器与授权客户端之间的数据通信，动态跟踪 OPC 通信所需端口等。

在实际应用中，有必要优先保证风险高的区域的安全性和可靠性，因此应在最需要的地方建立最强的边界防御。边界防御设备包括防火墙、网络入侵检测、统一威胁管理、异常检测及类似的安全产品，所有安全产品都可以且应当用于隔离区域内已被定义的成员。

例如，在 MES 层与控制层之间采用工业防火墙进行有效隔离，只允许必要的数据包通过，这样可以防止病毒在两层网络之间相互感染。工程师站是工业控制系统的风险集中点，采用工业防火墙进行隔离，以避免风险扩散。

在 ERP 层与 MES 层之间采用 UTM 技术进行防护。UTM 技术整合了多种 IT 系统的信息安全技术，最大限度地阻挡了来自信息网络的威胁。UTM 技术的基本功能包括网络防火墙、网络入侵检测、防病毒等。防火墙是工业控制系统信息安全防护的重要组成部分，它构建了可信网络和外部网络之间的安全屏障。网络入侵检测是对非法入侵行为的一种检测手段，它通过收集和分析网络行为、系统日志、网络流量等信息来检测系统是否存在违反安全策略的行为和被攻击的对象。UTM 技术还具有在安全网关处对病毒进行过滤和查杀的功能，以有效保护 ERP 层和 MES 层之间的通信。

在整个工业控制系统中，现场设备层一旦遭到破坏，就会导致严重的后果及不可估量的损失，所以现场控制层需要采取较高级别的安全防护措施。采取异常检测方法对现场总线进行状态检测，以保证现场设备安全、稳定地运行。当出现可疑的数据或违反已定义的安全策略时，异常检测系统会通知管理员。简单地说，控制系统的可操作行为应该是可预知的，异常检测系统会将收集的信息与系统内部可预测的正常行为进行比对，当出现一些非常规情况时，异常检测系统就会报警。

需要说明的是，相比传统的防火墙，工业防火墙除了过滤 IP 地址、端口及传输层协议，还能进一步进行工业协议的深度解析，如对于 Modbus 通信而言，工业防火墙可以过滤功能码、线圈和寄存器及 Modubs 读写，并能进一步对 Modbus 读写进行更深度的监控。对于工业控制系统常用的 OPC 通信而言，工业防火墙能监控其动态端口。因此，工业控制系统的安全防护需要配置工业控制系统专用的防火墙。

2）主机防御

与具有明确的分界且可以被监控的区域边界不同，区域内部由特定的设备及这些设备之间各种各样的通信网络组成。区域内部的安全主要通过主机的安全来实现，主机可以控制最终用户对设备的身份认证、该设备能访问哪些文件及可以通过它执行什么应用程序。主机安全领域包括三部分内容：访问控制，包括用户身份认证和服务的可用性；基于主机的网络安全，包括主机防火墙和主机入侵检测系统；反恶意软件系统，如反病毒和应用程序、脚本程序白名单。

身份认证主要是指在计算机网络中对操作者的身份进行确认，是保护网络资源的第一道关口，保证操作者的数字身份与物理身份的一致性在网络安全领域有着举足轻重的作用。访问控制主要是指按照用户的身份及所属类别来限制用户对计算机资源的使用和访问。在通常情况下，系统管理员制定不同的访问控制策略来限制用户对网络资源的访问。访问控制可以保障合法用户访问和使用授权内的网络资源，同时防止非法主体或非法用户对网络资源进行非授权访问。

主机作为整个控制系统的一个风险集中点，需要多重防护，除了身份验证和访问控制，还需要防火墙和入侵检测系统来确保其安全性。主机防火墙的工作原理与网络防火墙的类似，需要进行主机和连接网络之间的初步过滤。主机防火墙根据防火墙的具体配置来允许或拒绝入站流量。在通常情况下，主机防火墙是会话感知防火墙，允许控制不同的入站和出站应用程序会话。主机入侵检测只在一个特定的资产及监管该资产的系统上工作。主机入侵检测可以监控系统的设置和配置文件、应用程序及敏感文件。

工业控制系统的应用程序相对来说数量少且固定，因此，白名单技术是较好的主机防御方法。应用程序白名单提供了与传统入侵进程、反病毒、黑名单技术不同的方法来保护主机安全。黑名单技术把监控对象与已知的非法对象做比较，由于不断发现新的威胁，因此必须不断更新黑名单，且存在没有办法检测或阻止的攻击，如零日漏洞和已知的没有可用标识的攻击。而白名单技术是创建一个列表，列表中的所有项都是合法的，并利用很简单的逻辑来阻击攻击，即如果不在白名单上，则阻止它。

3）总线层监控

工业控制系统大量采用各类现场总线。所谓总线层监控，是指在工业控制系统的总线层设置信息安全监控主机，对总线信息进行监控，它是安全防护的最后一道屏障。由于工业控制系统具有分层结构，现场总线层离关键检测与执行设备最近，对工业控制系统进行攻击，特别是实现对物理过程与设备的攻击与破坏，其攻击信息在现场总线上必然有所体现。例如，"震网"攻击最终在 Profibus-DP 总线上有所体现，如果对 Profibus-DP 总线进行监控，特别是监视变频器频率变化的参数，就能发现参数异常，从而减小攻击造成的损失。总线监控包括总线流量监控、总线主从节点信息监控、总线数据包分析、总线关键参数异常检测等。当然，由于总线协议种类繁多，并且存在私有协议，实现总线监控有一定难度，目前这方面的应用也较少。

4）建立安全管理平台

安全管理平台可以将分散在各个层面中的安全功能集中，对工业控制网络进行实时监控，对报警及日志进行统一存储，便于问题追溯及分析，及时发现威胁并迅速解决。其主要功能包括事件采集、关联分析、策略管理、风险控制、风险预警、系统管理等。

事件采集功能对工业控制系统的各类安全设备（入侵检测系统、主机防御系统、防病毒网关、终端安全管理、防火墙、Web 页面防护系统、身份认证、漏洞扫描系统等）的信息进行采集，实现统一存储管理。首先，在全面采集安全事件的基础上，对事件进行选择性过滤或分类，将所有安全设备的信息统一到一个平台上，通过关联分析算法对安全事件进行深度分析。其次，集中部署各部件的安全防护策略，简化对安全部件的管理，确保安全策略的统一性。安全管理平台还可以提供基于资产 CIA（保密、完整、可用）属性、实时威胁、脆弱性的风险系数算法。结合资产、安全域及信息系统管理，得出资产、安全域及信息系统的风险情况和趋势图，并建立向下挖掘的风险管理模型，实时定位高风险事件。根据漏洞信息，计算风险和调查安全事件原因，并对关键资产、安全域及信息系统进行脆弱性分析。风险预警功能通过设置告警规则，可以对匹配的事件、日志进行告警响应，预警方式包括邮件、短信、提示音、屏幕闪烁等。最后，安全管理平台还提供平台自身各模块的健康检查，包括各模块运行状态和系统自身数据库的检查情况，以及提供权限分级的用户管理。

3. 信息安全防护体系

2014 年，美国国家标准与技术研究院（NIST）在《工业控制系统安全指南》中提出了基于识别-保护-检测-响应-恢复的信息安全防护体系。该体系分为两个部分，识别和保护主要针对系统的设计阶段或离线阶段，属于静态信息安全防护；检测、响应和恢复主要针对系统的在线运行阶段，属于动态信息安全防护。

识别、保护、检测、响应、恢复五个环节的具体内容和含义如下。

➢ 识别：针对系统、资产、数据、运营的安全风险，具体包括资产管理、业务环境、安全制度、风险评估和风险管理策略。识别环节是整个信息安全防护体系的基础，负责帮助安全维护人员了解系统的业务运行环境、支撑关键系统功能的资源、系统面临的各种风险及不同安全威胁所需的防护投入成本。

➢ 保护：部署合适的安全防护手段以确保系统正常运行，具体包括访问控制、意识提高与管理培训、数据安全、信息保护流程、运维及其他安全防护技术。保护环节提供安全防护能力，限制网络安全事故对系统造成的损失。

➢ 检测：部署系统监控服务，检测网络攻击，具体包括异常与安全事故定义、持续安全监控、入侵检测。检测环节有助于及时发现系统中存在的网络攻击。

➢ 响应：针对发生的网络攻击，制定安全防护策略并执行安全防护任务，具体包括响应策略规划，交流、分析、执行安全防护策略，增强系统安全性。响应环节负责阻止攻击蔓延或屏蔽攻击影响。

➢ 恢复：制订安全运维计划并实施安全运维活动，以保证系统弹性，恢复因网络攻击造成功能故障的设备或服务，具体包括恢复策略规划，系统加固与改进。恢复环节负责及时将系统恢复到正常运行状态。

6.5.2 主要自动化公司的信息安全解决方案

1. 施耐德公司的电气安全一体化解决方案

施耐德公司是自动化领域著名的跨国公司，经过不断地收购、扩张，其产品跨越了流程自动化、制造业自动化和电力自动化等领域，主要产品包括 PLC、PAC、Foxboro 集散控制系统、Triconex 安全系统、Intouch 组态软件和实时/历史数据库。为了提高工业控制系统的信息安全水平，施耐德公司提出了自下而上的三级防护体系安全解决方案，其中设备级防护是核心，如图 6.29 所示。

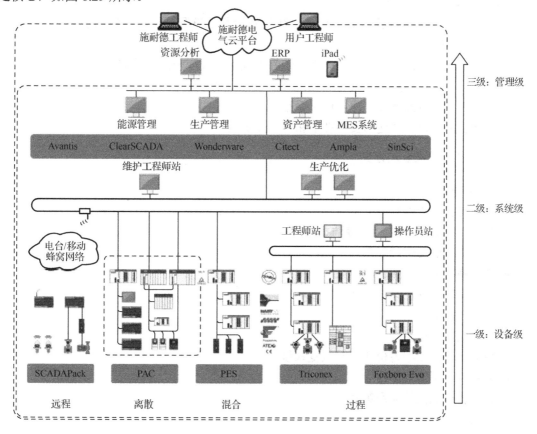

图 6.29 施耐德公司的三级防护体系安全解决方案

1）一级：设备级解决方案

设备级防护的目的是提升每个单体设备的信息安全水平。单体设备包括 DCS 硬件、SIS 硬件、PLC 硬件、RTU 硬件、以太网交换机、工程师站、操作员站、SCADA 系统软件包、操作系统、现场仪表、执行机构等。

例如，ePAC 控制设备采取如下安全加固措施以提升其安全性能，使产品符合 IEC 62443/ISA 99，并通过了 Achilles Level 2 认证。

➢ 安全可靠的先进设计；

- 冗余控制器、网络；
- 先进的处理器与原生的安全 PAC 特性；
- 硬件、软件和用户数据的全方位保护；
- 控制器硬件和编程软件的全面安全策略。

2）二级：系统级解决方案

系统级解决方案即在控制系统架构设计上增强控制系统的信息安全功能，并采取一系列安全防护策略，如安全计划、网络分隔、边界防护、网段分离、安全设置、主动防御、被动防御等。

具体措施如下。

- 边界防护：包括进行工业协议分析和入侵检测，设置分层防火墙和缓冲区，划分子网和横向隔离。
- 安全域服务器：安装防工业病毒系统并采取集中式安全控制策略。
- 监控预警：包括网络和设备监控预警及安全和设备管理。
- 故障恢复：包括批量快速备份还原系统。
- 安全更新：提供便捷的安全补丁和病毒库更新。

3）三级：管理级解决方案

（1）监控解决方案
- 建立完善的管理制度；
- 建立完善的入侵检测/入侵防护体系；
- 建立完善的资产管理系统；
- 建立完善的监控和日志体系；
- 建立完善的安全策略管理和执行功能。

（2）防护解决方案
- 保证文件的完整性；
- 建立完善的数据备份和灾难恢复系统；
- 完善软件更新体系；
- 执行管理主机的应用策略；
- 应用白名单。

2. 霍尼韦尔公司的工业控制信息安全解决方案

霍尼韦尔公司的信息安全解决方案如图 6.30 所示，该方案主要包括以下四个部分。

1）病毒防护与补丁管理

在由 Microsoft 系列操作系统构建的系统中，病毒防护措施是最基本的系统安全措施，病毒感染与暴发是造成系统功能异常或瘫痪的重要原因。这里的"病毒"是指广义的概念，包括计算机病毒、木马程序、蠕虫病毒、恶意软件等。霍尼韦尔公司的病毒防护与补丁管理主要实现如下功能。

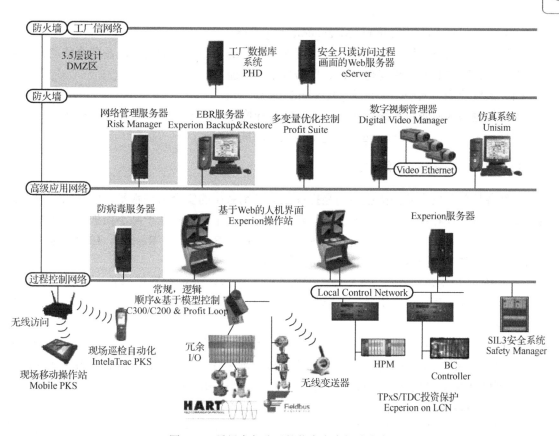

图 6.30　霍尼韦尔公司的信息安全解决方案

- 部署防病毒基础架构，包括参照与 DCS 完全兼容的标准部署防病毒服务器软件和安装防病毒客户端软件。
- 定期提供经过兼容性、稳定性测试的防病毒软件；提供防病毒系统上门巡检服务；提供合同期内防病毒软件（防病毒服务器软件、防病毒客户端软件、防病毒软件杀毒引擎文件等）的升级服务。
- 提供病毒事件紧急服务。当发现计算机病毒感染或暴发时，由专门人员上门协助用户处理。
- 操作系统与 Experion PKS 系统的补丁管理。该管理功能可以减少系统漏洞。

2）网络评估、优化与隐患治理

网络评估、优化与隐患治理的目的是通过对系统安全控制运作与管理的分析及对系统安全设计、物理安全与缺陷的评估，确认系统是否符合安全标准，并找出系统的安全缺陷，发现隐藏的漏洞。在此基础上，利用如下技术与手段来保护系统安全。

（1）网络安全审计系统（Network Security Audit System）

网络安全审计系统对网络和系统操作行为进行跟踪和审计，使得所有网络和系统操作行为可追溯并有据可查。

（2）漏洞检测扫描系统（Vulnerability Scan System）

漏洞检测扫描系统对网络主机或网络设备进行检测与扫描，以发现信息安全漏洞。

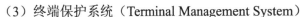

（3）终端保护系统（Terminal Management System）

终端保护系统整合所有终端主机或终端网络设备的集中管理功能，以及整合移动介质访问授权管理、USB Key 硬件身份认证、单击登录等功能。

（4）入侵检测与入侵防范系统（IDS and IPS）

入侵检测与入侵防范系统对网络入侵行为进行检测和防护，以保证系统的安全。

霍尼韦尔公司的 Risk Manager 就是实现上述功能的产品。

3）实时数据备份和灾难恢复

虽然各种信息安全防护措施能明显提高工业控制系统的安全防护水平，但是系统崩溃、数据损失等意外还存在。在这种情况下，数据备份和灾难恢复有助于减小损失，使系统快速恢复工作。霍尼韦尔公司的系统备份与恢复（Experion Backup & Restore，EBR）是一种有效的数据备份与灾难恢复工具，其主要功能如下。

- ➢ EBR 可以对 Experion PKS 系统提供实时、在线、连续的数据备份，不仅可以备份 DCS 的数据，如历史数据、数据库数据等，还可以备份操作系统甚至整个分区的数据。
- ➢ EBR 可以提供完备、快速的数据恢复方案，在通常情况下，备份的数据采用专门的数据存储服务器进行集中存储。当灾难或故障来临时，只要存储设备的数据还在，就可以利用这些数据进行系统恢复和重建。由于 EBR 具有连续、自动的备份能力，EBR 可以恢复几小时之前、几天之内甚至更早的数据。
- ➢ EBR 特有的数据恢复功能，能将系统恢复到一台硬件型号与故障主机有差异的系统主机上。同型号的主机系统恢复操作简单、直观，可以由用户的维护人员完成。

4）DMZ 的隔离与防护功能

设置 DMZ 可以使控制系统的核心层与外网及管理层隔离，从而提高系统的安全防护水平。

3. 西门子公司的工业信息安全解决方案

1）工业信息安全解决方案概述

西门子公司倡导自动化应用的全面安全理念，把工业信息安全看作"数字化企业"的关键要素，并提出了工业信息安全解决方案。西门子公司依托 IEC 62443，以工厂安全、网络安全和系统完整性为基础，提出了纵深防御理念，推出了多层级防护方案，从而实现对工厂全面而深入的保护，如图 6.31 所示。

西门子公司的工业信息安全解决方案可以实现下列目标。

- ➢ 提高并确保工厂的可用性；
- ➢ 保护机密信息，避免数据丢失；
- ➢ 维持和提高企业竞争力；
- ➢ 满足法律、法规和标准的要求；
- ➢ 防止恶意篡改，保护数据安全。

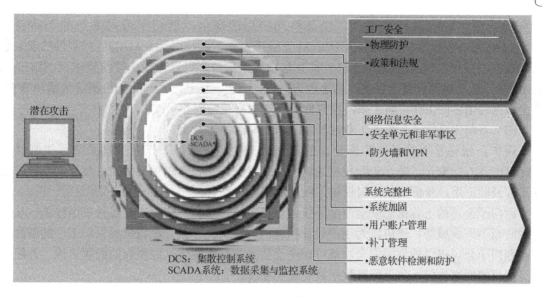

图 6.31　西门子公司的工业信息安全解决方案

西门子公司深刻了解工业信息安全的重要性，并在整个自动化产品和解决方案的开发过程中贯彻纵深防御理念。西门子公司制定了一系列保护工业信息安全的措施和程序，其中包括产品生命周期管理（PLM）、供应链管理（SCM）和客户关系管理（CRM）。西门子公司还与供应商进行紧密合作，确保在整个供应链中实现高品质安全防护，并检查第三方供应商提供的软件是否存在缺陷。

2）工业信息安全解决方案的主要内容

（1）工厂安全——自动化工厂的物理防护与整体信息安全管理

工厂安全可防止未经授权人员通过各种手段获取访问关键组件的权限。工厂安全防护由传统的楼宇门禁卡系统逐渐发展到当前的敏感区域智能门禁卡系统。工业信息安全服务可根据工厂的具体需求量身定制，以全方位地保护工厂安全。它包括风险分析、具体措施的实施与监控，以及日常更新升级，面面俱到。

西门子楼宇科技集团推出了品种繁多的产品、服务和解决方案，对重要设施实施安全保护。这些产品涵盖范围广，从访问控制解决方案与视频监控系统到管理和控制平台，一应俱全。

西门子公司根据独立的风险分析评估用户工厂的安全状况，从而制定并实施合适的安全措施，以满足用户的特定需求和目标预算。

（2）网络信息安全

目前，保护生产网络的安全、防止未经授权的访问至关重要，特别是保护生产网络与其他网络（如办公网络或互联网）之间接口的安全。通过访问控制、网络分段（如 DMZ）及利用信息安全模块进行通信加密等技术来保护生产网络，防止未经授权的访问。西门子公司的信息安全模块是专门为满足生产网络的特定要求而设计的，并针对生产网络的应用进行了优化。

西门子公司是首家获得 Achilles Level2 通信健壮性测试认证的自动化系统供应商。西门子公司推出了品种繁多的集成安全功能的产品，可以保护工业网络的安全，确保工厂和设备在全球范围内远程访问的安全，以及移动应用的安全。西门子公司生产的产品包括 SCALANCE S 安全模块、SCALANCE M 工业路由器，以及用于 SIMATIC 控制器的安全通信处理器。其中，SCALANCE S615 具有自动配置接口，可以方便快捷地集成到 SINEMA RemoteConnect 远程管理平台上，为远程访问提供防护。这些产品与状态检测防火墙和 VPN 安全数据通信协同工作，防止未经授权的访问、数据被窃取和篡改。

（3）系统完整性——保护工业控制系统和控制组件的安全

保护系统完整性是纵深防御理念的第三大支柱，包括保护工业控制系统和控制器如 SIMATIC S7 的安全，防止未经授权的访问，或者保护知识产权免受侵害。此外，系统完整性还涉及验证用户身份及其访问权限，以及加固系统安全。

西门子公司的工业信息安全产品不仅可以根据用户的实际情况实施各种安全措施，从而有效防范不同的威胁，还可以为用户设计全套的安全解决方案，全方位地保障工厂的信息安全。西门子公司提供的集成安全功能可以全面防止控制级发生未经授权的配置更改，并阻止未经授权的网络访问，防止配置数据被复制和篡改。

3）西门子公司的 S7 控制器的安全机制

（1）块保护

STEP7 V5.x 和 STEP7（TIA Porta）有不同的保护措施，用于保护程序块的专有技术，以防未经授权的人员使用。保护措施包括专有技术保护和 S7 块隐私。专有技术保护通过属性 KNOW-HOW-PROTECT，可以激活 OB、FB 和 FC 类型块的保护机制。S7 块隐私是从 STEP7 V5.5 开始的，用于保护功能块。如果打开此功能块，则只能读取块接口（in、out 和 in/out 参数）和模块注释，不显示程序代码、临时/静态变量和网络注释，使得受保护的功能块不被修改。

使用 S7 块隐私时，必须遵守以下规定。

➢ S7 块隐私可以通过上下菜单操作。
➢ 受保护的功能块只能使用正确的密码和随附的编译信息进行保护。因此，建议将密码保存在安全的地方。
➢ 从 6.0 版开始，受保护的功能块只能加载到 400 CPUs，从 3.2 版开始只能加载到 300 CPUs。
➢ 如果项目有源代码，则可以通过编译源代码来恢复受保护的功能块。源代码可以完全从 S7 块隐私中删除。

（2）在线访问和功能限制

S7 CPU 提供三个（S7-300/S7-400/WinAC）或四个［S7-1200（V4）/S7-1500］访问级别，以限制对某些功能的访问。设置访问级别和密码会限制不使用密码即可访问的功能和内存区域。CPU 保护等级及访问限制如表 6.6 所示。

受密码保护的 CPU 在操作期间具有以下行为。

➢ 当设置加载到 CPU 并建立新连接时，CPU 的保护生效。
➢ 在执行在线功能之前，先检查是否允许，如果有密码保护，则要求用户输入密码。

➢ 受密码保护的功能一次只能由单个 PG/PC 执行，其他 PG/PC 不能使用相同的密码登录。

➢ 受保护数据的访问权限仅适用于联机连接的持续时间，或者直到手动删除访问权限为止。

表 6.6　CPU 保护等级及访问限制

访 问 级 别	访 问 限 制
1 级（无保护）	任何人都可以读取和修改硬件配置和块
2 级（写保护）	在这种访问级别下，只有在没有密码的情况下才允许读取访问，这意味着可以执行以下功能： ➢ 读取硬件配置和块 ➢ 读取诊断数据 ➢ 将硬件配置和块加载到编程设备中 ➢ 在没有密码的情况下更改操作状态（运行/停止）（不适用于 S7-300/S7-400/WinAC） 无法执行以下功能： ➢ 将块和硬件配置加载到 CPU 中 ➢ 编写测试函数 ➢ 固件更新（在线）
3 级（写/读保护）	仅此访问级别可以执行以下功能： ➢ HMI 访问 ➢ 无须密码即可读取诊断数据 如果没有密码，则无法执行以下功能： ➢ 将块和硬件配置加载到 CPU 或从 CPU 加载 ➢ 编写测试函数 ➢ 改变操作状态（运行/停止）（不适用于 S7-300/S7-400/WinAC） ➢ 固件更新（在线）
4 级（完全防护） S7-1200（V4） S7-1500	在完全保护的情况下，CPU 禁止： ➢ 对硬件配置和块的读写访问 ➢ HMI 访问 ➢ 服务器功能中的 Put/Get 通信修改 ➢ 由"可访问设备"区域切换到联机设备所在的工程进行读写

（3）Web 服务器的安全功能

使用 Web 服务器可以通过公司内部网络远程控制和监控 CPU，从而实现远距离的故障评估和诊断。但是，激活 Web 服务器会增加未经授权访问 CPU 的风险。因此，如果要激活 Web 服务器，最好采取以下措施。

➢ 不要将 CPU Web 服务器直接连接到 Internet；

➢ 通过使用适当的网络分段、DMZ 和安全设备保护访问 Web 服务器；

➢ 通过安全传输协议 HTTPS 访问 Web 服务器；

➢ 通过用户列表配置用户和功能权限，如创建用户、定义执行权限、分配密码。

6.5.3　电力二次系统安全防护

1．电力二次系统安全防护的总体架构

电力二次系统安全防护的重点是抵御黑客、病毒等通过各种形式对系统发起的恶意破坏和攻击，抵御集团式攻击，保护电力实时闭环监控系统及调度数据网络的安全，防止由此引发的电力系统故障。安全防护的目标如下。

➢ 防止通过外部边界发起的攻击和入侵，尤其是防止由攻击导致的一次系统事故及二次系统崩溃；

➢ 防止未授权用户访问系统或非法获取信息和入侵，以及非法操作。

电力监控系统安全防护的总体架构示意图如图 6.32 所示。安全防护总体方案的基本防护原则适用于电力二次系统的各类应用和网络系统，总体方案直接适用于与电力生产和输配过程直接相关的计算机监控系统及调度数据网络。电力通信系统、电力信息系统可参照电力二次系统安全防护总体方案制定具体的安全防护方案。其中，计算机监控系统包括各级电网调度自动化系统、变电站自动化系统、换流站计算机监控系统、发电厂计算机监控系统、配电网自动化系统、微机保护和安全自动装置、水调自动化系统和水电梯级调度自动化系统、电能量计量计费系统、电力市场交易系统等；调度数据网络包括各级电力调度专用广域数据网络、用于远程维护及电能量计量计费系统等的拨号网络、各计算机监控系统内部的本地局域网络等。

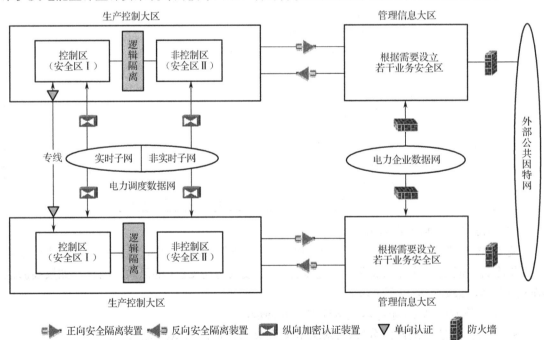

图 6.32　电力监控系统安全防护的总体架构示意图

该方案确定了电力二次系统安全防护的总体架构，细化了电力二次系统安全防护的总体原则，定义了通用和专用的安全防护技术与设备，提出了省级以上调度中心、地县级调度中

第 6 章　工业控制系统信息安全

心、发电厂、变电站、配电站等的二次系统安全防护方案。

电力二次系统安全防护的总体原则为安全分区、网络专用、横向隔离、纵向认证、调度数字证书。电力二次系统安全防护主要针对的是网络系统和基于网络的电力生产控制系统，重点强化边界防护，提高内部安全防护能力，保证电力生产控制系统及重要数据的安全。

2. 电力二次系统的安全区划分

电力二次系统可划分为不同的安全工作区，反映了各区业务系统的重要性差别。不同的安全区确定了不同的安全防护要求，决定了不同的安全等级和防护水平。

安全分区是电力监控系统安全防护体系的结构基础。发电企业、电网企业内部基于计算机和网络技术的业务系统，原则上划分为生产控制大区和管理信息大区。生产控制大区可以分为控制区（安全区Ⅰ）和非控制区（安全区Ⅱ）。在满足安全防护总体原则的前提下，根据业务系统的实际情况，可以简化安全区的设置，但是应当避免形成不同安全区的纵向交叉连接。

图 6.33 所示为地（县）级电网调度系统安全分区，省级以上电网调度系统与此有所不同，但安全分区类似。地（县）级电网调度系统主要包括调度自动化系统（包括 SCADA 系统、PAS、调度员培训模拟系统等）、配电自动化系统、负荷管理系统、电能量计量计费系统、调度生产管理系统、继电保护和故障信息管理系统、水库调度自动化系统、调度地理信息系统、电力调度数据网络及其他业务系统（如雷电监测系统、气象信息系统、变电站视频监视系统、配网生产抢修指挥系统等）。根据安全分区原则，结合调度中心应用功能模块的特点，各功能模块分别置于控制区、非控制区和管理信息大区。

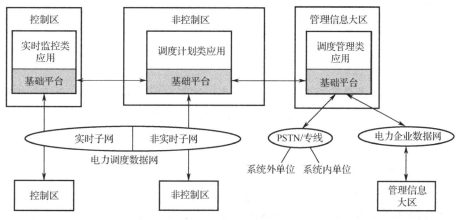

图 6.33　地（县）级电网调度系统安全分区

1）控制区

控制区的业务系统或功能模块（子系统）是电力生产系统的重要环节，直接实现对电力一次系统的实时监控，纵向使用电力调度数据网络或专用通道，是安全防护的重点与核心。

控制区的传统业务系统包括电力数据采集和监控系统、能量管理系统、广域相量测量系统、配电自动化系统、变电站自动化系统、发电厂自动监控系统等，其主要使用者为调度员和运行操作人员，数据传输实时性为毫秒级或秒级，数据通信使用电力调度数据网的实时子网或专用通道。该区还包括采用专用通道的控制系统，如继电保护系统、安全自动控制系

269

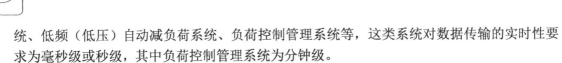

统、低频（低压）自动减负荷系统、负荷控制管理系统等，这类系统对数据传输的实时性要求为毫秒级或秒级，其中负荷控制管理系统为分钟级。

2）非控制区

非控制区的业务系统或功能模块是电力生产系统的必要环节，在线运行但不具备控制功能，使用电力调度数据网络，与控制区的业务系统或功能模块联系较为紧密。

非控制区的传统业务系统包括调度员培训模拟系统、水库调度自动化系统、故障录波信息管理系统、电能量计量计费系统等，其主要使用者为调度员、继电保护人员等。厂站端还设置有电能量远方终端、故障录波装置等。非控制区的数据采集周期是分钟级或小时级，其数据通信使用电力调度数据网的非实时子网。此外，如果生产控制大区的个别业务系统或功能模块（子系统）需要使用公共通信网络、无线通信网络及处于非可控状态下的网络设备与终端进行通信，当其安全防护水平低于生产控制大区的其他系统的安全防护水平时，应设立安全接入区。传统业务系统或功能模块包括配电自动化系统的前置采集模块（终端）、负荷控制管理系统、某些分布式电源控制系统等。

3）管理信息大区

管理信息大区是指生产控制大区以外的电力企业管理业务系统的集合。管理信息大区的传统业务系统包括调度生产管理系统、行政电话网管系统、电力企业数据网系统等。电力企业可以根据具体情况划分安全区，但不应影响生产控制大区的安全。

3．电力二次系统安全防护的总体策略

电力二次系统安全防护的总体策略包括如下几点。

1）分区防护、突出重点

根据电力二次系统业务的重要性和对一次系统的影响程度进行分区，重点保护实时控制系统及生产业务系统。所有系统都必须置于相应的安全区内，纳入统一的安全防护体系，不符合总体安全防护方案要求的系统必须整改。

2）安全区隔离

横向隔离是电力二次系统安全防护体系的横向防护，它侧重局域网系统的安全区的防护。采用不同强度的安全设备隔离各安全区，在生产控制大区与管理信息大区之间必须设置经国家指定部门检测认证的电力专用横向单向安全隔离装置，隔离强度应当接近或达到物理隔离的要求。电力专用横向单向安全隔离装置作为生产控制大区与管理信息大区之间的必备边界防护措施，是横向防护的关键设备。生产控制大区内部的安全区之间应当采用具有访问控制功能的网络设备、防火墙或相当功能的设施，实现逻辑隔离。当安全接入区与生产控制大区相连时，应当采用电力专用横向单向安全隔离装置进行集中互联。

按照数据通信方向，电力专用横向单向安全隔离装置分为正向型和反向型。正向型安全隔离装置用于从生产控制大区到管理信息大区的非网络方式的单向数据传输。反向型安全隔离装置用于从管理信息大区到生产控制大区的非网络方式的单向数据传输，是从管理

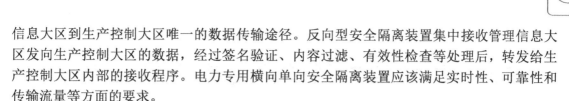

信息大区到生产控制大区唯一的数据传输途径。反向型安全隔离装置集中接收管理信息大区发向生产控制大区的数据，经过签名验证、内容过滤、有效性检查等处理后，转发给生产控制大区内部的接收程序。电力专用横向单向安全隔离装置应该满足实时性、可靠性和传输流量等方面的要求。

3）网络专用与隔离

电力调度数据网是为生产控制大区服务的专用数据网络，承载电力实时控制、在线生产交易等业务。安全区外部边界网络的安全防护隔离强度应该和所连接安全区的安全防护隔离强度相匹配。

电力调度数据网应当在专用通道上使用独立的网络设备，采用基于 SDH/PDH 的不同通道、不同波长、不同纤芯等方式，在物理层面上实现与电力企业其他数据网及外部公共信息网的安全隔离。当采用以太网无源光网络（EPON）、无源光接入系统（GPON）或光以太网络等技术时应当使用独立纤芯或波长。

电力调度数据网划分为逻辑隔离的实时子网和非实时子网，分别连接控制区和非控制区。采用 MPLS-VPN 技术、安全隧道技术、PVC 技术、静态路由等构造子网。

电力调度数据网还采用了一系列安全防护措施，如网络路由保护、网络边界防护、网络设备的安全配置等。

4）纵向认证与防护

纵向认证是电力二次系统安全防护体系的纵向防护，侧重广域网系统的安全区之间的防护，采用认证、加密、访问控制等技术措施实现数据的远程安全传输及纵向边界的安全防护。重点防护的调度中心、发电厂、变电站在生产控制大区与广域网的纵向连接处应当设置经过国家指定部门检测认证的电力专用纵向加密认证装置或加密认证网关及相应设施，实现双向身份认证、数据加密和访问控制。安全接入区的纵向通信应当采用基于非对称密钥技术的单向认证安全措施，其中重要业务可以采用双向认证。

纵向加密认证装置及加密认证网关用于生产控制大区的广域网边界防护。纵向加密认证装置为广域网通信提供认证与加密功能，实现数据传输的机密性、完整性，以及安全过滤功能。加密认证网关除了具有加密认证装置的全部功能，还具有对电力系统数据通信应用层协议及报文的处理功能。

5）电力调度数字证书

电力调度数字证书系统是基于公钥技术的分布式数字证书系统，主要用于生产控制大区，为电力监控系统及电力调度数据网的关键应用、关键用户和关键设备提供数字证书服务，实现高强度的身份认证、安全的数据传输及可靠的行为审计。

电力调度数字证书应当经过国家有关检测机构的检测认证，符合国家相关安全要求，它分为人员证书、程序证书、设备证书三类。人员证书是指用户在访问系统、进行操作时对其身份进行认证所需要持有的证书；程序证书是指关键应用的模块、进程、服务器在程序运行时需要持有的证书；设备证书是指网络设备、安全专用设备、服务器主机等在接入本地网络系统与其他实体通信过程中需要持有的证书。

6.6 工业控制系统信息安全风险评估

6.6.1 信息安全风险评估的概念

信息安全风险评估是指确定在计算机系统和网络中每一种资源缺失或遭到破坏对整个系统造成的预计损失数量，是对威胁、脆弱点及由此带来的风险大小的评估。对系统进行风险分析和评估的目的如下：了解系统目前与未来的风险所在，评估这些风险可能带来的安全威胁与影响程度，为安全策略的制定、信息系统的建立及安全运行提供依据。同时，第三方权威机构或国际机构的评估和认证也给用户提供了判断信息技术产品和系统可靠性的依据，增强了产品、企业的竞争力。

信息安全风险评估的概念涉及资产、威胁、脆弱性和风险四个主要因素。信息安全风险评估从管理的角度，运用科学的方法和手段，系统分析网络与信息系统所面临的威胁及存在的脆弱性。信息安全风险评估评估安全事件一旦发生可能造成的危害程度，并提出有针对性的抵御安全威胁的防护措施，为防范和化解信息安全风险、将风险控制在可以接受的水平、最大限度地保障网络正常运行和信息安全提供科学依据。

信息系统的风险分析和评估是一个复杂的过程，一个完善的信息安全风险评估架构应该具备相应的标准体系、技术体系、组织架构、业务体系和法律法规。信息系统安全问题单凭技术是无法得到彻底解决的，它的解决方案涉及政策法规、管理、标准、技术等方面，任何单一层次上的安全措施都不可能提供真正的全方位的安全，信息系统安全问题的解决应该站在系统工程的角度来考虑。在系统工程中，信息系统安全风险评估占有重要的地位，它是信息系统安全的基础和前提。

目前我国对 IT 系统的信息安全风险评估已经比较成熟，有一套完整的理论和实施方法。而工业控制系统信息安全风险评估结合工业控制系统的特点，并借鉴 IT 系统信息安全技术。由于工业控制系统信息安全风险评估的重要性，我国在 2010 年发布了《工业控制网络安全风险评估规范》（GB/T 26333—2010），这是一份针对工业控制系统信息安全风险评估的规范性文件。该文件强调通过对工业控制系统信息安全风险评估可以发现系统的安全隐患，采用相应的安全措施来弥补安全漏洞，增强工业控制系统的安全。该规范还规定了工业控制系统信息安全风险评估的一般方法和准则，描述了工业控制系统信息安全风险评估的一般步骤，并侧重于对评估对象的分析和评估规划的设计。

6.6.2 典型风险评估方法及其对比

1. 典型风险评估方法分类

工业控制系统信息安全风险评估属于风险评估范畴，传统 IT 信息领域的风险评估方法、流程仍然适用。传统 IT 信息领域的风险评估方法的研究已经比较成熟，主要分为定量风险评估方法、定性风险评估方法和定性与定量相结合的综合风险评估方法。

1）定量风险评估方法

定量风险评估方法是根据系统的数据资料，通过构建数学模型进行定量分析，用数量指标来表示信息系统的风险等级，能够清楚明确地体现系统总体风险的大小。许多方法同时使用能够确定每一种风险因素的影响大小，为有针对性地采取应对措施提供依据。定量风险评估方法存在容易模糊复杂因素，使风险因素可能被误解和曲解等问题。

目前，定量风险评估方法是学术研究的热点，典型的定量风险评估方法有时序序列分析法、因子分析法、决策树分析法、等风险图分析法等。

2）定性风险评估方法

定性风险评估方法不需要严格量化各个因素，主要采用人为判断方式，主观性强，要求评估者对系统的认知水平较高，但是评估结果相对全面，是目前运用较为广泛的一种风险评估方法。

定性风险评估方法主要是以调查访谈为基础，通过理论进行推导、演绎、分析，并在此基础上得出调查结果。因此，该方法能够为制定有针对性的安全措施提供依据，但难以用于总体情况复杂的系统的风险评估。

目前，典型的定性风险评估方法有因素分析法、逻辑分析法、Delphi 法、历史比较法等。许多定性风险评估方法被作为正式的安全风险评估标准，它们对安全事故发生的可能性及潜在影响的表达方式是基于"低/中/高"的，而不是一个明确的发生概率或损失大小。

目前，图形化的定性风险评估方法有许多研究成果，如失效模式及影响分析法、故障树分析法、事件树分析法等。许多方法操作简单，但其结果往往会因为分析者的经验不足或直接偏差而不准确。

3）定性与定量相结合的综合风险评估方法

现代系统随着功能要求的提高变得越来越复杂，需要考虑的因素也很多，其中有些评估要素需要通过量化的形式表达出来，而有些评估要素难以量化，这就使得许多信息安全的风险评估方法需要融合定性和定量两者的特点，得出一个更详细和直观的评估结果。

在综合评估方法中定量分析是定性分析的前提和基础，定性分析需要定量分析的结果来更客观地表述事实。目前，层次分析法是较常见的应用于综合评估方法中的定量分析方法，结合该方法的特点衍生出的综合评估方法比较多。

2. 常用的风险评估方法

1）故障树分析法

故障树分析法（Fault Tree Analysis，FTA）是由美国贝尔实验室于 1962 年开发的，是一种逻辑因果分析方法，它最初主要用于功能安全领域，对大型复杂系统的可靠性、安全性进行诊断分析，近年来也有学者将其用于信息安全风险评估领域。由于故障树是一种从

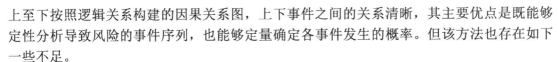

上至下按照逻辑关系构建的因果关系图，上下事件之间的关系清晰，其主要优点是既能够定性分析导致风险的事件序列，也能够定量确定各事件发生的概率。但该方法也存在如下一些不足。

> 在现实环境中，故障机理大多存在模糊性，top-down 事件之间并不简单地存在是与否（0 或 1）的关系，利用精确故障数据进行分析，容易发生误诊。

> 由于故障树要求事件之间存在逻辑性，且要求收集的数据全面、准确，因此受限于分析人员的个人技术、经验和对相关系统的了解程度等因素，很容易发生重要关联事件的遗漏，从而影响诊断的准确性和可靠性。

2）层次分析法

美国运筹学家匹兹堡大学的萨提（Saaty）教授在 20 世纪 70 年代提出层次分析（Analytic Hierarchy Process，AHP）法，该方法运用层次结构模型来解决多目标、多原则的系统决策问题，它属于一种定性与定量相结合的多目标、多层次的决策分析方法。该方法的基本思路是分析影响目标实现的主要因素，先将这些因素分解为多准则、多要素，然后按照一定的递推关系建立两两相互联系的层次结构模型，通过比较各层元素之间的重要性程度，得出相对权重，通过综合判断得出影响系统目标实现的综合权重。AHP 法的特点是通过深入分析复杂目标问题的本质，明确影响问题实现的各个要素并建立层次结构，利用较少的定量信息使决策的思维过程定量化。该方法的分析结果主观性较强，过度依赖于专家的个人知识和经验。

3）基于贝叶斯网络的评估方法

贝叶斯网络（Bayesian Network，BN）是概率论与图论相融合的产物。基于贝叶斯网络的评估方法是以贝叶斯网络为模型，对影响风险等级的各种因素采用概率方法结合专家知识进行描述的一种方法。该方法处理存在大量主观因素及不确定信息的评估问题的效果显著，不仅可以评估网络的总体风险，还可以评估各个局部要素可能引起的风险。但贝叶斯网络的建立是一项比较复杂、困难的工作，它没有现成的规矩，只能根据实际问题，依靠相关领域专家确定贝叶斯网络的节点，然后确定它的结构和参数。也就是说，贝叶斯网络模型的条件概率的确定一般比较复杂，往往要根据具体问题，由专家经验确定或由统计实验确定。

4）基于人工神经网络的评估方法

基于人工神经网络的评估方法的基本原理是：将用于描述各风险因素的风险等级作为人工神经网络的输入向量，将对系统的风险评估值作为人工神经网络的输出，使用人工神经网络前，用一些用传统方法评估取得成功的系统样本训练这个网络，使它所特有的权值系数经过自适应学习后得到正确的内部关系，训练好的人工神经网络便可以作为风险评估的有效工具。但该方法存在选取学习样本的数量受限制、样本的正确性不好界定等问题。

6.6.3　工业控制系统信息安全风险评估分析

1. 工业控制系统信息安全风险评估的各要素之间的关系

工业控制系统信息安全风险评估工作是一个系统工程，主要围绕四个基本风险要素展开，即资产、威胁、脆弱性和安全措施。对系统进行风险评估首先必须了解各个风险要素之间的关系，风险评估的各要素关系图如图 6.34 所示。

从图 6.34 可以看出，这些风险要素之间存在以下关系：风险可接受能力与业务战略对资产的依赖程度成反比；单位业务战略越重要，对资产的依赖程度越高，资产的价值就越大，资产的价值越大则风险越大；风险是由威胁引起的，威胁越大则风险越大，严重的风险可能演变成安全事件；威胁会利用脆弱性，脆弱性与风险成正比；脆弱性使资产暴露，是未被满足的安全需求，威胁利用脆弱性来危害资产，从而形成风险；资产的重要性和对风险的意识会导出安全需求；安全需求通过安全措施得到满足，且是有成本的；安全措施可以预防和检测威胁，从而有效地降低风险；考虑到风险影响与防护成本之间的关系，无须并且不可能将威胁降为零，因此，一部分未采取控制措施的漏洞会存在残余风险，有时并不能保证已采取的安全措施能够完全发挥防护作用，当安全措施无效时，有可能产生残余风险；系统应当将残余风险控制在可接受范围之内，因为它可能会在将来诱发新的安全事件。

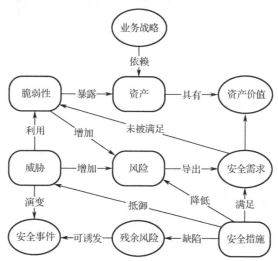

图 6.34　风险评估的各要素关系图

2. 工业控制系统信息安全风险评估的流程

图 6.35 所示为风险评估的实施流程图，由图可知风险评估流程可划分为四个阶段：风险评估准备阶段、风险分析阶段、风险计算阶段和风险管理阶段。

1）风险评估准备阶段

风险评估准备阶段是保证风险评估顺利实施的前提。风险评估准备阶段的工作内容包括确定风险评估对象的范围、安全需求和风险目标，并组建评估管理和实施团队。评估管理和实施团队成员应当包括工业控制系统领域的专家、信息安全风险评估专家、风险评估组织的管理层人员及其他代表。该团队在对被评估对象进行全面安全检查的基础上，确立风险评估的准备工作和方法，并制定信息安全风险评估方案。

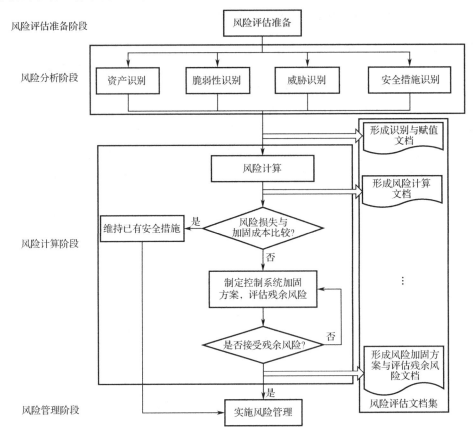

图 6.35　风险评估的实施流程图

2）风险分析阶段

传统 IT 系统风险分析方法强调"三性"，即保密性、完整性和可用性。但 ICS 的逻辑执行会直接影响物理世界，这一特征使得其对实时性和稳定性的要求非常高，在确保系统满足安全需求的同时，应避免风险对工艺过程的稳定性和实时性造成影响。因此，在进行 ICS 风险分析时，应当将 ICS 工艺需求放在重要位置。

图 6.36 所示为风险分析模型，首先从满足工艺需求（实时性和稳定性）和满足安全需求两个角度对资产进行识别，形成资产类要素；其次根据资产脆弱点的严重程度识别系统脆弱性要素；最后对 ICS 面临的威胁要素和已部署的安全措施进行全面识别，通过分析各要素之间的关联程度，进而采用一定的方法计算出系统的风险级别。

（1）资产识别

资产的价值属性是风险存在的根源。工业控制系统的资产存在形式多种多样，因此，资产识别的方法会随分类方法的不同而有所区别。这里，根据工业控制系统的分层结构，对资产进行分类和识别，如表 6.7 所示。需要说明的是，表 6.7 所示的各种资产包括硬件和软件。例如，监控层的操作员站包括操作员站硬件和操作员站软件等。由于目前采用物理安全手段保护工业控制系统的关键设备，因此，物理安全设备也要纳入资产范畴。一般企业的视频监控系统与工业控制系统是独立的，只有少部分与工业控制系统应用关联的视频监控设备纳入资产范畴。

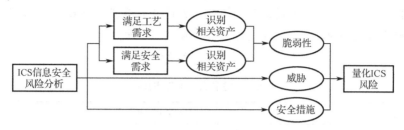

图 6.36　风险分析模型

表 6.7　按照系统分层结构分类的资产表

设 备 层 级	资 产 名 称	说　　明
企业层	管理设备	生产管理、人力资源管理、销售管理、财务管理等设备，办公软件
	服务器	认证服务器、Web 服务器、邮件服务器等
	网络和安全设备	交换机、路由器、防火墙、物理安全设备
MES 层	服务器	PIMS、计划、调度、先进控制、预测性维护等软硬件设备
	网络设备	交换机等网络通信设备、防火墙等安全防护设备
监控层	服务器/工作站	操作员站、工程师站、服务器、OPC 服务器、实时/历史数据库
	网络和安全设备	交换机、工业以太网等网络通信设备（有线、无线）、物理安全设备
控制层	控制器	常规控制器（DCS 现场站、PLC、RTU）、安全仪表控制器
	网络设备	交换机、网关等网络通信设备、安全隔离设备、物理安全设备
现场层	检测、执行设备	各类仪表（有线、无线）、调节阀、变频器、伺服设备等
	网络设备	现场总线、现场无线网络设备等

根据工艺和安全两方面业务对资产的依赖性程度，划分资产的重要性隶属度。资产重要性隶属度一般划分为 5 个等级，即高、较高、一般、较低、低，资产的重要性程度与其等级成正比，如表 6.8 所示。

表 6.8　资产重要性隶属度表

等　级	标　识	资产重要性定义
5	高	资产重要性高，业务战略对资产的依赖性高
4	较高	资产重要性高，业务战略对资产的依赖性较高
3	一般	资产重要性高，业务战略对资产的依赖性一般
2	较低	资产重要性高，业务战略对资产的依赖性较低
1	低	资产重要性高，业务战略对资产的依赖性低

（2）脆弱性识别

脆弱性识别是风险分析中非常重要的一个环节。工业控制系统的脆弱性按照不同的属性

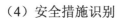

可以分为技术脆弱性和管理脆弱性。长期以来，工业控制系统一直被认为是隔离、孤立的系统，信息安全不是其考虑的首要问题，这使得工业控制系统在平台、网络等技术层面存在诸多脆弱性。工业领域的从业人员的信息安全防护意识淡薄，这使得大部分工业控制系统缺乏有效的安全管理措施，主要表现为安全管理制度不完善、安全设备的操作流程不明确、没有对系统面临的安全风险进行有效的监督和检查、人员缺乏培训、应急方案落后等。

根据脆弱性被威胁成功利用的难易程度，将脆弱点严重性分为 5 个等级，即高、较高、一般、较低、低，等级越高，脆弱点越严重，如表 6.9 所示。

表 6.9　脆弱点严重性隶属度

等　级	标　识	脆弱点严重性定义
5	高	脆弱性程度高，容易被威胁利用，且对资产损害大
4	较高	脆弱性程度较高，较容易被威胁利用，且对资产损害较大
3	一般	脆弱性程度中等，可能被威胁利用，且对资产损害一般
2	较低	脆弱性程度较低，较难被威胁利用，且对资产损害较低
1	低	脆弱性程度低，难以被威胁利用，且对资产损害低

（3）威胁识别

对工业控制系统面临的威胁进行识别，应当充分考虑两方面因素。一方面，系统内部软硬件的复杂性不断增加，人员培训落后，使得一些人为事故、操作失误、设备故障发生率呈上升趋势，这部分威胁会对工业控制系统造成一定的破坏。随着网络化的普及，一些传统信息安全问题也开始出现在工业控制领域。员工在工作时访问互联网、无意识地使用 U 盘安装各类软件的行为不仅影响工作效率，也极易造成操作失误，同时这类行为也是病毒、木马等恶意代码进入系统的主要途径。另一方面，工业控制系统被广泛应用于国家关键基础设施运行所依赖的系统，是国家经济的命脉。境内外敌对势力和不法人员等对系统的蓄意破坏是外部威胁的主要来源。因此，按照威胁来源，将威胁划分为 5 类：自然环境威胁、内部无意威胁、内部有意威胁、外部攻击、第三方威胁。

对威胁进行赋值依据的两个指标是威胁发生的频率及对资产造成的影响。地震威胁发生的频率极低，但其对系统产生的破坏性极大，而系统遭受网络嗅探的频率很高，但对系统的影响大多数可以忽略。

结合威胁产生的频率及其对资产造成的影响，将威胁隶属度划分为 5 个等级：高、较高、一般、较低、低，等级越高，威胁发生的频率越高，可能造成的影响越严重。表 6.10 所示是威胁隶属度表。

表 6.10　威胁隶属度表

等　级	标　识	威 胁 定 义
5	高	可能对系统造成严重影响，威胁发生的频率也相对高
4	较高	可能对系统造成一定影响，威胁发生的频率也相对较高
3	一般	一般不会对系统造成影响，威胁发生的频率高
2	较低	有很小概率对系统造成一定影响，威胁发生的频率较低
1	低	尽管可能对系统造成严重影响，威胁发生的频率非常罕见

（4）安全措施识别

威胁能够利用工业控制系统的脆弱性入侵系统、篡改数据、破坏资产，部署相应的安全措施能够有效预防安全事件的发生，及时检测威胁来源，对系统进行补救，从而降低系统整体风险。不适当的安全措施本身也存在可能被威胁利用的脆弱性，因此，在进行风险分析的过程中，必须对系统已经部署的安全措施进行全面识别，并评估其有效性。工业控制系统常采取的安全措施包括制定相关法律法规、工作程序和工作指南；建立合理的组织架构、配备相关人员等相应的管理措施；采取合理有效的技术措施等。

一般来说，部署单一的安全措施发挥的作用有限。安全措施的部署具有集合性，即某一类有效的具体措施的集合。根据安全措施部署的集合性，按照所发挥作用的不同可以把安全措施分为如下三类。

预防性安全措施：如完善安全管理制度、身份的标识与认证、员工培训等；

检测性安全措施：如入侵检测、恶意代码检测等；

补救性安全措施：如应急响应措施、系统备件、设备冗余等。

结合已采取安全措施的有效性及可能造成的残余风险，将安全措施的隶属度划分为 5 个等级：高、较高、一般、较低、低，表 6.11 所示是安全措施有效性隶属度表。

表 6.11　安全措施有效性隶属度表

等级	标识	安全措施有效性定义
5	高	有效性高，具有很好的安全防护功能，基本不存在残余风险
4	较高	有效性较高，具有较好的安全防护功能，存在较小残余风险
3	一般	有效性一般，具有一定的安全防护功能，存在一定残余风险
2	较低	有效性较低，具有较低的安全防护功能，存在较高残余风险
1	低	有效性低，基本无防护功能或已失效，存在很高残余风险

3）风险计算阶段

在完成了资产、脆弱性、威胁和安全措施的识别后，采取适当的方法按照一定的规则对识别的风险要素进行赋值。组织系统的风险值与其资产的重要性程度、脆弱性严重程度和威胁的强度呈一定的范式联系，《信息安全技术　信息安全风险评估规范》（GB/T 20984—2007）给出了风险值的计算方法，如式（6-1）所示：

$$R = f(A, V, T) \tag{6-1}$$

式中，R 代表系统的风险值；$f()$表示风险计算函数；A 表示系统资产；V 表示脆弱性严重程度；T 表示威胁程度。

考虑到风险要素导致的安全事件发生的可能性和后果之间的关系，式（6-1）又可以变化为

$$R = f(I, L(V, T)) \tag{6-2}$$

式中，I 表示安全事件对资产造成的损失；$L()$表示威胁利用资产脆弱性造成的安全事件发生的概率。

风险计算方法的种类很多，如矩阵法、相乘法等。评估者可以根据评估对象的实际情况选择相应的风险计算方法。

4）风险管理阶段

工业控制系统的风险管理贯穿于工业控制系统的整个生命周期，包括系统规划、设计、集成、维护和停车废弃五个阶段，每个阶段应当确立相应的安全目标。在系统规划阶段，提出工业控制系统的安全需求，分析论证可行性，提出安全方案。在系统设计阶段，应当依据提出的安全方案，设计工业控制系统的安全防护实施方案（设备选型、合理划分网段、接口、采取身份认证机制等）。在系统集成阶段，按照原定的实施方案做好相应设备的采购集成或外包集成，进行系统的人员划分与培训。在系统维护阶段，应当定期进行系统维护，做好系统审计与日志管理，保证系统所处物理环境、网络环境的安全，及时做好补丁升级。在系统停车废弃阶段，应对响应的数据、设备进行分类，区分重要性等级，及时对相关设备进行报废处理。上述阶段是环形结构，五个阶段呈螺旋交替循环，使得工业控制系统不断适应自身和外部安全环境的变化。

6.7　工业控制系统信息安全标准

6.7.1　工业控制系统信息安全相关标准规范的制定历程

1999 年，国家公安部提出并组织制定了强制性国家标准《计算机信息系统安全保护等级划分准则》。该标准是传统计算机信息系统领域安全保护的基础标准之一，提出了分级防护的概念。该标准将计算机信息系统安全由低到高分为 5 级：用户自主保护级、系统审核保护级、安全标记保护级、结构化保护级和访问验证保护级。分级防护不仅为计算机信息系统安全法规的制定和执法部门的监督检查提供了依据，也为安全产品的研制提供了技术支持。《计算机信息系统安全保护等级划分准则》的发布极大地促进了我国信息安全领域的建设和发展，也为工业控制系统信息安全防护提供了参考依据。

在本书交付出版之际，国家正式发布了《信息安全技术 网络安全等级保护基本要求》国家标准，该标准将于 2019 年 12 月 1 日正式实施，这标志着"等保 2.0"时代正式到来。新标准将基础信息网络（广电网、电信网等）、信息系统（采用传统技术的系统）、云计算平台、大数据平台、移动互联网、物联网和工业控制系统等作为保护对象，在原有通用安全要求的基础上新增了安全扩展要求。安全扩展要求主要针对云计算平台、移动互联网、物联网和工业控制系统提出了特殊的安全要求，进一步完善了信息安全保护工作的标准。新标准针对共性安全保护需求提出了安全通用要求，针对新技术、新应用领域的个性安全保护需求提出了安全扩展要求，形成了新的网络安全等级保护基本要求标准。

为了应对工业控制系统信息安全越发严峻的形势，工业和信息化部于 2010 年印发《关于加强工业控制系统信息安全管理的通知》（简称工信部 451 号文），要求各地区、各有关部门充分认识到工业控制系统信息安全防护的重要性和紧迫性，切实加强工业控制系统信息安全管理，保障工业生产安全运行、国家经济稳定和人民生命财产安全。工信部 451 号文的印发标志着我国已将工业控制系统信息安全防护提升至国家高度。

在国外，工业控制系统信息安全防护的研究已有几十年的历史，已开始形成一些较为成熟的标准体系和技术规范。2008 年，美国国家标准和技术研究所（NIST）在《联邦信息安全管理法案》、美国国土安全总统令 HSPD-7 和 SP 800-53 等标准的基础上起草完成并发布了《工业控制系统安全指南》，该指南又称 SP 800-82。该指南详细分析了工业控制系统与 IT 系统的区别、确定了上述系统的典型威胁和脆弱性，并提供了相关资产的安全防护对策。SP 800-82 的适用范围非常广泛，包括电力、污水处理、石油化工、天然气、核电、交通、市政等国家关键基础行业的工业控制系统。

2004 年，国际自动化学会（ISA）也制定了一项用于制造业和控制系统安全的标准——ISA 99。2007 年，国际电工委员会 IEC/TC65/WG10 工作组结合既有标准与 ISA 99，制定了 IEC 62443 系列标准，从通用基础标准、信息安全程序、系统技术要求和组件技术要求四个方面做出规定。

6.7.2　IEC 62443 的主要内容

1．IEC 62443 的概述

国际电工委员会（IEC）和国际自动化协会（ISA）于 2007 年共同制定了《工业过程测量、控制和自动化-网络与系统信息安全》系列标准，即 IEC 62443 系列标准，该标准的主要内容包括工业自动化控制系统（IACS）的安全保障措施、安全规程的建立和运行，以及对 IACS 的安全技术要求，明确了安全技术及应用方法。IEC 62443 系列标准从使用对象的角度分为 4 个系列、12 个二级标准。IEC 62443 系列标准结构示意图如图 6.37 所示，4 个系列分别是通用系列、用户业主系列、系统集成商系列和部件制造商系列。

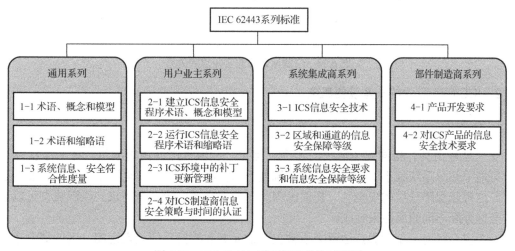

图 6.37　IEC 62443 系列标准结构示意图

第 1 个系列是通用系列，其针对的是安全通用方面，它是 IEC 62443 系列标准的基础，该系列对安全术语、模型等通用方面进行了概述性的描述。

第 2 个系列是用户业主系列，其主要针对的是组织信息安全程序的建立，包括组织在建立程序时应当考虑的信息安全系统管理、人员和程序设计等方面的要求。

第 3 个系列是系统集成商系列，其主要针对的是系统集成商保护系统所需的技术性信息安全要求，包括整体 IACS 分区域和分通道的方法，以及对 IACS 信息安全保障等级进行的定义和提出的要求。

第 4 个系列是部件制造商系列，其主要针对的是部件制造商提供的设备部件是否在技术上满足了信息安全要求，设备部件包括硬件、软件和信息集成部分。

IEC 62443 主要分析了工业控制系统的威胁、安全概念、纵深防御、风险评估、用例、工业控制系统物理架构、安全需求、安全生命周期等内容，并提出了工业控制系统信息安全等级（Security Assurance Level，SAL）的概念。IEC 62443 指出工业控制系统安全需要关注的焦点在于"人-过程-技术"这一三联原则，三联原则与安全需求的关系如图 6.38 所示。过程的强壮性可以克服技术漏洞潜在的危害，由人员因素导致的脆弱性也会降低技术的有效性。此外，该标准指出了 7 个安全基本需求，包括认证、授权与访问控制，使用控制，系统完整性，数据机密性，数据限制，事件实时响应，资源可用性等。

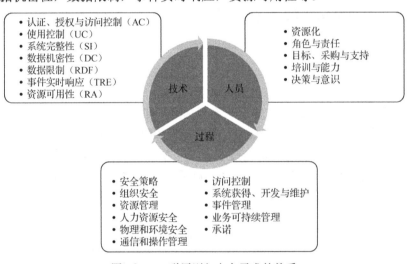

图 6.38　三联原则与安全需求的关系

2．IEC 62443 中的一些重要概念

1）安全区

安全区是指具有相同安全需求的物理、信息、应用资产的逻辑编组。在一个实际系统中，可能一部分系统处于安全区而其他系统处于安全区之外。在安全区中还可以有安全区或子区，这可以保障分层的安全性，提供纵深防御并解决多层次安全需求。纵深防御可以通过对安全区分配不同的属性来完成。

一个安全区有一个边界，边界介于被包含的元素和被排斥的元素之间。区的概念还隐含着从区内和区外对资产访问的需求，还定义了必要的访问和通信渠道，允许信息和人员在安全区内和区间移动。区可以被认为是被信任的或不被信任的。

安全区能以物理概念（物理区）或逻辑方式（虚拟区）定义。物理区的定义通过物理位置把资产分组，这种类型的区容易确定区内的资产。虚拟区的定义通过将资产或部分物理资产编组来实现，这个组合是基于功能性或其他特性的，而不是资产的实际位置。

2）管道

管道是一种特殊类型的安全区，成组信息按逻辑被编成信息组在区内或区外流动。它可能是单个服务（单一以太网），也可能由多个数据载体组成（多根网线和直接的物理存取通路）。与区一样，管道由物理的与逻辑的两种结构组成。管道可连接同一区的实体，或者连接不同区的实体。

与区相同，管道可以是可信的或不可信的。典型的可信管道不越过区边界，在区内通过通信处理。越过区边界的可信管道需要使用端到端的安全处理方式。

不可信管道是指与区端点不具有相同信息安全等级的管道。在这种情形下，实际的通信安全由单个通道负责，如图 6.39 所示。在图 6.39 中，每个厂区都有自己的总部。三个厂区都连接至企业网络，以便与厂区总部及其他厂区进行通信。图 6.39 包含了几种管道类型，第一种是企业管道，位于图的顶部，将不同位置的多个厂区连接到企业数据中心。如果采用租用通信或专用通信来构建广域网，则认为企业管道是可信管道。如果同时采用公用网络和专用网络，则企业管道被视为不可信管道。管道包括组成厂区连接的所有通信设备和防火墙。第二种管道是每个厂区的管道，每个厂区都有自己的可信管道。

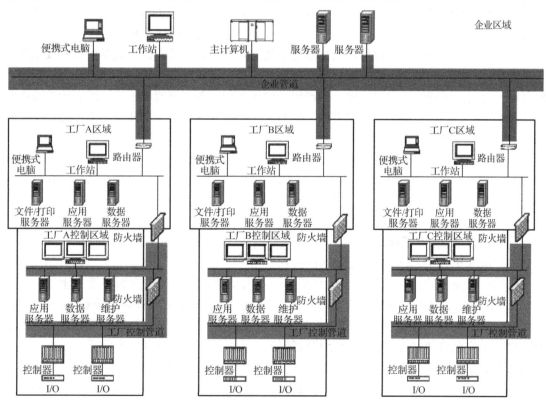

图 6.39　IEC 62443 的管道示意图

IEC 62443 没有明确规定企业如何定义各自的区域和管道。为了提高管理风险的效率，每个企业都可以建立通用安全区域。

3）信息安全等级

（1）信息安全等级的概念

信息安全等级（SAL）是以区为基础的，而不是基于单个设备或系统的。通常工业控制系统由多个厂家的设备组成，所有功能协调在一起为工业生产提供集成自动化功能。正如单个设备的功能有助于工业控制系统的功能一样，各个设备的信息安全功能和实施对抗措施需要相互作用来达到该区所期望的信息安全等级。信息安全等级为选择使用具有不同固有安全能力的对抗措施及设备做决策时，提供了一个参考框架。

信息安全等级为区信息安全提供了一种定性方法，它适用于比较和管理组织内的区信息安全。因为对危险、威胁和信息安全事件的精确应答能力的发展，信息安全等级为选择和验证安全等级提供了一种定性方法。信息安全等级既适用于最终用户，也适用于工业控制系统和安全产品的供应商。在区内，信息安全等级可被用来选择工业控制系统的设备和使用的对抗措施；在整个工业控制系统中，信息安全等级可被用于识别和比较不同组织的区的信息安全水平。

采用信息安全等级方法的组织宜定义每个等级表示的内容，以及在区中如何度量信息安全等级，整个组织宜始终使用该定义或特性。信息安全等级用于识别区内综合性分层的纵深防御策略，该策略包括基于硬件、软件的技术对抗措施，以及管理类对抗措施。

基于对区或管道的风险评估，信息安全等级宜与区或管道的系统、设备的固有安全属性和对抗措施所要求的效果一致。信息安全等级方法提供了对区或管道进行风险分类的能力，也有助于定义在区或管道内用于阻止未授权的电子入侵，防止未授权读出，或者影响设备和系统正常功能的对抗措施宜实现的效果。信息安全等级是区和管道的属性，而不是设备、系统或系统中任何部分的属性。

标准推荐最少使用三个安全等级，即目标安全保障等级（SAL-T）、达到安全保障等级（SAL-A）和能力安全保障等级（SAL-C），以实现预期设计结果的安全性。其中目标安全保障等级是为特定系统设定的 SAL；达到安全保障等级是特定系统实际的 SAL；能力安全保障等级是系统或组件正确配置时的 SAL。组织为描述其特定的安全需求，可在此基础上扩展和定义额外的信息安全等级。

（2）信息安全等级与功能安全等级的区别

虽然信息安全等级与功能安全等级都是保障人员健康、生产安全和环境安全的，但是功能安全系统使用 SIL，而信息安全等级使用 SAL。两者的意义和评估方法有所不同。SIL是指在一定时间、一定条件下，安全相关系统执行其所规定的安全功能的可能性，SIL 包括硬件安全完整性等级和系统安全完整性等级。而信息安全系统有更为广泛的应用，以及更多可能的诱因和后果。影响信息安全的因素非常复杂，很难用一个简单的数字描述出来。不过，两者都采用全生命周期安全理念，即安全的管理和维护也必须是周而复始地进行的。

4）安全策略

所谓安全策略，是指指定或规定组织如何保护其敏感、关键系统资源的规则。安全策略是组织为了维持可接受的安全水平而遵循的一致程序。安全策略被应用在企业的不同层级，如建立在企业层级的治理或管理策略和定义安全管理细节的操作策略。特定等级的策略是安全审计能够检验其符合性的组织文档。规程可以对策略进行补充，安全规程详细定义了某种安全机制的必要步骤。与策略及规程相对的是导则，导则不是强制性的。导则是描述做某些事情的一种方法，这些事情是想做的但不是强制性的。因为导则不是强制性的并且可能是含糊的，所以不能审计安全实践是否遵从导则。

因为每个组织不同部分的策略和规程通常是不同的，所以它们之间需要进行协调。尤其是工业控制系统的安全策略宜与通用 IT 系统的安全策略相互协调。

6.8 工业控制系统入侵检测

6.8.1 入侵检测系统的基本原理、分类及评估指标

1. 入侵检测系统的基本原理

入侵检测系统（Intrusion Detection System，IDS）是一种用于计算机和网络的安全管理系统，它收集和分析来自计算机或网络内各个区域的信息，识别合法用户的滥用行为和攻击者的非授权操作。工业控制系统的网络入侵可以定义为危害工控计算机系统、设备或网络的机密性、完整性或可用性的恶意活动。

一个完整的入侵检测系统由事件产生器、事件分析器、响应单元和事件数据库四个部分组成，通用的入侵检测系统模型如图 6.40 所示。事件产生器从网络流量数据中收集原始事件数据，并通过一定的数据格式传递给事件分析器。事件分析器进行核心操作，即对得到的数据进行分析，最终根据事先设定的理论得出是否有入侵的结果。响应单元对得到的结果采取一些反制措施，这些措施可以是各种形式的报警，也可以是对某些连接的切断等。事件数据库主要存储原始数据和结果数据等资源，这些数据存储在事件数据库中还可以对数据进行进一步分析，得出入侵检测的各种分析结果。入侵检测系统在不影响网络性能的前提下对网络进行监测，对各种信息数据进行实时保护。事件分析器的表现形式一般包括规则和行为特征模型两种，原始数据经过事件分析器后将异常记录下来，让响应单元去反馈，并将记录存储到事件数据库中。因此，入侵检测功能可以概括为如下几点。

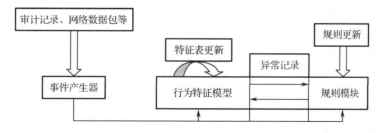

图 6.40 通用的入侵检测系统模型

➢ 监控和分析用户和系统活动。
➢ 分析系统配置和漏洞。

➢ 评估系统和文件的完整性。

➢ 能够识别攻击所具有的典型特征和模式。

➢ 分析异常活动模式。

➢ 跟踪用户违规行为。

工业控制系统入侵检测的软件或硬件组件为了识别和监视工业网络中的入侵而使用了入侵检测技术，其原理和普通的 IDS 一样。IDS 用于检测恶意活动并记录结果以供进一步分析，而入侵防御系统（Intrusion Protection System，IPS）与 IDS 的不同之处在于，IPS 同时监视并采取预防措施，以保护主机或网络不受恶意流量的影响。

IDS 是继数据加密和防火墙技术之后的新一代信息安全防御手段，不仅能够起主动防御的作用，而且可以配合其他工业控制信息安全设备，对 ICS 进行全方位、多角度的防护。基于 IDS，相关人员可以构建新的 ICS 防护体系，以弥补传统防御措施的不足。

2．入侵检测系统的分类

1）根据 IDS 体系结构分类

根据 IDS 体系结构可以将 IDS 分为以下三类。

➢ 集中式 IDS。该结构具有多个审计程序，分别位于不同的主机上，而用于入侵判别的 IDS 服务器只有一个。位于各个主机的审计程序会将数据发送到服务器，由服务器进行处理。这种结构的检测效率低，不适合大规模网络环境，鲁棒性差，中央服务器故障会使 IDS 瘫痪。

➢ 等级式 IDS。该结构是一种基于等级的结构，可用于大型网络，将网络分为若干个等级分区，每个分区都有对应的一个 IDS 负责监控并将监控结果逐层向上传递给上级 IDS 服务器。

➢ 分布式 IDS。该结构的特点是将中央 IDS 服务器的任务分配到各个主机上去完成，它实质上属于基于多主机的 IDS。这种结构极大地提高了检测效率和实时性，具有较强的灵活性。但是该结构的问题是系统维护成本较高，同时本地主机的负荷量也会大大增加。

2）根据 IDS 数据来源分类

根据 IDS 数据来源可以将 IDS 分为基于主机的 IDS、基于网络的 IDS 和混合型的 IDS。

（1）基于主机的 IDS

基于主机的 IDS（HIDS）只针对本地主机进行保护，针对系统的日志和审计内容进行监控与分析，以判别攻击行为及误操作。HIDS 的分析检测效率较高，可以准确地对应用层的入侵行为进行有效判别。但是 HIDS 也具有一定的局限性，它会占用主机的带宽资源，进而影响系统网络的稳定性。另外，HIDS 只能对防御主机进行单机防御，防御范围有限。

（2）基于网络的 IDS

基于网络的 IDS（NIDS）通过对网络中的流量和数据进行实时检测，对数据包的内容进行协议分析、字段拆解、数据校验及相应的算法处理，最终判定网络是否被入侵。在实际应用中，NIDS 通常被部署在防火墙之后。NIDS 的优点是可以对较为隐蔽的入侵进行有效的检测，不会影响主机的网络性能。NIDS 缺点是网络数据量庞大，检测难度较大，并且它不能结合操作系统的特性去判别入侵特征。

（3）混合型的 IDS

混合型的 IDS 综合了上述两种系统的优势，既能分析系统的审计信息，又可以通过网络监测流量和数据，实现了 NIDS 和 HIDS 的互补。

3）根据 IDS 检测技术原理分类

根据 IDS 检测技术原理对 IDS 进行分类更受认可。按此标准，IDS 可分为三个类别：误用检测、规程检测、异常检测。入侵检测方法及其发展趋势如图 6.41 所示。

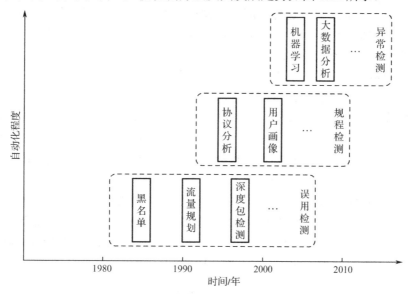

图 6.41　入侵检测方法及其发展趋势

（1）误用检测

误用检测采用特征匹配技术，将检测数据与已知攻击行为特征库进行比对，从而发现入侵行为。误用检测需要事先定义好违背正常行为策略的事件特征，这些特征包括网络数据包中的头信息等。误用检测通过实时收集的数据与事先定义的事件特征进行对比，该行为和杀毒软件的扫描病毒理论比较相似。误用检测的特点是误报率低，并且对已知攻击具有很高的检测率。信息物理系统的误用检测通常通过制定白名单、黑名单等方式实现入侵检测。

误用检测需要足够的存储空间以维护已知攻击类型的特征和规则，同时需要大量的人工操作以更新安全数据库。另外，误用检测通常只适用于较为稳定的系统，无法检测未知攻击。然而，工业控制系统存在大量资源受限的嵌入式设备，无法存储大量的检测规则，同时还面临着未知攻击急剧增加的巨大挑战。因此，误用检测存在的缺陷使其在单独应用于工业控制系统时效果一般，必须与其他入侵检测方法配合使用。

（2）规程检测

规程检测从系统自身的运行特点出发，根据系统内网络通信协议、节点运行模式、设备业务流程等的特点，将观测到的事件与正常系统活动进行比较，识别明显的偏差以发现网络攻击。规程检测的特点是误报率极低。由于规程检测主要从系统自身的运行特点出发，较少考虑攻击的传播、渗透机理，而网络攻击可能不会影响预先制定的入侵检测规则，因此，规程检测无法应对高级的可持续性威胁。另外，规程检测还需要人工制定检测规则，自动化程度低。

（3）异常检测

异常检测一般需要事先定义一组正常行为下的模型和数据，入侵检测系统通过实时收集的数据与正常情况下的数据进行比较，或者通过正常情况下训练出来的模型进行判断，最终得出是否被攻击的结果。这种检测的关键在于如何定义工业控制系统的正常行为。异常检测常常不能定义足够多的正常行为，这会导致一定的误报，但其优点是可以实现对未知攻击行为的检测，因为未知攻击行为显然不属于已定义的正常行为模式。

在工业控制系统中异常检测可以应用于网络分层体系结构，一些攻击可以在传输层中被特定的模型检测出，如会话劫持、拒绝服务、电缆中断或服务中断、网络扫描等。大多数工业控制协议作为应用层协议运行，未知命令、未知序列或两个工控组件之间的交互是可以用训练出来的模型感知并检测的。大量异常检测所做的显著假设是基于工业控制系统的周期性通信的，然而，工业控制系统也存在非周期性通信，由于这类情况没有纳入正常的通信模式库，从而导致异常检测的误报率高。

异常检测和误用检测之间的关系如图 6.42 所示，从该图可以了解两种方法的检测性能。异常检测用已知正常模式数据集训练检测模型，当正常的被检测数据通过异常检测模型时，被模型认定为入侵行为，则造成误报；误用检测根据已知入侵行为形成检测规则，当被检测数据包含不在特征集中的新特征时，则造成漏报。

图 6.42　异常检测和误用检测之间的关系

3．入侵检测系统的评估指标

入侵检测系统在实际检测中会出现以下四种情况。

➢ 当系统、网络遭到非法入侵时，入侵检测系统没有识别出来，导致漏报。
➢ 当系统、网络遭到非法入侵时，入侵检测系统有效地识别出该异常，并进行处理。
➢ 当系统、网络正常工作时，入侵检测系统识别结果为正常，没有发生误报警现象。
➢ 当系统、网络正常工作时，入侵检测系统将正常行为判断为异常，并进行处理，造成误报警。

综上所述，入侵检测系统评估如表 6.12 所示。

表 6.12　入侵检测系统评估

		入侵检测系统响应	
		正常	入侵
网络状态	正常	TN	FP
	入侵	FN	TP

注：TN 是正确检测到系统、网络的正常行为数；TP 是正确识别系统、网络的入侵行为数；FP 是将正常系统、网络行为判断为异常行为数；FN 是没有成功识别出待检测工业控制设备、相关网络节点的异常行为造成的漏报数。

通常用误报率、漏报率、检测精度三个指标来综合评估入侵检测系统的性能，这三个指标的定义如下。

$$误报率(False\ Positive\ Rate)=\frac{FP}{TN+FP}×100\% \tag{6-3}$$

$$漏报率(False\ Negtive\ Rate)=\frac{FN}{TP+FN}×100\% \tag{6-4}$$

$$检测精度(Precision\ Rate)=\frac{TP+TN}{TP+TN+FP+FN}×100\% \tag{6-5}$$

6.8.2　常用的入侵检测方法

从入侵检测系统的检测模型采用的技术原理角度看，目前主流的入侵检测方法主要有以下几种。

1. 基于统计分析的入侵检测方法

统计分析不仅被广泛应用于故障诊断，而且在入侵检测领域也得到广泛应用。基于统计分析的 IDS 的原理是基于网络的统计特征来判断是否存在入侵或异常行为。该方法需要先建立正常行为的统计模型，然后将待检测行为的统计特征与该模型进行比较，如果两者差别过大，则判定为入侵。目前常用的统计模型包括操作模型、马尔科夫过程模型、时间序列模型等。显而易见，漏报率是这种方法难以避免的问题，为了使漏报率能够被实际应用所接受，必须选择一个合适的阈值用以区分异常行为。另外，各统计量对事件发生的顺序不敏感，容易导致事件间的关联特性被忽略。

2. 基于数据挖掘的入侵检测方法

数据挖掘是指通过一系列机器学习算法充分挖掘数据中未知的、潜在的有用信息的过程。目前机器学习的分类算法如朴素贝叶斯算法、决策树算法、随机森林算法、K 近邻算法及支持向量机等在入侵检测中被广泛使用并取得了良好的效果。基于数据挖掘的数据聚类方法的入侵检测系统也被广泛研究和应用。此外，关联规则分析、时间序列分析等算法在入侵检测系统中发挥了重要作用。

3．基于人工神经网络的入侵检测方法

人工神经网络作为人工智能的一大分支被广泛应用于入侵检测系统。人工神经网络算法具有较强的自组织和自学习能力，基于人工神经网络的入侵检测方法可以对工控网络的用户行为进行学习和建模。先使用训练数据对整个网络进行训练，然后对入侵检测模型进行测试。人工神经网络算法的优点在于其非线性映射能力强，对数据无附加假设条件；其缺点在于该算法对训练数据较为依赖，不适合小样本学习。

4．基于专家系统的入侵检测方法

基于专家系统的入侵检测方法利用安全专家的知识进行推理。先将专家知识编码成推理规则库，编码方式类似于编程的条件判断，然后使用某种推理方法对输入数据进行判别。推理方法分为"根据给定数据进行符号推理"和"根据其他入侵证据进行不确定性推理"两种类型。这种入侵检测方法的有效性取决于知识库是否完备。

5．基于人工免疫的入侵检测方法

人体的免疫系统可以保护机体免遭病原体的侵害，主要是由于免疫系统能够区分"自我"与"非我"，属于正常机体的组织是正常的，不是自身的组织就为异常入侵。基于人工免疫的入侵检测实质上可以看作一种异常检测模型。生物体既可以记住以往感染过的病原体的特征，又可以对未知病原体进行检测。基于人工免疫的入侵检测方法具有分布式、自组织、易于扩散等优良特性，但是由于理论尚不完善且目前还没有行之有效的抗原检测方法，故该方法还有待于进一步研究。

6.8.3　工业控制系统入侵检测案例分析

1．基于网络流量和基于工艺参数的入侵检测

虽然工业控制系统的安全监控和防御有多种方法，但是针对工业控制系统的入侵检测研究有两种方法比较受重视，即基于网络流量的入侵检测和基于工艺参数的入侵检测。这两种方法的依据是对工业控制系统的所有攻击在网络层和生产工艺参数上都会得到反映。这两种方法的主要不同是入侵检测模型的输入数据来源不同。

1）基于网络流量的入侵检测

基于网络流量的入侵检测模型的数据包括工业控制网络流量，如包间隔时间、数据包大小等，以及结合协议分析得到的反映控制系统运行状态的参数，如从流量报文中解析出来的控制参数、生产工艺参数等。这种方法由于充分利用了两种不同类型的参数，这些参数能从多个角度表征工业控制系统的安全状态，因此，入侵检测的效果比较好。然而，如果工业控制系统使用了没有公开协议文档的私有通信协议，这时很难从网络数据报文中解析出工艺参数，这种方法的使用就受到了限制。

2）基于工艺参数的入侵检测

基于工艺参数的入侵检测只依赖工艺参数和控制参数。考虑到工业控制系统的生产工艺和控制参数是最能反映系统状态的数据，因此可以根据上位机或历史数据库中存储的生产工艺数据来构建入侵检测模型。这种方法与故障诊断方法比较类似，其采用的模型包括解析模型和黑箱模型等。但如果存在类似"震网"病毒的入侵，则保存在上位机数据库中的参数已经是被攻击者篡改过的，并不能反映生产过程的真实情况。因此，当控制系统被攻击后，这类安全监控系统实际上也被同步攻击了。此外，如果生产过程存在故障，这种方法也可以给出报警，但这类异常并不是由攻击造成的，而是由生产过程故障引起的，即这种方法实际上不能区分生产故障和网络攻击。区分系统异常的原因还需要依赖其他信息，如网络层的数据等，从而做出更明确的判断。

上述两种方法在运用中都存在数据集特征维数高的问题。因此，目前多数研究先对原始输入数据进行属性约简和特征提取，再结合各类算法建立入侵检测模型。为了提高分类器的性能，一些优化算法被用来优化分类器的参数。本节介绍的基于改进布谷鸟算法优化支持向量机参数的入侵检测就是采用改进的布谷鸟算法优化支持向量机的参数进行入侵检测的。案例中的数据集来源于密西西比州立大学（MSU）关键基础设施保护中心的天然气管道SCADA系统测试床。

2. MSU 数据集简介

MSU 数据集来源于 MSU 关键基础设施保护中心的天然气管道 SCADA 系统测试床，该测试床由天然气管道、压缩机、压力表及电磁阀等构成，通过 PID 控制算法维持管道内的压力平衡，SCADA 系统基于 Modbus 协议进行通信。该数据集的主要特点表现在以下几个方面。

> MSU 数据集的 26 个属性既有反映网络流量特性的流量属性（Network Traffic Features），如请求和响应的时间间隔、报文长度等，又有从 Modbus 报文中解析出来的负载属性（Payload Content Features），如管道压力值、PID 控制参数等。流量属性描绘了系统的通信轮廓，负载属性反映了系统的当前状态。显然，MSU 数据集包含网络流量与工艺参数两种属性的数据。

> 目前工业控制领域的入侵检测系统缺乏合适的基准数据集，研究人员大多采用非公开的数据或自行搭建测试床进行实验，造成不同研究成果之间没有合适的参照物进行评判。MSU 数据集是较为完善的开源工业网络数据集，使用该数据集有利于研究人员准确评价入侵检测算法。

> MSU 数据集除了在特征构建上综合考虑流量属性和负载属性，还引入了形式多样的攻击，如 DoS 攻击、侦查攻击等。丰富的攻击类型有利于充分考量入侵检测算法的漏报率、误报率等指标。

MSU 数据集共包含 97 019 条数据，每个样本由一次 Modbus 请求数据及其对应的响应数据构成。每个样本有 26 个特征和 1 个标签值，特征分为流量属性（10 个）和负载属性（16 个），如表 6.13 和表 6.14 所示。

表 6.13　流量属性详情

序号	属 性 名	描　　述	序号	属 性 名	描　　述
1	command address	请求包中的设备地址	6	response memory count	读写响应的内存字节数
2	response address	响应包中的设备地址	7	command length	请求包的总长度
3	command memory	请求包中内存起始地址	8	response length	响应包的总长度
4	response memory	响应包中内存起始地址	9	time	请求和响应的时间间隔
5	command memory count	读写请求的内存字节数	10	CRC rate	CRC 校验错误速率

表 6.14　负载属性详情

序号	属 性 名	描　　述	序号	属 性 名	描　　述
1	comm read fun	Modbus 请求报文中的读功能码	9	set point	天然气管道目标压力值
2	comm write fun	Modbus 请求报文中的写功能码	10	control scheme	控制方案
3	resp read fun	Modbus 响应报文中的读功能码	11	solenoid state	电磁阀状态
4	resp write fun	Modbus 响应报文中的写功能码	12	gain	PID 增益
5	sub function	请求/响应子功能码	13	reset	重置 PID 控制器的参数值
6	measurement	管道压力测量值	14	dead band	PID 控制器死区参数值
7	control mode	工作模式：自动/手动/关闭	15	rate	PID 控制器速率参数值
8	pump	压缩机状态	16	cycle time	PID 控制器的周期时间

　　MSU 数据集共包含四大类攻击数据，分别是侦查攻击、响应注入攻击、命令注入攻击及拒绝服务攻击，其中响应注入攻击可进一步细分为 NMRI 攻击、CMRI 攻击，命令注入攻击可细分为 MSCI 攻击、MPCI 攻击及 MFCI 攻击，因此，MSU 数据集共有 8 种类别的攻击数据，攻击类型及描述如表 6.15 所示。

表 6.15　攻击类型及描述

攻 击 形 式	标 签 值	描　　述
Normal	0	正常数据
NMRI	1	简单的恶意响应注入攻击
CMRI	2	复杂的恶意响应注入攻击
MSCI	3	恶意状态命令注入攻击
MPCI	4	恶意参数命令注入攻击
MFCI	5	恶意功能命令注入攻击
DoS	6	拒绝服务攻击
RECO	7	侦查攻击

3. 基于 CUDA 的支持向量机算法并行化

1）CUDA 的工作原理

CUDA 是英伟达（NVIDIA）公司专为提高并行程序开发效率而推出的一种计算架构。

在 CUDA 提出以前，GPU 一般只能用来进行图形渲染工作，CUDA 的出现使得开发人员可以使用 C 语言直接操作 GPU 的硬件资源，从而实现 GPU 的通用计算。

在 CUDA 编程模型中，CPU 被称为主机端（Host），GPU 被称为设备端（Device）；CPU 负责逻辑事件处理及 GPU 的调度，GPU 负责执行并行线程任务。CUDA 程序由两部分组成：在主机端执行的串行程序和在设备端执行的内核函数（Kernel）。编程时，相关人员将需要并行计算的代码放在内核函数中，这些代码由若干线程并行执行。这种异构编程模型的计算流程可归纳为以下几个步骤。

Step 1：主机端进行初始化工作，如分配内存、将运算数据从主机拷贝到设备等；

Step 2：主机端调用内核函数，在设备端创建若干线程和线程块；

Step 3：设备端执行内核函数的指令，并将运算结果储存在设备内存中；

Step 4：从设备端取出结果存放到主机，然后释放主机和设备内存，完成运算。

上述步骤涉及的内存和线程是 CUDA 编程的两块核心内容。CUDA 将运算任务映射到大量可以并行执行的线程上，这些线程由硬件动态调度和执行。若干个线程组成一个线程块（Block），Block 的线程以一维、二维或三维形式存放，每个线程都有一个索引号。若干个 Block 的集合又构成一个线程格（Grid），Block 的存放形式同样可以分为三个维度。Block 是内核函数的最小执行单位，各个 Block 的执行顺序不固定。Block 之间完全独立，每个 Black 都有自己的共享内存（Shared Memory），同一个 Block 的所有线程都可以访问共享内存。另外，每个线程还有自己的寄存器（Registers）和本地内存（Local Memory）。除了上述三种内存，CUDA 还划分了常量内存（Constant Memory）、纹理内存（Texture Memory）和全局内存（Global Memory）。CUDA 的编程模型如图 6.43 所示。

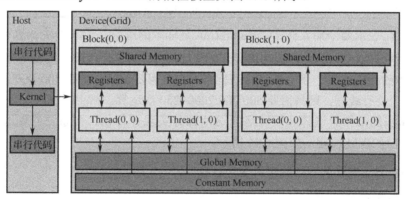

图 6.43　CUDA 的编程模型

2）SVM 并行化

训练一个 SVM 分类器实质就是寻找一个最佳分类超平面 $\boldsymbol{\omega}^{\mathrm{T}} \cdot x + b = 0$，使得两类样本能被这个超平面正确分开，这等价于求解如下凸二次优化问题。

$$
\begin{aligned}
&\min_{\boldsymbol{\alpha}} \quad \frac{1}{2}\boldsymbol{\alpha}^{\mathrm{T}}\boldsymbol{Q}\boldsymbol{\alpha} - \boldsymbol{l}^{\mathrm{T}}\boldsymbol{\alpha} \\
&\text{s.t.} \quad
\begin{cases}
\sum_{i=1}^{m}\alpha_i y_i = 0 \quad (i=1,2,\cdots,m) \\
0 \leqslant \alpha_i \leqslant C
\end{cases}
\end{aligned}
\tag{6-6}
$$

式中，$\boldsymbol{\alpha} = (\alpha_1, \alpha_2, \cdots, \alpha_m)^{\mathrm{T}}$ 表示拉格朗日乘子；$\boldsymbol{Q}$ 是一个 $m \times m$ 的核矩阵，定义为 $\boldsymbol{Q}_{i,j} = y_i y_j \boldsymbol{K}(\boldsymbol{x}_i, \boldsymbol{x}_j)$，$\boldsymbol{K}(\boldsymbol{x}_i, \boldsymbol{x}_j) = \boldsymbol{\varphi}(\boldsymbol{x}_i)^{\mathrm{T}} \boldsymbol{\varphi}(\boldsymbol{x}_j)$ 表示核函数，这类核函数使用高斯核函数。随着样本规模的增大，求解式（6-6）所耗费的时间快速增加，并且大规模的核矩阵也无法装入计算机内存。因此，采用了序列最小优化算法（Sequential Minimal Optimization，SMO）求解式（6-6），它的原理是：将二次规划问题分解为一系列子问题，每次迭代只更新两个拉格朗日乘子，即只处理两个样本的优化问题，从而高效地求解了二次规划问题。

SVM 算法并行化的关键在于找出适合 GPU 计算的流程，把串行过程简单地移植到 GPU 上并不能充分发挥其性能。通过分析 SVM 训练过程可知，大量矩阵运算是主要的时间开销之一，以计算高斯核函数为例，其伪代码如下。

Algorithm 1 Radial Basis Function
Input two vectors: X_1, X_2

Output the value of RBF kernel function
1: Initialize featureCnt from X_1, X_2

2: Initialize dot P dt X_1=dot P dt X_2=dot P dt X_1X_2=0

3: For i =1 to featureCnt Do
4:      dot P dt X_1+= $X_1[i] \times X_1[i]$
5:      dot P dt X_2+= $X_2[i] \times X_2[i]$
6:      dot P dt X_1X_2+= $X_1[i] \times X_2[i]$

7: End For
8: Return kernel value using dot P dt X_1, dot P dt X_2 and dot P dt X_1X_2

其中，X_1 和 X_2 表示两个输入样本，featureCnt 是样本的维数。为了加快计算速度，一般会预先计算好所有样本与自己的内积并保存，即上述第 4、第 5 行代码。假设现有 10 000 个样本，每个样本的维数是 50，那么计算这些样本的内积需要 50×10 000=500 000 次运算，而如果开辟 2000 个并行线程，则只需要 500 000/2000=250 次运算。

SMO 算法的工作集选择和矩阵运算这两部分实现并行化，而条件判断和取极值等在 CPU 实现，并行 SVM 流程图如图 6.44 所示。

4．基于布谷鸟算法的支持向量机参数优化

1）标准布谷鸟算法

为了提升并行 SVM 的分类准确率，引入布谷鸟算法（CSA）对 SVM 的参数 C 和 g 寻优。CSA 是剑桥大学的杨（Yang）等人在 2009 年提出的一种新颖的生物启发式算法，该算法模拟布谷鸟寄生育雏的繁殖现象，并引入莱维飞行机制，实现了快速有效地搜寻连续优化问题的最优解。CSA 基于以下三条理想规则。

规则 1：每只布谷鸟每次只产一个卵，并放置于随机选择的鸟巢中；

规则 2：质量最高的卵所对应的鸟巢保留到下一代；

规则 3：鸟巢的总数固定，并且寄生卵被宿主发现的概率为 p_a，若寄生卵被发现，则被推出鸟巢，或者该鸟巢被宿主抛弃。

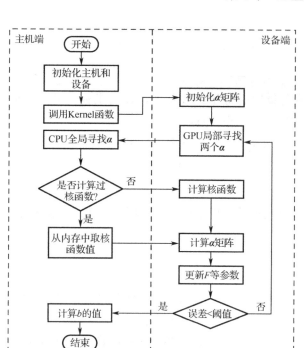

图 6.44　并行 SVM 流程图

根据上述规则，定义鸟巢位置的全局更新公式为

$$X_i^{t+1} = X_i^t + \alpha \oplus \mathrm{L\acute{e}vy}(\beta) \tag{6-7}$$

式中，X_i^{t+1} 表示在 $t+1$ 代第 i 个鸟巢的位置；$\mathrm{L\acute{e}vy}(\beta)$ 表示莱维飞行的步长；α 称为步长因子；β 一般取 1.5；$\oplus$ 表示点对点乘积。Yang 采用蒙塔娜（Mantegna）提出的方法计算飞行步长，即

$$\mathrm{L\acute{e}vy}(\beta) = \frac{\mu}{|v|^{1/\beta}} \tag{6-8}$$

式中，μ 和 v 服从正态分布：$\mu \sim \mathrm{N}(0, \sigma_\mu^2)$，$v \sim \mathrm{N}(0, \sigma_v^2)$。$\sigma_\mu$ 和 σ_v 的值为

$$\sigma_\mu = \left[\frac{\Gamma(1+\beta)\sin\left(\dfrac{\pi\beta}{2}\right)}{2^{(\beta-1)/2}\,\Gamma\left(\dfrac{1+\beta}{2}\right)\beta} \right]^{1/\beta}, \quad \sigma_v = 1 \tag{6-9}$$

为了表示上述规则 2，将式（6-7）改写成

$$X_i^{t+1} = X_i^t + \alpha \times (X_i^t - X_b) \oplus \mathrm{L\acute{e}vy}(\beta) \tag{6-10}$$

式中，X_b^t 表示当前最优鸟巢。该式表明当前最优鸟巢不进行位置更新。另外，为了计算方便可将式（6-8）做如下变换：

$$\begin{cases} \mathrm{L\acute{e}vy}(\beta) = \dfrac{\mu}{|v|^{1/\beta}} = \dfrac{\sigma_u \phi}{|v|^{1/\beta}} \\[2mm] \phi = \dfrac{\mu}{\sigma_u} \sim \mathrm{N}(0,1) \end{cases} \tag{6-11}$$

结合式（6-10）和式（6-11），最后可得鸟巢位置，更新公式如下：

$$X_i^{t+1} = X_i^t + \alpha \times (X_i^t - X_b^t) \times \frac{\sigma_u \phi}{|v|^{1/\beta}} \tag{6-12}$$

当通过莱维飞行更新所有鸟巢位置后，针对每个鸟巢生成一个 $0\sim1$ 的随机数，若该随机数大于 p_a，则表示鸟巢中的寄生卵被发现，该鸟巢被抛弃，此时进入偏好随机游动环节，即在该鸟巢附近重新寻找一个新解：

$$\begin{cases} X_i^{t+1} = X_i^t + v \times H(p_a - \varepsilon) \times (X_j^t - X_k^t) \\ H(p_a - \varepsilon) = \begin{cases} 0 & p_a - \varepsilon < 0 \\ 1 & p_a - \varepsilon > 0 \end{cases} \end{cases} \tag{6-13}$$

式中，X_j^t 和 X_k^t 表示第 t 代的两个随机解；v 为压缩因子，在[0,1]上服从均匀分布；ε 是一个随机数。

2）布谷鸟算法的改进

标准 CSA 通过步长因子 α 和压缩因子 v 控制全局搜索和局部搜索能力。在莱维飞行环节，较大的 α 虽然能使算法快速收敛，但搜索精度较低；而过小的 α 则会使迭代次数增加，降低寻优速度。为了避免陷入局部最优，CSA 采用偏好随机游动淘汰部分可行解，并在淘汰解附近随机产生新解，但若 v 过小，则会使局部搜索的效果不明显。

基于以上分析，针对标准 CSA 算法做出如下两点改进。

➢ 将标准 CSA 中固定的 α 改为与鸟巢适应度相关的自适应值，这使得该算法在寻优过程中能够根据每个个体的适应度情况而动态地调整步长，有利于提高搜索精度，即

$$\alpha = e^{-\left|\frac{\text{bestfit}(t)+\Delta}{\text{bestfit}(t)-\text{fit}_i(t)+\Delta}\right|} \tag{6-14}$$

式中，$\text{bestfit}(t)$ 表示第 t 代的最优适应度；Δ 表示一个很小的常数，作用是避免 0 除以 0 的情况。

➢ 把压缩因子 v 用动态惯性权重替代，惯性权重的引入是为了提高算法的搜索能力，平衡全局搜索和局部搜索之间的关系。

$$v = e^{\frac{-t}{2 \times \text{nIter}}} \tag{6-15}$$

式中，t 表示当前迭代次数；nIter 表示迭代总次数。将式（6-14）、式（6-15）分别代入式（6-12）和式（6-13）得到改进后的布谷鸟算法（AWCS），即

$$X_i^{t+1} = X_i^t + e^{-\left|\frac{\text{bestfit}(t)+\Delta}{\text{bestfit}(t)-\text{fit}_i(t)+\Delta}\right|} \times \frac{\sigma_u \phi}{|v|^{1/\beta}} \times (X_i^t - X_b^t) \tag{6-16}$$

$$\begin{cases} X_i^{t+1} = X_i^t + e^{\frac{-t}{2 \times \text{nIter}}} \times H(p_a - \varepsilon) \times (X_j^t - X_k^t) \\ H(p_a - \varepsilon) = \begin{cases} 0 & p_a - \varepsilon < 0 \\ 1 & p_a - \varepsilon > 0 \end{cases} \end{cases} \tag{6-17}$$

3）改进布谷鸟算法的验证测试

为了验证 AWCS 的有效性，选取四个具有代表性的测试函数进行测试，并与标准 CS 和 ICS 在不同维度下进行对比。每种算法独立运行 30 次，迭代次数为 1000，评价标准如下。

> 算法运行 30 次的全局最优解；

> 30 次运行的平均值；

> 30 次运行的最差解。

测试函数如表 6.16 所示，其中 f_1 和 f_2 是简单的单峰函数，用来衡量算法的寻优速度；f_3 是复杂的单峰函数，它的最优解位于狭长的山谷内，通常难以找到搜索方向；f_4 是存在多个局部最优点的多峰函数，用来测试算法的全局探索能力。

表 6.16　测试函数

函数名称	测试函数	搜索空间	理论最优值	维度	迭代次数/次
Sphere	$f_1(x)=\sum_{i=1}^{N}x_i^2$	$[-100,100]$	0	10/30	1000
Schwefel P2.22	$f_2(x)=\sum_{i=1}^{N}\|x_i\|+\prod_{i=1}^{N}\|x_i\|$	$[-10,10]$	0	10/30	1000
Rosenbrock	$f_3(x)=\sum_{i=1}^{N}[100(x_{i+1}-x_i^2)^2+(x_i-1)^2]$	$[-5,5]$	0	10/30	1000
Griewank	$f_4(x)=\frac{1}{4000}\sum_{i=1}^{N}x_i^2-\prod_{i=1}^{N}\cos\left(\frac{x_i}{\sqrt{i}}\right)+1$	$[-200,200]$	0	10/30	1000

三种算法的参数选择：对于标准 CS，其参数为 $p_a=0.25$，$\alpha=1$；对于 ICS，其参数为 $p_a(\max)=1$，$p_a(\min)=0.005$，$\alpha(\max)=0.5$，$\alpha(\min)=0.01$；对于 AWCS，其参数为 $p_a=0.25$，$\Delta=0.0001$。三种算法的鸟巢数量都为 30 个。

表 6.17 和表 6.18 分别给出了三种算法在 10 维和 30 维的情况下的四种函数的测试结果，其中最优结果加粗表示。由表可以看出，AWCS 对单峰函数 Sphere 和 Schwefel P2.22 的寻优精度优于标准 CS 和 ICS；对于复杂单峰函数 Rosenbrock 而言，当数据维度为 10 时，AWCS 能保证较优的精度，但在高维度时没有表现出明显的优势；对于多峰函数 Griewank 而言，在 10 维情况下，三种算法寻优能力相当，但是在 30 维时，AWCS 性能更好，这表明 AWCS 挑出局部最优值的能力最强。因此，AWCS 在寻优精度上得到了有效提升。

表 6.17　10 维数据测试结果

函数名称	算法	最优值	平均值	最差值
Sphere	CS	1.3130×10^{-15}	1.4252×10^{-14}	4.5790×10^{-14}
	ICS	4.0460×10^{-23}	9.0926×10^{-22}	5.5438×10^{-21}
	AWCS	$\mathbf{9.1190\times10^{-38}}$	$\mathbf{8.5580\times10^{-35}}$	$\mathbf{1.7489\times10^{-33}}$
Schwefel P2.22	CS	3.3784×10^{-7}	8.5900×10^{-7}	2.2390×10^{-6}
	ICS	1.6665×10^{-17}	1.1863×10^{-16}	4.3873×10^{-16}
	AWCS	$\mathbf{8.6267\times10^{-23}}$	$\mathbf{1.6968\times10^{-21}}$	$\mathbf{1.2809\times10^{-20}}$
Rosenbrock	CS	2.9822×10^{-2}	5.9113×10^{-1}	1.8943×10^{0}
	ICS	5.5929×10^{-3}	3.5336×10^{-1}	1.8161×10^{0}
	AWCS	$\mathbf{2.6639\times10^{-10}}$	$\mathbf{3.5091\times10^{-1}}$	$\mathbf{0.9866\times10^{0}}$
Griewank	CS	1.4061×10^{-2}	4.2391×10^{-2}	$\mathbf{7.6071\times10^{-2}}$
	ICS	9.9832×10^{-3}	4.3674×10^{-2}	1.2128×10^{-1}
	AWCS	$\mathbf{6.5136\times10^{-3}}$	$\mathbf{4.3212\times10^{-2}}$	1.3052×10^{-1}

表6.18　30维数据测试结果

函 数 名 称	算 法	最 优 值	平 均 值	最 差 值
Sphere	CS	$1.2797×10^{-3}$	$3.3544×10^{-3}$	$6.4968×10^{-3}$
	ICS	$3.8154×10^{-4}$	$1.4643×10^{-3}$	**$2.8831×10^{-3}$**
	AWCS	**$3.0110×10^{-5}$**	**$5.1226×10^{-4}$**	$5.6555×10^{-3}$
Schwefel P2.22	CS	$1.1496×10^{-1}$	$3.1160×10^{-1}$	$7.5698×10^{-1}$
	ICS	$3.9167×10^{-3}$	$3.2749×10^{-2}$	$3.7027×10^{-1}$
	AWCS	**$2.7464×10^{-4}$**	**$1.0837×10^{-2}$**	**$1.2024×10^{-1}$**
Rosenbrock	CS	$2.3628×10$	$2.5801×10$	$2.7534×10$
	ICS	$2.4598×10$	$2.6283×10$	**$2.7810×10$**
	AWCS	**$9.9003×10^{0}$**	**$2.4939×10$**	$8.5185×10$
Griewank	CS	$9.8105×10^{-4}$	$3.4464×10^{-2}$	$1.0691×10^{-1}$
	ICS	$2.4690×10^{-6}$	$1.0606×10^{-3}$	**$7.8778×10^{-3}$**
	AWCS	**$8.3529×10^{-9}$**	**$1.0443×10^{-3}$**	$2.7767×10^{-2}$

　　为了反映算法的收敛速度，绘制各测试函数在30维时的收敛曲线，如图6.45所示。由图6.45可以得出如下结论。

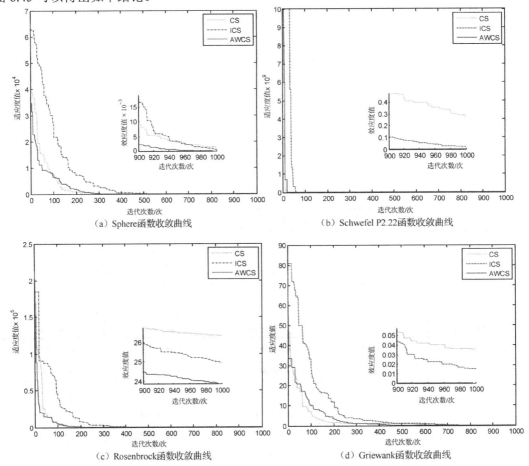

（a）Sphere函数收敛曲线　　　　　　　　　　（b）Schwefel P2.22函数收敛曲线

（c）Rosenbrock函数收敛曲线　　　　　　　　（d）Griewank函数收敛曲线

图6.45　各测试函数在30维时的收敛曲线

> 对于单峰函数 Sphere 和 Schwefel P2.22 而言，虽然在迭代初期 AWCS 的收敛速度不是最快的，但到了中后期反超了 CS 和 ICS，并且精度更高；

> 对于 Rosenbrock 函数而言，三种算法都陷入了局部最优，但 AWCS 的收敛速度和精度都相对较高；

> 对于多峰函数 Griewank 而言，AWCS 在迭代后期同样具有更优的收敛速度和寻优精度。

因此，AWCS 在进行优化时是有较好的性能的，可以利用该算法改进经典的支持向量机算法。

5. 算法仿真验证

1）数据源及仿真环境

先将 CSVM 和 AWCS 结合形成 CCS-SVM，然后利用 MSU 在 2014 年建立的工控入侵检测标准数据集对 CCS-SVM 进行入侵检测性能测试。数据以 $X^t = (x_1^t, x_2^t, \cdots x_n^t, y^t)$ 的形式存储，其中 $x_1^t, x_2^t, \cdots x_n^t$ 为第 t 条数据的特征值，y^t 表示该条数据的类别标签。所使用的数据集共有 10 619 条数据，每条数据包含 26 维特征和 1 个标签值。

由于每种特征值采用了不同的度量方式，为了消除数值差异过大对分类结果的影响，采用 $\hat{x} = (x - x_{\min}) / (x_{\max} - x_{\min})$ 对数据进行归一化处理。仿真平台：显卡采用 NVIDIA Quadro M2000；CPU 型号为 Intel Xeon e5-E3500，1.7GHz；Win7 操作系统；编程环境为 CUDA 8.0、Visual Studio 2013 和 MATLAB R2014a。

2）仿真步骤

入侵检测的目的是利用 AWCS 寻找一组最优的 (C, g)，使得 SVM 能将各种类别的数据正确分类。首先从数据集中随机抽取 8000 组数据作为训练集，剩余的 2619 组数据作为测试集；其次将 AWCS 的鸟巢维度设为 2，每个鸟巢代表了一组 (C, g)，取 SVM 分类器在 5 折交叉验证下得到的准确率作为算法的适应度值，并利用 AWCS 对训练集进行参数寻优；最后选取适应度最优的 (C, g) 来构建 CCS-SVM 入侵检测模型，对测试集进行分类。为了验证 CCS-SVM 的优越性，对 CS-LIBSVM、ICS-LIBSVM 进行了实验，各算法均迭代 50 次，鸟巢数量都为 20 个，参数寻优空间为[0.01, 1000]。

3）仿真结果分析

图 6.46 所示为三种算法的收敛曲线，该图反映了算法的收敛速度和分类精度。由图 6.46 可以看出，CCS-SVM 在第 6 次迭代时收敛，ICS-LIBSVM 在第 8 次迭代时开始收敛，而 CS-LIBSVM 在 25 次迭代以后才能完全收敛；在分类精度上，CCS-SVM 也优于 ICS-LIBSVM 和 CS-LIBSVM。

表 6.19 所示为入侵检测关键指标值，检测率、误报率及漏报率三个指标是评价入侵检测系统性能的主要标准。为了证明并行化改进的有效性，表 6.19 还列出了各算法每次迭代的平均运行时间。从表 6.19 可以看出，CCS-SVM 在各项指标上都是性能最优的。与标准 CS-LIBSVM 相比，CCS-SVM 的误报率和漏报率大幅度减少，其中误报率仅为 0.84%，漏报率为 2.40%。另外，CCS-SVM 每次迭代的平均运行时间为 60.45s，与 CS-LIBSVM 相比，速

度提升了近 3 倍，可见并行化 SVM 的训练速度提升明显。

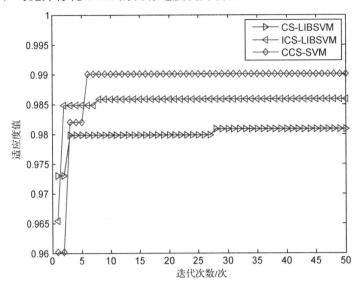

图 6.46　三种算法的收敛曲线

表 6.19　入侵检测关键指标值

算法名称	检测率	误报率	漏报率	平均运行时间/s
CS-LIBSVM	95.92%	1.81%	7.21%	174.04
ICS-LIBSVM	99.06%	1.38%	3.34%	213.16
CCS-SVM	**99.35%**	**0.84%**	**2.40%**	**60.45**

图 6.47 所示为 CCS-SVM 测试样本分类结果，从该图可以直观地观察到错误分类数据的分布情况。

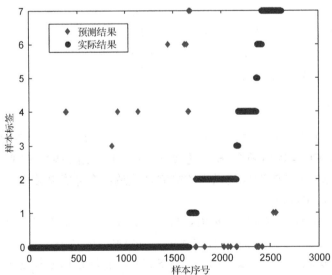

图 6.47　CCS-SVM 测试样本的分类结果

6.9　一种控制器硬件的环工业控制系统测试床

6.9.1　测试床的总体结构与通信方案

1. 测试床的总体结构设计

基于控制器硬件在环技术构建虚实结合的工业控制系统测试床。测试床包括四层：物理层、控制层、网络层和监控层，测试床的体系结构如图 6.48 所示。

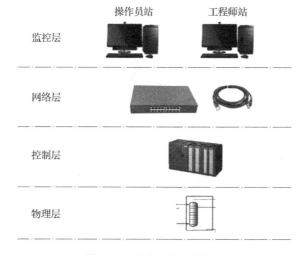

图 6.48　测试床的体系结构

被控物理过程选择气体分馏装置中的脱丙烷塔-脱丁烷塔双塔过程，运用 Aspen HYSYS 软件对该工艺过程建模，模拟实际工艺流程。而监控层、控制层和网络层都是实物设备，这样就构成了控制器硬件在环的测试床，从而能更好地对控制系统的软硬件开展信息安全测试。系统监控设备主要选用西门子 PCS7 8.0 过程控制系统，其中控制器是西门子 S7-400 控制器，控制器的硬件组态和程序编写通过西门子 PCS7 系统中的 STEP7 编程软件实现。人机界面利用 WinCC 设计，实现对整个工艺流程的实时监控。

监控层包括工程师站和操作员站，实现了基于 WinCC 的人机界面设计。人机界面包括气分装置双塔模型工艺流程主界面、脱丙烷塔车间、脱丁烷塔车间及报警界面四个部分，主要实现了数据采集、状态显示、报警、趋势分析和人员操作等功能。主界面完成整个工艺流程的布局与显示，对该过程进行总体监控。脱丙烷塔车间和脱丁烷塔车间针对装置结构及控制方案设计了监控画面，展示车间内工艺流程、PID 控制器的设定值、被控变量的数值，以及控制曲线、控制变量的数值等重要信息。报警界面主要设计了实时和历史报警窗口，重点监视三个被控变量及其他过程参数，一旦参数出现异常，报警窗口立即显示报警信息，包括报警发生的原因、位置和时间等。

2. 测试床的通信方案

对于虚实结合的测试床而言,实现虚拟仿真过程与实物控制系统的实时数据交换是建立测试床的基础。通常,测试床的通信方案有如下两种。

1)硬件方案

硬件方案即把由仿真模型得到的实时过程参数如温度、压力等,通过仿真计算机中的 D/A 模块输出,把该电流或电压信号经过隔离模块后,再把隔离模块的输出经过控制系统的 A/D 模块输入控制器。同样,控制器的操纵变量输出通过 D/A 模块,经过隔离,把隔离模块的输出接到仿真模型计算机的 A/D 模块,送入仿真模型中。数字量信号也需要配置 DI 及 DO 模块。这样,通过硬件的方式实现了包括软件模型和硬件控制器的控制回路的闭环运行。

2)软件方案

典型的软件方案是指通过 OPC 规范,把仿真模型的输出与控制器的变量建立映射,从而实现实时数据交换。本案例选用 OPC 技术来实现该功能。测试床的数据通信方案如图 6.49 所示。该系统采用 Wintech 公司的 OPC 服务器开发工具,利用 VB 编程语言开发了一个 OPC 服务器,实现了 HYSYS 与 WinCC 变量管理器之间的数据通信。该服务器的开发过程包括接口程序的开发、变量的定义、动态库的连接等。WinCC 变量管理器与 S7-400 控制器之间的数据通信需要通过另一个 OPC 服务器完成,该服务器是建立在西门子 SIMATIC NET 通信系统基础之上的。WinCC 变量管理器需要通过编写全局脚本实现变量互通,把两个 OPC 服务器通道的变量连接起来,构成完整的数据通信回路。

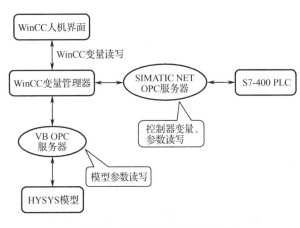

图 6.49 测试床的数据通信方案

6.9.2 测试床的被控物理过程介绍

物理层需要利用 HYSYS 软件建立气分装置脱丙烷塔-脱丁烷塔双塔模型。脱丙烷塔、脱丁烷塔在化工行业的气体分馏装置中应用广泛。以脱丁烷塔为例,气分装置双塔模型工艺流程图如图 6.50 所示。脱丙烷塔需要把进料的 C3 组分与 C4 及以上重组分分离。而脱丁烷塔需要把进料的 C4 组分与 C5 及以上重组分分离,并得到 C4 产品。脱丁烷塔的进料取自脱丙烷塔的釜液和其他生产过程产生的混烃组分,塔顶产出 C4 产品,塔釜产出 C5 及以上产品。控制目标是保证塔顶气相馏出产品中 C5 及以上重组分的含量低于 3%,同时塔底釜液中 C4 及更轻组分的含量低于 5%,以达到气体分馏的目的。塔顶 C4 产品中 C5 及以上重组分的含量通过调整回流量来控制，适当的回流量能将 C5 及以上重组分的含量控制在要求的范围内。C4 产品的产出量受塔顶回流罐液位的控制，保证塔顶产物产出量的稳定，对整个系统的运行有重要作用。脱丁烷塔再沸器的加热介质是低压蒸汽，低压蒸汽的流量需要通过调整脱丁烷塔塔底温度实现控制。而脱丁烷塔塔底温度的高低直接影响塔釜出液中 C4 组分含量的高低，塔底温度较高，塔釜中所含的 C4 组分相对较少。脱丁烷塔塔釜产品的产出量受再沸器液位的控制。脱丙烷塔的工艺流程与脱丁烷塔类似，但是塔顶产出 C3 产品，塔釜液产出 C4 及以上产品。

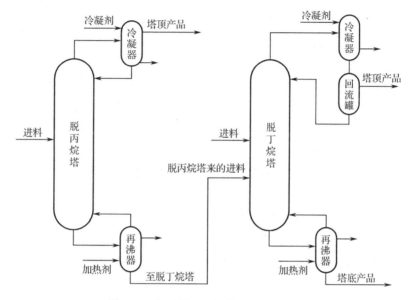

图 6.50　气分装置双塔模型工艺流程图

通过 HYSYS 软件对气体分馏装置中的脱丙烷塔-脱丁烷塔双塔模型进行动态建模，主要步骤包括添加物性包、物料定义、单元操作和单元连接等。建模时首先需要添加物性包，物性包包括工艺流程的所有组分及状态方程。物料采用自由度的概念来定义，当自由度为 0 时，一个物料就被确定下来。设定单元操作与单元连接就能把整个系统连接起来，完成既定的操作。

6.9.3　测试床开发

1. 双塔模型的 HYSYS 建模及控制方案

双塔联立系统是由脱丙烷塔、脱丁烷塔双塔构成的，在 Aspen HYSYS 平台上建立仿真模型。打开 Aspen HYSYS V8.4 软件，新建一个工程，先为工程定义物性包，空气分离系统的状态方程选择 Peng-Robinson 方程；然后进入 PFD（流程图）编辑模式，由 PFD 建立的模型可以直观地表示工艺流程状况。流程图的对象信息都模拟真实情况，当条件改变时，参数也会发生相应的变化，具有比较真实的仿真效果。

由于双塔模型要用于动态控制，因此需建立被控过程的动态模型。先对整个模型进行稳态建模，流程稳态模型收敛后，定义单元操作的动态数据（如精馏塔的几何尺寸、液位高度等），安装控制仪表，然后开始动态模拟。

Deprop Feed 作为脱丙烷塔的进料，包含甲烷、乙烷、丙烷、正丁烷、异丁烷、正戊烷、异戊烷、正己烷、正庚烷、正辛烷等轻烃和重烃组分，进入精馏塔后进行气液分离，塔顶产出物为包括甲烷、乙烷、丙烷在内的轻烃，C4 及 C4 以上重组分从塔底馏出，作为下一单元脱丁烷塔的一部分进料。脱丁烷塔的另一部分进料来自 Debutan Feed。进入脱丁烷塔分离后在塔顶分离出主要产品丁烷（正丁烷和异丁烷），塔底的出料是 C5 及 C5 以上重组分。基于 HYSYS 的双塔模型如图 6.51 所示。

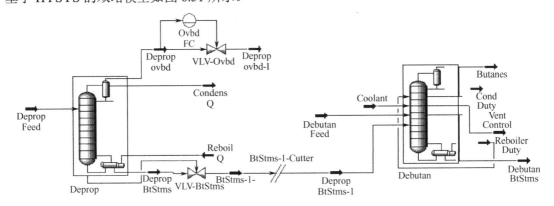

图 6.51　基于 HYSYS 的双塔模型

打开脱丙烷塔 Deprop 的塔流程图对塔中环境进行模拟。由于脱丙烷塔的原理与脱丁烷塔的类似，这里对脱丙烷塔做简化处理。脱丙烷塔包含 10 块塔板，进料在第五块塔板。进料在精馏塔中分离后，塔顶出料经过冷凝器在顶部分离出 C3 及更轻组分，另一部分作为回流量返回到脱丙烷塔的第一块塔板。塔釜出料经过再沸器，一部分作为 C4 及 C4 以上重组分的产品脱离系统，另一部分塔釜液汽化返回到塔底，实现精馏塔内气液热量及质量的传递。脱丙烷塔控制模型如图 6.52 所示。

脱丙烷塔的控制方案也做了相应的简化，冷凝器部分有两个控制回路，控制回路的控制器 PIC100 为正作用，以冷凝器的换热量为操纵变量，控制冷凝器压力。控制回路的控制器 LIC100 为正作用，以回流量为操纵变量，控制冷凝器液位。再沸器部分也有两个控制回路，控制回路的控制器 TIC100 为反作用，被控变量是第八块塔板温度，操纵变量为再沸器热负荷；控制回路的控制器 LIC101 为正作用，被控变量为再沸器液位，操纵变量为 C4 及以上重组分流量。

脱丁烷塔内部结构与脱丙烷塔相似，包含 15 块塔板，从脱丙烷塔塔底馏出的 C4 馏分 Deprop BtStms-1 从第 12 块塔板进入精馏塔，另一部分进料 Debutan Feed 从第八块塔板进入。塔顶产物经过分程进入立式回流罐，其中一路经过冷凝器泄压。回流罐一部分馏出丁烷产品，一部分返回精馏塔。塔底及再沸器流程与脱丙烷塔类似，但是塔釜馏出液为 C5 及以上重组分。

脱丁烷塔内部结构较为复杂，选择五个控制回路对模型进行控制，包括脱丁烷塔回流量控制回路 FIC200、脱丁烷塔压力控制回路 PIC200 和 PIC201、脱丁烷塔塔底温度控制回路 TIC200、脱丁烷塔回流罐液位控制回路 LIC200 和脱丁烷塔重沸器液位控制回路 LIC201。

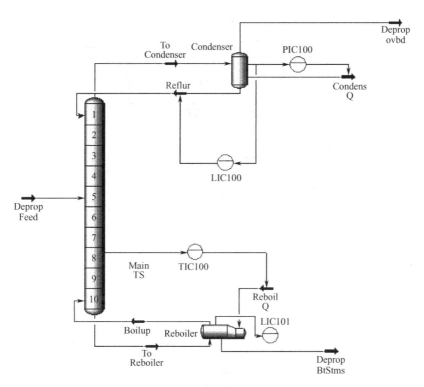

图 6.52　脱丙烷塔控制模型

　　压力控制回路 PIC200 和 PIC201 采用分程控制。控制器 PIC200 控制的阀门 VLV-200 安装在塔顶出口与回流罐之间的泄压管道上，管道连接冷凝器 E-200，控制器 PIC200 为正作用，当塔顶出口压力过大时，调节阀门 VLV-200 开度增大，泄压管道的塔顶出料增多，冷凝器起泄压的作用，保证脱丁烷塔和回流罐不超压。控制器 PIC201 以控制回流罐的压力为目的，阀门 VLV-201 安装在脱丁烷塔塔顶与回流罐之间的充压管道上，控制器 PIC201 为反作用，使得脱丁烷塔和回流罐的压力不会过小。

　　脱丁烷塔回流控制回路的控制器 FIC200 是反作用，阀门 VLV-202 控制回流量大小，回流量大小直接影响脱丁烷塔塔顶的温度。

　　脱丁烷塔回流罐液位控制回路的控制器 LIC200 是正作用，对应的阀门 VLV-203 起维持回流罐液位稳定的作用，提供持续的正丁烷和异丁烷产品。

　　脱丁烷塔塔底温度控制回路的控制器 TIC200 是反作用，直接控制再沸器热负荷（通过控制再沸器加热介质的流量实现），控制回流蒸汽的温度，进而达到控制塔底温度的目的。

　　脱丁烷塔再沸器液位控制回路的控制器 LIC201 是正作用，目的是保证再沸器液位的稳定，提供持续的 C5 及以上重组分。后四个控制回路都是单回路。

　　五个控制回路在脱丁烷塔的生产过程中都是相互联系的，是保证塔顶 C4 产品、塔底 C5 及以上重组分产品纯度合格的关键。塔顶和塔底产品的纯度与塔内温度高低有关。脱丁烷塔塔底温度越高，塔内压力就会越高，塔顶出口压力就会越大。回流量的变化会导致脱丁烷塔塔内液位变化，进而影响塔底的温度。因此，在整定脱丁烷塔 PID 参数的时候，首先对回流控制回路进行整定，其次对塔底温度和塔顶压力控制回路进行整定，最后对回流罐和再沸器的液位控制回路进行整定。脱丁烷塔控制模型如图 6.53 所示。

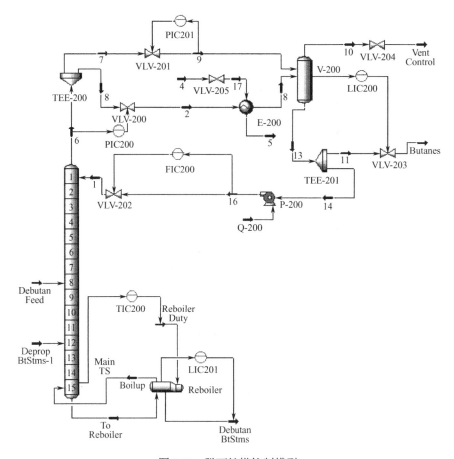

图 6.53　脱丁烷塔控制模型

　　双塔模型控制方案实现的控制目标是控制脱丙烷塔塔顶产物 C3 及更轻组分的纯度（摩尔分数）在 97%以上，塔底产物 C4 及以上重组分的纯度在 95%以上；脱丁烷塔塔顶产物 C4 及更轻组分的纯度在 97%以上，塔底产物 C5 及以上重组分的纯度在 95%以上。在制定的控制方案基础上，需要对各个控制回路中的 PID 参数进行整定，利用经验整定法来整定各个控制器的 PID 参数。以脱丁烷塔塔底温度控制回路的控制器 TIC200 参数整定为例，经过反复测试，发现当控制器参数选取 K_c=20、T_i=2min、T_d=0（根据控制效果可以选择不加微分作用）时，脱丁烷塔塔底温度响应曲线的动态响应较快，稳定性较高，同时消除了稳态误差，具有良好的动静态控制效果。增加积分作用后的塔底温度控制曲线如图 6.54 所示。

2．控制器硬件及其配置

　　选用西门子 PCS7 V8.0 来开发测试床控制软件。S7-400 控制器主要由电源模块、中央处理器模块、通信模块及信号模块等组成。整个 S7-400 系统需要 24V 直流电压供电，这里选择西门子公司生产的 SITOP PSU100S 稳压电源，型号为输入单相交流 120V/230V、输出直流 24V/10A，订货号为 6EP1334-2BA20。电源模块选择西门子 PS407（10A）；中央处理器模块采用西门子 CPU414-3 作为 PLC 的中央处理单元；通信模块选择西门子 CP443-1；信号模块的模拟量输入模块采用 SM331 AI8×12Bit，模拟量输出模块采用 SM332 AO4×12Bit。

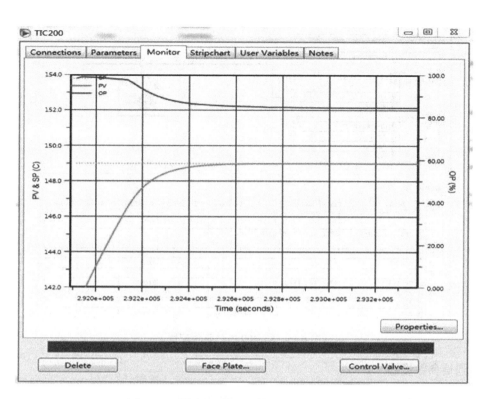

图 6.54　增加积分作用后的塔底温度控制曲线

　　SIMATIC Manager 是 S7-400 控制器的编程主界面，只有进入该主界面才能进行一个项目的设计。首先创建一个 SIMATIC 400 Station，在里面进行硬件组态、通信设置、程序编写等，它是实现 PC 站对实际 PLC 操作的平台。其次进行硬件配置，在硬件配置界面对所需的硬件进行选择。先添加导轨 "UR2ALU"，然后根据实际情况在相应的卡槽位置添加硬件。将 PS407 模块放在 1 号卡槽，CPU414-3 模块放在 3 号卡槽，CP443-1 需要设置在 5 号卡槽。在添加 CPU 模块时，系统会询问是否需要把 CPU 连接到 PROFIBUS 总线上。观察实际硬件构成发现 CPU413-3 作为主站连接在 PROFIBUS 总线上，在 PROFIBUS 总线上增加 ET 200（IM 153-2）从站，在从站中添加相应的 AI/AO 信号模块，作为分布式 I/O 信号传输模块，用来采集或输出模拟量信号。这样，通过 PROFIBUS-DP 总线实现了控制器与分布式 I/O 之间的通信。通信模块 CP443-1 的组态保证了主机与 S7-400 之间的通信。由于 PC 机与 S7-400 之间的通信是通过以太网完成的，在添加 CP 模块的同时需要设置以太网。PC 机的 IP 地址为 192.168.0.2，为了保证 PLC 与主机之间的以太网通信，需要将 S7-400 CPU 的 IP 地址设在 PC 机的同一网段上，且不能重复。这里将 S7-400 CPU 的地址设为 192.168.0.1，子网掩码为 255.255.255.0。最后把上述硬件配置下载到控制器就完成了硬件配置。S7-400 PLC 硬件配置如图 6.55 所示。

　　下载时需要将 PG/PC 的接口类型设置为 Intel（R）82579LM Gigabit Network Connection. TCPIP.Auto.1，这样就完成了 PC 机对 S7-400 的硬件配置和通信连接。当我们单击 "Accessible Nodes" 寻找以太网中的可用节点时，能发现 IP 地址 192.168.0.1 的 PLC，说明通信配置成功，CP 模块显示 STOP 灯灭、RUN 灯亮。

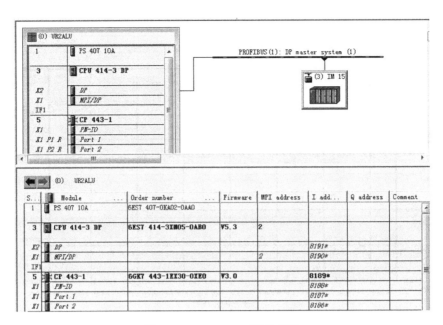

图 6.55　S7-400 PLC 硬件配置

3. 通信参数设置

完成硬件及通信组态后，编程人员就可以把实现控制的程序写入 PLC 中。由于需要将采集到的数据通过 OPC 技术与 PLC 进行数据交互，因此需要把 DB 数据块（以下简称 DB 块）作为数据传输媒介。DB 块是 S7-400 的数据块，它可以存储需要处理或已经处理的数据，用户可以通过地址来访问 DB 块中对应的变量。该测试床从模型中选择了三个控制点，通过 S7-400 来实现硬件的在环控制。因此，需要在 DB 块中对相关变量进行定义。以脱丁烷塔的 PIC201 控制点为例，在 DB 块（+2.0）起始地址上定义变量名为"PIC201_PV"，数据类型为"REAL"，初始值为"0.0"，完成变量定义。当发现下一个变量"PIC201_OP"时，地址已变为"+5.0"，这是因为 REAL 型数据占了 4 个字节。DB 块的变量定义如图 6.56 所示，其中 PIC201_PV、PIC201_OP 和 PIC201_SP 分别表示脱丁烷塔回流罐压力控制点的被控变量、控制器输出值和被控变量设定值，FIC200_PV、FIC200_OP 和 FIC200_SP 分别表示脱丁烷塔回流量控制点的被控变量、控制器输出值和被控变量设定值，TIC200_PV、TIC200_OP 和 TIC200_SP 分别表示脱丁烷塔塔底温度控制点的被控变量、控制器输出值和被控变量设定值。

Address	Name	Type	Initial value
0.0		STRUCT	
+0.0	DB_VAR	INT	0
+2.0	PIC201_PV	REAL	0.000000e+000
+6.0	PIC201_OP	REAL	0.000000e+000
+10.0	FIC200_PV	REAL	0.000000e+000
+14.0	FIC200_OP	REAL	0.000000e+000
+18.0	TIC200_PV	REAL	0.000000e+000
+22.0	TIC200_OP	REAL	0.000000e+000
+26.0	PIC201_SP	REAL	1.410000e+003
+30.0	FIC200_SP	REAL	4.030000e+001
+34.0	TIC200_SP	REAL	1.510000e+002
=38.0		END_STRUCT	

图 6.56　DB 块的变量定义

在 DB 块定义完变量后，需要把变量连接到 CFC 中进行数据处理，然后把处理完的数据存储在 DB 块的输出变量中。CFC 通过"DB 块+变量名称"的方式寻址以连接 DB 块中的变量，如 DB3 中定义的变量 PIC201_PV 在 CFC 中的表现形式为 DB3.PIC201_PV，这样就完成了 CFC 与 DB 块中变量的连接。

本测试床的三个控制点采用 PID 控制方式，在 CFC 中添加 PID 模块 CONT_C（Continuous PID Controller）。CONT_C 模块的主要参数如表 6.20 所示。

表 6.20　CONT_C 模块的主要参数

参　数	数据类型	说　明	参　数	数据类型	说　明
MAN_ON	BOOL	手动数据接通	P_SEL	BOOL	比例分量接通
I_SEL	BOOL	积分分量接通	D_SEL	BOOL	微分分量接通
SP_INT	REAL	内部设定点	PV_IN	REAL	过程变量输入
MAN	REAL	手动数值	GAIN	REAL	比例增益
TI	REAL	积分作用时间	TD	REAL	微分作用时间
LMN	REAL	受控数值	ER	REAL	误差信号

在脱丁烷塔 PIC201 控制组态中，压力变量 PIC201_PV 作为输入端引入 PID 管脚 PV_IN，输出端管脚 LMN 接到输出阀门开度变量 PIC201_OP 上。为了实现控制系统通过 WinCC 人机界面设置 PID 控制器参数，这里还需要把管脚 SP_INT、GAIN、TI、TD 与 DB 块中对应的变量连接。完成这些配置后，WinCC 不仅能对 PIC201 控制点的输入、输出变量进行实时监控，也能根据控制效果适当调整 PID 参数值。完成 DB 块变量定义和 CFC 程序编写后，通过编译下载才能把程序写入 S7-400 中，完成控制系统的控制回路组态。

4．人机界面的设计

利用西门子 WinCC 设计了脱丙烷塔-脱丁烷塔双塔联立模型人机界面，其中包括联塔系统模型主界面、脱丙烷塔车间、脱丁烷塔车间和监视界面四个部分，主要实现了监视控制的功能。联塔模型主界面生动形象地展现了整个工艺流程的布局，主要利用变量连接实时显示工艺流程的某些关键点的属性数值（如进料流量、塔顶压力及温度、塔底温度等）。脱丙烷塔车间、脱丁烷塔车间依据生产装置结构及控制方案设计了监控画面，脱丁烷塔界面对回流罐压力控制器 PIC201、回流量控制器 FIC200 和塔底温度控制器 TIC200 进行了实时监控，打开 PID 控制界面可以根据生产情况对控制器的设定值在线修改，同时会有相应被控变量及阀门输出值 OP 的实时数据显示和实时控制曲线趋势。监视界面主要设置了报警窗口，对生产流程的被控变量等过程参数设定了上下限超出报警，一旦发生异常，报警功能能够及时、准确地报警。

下面对人机界面设计的关键点进行阐述。打开创建的 OS 站，在变量管理器 Tag Management 中需要将在 WinCC 中用到的所有变量进行定义，并进行 OPC 通信连接，连接方法上文已做了详细介绍，部分 WinCC 变量定义如图 6.57 所示。在进行变量定义时，要特别注意变量的类型和地址要与 PLC 的一致，否则变量连接会出错，或者人机界面的变量显示数值与控制器的不同。

	Name	Data Type	Length	Format adaptation	Connection	Group	Address
1	Acc_Lev	Text tag 16-bit character set	80		OPC_VB	NewGroup_1	"Acc_Lev", "", 8
2	Acc_Pre	Text tag 16-bit character set	80		OPC_VB	NewGroup_1	"Acc_Pre", "", 8
3	Coolant_MF	Text tag 16-bit character set	80		OPC_VB	NewGroup_1	"Coolant_MF", "", 8
4	DB3_REAL2	Floating-point number 32-bit IEEE	4	FloatToFloat	OPC_SimaticNET_1		"S7:[S7 connection_1]DB3,REAL2", "", 4
5	DB3_REAL6	Floating-point number 32-bit IEEE	4	FloatToFloat	OPC_SimaticNET_1		"S7:[S7 connection_1]DB3,REAL6", "", 4
6	DB3_REAL10	Floating-point number 32-bit IEEE	4	FloatToFloat	OPC_SimaticNET_1		"S7:[S7 connection_1]DB3,REAL10", "", 4
7	DB3_REAL14	Floating-point number 32-bit IEEE	4	FloatToFloat	OPC_SimaticNET_1		"S7:[S7 connection_1]DB3,REAL14", "", 4
8	DB3_REAL18	Floating-point number 32-bit IEEE	4	FloatToFloat	OPC_SimaticNET_1		"S7:[S7 connection_1]DB3,REAL18", "", 4
9	DB3_REAL22	Floating-point number 32-bit IEEE	4	FloatToFloat	OPC_SimaticNET_1		"S7:[S7 connection_1]DB3,REAL22", "", 4
10	DB3_REAL26	Floating-point number 32-bit IEEE	4	FloatToFloat	OPC_SimaticNET_1		"S7:[S7 connection_1]DB3,REAL26", "", 4
11	DB3_REAL30	Floating-point number 32-bit IEEE	4	FloatToFloat	OPC_SimaticNET_1		"S7:[S7 connection_1]DB3,REAL30", "", 4
12	DB3_REAL34	Floating-point number 32-bit IEEE	4	FloatToFloat	OPC_SimaticNET_1		"S7:[S7 connection_1]DB3,REAL34", "", 4

图 6.57　部分 WinCC 变量定义

完成变量定义后，打开图形编辑器 Graphics Designer 进行界面图形设计。为了将 WinCC 的变量值实时显示在监控画面上，或者对 WinCC 外部变量进行赋值，需要通过 I/O 域来实现。在添加 I/O 域过程中需要对参数进行配置，如图 6.58 所示。在"Tag"一栏通过寻址选择需要连接的 WinCC 变量；更新周期选择 2s（也可以是其他刷新速率）；域类型的选择需要根据情况而定；I/O 域连接 PID 控制器设定值变量时选择"Input"，连接 WinCC 显示的变量时选择"Output"，同时也可以更改数值显示时的字体类型、颜色和大小。需要注意的是，必须把 I/O 域效果选项中全局阴影"Global Shadow"和全局色彩方案"Global Color Scheme"的状态改为"NO"，否则当 WinCC 运行时，字体无法更改。

图 6.58　添加 I/O 域组态

脱丁烷塔界面需要对三个 PLC 控制点进行实时监控，为使脱丁烷塔界面更为形象、简洁，在界面中设置画面窗口作为 PID 控制界面。先新建三个 PID 控制界面，在脱丁烷塔界面中添加三个"Picture Window"，名称分别对应三个 PID 控制界面；然后为画面中的 PLC 图标设置事件，单击 PLC 图标能打开相应的 PID 画面窗口。PID 控制界面包含 PID 运算和控制曲线两部分。PID 运算的设定值 SP 由用户输入，通过 OPC 服务器写入 S7-400 控制器。测量值 PV 和 OP 通过读取 OPC 服务器加以显示。控制曲线反映了被控变量的变化趋势，使用户能根据动态曲线判断控制效果，调整控制方案。由于测试床开发利用的是西门子 PCS7 过程控制系统，因此 PID 控制面板不需要用户自己开发，可以直接调用。

监视画面的报警窗口是利用报警控件 WinCC Alarm Control，基于 WinCC 报警记录工具设计而成的。按要求在报警记录中增加模拟量报警模块，连接到要求监控的过程变量，为过程变量设定报警上下限，并编写对应的描述，如来源、位置等。当过程变量超出正常范围，触碰上下限时，报警窗口立刻显示报警发生的原因、位置、时间等信息，及时通知人员更改操作或调整方案，以免造成重大生产事故。报警模块会对报警确认等操作系统进行记录，在事故追忆时能进行审计追溯。

5. 系统运行测试

为了使模型稳定运行，同时保证塔顶馏出产品和塔底馏出液的纯度达到一定标准，流量较大且稳定，控制器 SP 的选取需要适当。通过对比研究，当把脱丁烷塔控制器 PIC201 的 SP 设为 1403kPa，回流量控制器 FIC200 的 SP 设为 40.3m³/h，塔底温度控制器 TIC200 的 SP 设为 153℃时，控制器输出的阀门开度较合适，分别为 69.6%、48.0% 和 84.85%，在 15%～85% 范围内；塔顶丁烷产品纯度较高，达到 95.1%；摩尔流量也较大，达到 32.89kmol/h；塔底馏出液的 C5 及以上重组分的纯度为 97.8%，也在控制范围内。在系统稳定的前提下，设定值的选取也是一个权衡的过程，以塔底温度控制点为例，设定值过高，虽然塔顶丁烷产品的流量增大，但是其摩尔分数明显下降，这是由于塔内温度变得比之前高，一部分 C5 组分也蒸发至塔顶，导致塔顶产品纯度下降；如果设定值过低，丁烷的纯度小幅度升高，但由于塔内温度降低，丁烷的蒸发量也随之减少，部分会以液体形式从塔底馏出，造成塔顶丁烷产品的流量明显下降，塔底馏出液的 C5 及以上重组分的纯度也会受到影响。

　　当进入 WinCC 运行系统时，操作员站就投入运行，操作员站主界面及脱丁烷塔车间界面如图 6.59 和 6.60 所示。操作员站主界面不仅展示了生产流程，而且通过数据和曲线等方式实时显示了生产运行情况，操作人员可以通过主界面上的各种设备状态、工艺参数、报警信息来判断生产过程是否正常进行，确保生产过程处于稳定状态。

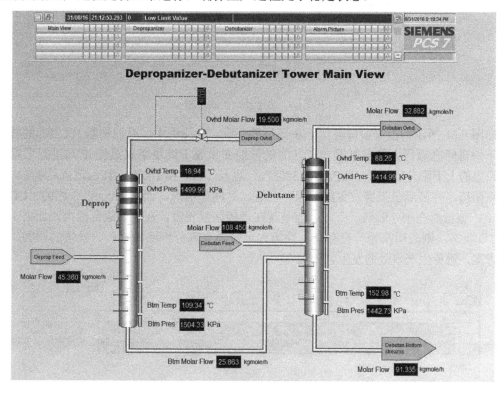

图 6.59　操作员站主界面

　　对于工业控制系统而言，报警窗口对安全生产有较大的指导意义。在报警窗口的监视界面，如果报警窗口的实时记录为空白，则表示控制系统正常运行；如果实时报警窗口出现红色记录，则表示当前情况下出现报警情况，如图 6.61 所示。报警情况可以分为当前系统出现报警或系统曾经出现报警现已恢复正常，这两种情况都会在报警窗口的状态栏中显示。

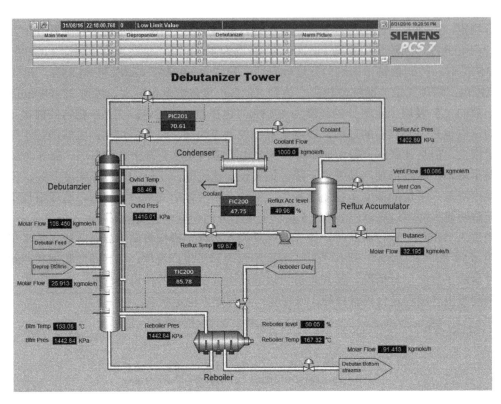

图 6.60 脱丁烷塔车间界面

　　如图 6.61 所示的报警窗口显示了 3 条报警记录。在操作中，对控制器 PIC201 的被控变量脱丁烷塔回流罐压力及控制器 TIC200 的被控变量脱丁烷塔塔底温度 PV 进行了实时监控，设定的上下限分别为 1430kPa 和 1380kPa，以及 140℃ 和 165℃，红色记录显示 PV 值超出了下限值，并显示了报警发生的原因、位置、时间等信息，而 "Status" 一栏的 "CG" 表示该 PV 值虽然在刚才触碰了下限，但是现在已经恢复正常，在上下限范围内。如果一直处于 "C" 状态，则表明报警一直存在，现场人员需要立刻分析回流罐压力异常的原因，提出应对方案，避免生产事故的发生。

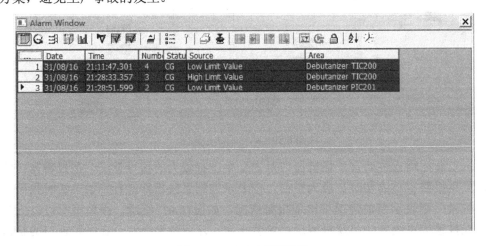

图 6.61 WinCC 报警窗口

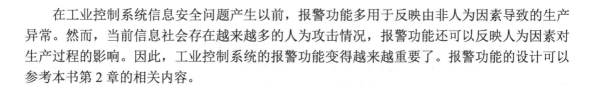

在工业控制系统信息安全问题产生以前，报警功能多用于反映由非人为因素导致的生产异常。然而，当前信息社会存在越来越多的人为攻击情况，报警功能还可以反映人为因素对生产过程的影响。因此，工业控制系统的报警功能变得越来越重要了。报警功能的设计可以参考本书第 2 章的相关内容。

6.9.4　测试床在工业控制系统信息安全中的作用

1. 控制系统的漏洞分析与验证

漏洞是指信息系统在生命周期的各个阶段（设计、实现、运维）中产生的某类问题，这些问题会对系统的安全（机密性、完整性、可用性）产生影响。主要的漏洞类型有内存破坏、逻辑错误、输入验证、设计错误、配置错误、栈缓冲区溢出、堆缓冲区溢出、静态数、释放后重用、二次释放等。发现工业控制系统的漏洞是进行工业控制安全防护的基础，也是各类渗透测试方法制定的依据。测试床支持对目标工业控制系统的各种信息收集、漏洞探测、漏洞利用等未知漏洞挖掘。

由于工业控制系统的特殊性，大量工业控制系统都存在一定量的漏洞。考虑到工控网络协议具有专用性和面向控制的特点，其通常在封闭环境中运行，无法直接应用传统的 Fuzzing 测试技术进行网络协议的漏洞挖掘。通常测试床配置的是典型的工业控制软硬件，且测试床是对实际生产控制系统具有较高精度的模拟仿真系统，对测试床的控制设备进行漏洞分析不会造成严重后果，是开展相关测试的重要支撑。

传统的 Fuzzing 测试技术是一种通过构造使软件崩溃的畸形输入来发现系统存在的缺陷的安全测试方法，通常被用来检测网络协议、文件、ActiveX 控件中存在于输入验证和应用逻辑中的缺陷，其自动化程度高、适应性广，成为漏洞挖掘领域较为有效的方法之一。

一般来说，除测试用例执行外，Fuzzing 测试包括协议解析、测试用例生成、异常捕获和定位三个步骤。协议解析是指通过公开资料或对网络数据流量的分析，理解待测协议的层次、字段结构、会话过程等信息，为后续测试用例的生成打下基础；测试用例生成依据上一阶段整理出来的字段结构，采用变异的方式生成畸形测试用例，并发送给待测对象；异常捕获和定位的目的是通过多种探测手段发现由测试用例触发的异常，保存异常相关数据信息，为后续异常的定位和重现提供依据。

在工业控制协议的漏洞分析过程中，公有的控制协议虽然可以使用现有的 Fuzzing 技术进行测试，但是由于工业控制协议面向的控制系统高度结构化，控制字段数量较多，使得需要构造大量的变异器，测试效率不高。对于私有的控制协议，相关人员需要先弄清楚协议的结构才能进行模糊测试。一般来说，典型的做法有如下两种。

➢ 对协议栈的代码进行逆向分析，整理出重要的数据结构和工作流程；
➢ 抓取协议会话数据包，根据历史流量来推测协议语义。

相比一般 IT 系统的漏洞分析，由于工业控制系统的特殊性，目前针对工业控制系统的漏洞分析技术与工具还不完善。

为了验证漏洞的存在，相关人员可以设计漏洞演示案例，在测试床上展示存在的漏洞对控制系统的攻击行为和造成的后果。

2. 控制系统的攻防演练与安全策略验证

控制系统的攻防演练即在一定的规则下，通过多种手段攻击工业控制系统的关键信息资产，以达到获取控制系统关键控制、工艺及生产数据，破坏工业控制系统正常运行，甚至达到损害生产设备，造成人员、财产和环境损失的目的。

由于工业控制系统存在各种漏洞，因此，加强对工业控制系统的防护，开发各类安全产品和制定各类安全策略对工业控制系统安全防护非常重要。这些安全产品和策略在实际部署前需要进行验证，以确认其可靠性和适用性。工业控制系统信息安全测试床是进行这类测试的有效环境。除了支持对工业控制系统的漏洞挖掘，测试床还支持如下工业控制系统信息安全的实验和研究。

1）攻击渗透

攻击渗透可以发现并确认工业控制系统的安全隐患和薄弱环节，还原真实工业控制安全事故的全过程。测试床支持对目标系统的攻击渗透测试。

2）安全防护策略与验证

安全防护主要是指在分析攻击手段的基础上进行的安全防护操作。安全防护产品主要包含边界防护类、检测与审计类、主机防护类、安全管理类等产品。而安全策略主要包括漏洞加强、进行各种安全配置等。通过这些安全防护产品的部署和安全策略的运用，可以监测、防护目标工业控制系统，实时发现攻击行为并对目标工业控制系统实施防护措施，验证安全产品和防护策略的有效性。

3）攻防效果展示

通常在测试床上展示与验证各类工业控制系统漏洞、攻防策略，以及产品的有效性、攻击路径、攻击后果演示等。攻防效果展示的基础是漏洞利用，即对工控产品进行渗透测试与漏洞挖掘后，发现有可能被成功利用的漏洞并进行验证。

4）工控产品信息安全初步验证

一些新的工控产品可以在测试床上先进行漏洞挖掘与分析，从而帮助企业了解产品安全缺陷，进行漏洞加固或改进。

复习思考题

1．什么是工业控制系统的信息安全？它与 IT 系统的信息安全有何不同？
2．工业控制系统的脆弱性表现在哪些方面？
3．试说明流程工业控制系统的典型结构，并从该结构来分析其脆弱性。
4．一般对工业控制系统的攻击过程是怎样的？

5．主要的国际自动化企业的信息安全解决方案有何特点？

6．工业控制系统信息安全风险评估与功能安全风险评估有何异同？

7．如何理解 IEC 62443 中区域、管道的概念与作用。

8．试举例说明工业控制系统通信协议的脆弱性。

9．工业控制系统防火墙与 IT 系统防火墙的主要区别有哪些？

10．工业控制系统信息安全测试床的主要作用是什么？

11．在 NIST 的《工业控制系统安全指南》中安全防护体系包括哪些部分？

参 考 文 献

[1] 徐志胜，姜学鹏. 安全系统工程[M]. 3 版. 北京：机械工业出版社，2017.

[2] 邓琼. 安全系统工程[M]. 西安：西北工业大学出版社，2009.

[3] 王华忠，陈冬青. 工业控制系统及应用——SCADA 系统篇[M]. 北京：电子工业出版社，2017.

[4] 俞金寿，顾幸生. 过程控制工程[M]. 4 版. 北京：高等教育出版社，2012.

[5] 周东华，叶银忠. 现代故障诊断与容错控制[M]. 北京：清华大学出版社，2000.

[6] 吕琛. 故障诊断与预测——原理、技术及应用[M]. 北京：北京航空航天大学出版社，2012.

[7] 张建国. 安全仪表系统在过程工业中的应用[M]. 北京：中国电力出版社，2010.

[8] 阳宪惠，郭海涛. 安全仪表系统的功能安全[M]. 北京：清华大学出版社，2007.

[9] 刘远生. 计算机网络安全[M]. 3 版. 北京：清华大学出版社，2018.

[10] Eric D K. 工业网络安全——智能电网，SCADA 和其他工业控制系统等关键基础设施的网络安全[M]. 周秦，郭冰逸，贺惠民，等译. 北京：国防工业出版社，2014.

[11] 吴晓平，付钰. 信息安全风险评估教程[M]. 武汉：武汉大学出版社，2011.

[12] 吴亚非，李新友，禄凯，等. 信息安全风险评估[M]. 北京：清华大学出版社，2007.

[13] 肖建荣. 工业控制系统信息安全[M]. 北京：电子工业出版社，2015.

[14] 朱群雄，高慧慧，徐圆. 工业过程报警管理研究进展[J]. 自动化学报，2017，43（6）：955~956.

[15] 赵霄，范宗海. 石油化工装置先进报警管理系统的设计探讨[J]. 石油化工自动化，2017，5（1）：45~50.

[16] 熊琦，彭勇，伊胜伟，等. 工控网络协议 Fuzzing 测试技术研究综述[J]. 小型微型计算机系统，2015，36（3）：497~502.

[17] 欧阳劲松，丁露. IEC 62443 工控网络与系统信息安全标准综述[J]. 信息技术与标准化，2012（3）：24~27.

[18] 陈汉宇，王华忠，颜秉勇. 基于 CUDA 和布谷鸟算法的 SVM 在工控入侵检测中的应用[J]. 华东理工大学学报，2019，45（1）：101~109.

[19] 项亚南. 基于 MPCA 的工业间歇过程故障检测方法改进研究[D]. 无锡：江南大学，2015.

[20] 黄开兴. 数据与模型驱动的工业信息物理系统动态信息安全防护方法研究[D]. 武汉：华中科技大学，2018.

[21] 周兴晨. 工业控制网络信息安全监控系统设计与开发[D]. 上海：华东理工大学，2019.

[22] Vapnik V N. The nature of statistical learning theory[M]. Berlin：Springer，1999.

[23] Venkatsubramanian V，Rengaswamy R，Yin K，et al. A review of process fault detection

and diagnosis： Part I： quantitative model-based methods[J]. Computers & Chemical Engineering，2003，27（3）：293～311.

[24] Ge Z，Song Z，Gao F. Review of recent research on data-based process monitoring[J]. Industrial & Engineering Chemistry Research，2013，52（10）：3543～3562.

[25] Matsuhashi S，Sekine K. Accident occurrence model for the risk analysis of industrial facilities[J]. Reliability Engineering & System Safety，2013.

[26] Parks R C，Rogers E. Vulnerability assessment for critical infrastructure control systems[J]. Security & Privacy，2008，6（6）： 37～43.

[27] Valian E，Mohanna S，Tavakoli S. Improved cuckoo search algorithm for global optimization[J]. International Journal of Communications and Information Technology，2011，1（1）： 31～44.

[28] Yang X S. Cuckoo search via Lévy flights[C]//Nature & Biologically Inspired Computing. Coimbatore：World Congress on IEEE，2009： 210～214.

[29] Morris T，Gao W. Industrial Control System Traffic Data Sets for Intrusion Detection Research [C]//Critical Infrastructure Protection Ⅷ. Berlin：Springer-Verlag，2014：65～78.